印刷机械 包装机械配套产品 实用手册

YINSHUA JIXIE BAOZHUANG JIXIE PEITAOCHANPIN SHIYONG SHOUCE

主　编：孙文毅

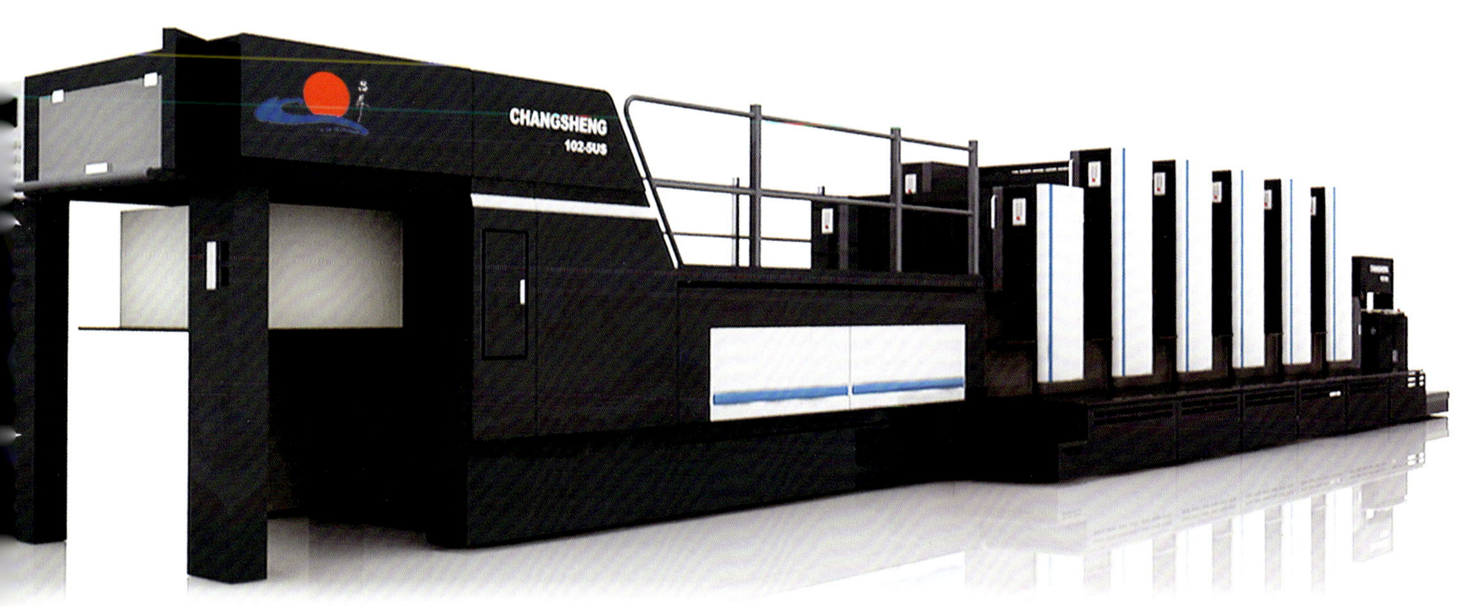

中国商业出版社

题　　　　　　词：***石万鹏***　第十届全国政协常委、经济委员会副主任
世界包装组织副主席
中国包装联合会会长

组织配套产品质量
决定印包装备质量

石万鹏

前　言

QIANYAN

国民经济和社会发展第十二个五年规划，将经济结构战略性调整作为加快转变经济发展方式的主攻方向，大力发展战略性新兴产业，促进传统产业转型升级。“十二五”把提高基础工艺、基础材料、基础元器件研发和系统集成水平，实现关键零部件技术自主化，推动装备产品智能化作为突破口，以提高装备制造业整体水平，振兴民族工业。国家“十二五”规划为基础件、配套件及配套产品行业的发展带来难得的机遇，也为国内印刷、包装机械制造业提供了产业结构调整的良机。

为了提高印刷机械、包装机械集成化、专业化生产能力和生产效率，保证产品技术质量，促进行业内配套产品专业化生产，整合、共享配套产品优质资源，逐步形成比较完善、高效、优质的行业产业链，为配套产品生产企业建立展示产品的平台，搭建与主机生产企业的供需桥梁，中国印刷及设备器材工业协会印刷机械分会配套产品专业化专业委员会组织编写了这本《印刷机械、包装机械配套产品实用手册》（以下简称《产品手册》）。

《产品手册》选编了有代表性配套企业、检测、研发单位及其生产的已经配套在印刷、包装机械上的产品。多数企业在国内外行业中享有良好的声誉，有些品牌驰名国内外。其产品大都是印刷、包装机械的关主件和重要配套产品或部件，是从依赖进口到逐步实现国产化、替代进口，具有自主知识产权的产品。为印刷、包装机械制造企业、用户降低成本、方便选配提供了机会。不仅畅销全国，而且还销往世界不少国家和地区。

《产品手册》既面向印刷、包装机械制造企业，也面向印刷、包装客户。不仅对所选编企业的能力、特长、资质和企业情况、联系方式进行了介绍，还详细对配套产品的性能、技术参数、应用机型都进行了描述。便于印刷、包装机械生产企业设计、采购人员选配选用；方便印刷、包装厂设备维修和国外相关厂商寻找配套产品及零、配件或定制、加工企业。

希望这本《产品手册》能为行业发展、企业产业结构调整、促进印刷包装机械产业链的形成尽一份微薄之力。

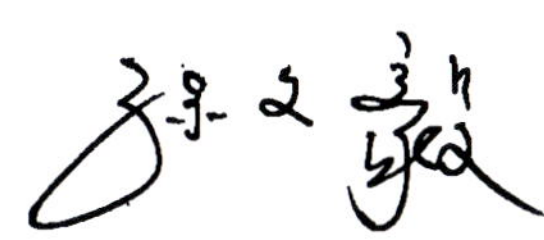

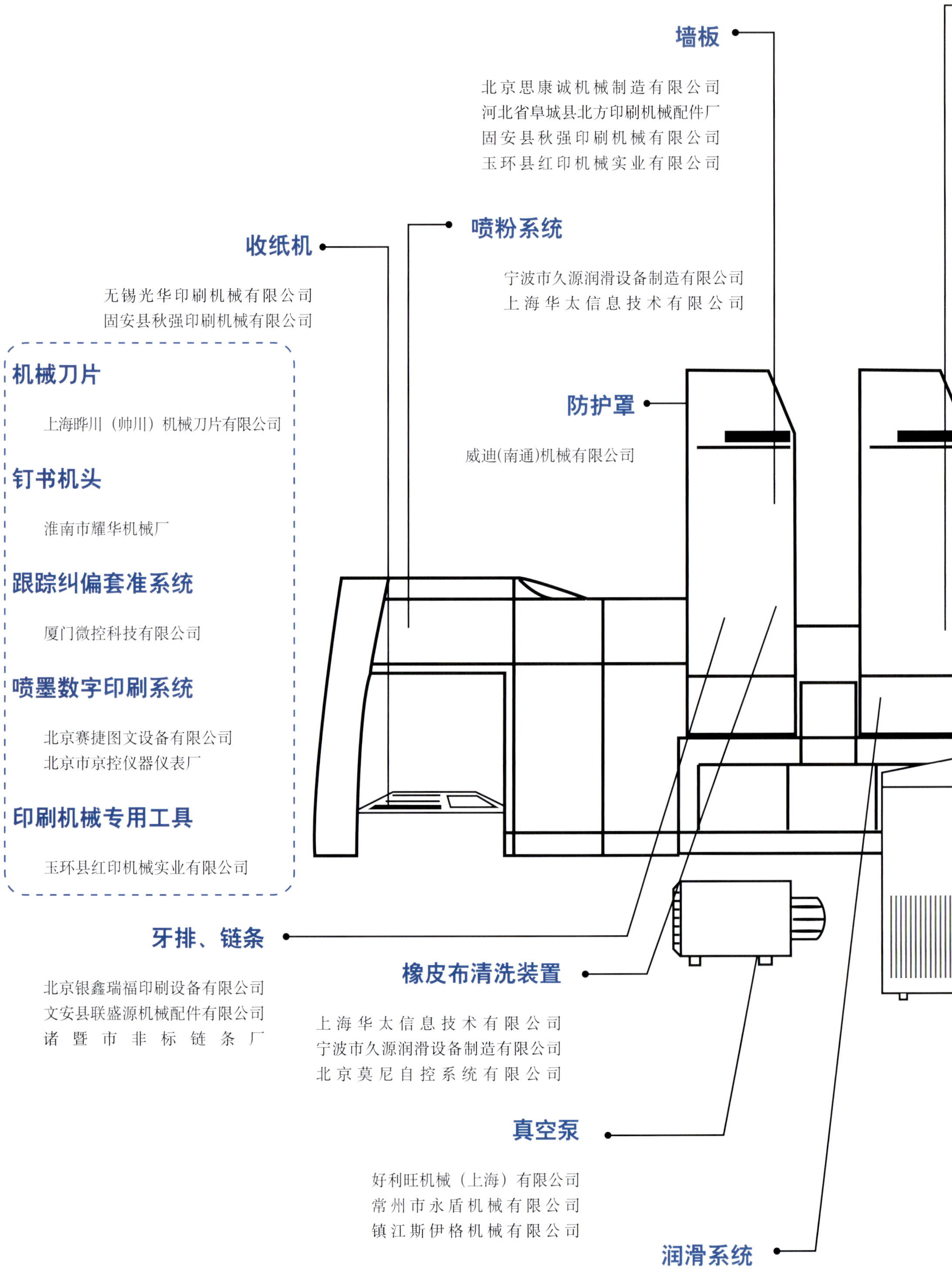
墙板
北京思康诚机械制造有限公司
河北省阜城县北方印刷机械配件厂
固安县秋强印刷机械有限公司
玉环县红印机械实业有限公司
收纸机
无锡光华印刷机械有限公司
固安县秋强印刷机械有限公司
喷粉系统
宁波市久源润滑设备制造有限公司
上海华太信息技术有限公司
机械刀片
上海晔川（帅川）机械刀片有限公司
钉书机头
淮南市耀华机械厂
跟踪纠偏套准系统
厦门微控科技有限公司
喷墨数字印刷系统
北京赛捷图文设备有限公司
北京市京控仪器仪表厂
印刷机械专用工具
玉环县红印机械实业有限公司
防护罩
威迪(南通)机械有限公司
牙排、链条
北京银鑫瑞福印刷设备有限公司
文安县联盛源机械配件有限公司
诸暨市非标链条厂
橡皮布清洗装置
上海华太信息技术有限公司
宁波市久源润滑设备制造有限公司
北京莫尼自控系统有限公司
真空泵
好利旺机械（上海）有限公司
常州市永盾机械有限公司
镇江斯伊格机械有限公司
润滑系统
宁波市久源润滑设备制造有限公司
上海利马达机械有限公司

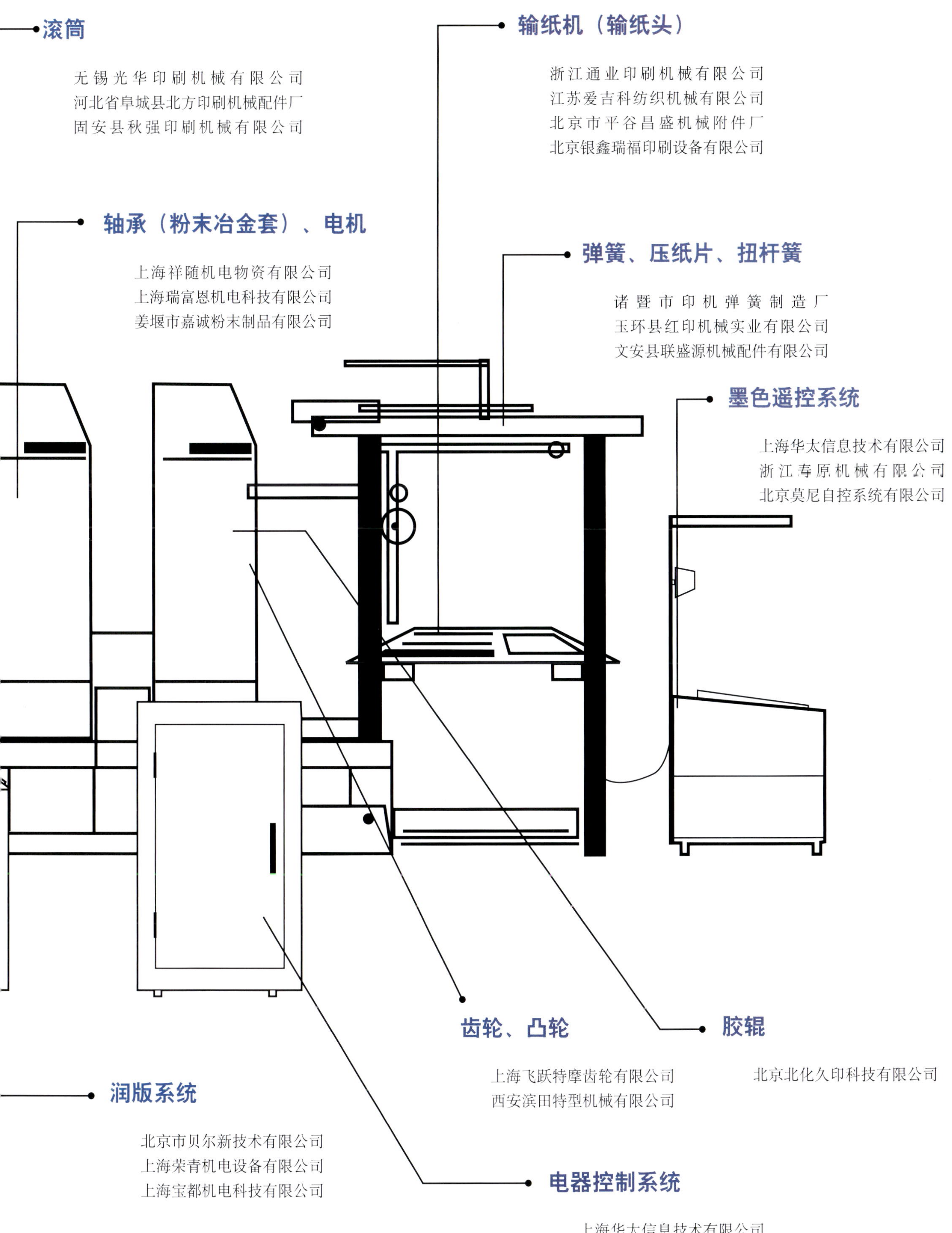
滚筒
无锡光华印刷机械有限公司
河北省阜城县北方印刷机械配件厂
固安县秋强印刷机械有限公司
输纸机（输纸头）
浙江通业印刷机械有限公司
江苏爱吉科纺织机械有限公司
北京市平谷昌盛机械附件厂
北京银鑫瑞福印刷设备有限公司
轴承（粉末冶金套）、电机
上海祥随机电物资有限公司
上海瑞富恩机电科技有限公司
姜堰市嘉诚粉末制品有限公司
弹簧、压纸片、扭杆簧
诸暨市印机弹簧制造厂
玉环县红印机械实业有限公司
文安县联盛源机械配件有限公司
墨色遥控系统
上海华太信息技术有限公司
浙江寿原机械有限公司
北京莫尼自控系统有限公司
齿轮、凸轮
上海飞跃特摩齿轮有限公司
西安滨田特型机械有限公司
胶辊
北京北化久印科技有限公司
润版系统
北京市贝尔新技术有限公司
上海荣青机电设备有限公司
上海宝都机电科技有限公司
电器控制系统
上海华太信息技术有限公司
北京市京控仪器仪表厂

目　　录

浙江通业印刷机械有限公司

公司位于中国东海之滨，美丽的西施故里——浙江省诸暨市。

公司是我国印刷包装机械行业内专业研发、制造和销售单张纸输纸机产品的专业化企业，已成功开发胶印、模切、覆膜、凹印、上光、丝印和数码印刷等七大类单张纸输纸机系列产品，产品规格齐全（330mm～1670mm）。

从2003年至今，“通业”牌单张纸输纸机产品在我国印刷包装机械行业同类产品的市场占有率名列前茅，技术水平为国内领先，能替代同类进口产品，部分产品技术填补了国内空白。通业SP系列高速输纸机产品被认定为“浙江名牌产品”，被列入“国家级火炬计划项目”、“国家重点新产品计划”，并荣获“全国机械工业用户满意产品”称号。新产品SP920D和SP1020B分别荣获浙江省科技二等、三等奖。

2004年以来公司先后自主研发成功国内首台最高输纸速度超过15000张/小时和16000张/小时的单张纸高速自动输纸机，2009年又研发成功SP1620超大幅面高速自动输纸机新产品，均具有国内领先技术水平，部分技术水平已达到国际水平。2010年研发成功数码喷墨印刷单张纸输纸机，最高速度超过90米/分钟。

公司是《单张纸输纸机》行业标准（JB/T10479-2004）和国家标准（GB/T23279-2009）的负责起草单位。

公司是全国印刷机械标准化技术委员会印机配套产品工作组秘书处和中国印刷机械行业产品专业化专业委员会秘书处承担单位。

地址：浙江省诸暨市唐三路18号

邮编：311816

电话：0575-87305022

传真：0575-87305018

网址：www.zjtongye.com

邮箱：tongye@zjtongye.com

产品介绍

四开幅面(520—790)输纸机系列

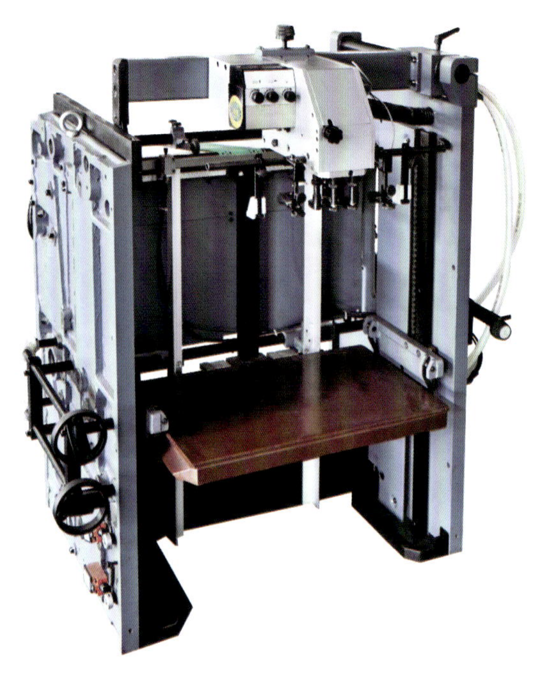

该系列产品，输纸最大幅面为(790×625)，最小幅面为(210×144)，最高输纸速为(15000)，具体纸张定量、输纸步距、走纸板倾斜角、堆纸高度、连接尺寸及外形尺寸等均可以根据客户需要选配。

产品型号	最大纸张幅面	最小纸张幅面	纸张定量(g/m²)	输纸步距	走纸板倾斜角a(°)	墙板内侧距离	输纸板接口		输入链轮在转动面外侧墙板的位置					堆纸高度	机器外型尺寸(L×W×G)	最高速度
							X	Y	X1	Y1	Z1	齿数	传动方向（操向传）			
520	520×375	210×144	40—400	98	10	725	219	771.4	136.5	435.6	43.5	17	顺	500	1100×1080×1150	12000
650	650×480	330×273	40—450	178	10	880	241.3	961.8	125	844	30	17	顺	900	1180×1450×1430	12000
660	660×480	330×273	40—450	179.8	9	920	459.6	950.9	130	766	30	19	逆	900	1230×1450×1550	12000
740	740×540	370×273	40—450	178	10	1000	380.9	1143	125	856	22.6	19	顺	900	1400×1850×1475	13000
750	750×600	393×300	60—600	215	20	1030	727.9	868.4	82	839.7	22.05	17	逆	900	1700×1450×1850	12000
790	790×625	390×273	60—700	257	20	1060	843.4	830.2	112	468	94.5	万向节	逆	1200	1620×1450×1500	15000

对开幅面(880–1060)输纸机系列

该系列产品，输纸最大幅面为(1040×740)，最小幅面为(540×360)，最高输纸速为(16000)，具体纸张定量、输纸步距、走纸板倾斜角、堆纸高度、连接尺寸及外形尺寸等均可以根据客户需要选配。

产品型号	最大纸张幅面	最小纸张幅面	纸张定量(g/m²)	输纸步距	走纸板倾斜角a(°)	墙板内侧距离	输纸板接口		输入链轮在转动面外侧墙板的位置					堆纸高度	机器外型尺寸(L×W×G)	最高速度
							X	Y	X1	Y1	Z1	齿数	传动方向（操向传）			
920	920×650	540×360	40–600	230	22	1140	770	746.5	76.34	630	108.3	25	逆	800	1890×1550×1700	15000
940	940×650	546×393	40–450	225	10	1230	862	1301	123	1283	36.5	32	顺	1000	2020×1850×2080	10000
1020	1040×740	546×393	40–600	204	20	1340	837	930.5	66.5	1065.5	32.3	15	逆	1050	1800×2340×1800	16000
1030	1030×720	520×360	40–600	253	14	1350	989	1028.8	62.3	989	159.4	26	逆	1090	2620×2000×1900	13000
1040	1040×740	546×393	40–450	303	20	1350	874.6	938.3	76.34	1065	90	万向节	逆	1100	2050×1880×1800	13000

大幅面(1180–1620)输纸机系列

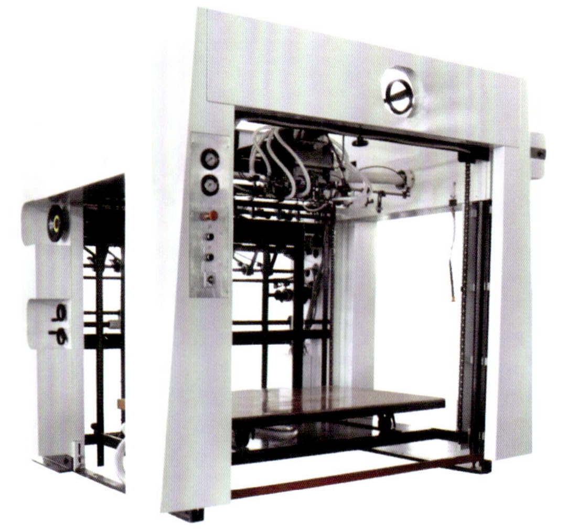

该系列产品，输纸最大幅面为(1620×1020)，最小幅面为(1050×600)，最高输纸速为(16000)，具体纸张定量、输纸步距、走纸板倾斜角、堆纸高度、连接尺寸及外形尺寸等均可以根据客户需要选配。

产品型号	最大纸张幅面	最小纸张幅面	纸张定量 (g/m²)	输纸步距	走纸板倾斜角a(°)	墙板内侧距离	输纸板接口		输入链轮在转动面外侧墙板的位置					堆纸高度	机器外型尺寸 (L×W×G)	最高速度
							X	Y	X1	Y1	Z1	齿数	传动方向（操向传）			
1200	1200×720	600×360	40–600	204	20	1520	837.6	932.3	66.5	1065.5	32.3	15	逆	1050	2010×2000×1784	16000
1300	1300×940	880×625	40–600	204	20	1670	1078.5	1180	66.5	1362	22.3	15	逆	1550	2000×3175×2245	13500
1450	1450×1100	850×600	100–400	330	18.5	1740	1070.85	946	151.5	987	56	24	顺	1150	2780×3100×1950	12000
1480	1480×1020	720×630	100–1000	360	15	1840	1323	1072	146	1261	88	万向节	逆	1268	2840×1500×1833	13000
1620	1620×1020	1050×600	80–600	330	18.5	1940	1070.85	946	151.5	987	56	24	顺	1150	2980×3100×1950	12000

模切(790–1450)输纸机系列

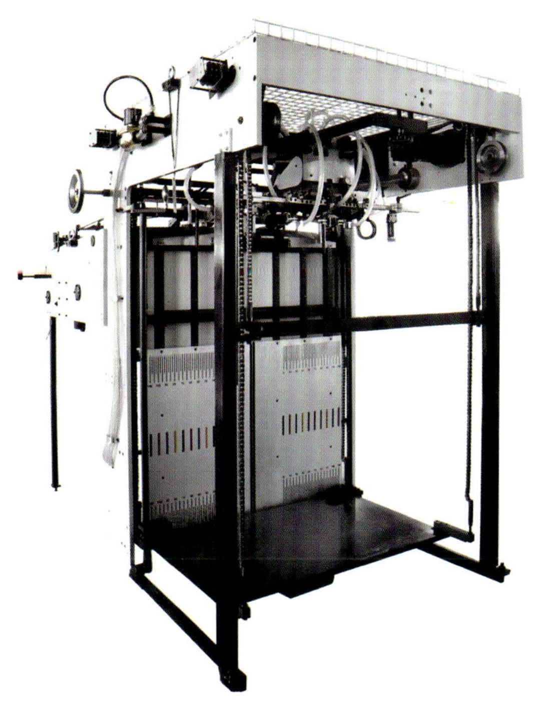

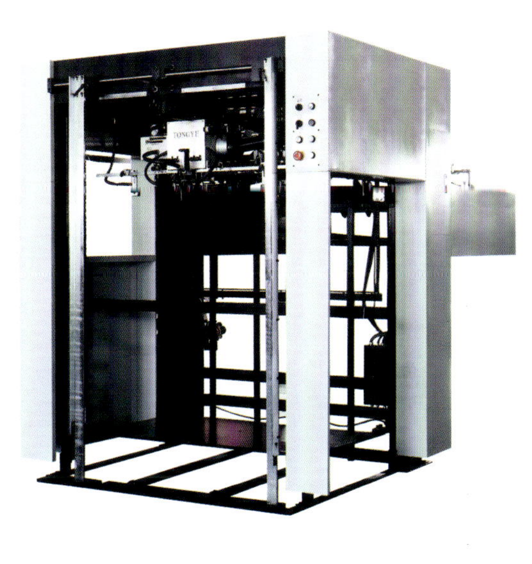

该系列产品，输纸最大幅面为(1450×1100)，最小幅面为(393×273)，最高输纸速为(10000)，具体纸张定量、输纸步距、走纸板倾斜角、堆纸高度、连接尺寸及外形尺寸等均可以根据客户需要选配。

产品型号	最大纸张幅面	最小纸张幅面	纸张定量(g/m^2)	输纸步距	走纸板倾斜角a(°)	墙板内侧距离	输纸板接口		输入链轮在转动面外侧墙板的位置					堆纸高度	机器外型尺寸(L×W×G)	最高速度
							X	Y	X1	Y1	Z1	齿数	传动方向（操向传）			
790	780×546	393×273	80–800	248	5	1054	490	1385	130	1305	275	23	逆	900	1705×1400×1952	8000
920	920×650	546×393	80–800	280	3.58	1150	860	1538	105	1458	320	20	顺	1350	1960×1630×2018	8000
1020	1020×720	450×370	80–800	330	4	1270	1050	1467	977	1202	75	24	逆	1100	2400×1740×1750	10000
1050	1050×760	450×400	80–800	330	0	1298	1000	1377	890	1067	104	20	逆	1200	2460×1700×2010	8000
1060	1060×760	400×350	80×800	285	4	1380	1055	1467	95	1203	100	24	顺	1380	2470×1800×2010	8000
1450	1450×1100	650×450	200–2000	325	0	1780	1006	1484	128	1355	583.21	20	顺	1700	3100×2330×2350	6000

地址：浙江省诸暨市唐三路18号　　邮编：311816　　电话：0575-87305022　　传真：0575-87305018

网址：www.zjtongye.com　　邮箱：tongye@zjtongye.com

上光、覆膜、数码印刷输纸机系列

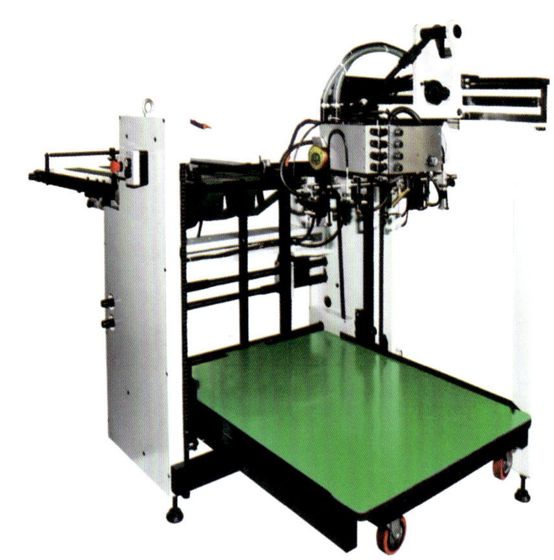

该系列产品，输纸最大幅面为(1060 × 800)，最小幅面为(280 × 273)，最高输纸速为(12000)，具体纸张定量、输纸步距、走纸板倾斜角、堆纸高度、连接尺寸及外形尺寸等均可以根据客户需要选配。

产品型号	最大纸张幅面	最小纸张幅面	纸张定量 (g/m²)	输纸步距	走纸板倾斜角 a(°)	墙板内侧距离	输纸板接口		输入链轮在转动面外侧墙板的位置					堆纸高度	机器外型尺寸 (L×W×G)	最高速度
							X	Y	X1	Y1	Z1	齿数	传动方向（操向传）			
1040	1040 × 780	280 × 273	80—350	196	0	890	977	979	82	755	63.25	18	顺	780	1200 × 2485 × 1600	12000
1060	1060 × 800	400 × 330	80—351	380	0	940	用户选配							780	2350 × 1300 × 1570	10000
1140	1040 × 780	280 × 273	80—350	380	0	890	977	1289	82	1065	63.25	18	顺	1090	1200 × 2485 × 1920	12000

输纸机功能选配机构系列

四杆机构与齿轮组合变速机构

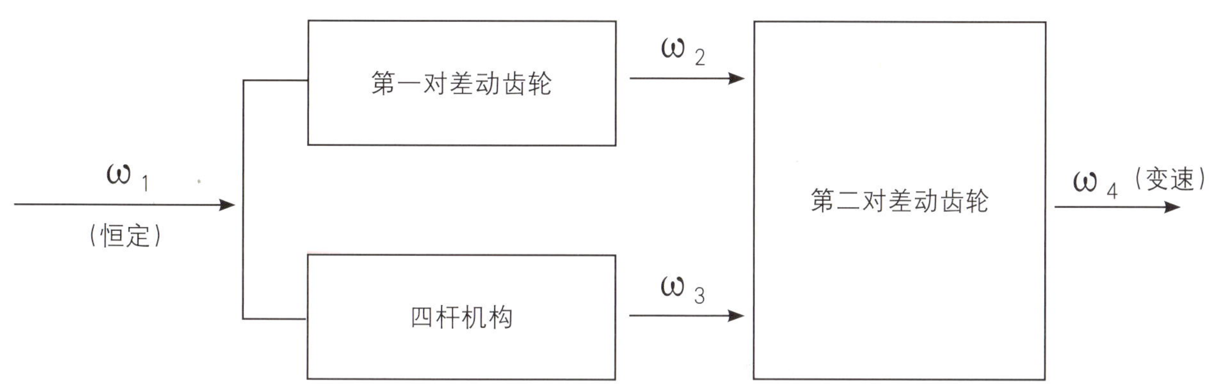

a、变速周期为2π，

b、变速的速比根据实际需要选择。

变速输纸机构

当高速输纸时，由于纸张的线速度较大，纸张从高速状态进入前规定位时，会造成薄纸变形，厚纸反弹，此时需要选择变速输纸机构，(一般纸张线速度大于0.65m/s)，可以选用如下两种变速机构。

齿轮-连杆变速机构

该机构通过一对变形椭圆齿轮相互的啮合传动，实现变速

a、变速周期为2 ，

b、变速传动比是个光滑连续函数$i=f(\Psi)$。变速范围$i=0.67-1.5$

i是变速传动比Ψ是转角（$0\leqslant\Psi\leqslant2$ ）

c、变速范围根据实际需要选择。

非园齿轮变速机构

非园齿轮-同步带轮变速机构

负压输纸台板

功能介绍：解决高速输纸及变速输纸过程中输纸稳定性、可靠性、准确性；可以根据纸张定量，调节真空度大小，满足不同纸张在台板上的稳定准确输送；大大缩短调节时间，提高生产效率；有效避免纸张在输纸板上输送时蹭脏和擦坏纸张表面，保证印品质量。

1. 单气室负压输纸台板

2. 多气室负压输纸台板

不停机更换纸堆

该机构的配置主要是为了提高生产效率和机器的利用系数，设有主、副纸堆两套升降机构，不间断相互转换，为保证纸堆及时供给，减轻工人劳动强度，附设机旁装纸或机外装纸机构。

纸张预置功能

为提高自动化程度，增加机器的使用效率，用户可以选配纸张预置功能机构。

不停机调节主、副机相位装置

1. 蜗轮蜗杆与行星机构组合相位调节机构；
2. 链轮组合相位调节机构。

定位规矩

1. 前规机构；
2. 拉规和推规机构。

输纸头系列

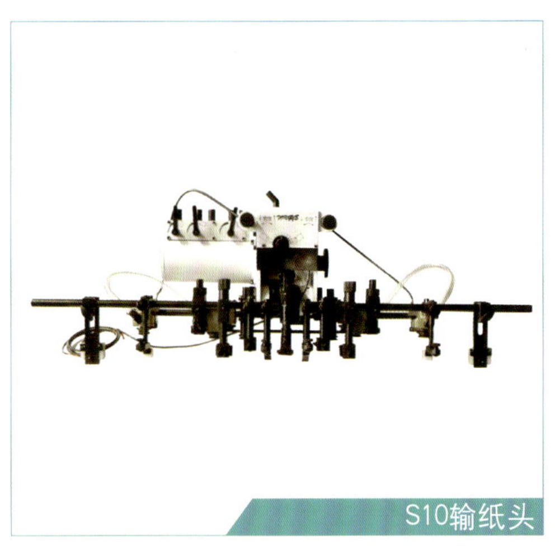
S10输纸头

S10输纸头

适用于≤1020mm规格各种纸张分离、输送

主要技术参数			结构特点
项目名称	单位	参数	一、优化共轭凸轮递纸结构，高速状态下稳定交纸； 二、微调送纸导轨，调节输纸准确出纸位置； 三、集成气路控制，美观大方。
最高输纸速度	P/h	16000	
最大输送纸张幅面	mm	1020×720	
最小输送纸张幅面	mm	540×360	
输送纸张厚度	mm	0.04～0.6	
送纸行程	mm	60	
递纸偏心量	mm	槽凸轮	
回转方向	逆时针方向		

S18输纸头

S18输纸头

适用于≤1050mm规格各种纸张分离、输送

主要技术参数			结构特点
项目名称	单位	参数	一、优化共轭凸轮递纸结构，高速状态下稳定交纸； 二、微调送纸导轨，调节输纸准确出纸位置； 三、分纸机构采用四杆机构； 四、集成气路控制，美观大方。
最高输纸速度	P/h	8000	
最大输送纸张幅面	mm	1050×750	
最小输送纸张幅面	mm	430×370	
输送纸张厚度	mm	80～800	
送纸行程	mm	80	
递纸偏心量	mm		
回转方向	逆时针方向		

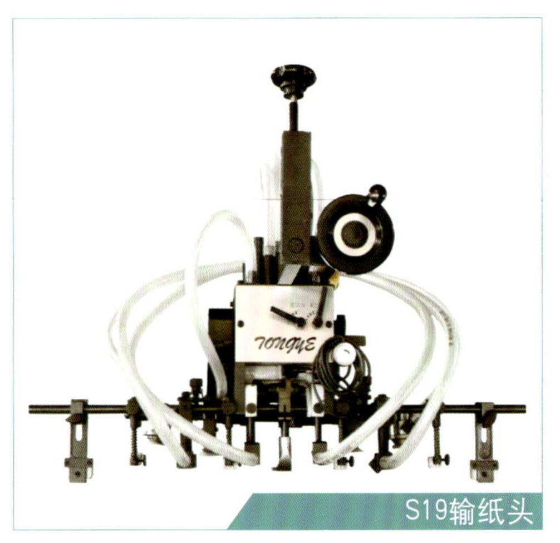

S19输纸头

S19输纸头

适用于≤790mm规格各种纸张分离、输送

主要技术参数			结构特点
项目名称	单位	参数	一、优化共轭凸轮递纸结构，高速状态下稳定交纸； 二、微调送纸导轨，调节输纸准确出纸位置； 三、集成气路控制，美观大方。
最高输纸速度	P/h	16000	
最大输送纸张幅面	mm	790×625	
最小输送纸张幅面	mm	390×273	
输送纸张厚度	mm	0.06～0.7	
送纸行程	mm	56	
递纸偏心量	mm	槽凸轮	
回转方向	逆时针方向		

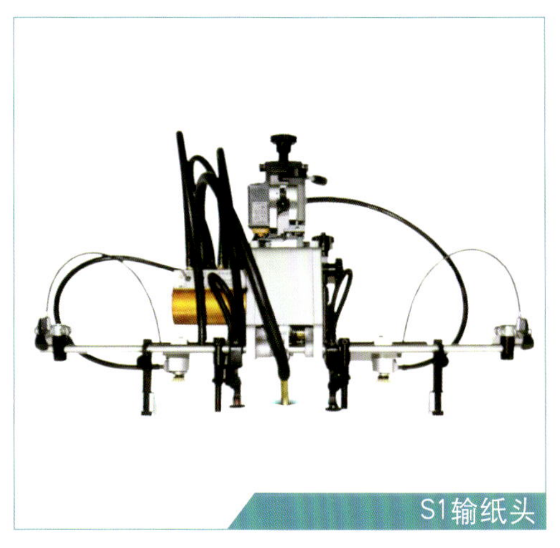

S1输纸头（SP650–A型）

适用于≤740mm规格各种纸张分离、输送

主要技术参数			结构特点
项目名称	单位	参数	一、微调送纸导轨，调节输纸准确出纸位置；二、分纸吸嘴微调倾斜，便于薄纸分离输送。
最高输纸速度	P/h	10000	
最大输送纸张幅面	mm	740×540	
最小输送纸张幅面	mm	393×273	
输送纸张厚度	mm	0.04～0.5	
送纸行程	mm	55	
递纸偏心量	mm	9.5	
回转方向	顺时针方向		

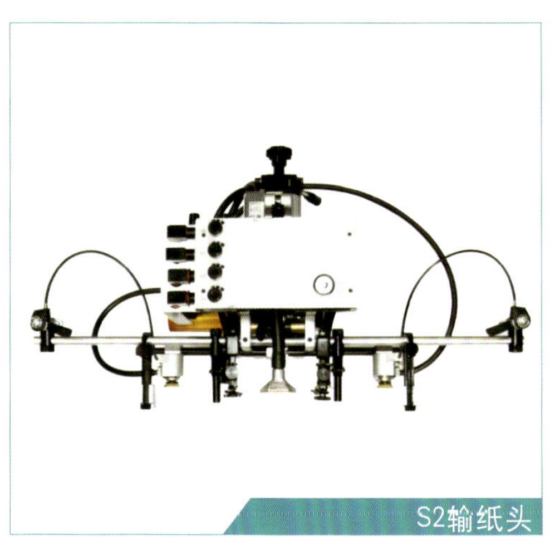

S2输纸头（SP650–B型）

适用于≤740mm规格各种纸张分离、输送

主要技术参数			结构特点
项目名称	单位	参数	一、微调送纸导轨，调节输纸准确出纸位置；二、分纸吸嘴微调倾斜，便于薄纸分离输送；三、集成气路控制。
最高输纸速度	P/h	12000	
最大输送纸张幅面	mm	740×540	
最小输送纸张幅面	mm	393×273	
输送纸张厚度	mm	0.04～0.5	
送纸行程	mm	55	
递纸偏心量	mm	9.5	
回转方向	顺时针方向		

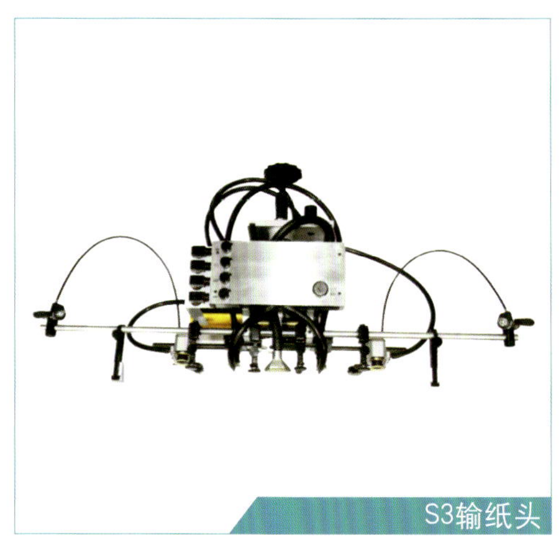

S3输纸头（SP1040–I型）

适用于≤1040mm规格各种纸张分离、输送

主要技术参数			结构特点
项目名称	单位	参数	一、微调送纸导轨，调节输纸准确出纸位置；二、分纸吸嘴微调倾斜，便于薄纸分离输送；三、集成气路控制。
最高输纸速度	P/h	12000	
最大输送纸张幅面	mm	1040×740	
最小输送纸张幅面	mm	520×360	
输送纸张厚度	mm	0.04～0.5	
送纸行程	mm	5.5	
递纸偏心量	mm	9.5	
回转方向	顺时针方向		

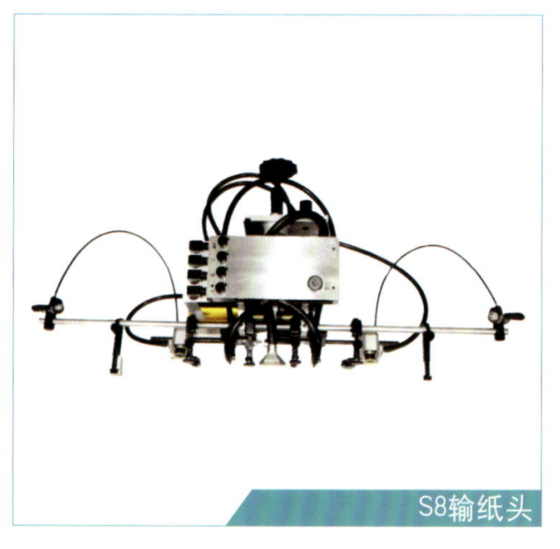
S8输纸头

S8输纸头（SP1040–II型）

适用于≤1040mm规格各种纸张分离、输送

主要技术参数			结构特点
项目名称	单位	参数	一、优化共轭凸轮递纸结构，高速状态下稳定交纸； 二、扩大递纸行程； 三、集成气路控制； 四、气路平衡通过内部正压实现。
最高输纸速度	P/h	≥15000	
最大输送纸张幅面	mm	1040×740	
最小输送纸张幅面	mm	520×360	
输送纸张厚度	mm	0.04～0.5	
送纸行程	mm	61	
递纸偏心量	多项式		
回转方向	顺（逆）时针方向		

SS1020输纸头

SS1020输纸头（丝网）

适用于≤1020mm规格各种纸张分离、输送（局限于丝网输纸机）

主要技术参数			结构特点
项目名称	单位	参数	一、递纸、分纸吸嘴合二为一； 二、分配气阀直径大有利于厚纸分离输送； 三、回摆式扇形吸嘴。
最高输纸速度	P/h	5000	
最大输送纸张幅面	mm	1020×720	
最小输送纸张幅面	mm	350×270	
输送纸张厚度	mm	120～250	
送纸行程	mm	30	
递纸偏心量	mm	20	
回转方向	逆时针方向		

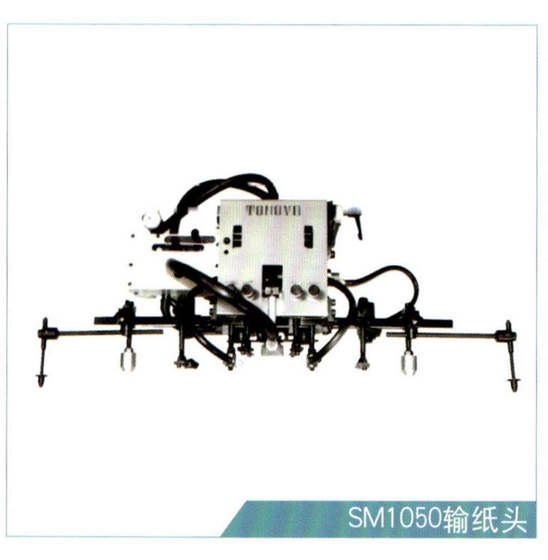

SM1050输纸头

SM1050输纸头（模切）

适用于各种规格纸、纸板、瓦楞纸的分离、输送，对难以分离输送翘尾纸其优越性更为明显

主要技术参数			结构特点
项目名称	单位	参数	一、递纸机构采用可调节点四杆机构，能改变出纸位置，便于翘尾纸输送； 二、压脚升程大，便于翘尾纸分离输送； 三、分配阀芯为大直径，便于厚纸、瓦楞纸分离输送。
最高输纸速度	P/h	8000	
最大输送纸张幅面	mm	1050×750	
最小输送纸张幅面	mm	450×370	
输送纸张厚度	纸80～800g/m² 纸板≤1.6mm瓦楞纸≤3.2mm		
送纸行程	mm	95	
递纸偏心量	mm	28	
回转方向	逆时针方向		

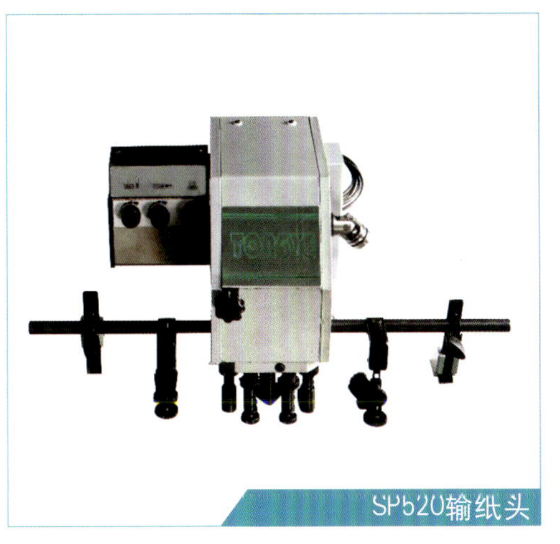
SP520输纸头

SP520输纸头

适用于≤520mm规格各种纸张分离、输送

主要技术参数			结构特点
项目名称	单位	参数	一、递纸、分纸吸嘴合二为一； 二、吸嘴运动机构为共轭凸轮控制的摇杆机构； 三、升纸量控制传感元件为光电接近开关。
最高输纸速度	P/h	12000	
最大输送纸张幅面	mm	520×375	
最小输送纸张幅面	mm	148×100	
输送纸张厚度	mm	0.04～0.5	
送纸行程	mm	38	
递纸偏心量	mm	32	
回转方向	顺时针方向		

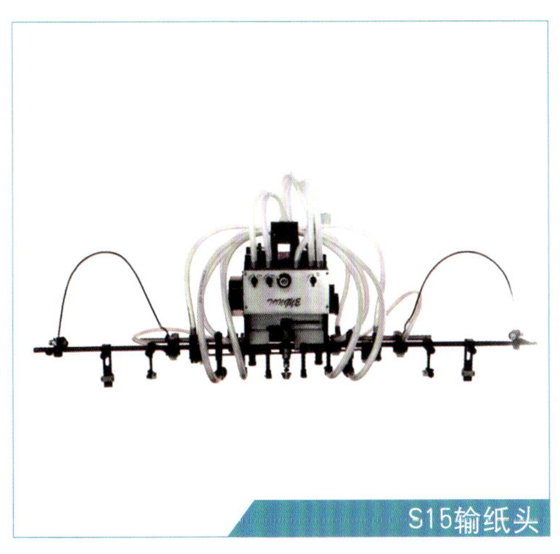
S15输纸头

S15输纸头

适用于≤1620mm规格各种纸张分离、输送

主要技术参数			结构特点
项目名称	单位	参数	一、优化共轭凸轮递纸结构，高速状态下稳定交纸； 二、递纸机构采用微型直线导轨，提高送纸稳定性； 三、集成气路控制，美观大方。
最高输纸速度	P/h	10000	
最大输送纸张幅面	mm	1620×1040	
最小输送纸张幅面	mm	850×600	
输送纸张厚度	mm	0.08～0.8	
送纸行程	mm	63.5	
回转方向	顺时针方向		

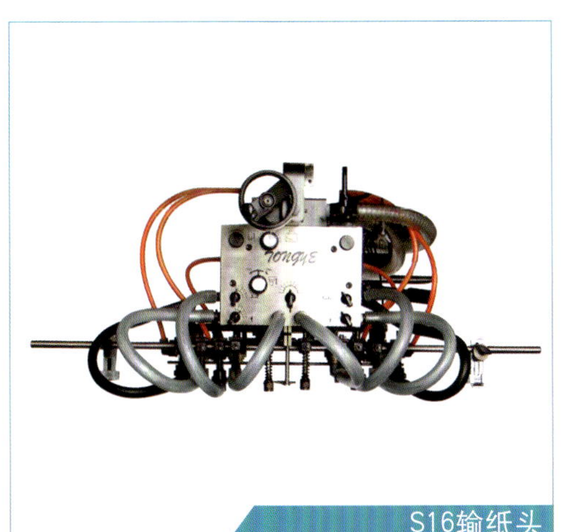
S16输纸头

S16输纸头

适用于≤1040mm规格各种纸张分离、输送

主要技术参数			结构特点
项目名称	单位	参数	一、优化共轭凸轮递纸结构，高速状态下稳定交纸； 二、递纸机构采用微型直线导轨，提高送纸稳定性； 三、分支机构采用四杆机构； 四、集成气路控制，美观大方。
最高输纸速度	P/h	16000	
最大输送纸张幅面	mm	1040×740	
最小输送纸张幅面	mm	440×320	
输送纸张厚度	mm	0.04～0.6	
送纸行程	mm	64	
回转方向	顺时针方向		

地址：浙江省诸暨市唐三路18号　邮编：311816　电话：0575-87305022　传真：0575-87305018
网址：www.zjtongye.com　邮箱：tongye@zjtongye.com

设计、检验及生产现场

上海华太信息技术有限公司

上海华太信息技术有限公司创建于1994年。十多年来，在工业自动化领域积极为客户提供技术服务；承接机电一体化工程项目的开发，设计，实施；为传统制造业提供数字化控制系统的研发支持，电气成套生产，配套；代理销售国际知名品牌工控产品并为客户提供系统集成，自动化前沿技术咨询。

公司资深科技人员来自于原华东计算技术研究所，专业涉及计算机，自动控制，微电子，精密机械等。秉承优秀的技术开发能力，刻苦钻研，精益求精，持续进步的精神，在汽车制造，印刷机械，石化，纺织，制药，轻工等行业获得优异业绩，同时在高速数据采集，总线技术，图像识别处理，仿真测试等技术领域亦以取得卓越成就。

正确的发展战略，优秀的员工队伍，富有竞争力的创新能力，客户第一的市场原则，构筑了公司业务持续增长的氛围。

“不断追求卓越，实现客户理想”是我们的经营理念。

客户的支持和关怀是我们赖以持续发展的原动力。热诚希望与我们的客户共同发展，谋求双赢，与时俱进，共创辉煌。

地址：上海市嘉定区马陆镇博学路388号

邮编：201801

电话：021-69150900

传真：021-69150910

网址：www.chinahdc.com

邮箱：sales@chinahdc.com

产品介绍

一、PCC墨色遥控系统

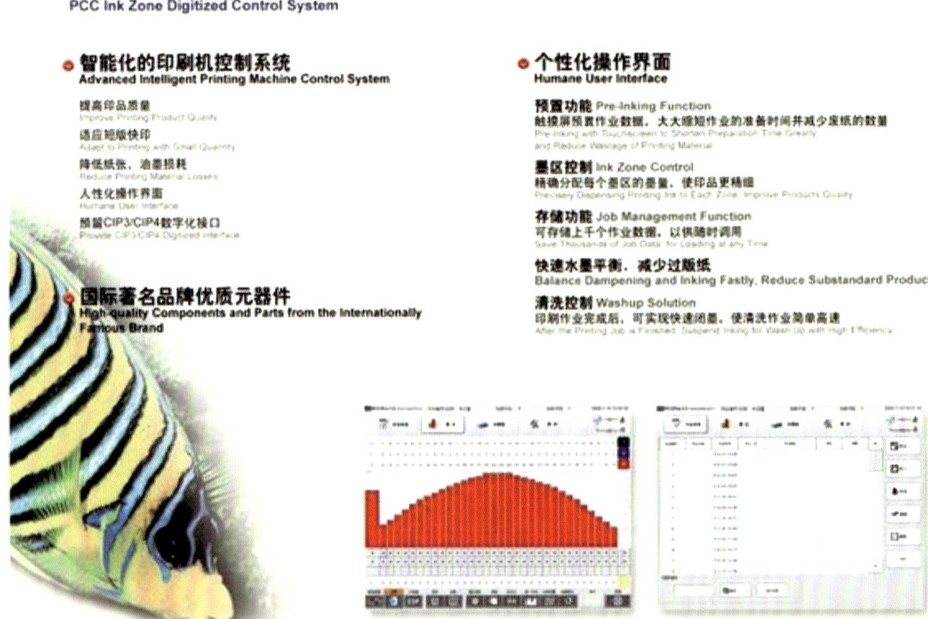

1．从1988年开始研发墨色遥控系统

2．实际应用规格全，装机量大，客户面广，幅宽从320mm~1620mm

3．提供三种不同机械结构（滑块式、钢板式、偏心轮式）

4．可以与印刷机控制系统实现无缝对接

■ 智能化的印刷机控制系统

· 提高印品质量，适应短板快印

· 降低纸张、油墨损耗

· 人性化操作界面

· 预留CIP3/CIP4数字化接口

■ 实时的监控功能

· 对印刷机的状态和作业进程实时监控，实时在线调整

· 快速诊断机器故障、提示解决方案、最大限度降低停机时间

■ 个性化操作界面

· 触摸屏预置作业数据，大大缩短作业的准备时间并减少废纸的数量

· 精确分配每个墨区的墨量，使印品更精细

· 可存储作业数据（按照硬盘空间大小），以供随时调用

· 快速水墨平衡，减少过版纸

· 印刷作业完成后，可实现快速闭墨，使清洗作业简单快速

■ 使用国际著名品牌的元器件

PCC墨色遥控系统

二、CIP3/CIP4接口，数字化作业流程

■ 实现墨量数字化，降低对操作员工的技能与经验的要求

■ PCC墨色遥控系统可以直接读取CIP3/CIP4文件（PPF文件），自动完成墨量预置，提高印刷效率，并以满足印品的高质量

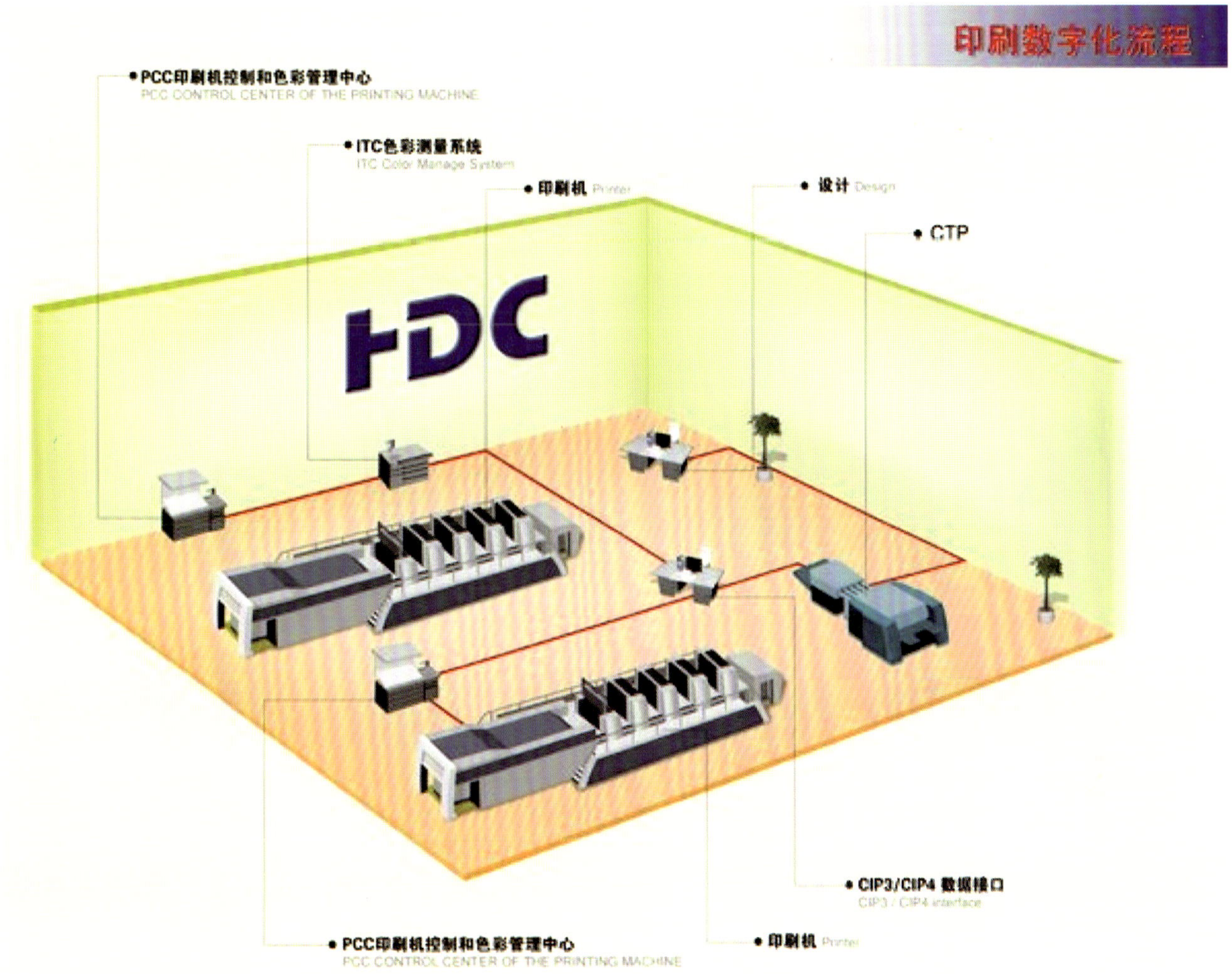

印刷数字化流程

PCC印刷机控制和色彩管理中心
PCC CONTROL CENTER OF THE PRINTING MACHINE
ITC色彩测量系统
ITC Color Manage System
印刷机 Printer
设计 Design
CTP
HDC
CIP3/CIP4 数据接口
CIP3 / CIP4 interface
PCC印刷机控制和色彩管理中心
PCC CONTROL CENTER OF THE PRINTING MACHINE
印刷机 Printer

CIP3/CIP4接口，数字化作业流程

三、EPS系列电子喷粉系统

■ 为了避免气流的冲击带来的损害，采用特别的结构，使气流保持不变，而通过控制下粉的节拍实现间歇喷粉。

■ 使用伺服电机带动下粉，达到精确控制粉量和喷粉的节奏

■ 采用电子控制，精确跟踪主机速度变化，保证主机速度变化时，喷粉量保持稳定

■ 高精度的定量机能，能把喷粉量控制到最少

■ 由于喷粉量可设定到1/100，使必要喷粉量的最少设定成为可能

■ 液晶屏显示，不仅提供信息，更使操作简单化

■ 配有往各喷孔均一地分配粉末的高型能的分配部

■ 对应印刷机的速度变化，配有速度跟踪功能

■ 喷嘴具有风幕保护功能，有效防止粉末扩散

■ 根据纸张幅面大小，自动控制喷粉节奏，提高粉末利用效率

■ 采用通讯控制，使喷粉装置的操作、信息可以在印刷机的控制屏上控制。

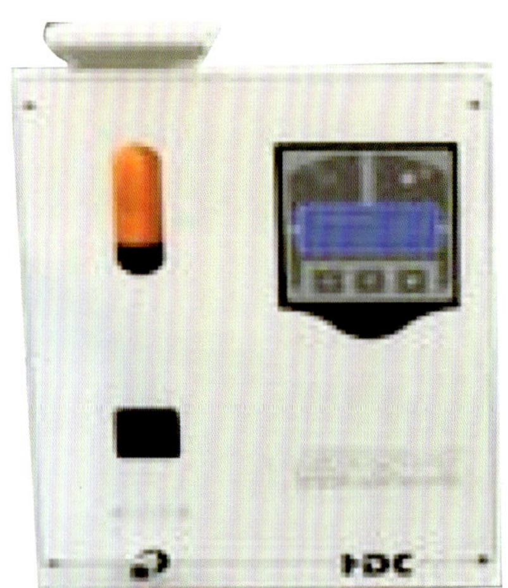

EPS系列电子喷粉系统

EPS-I 精确定量电子式自动喷粉装置

EPS-I ,Electronic Powder Spray System

独特的系统结构，创新的喷嘴设计，喷粉效果更加精确，过粉面积更加均匀，控制更为灵活，显著减少喷粉量，提高印品质量。

Unique System Structure, Creative Design Of Spray Nozzle, Precise Powder Spraying , Evener Powder Spraying, Control With High Flexibility, Reduce The Powder Stream Greatly, Improve Products Quality

专利产品

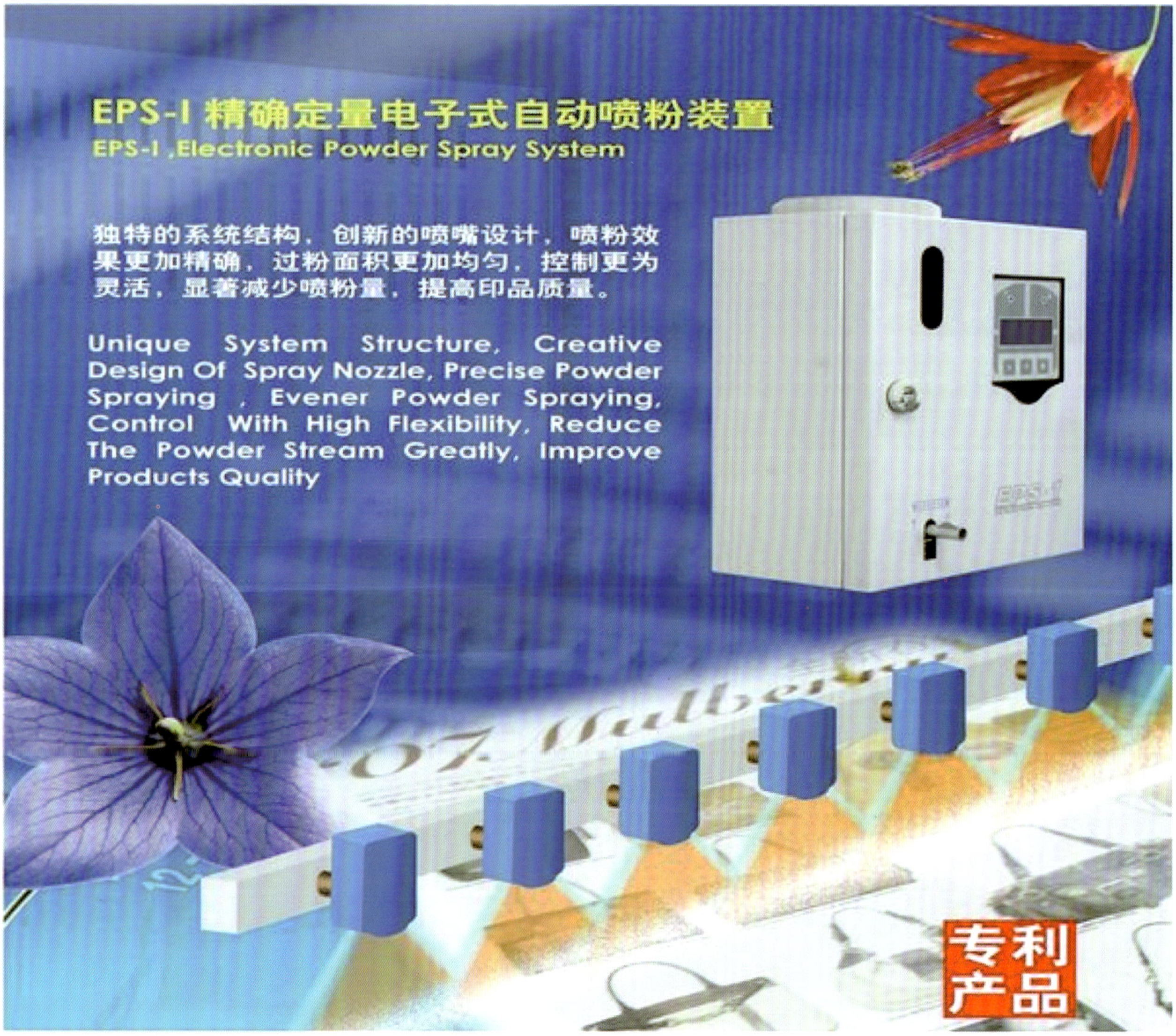

四、全自动橡皮布清洗装置

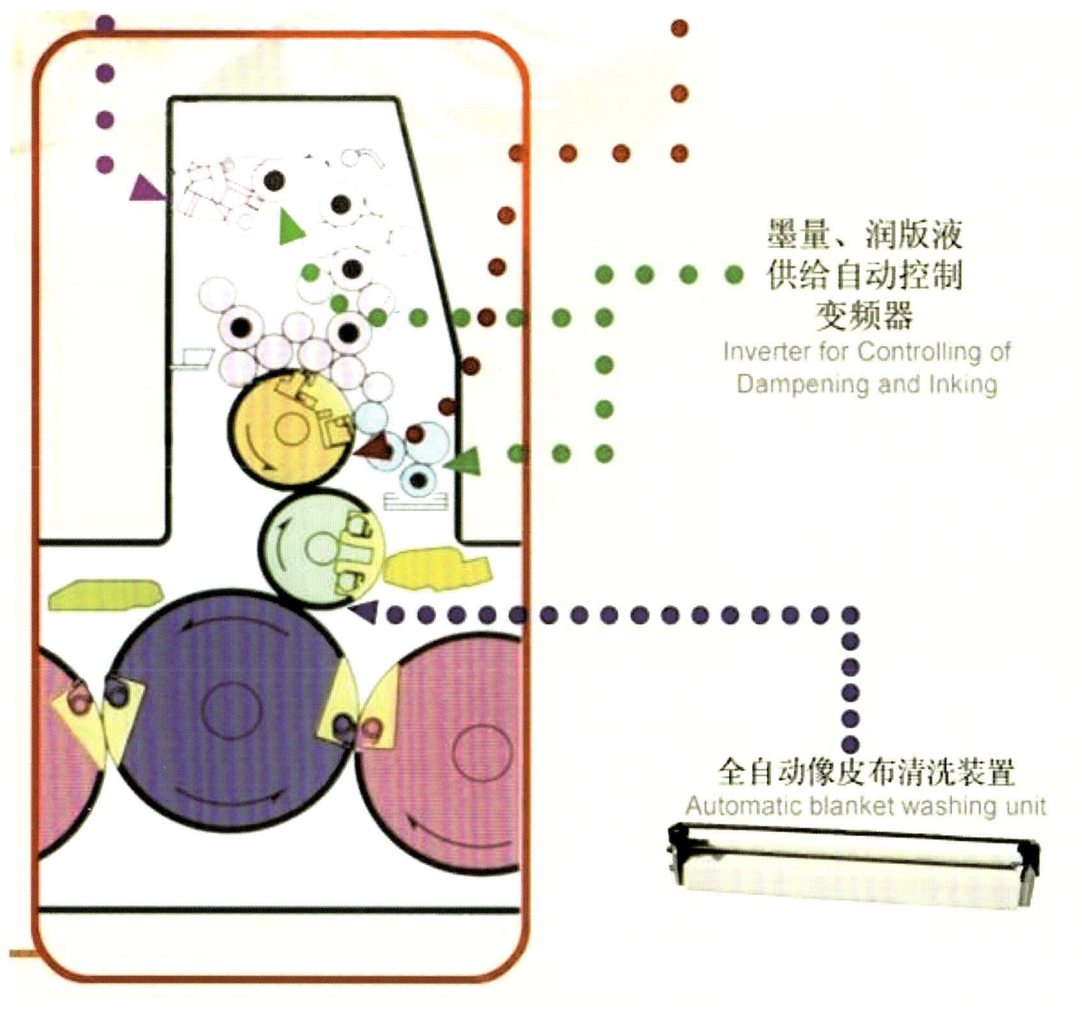

- 提升印刷机生产效率
- 缩短清洗时间
- 加快启动时间
- 没有废物处理费用，操作容易
- 没有飞溅的清洗溶剂
- 大大降低挥发性有机化合物
- 易操作，有多种预设工作方式，不同需求，一键搞定
- 适用于多种应用场合

橡皮布清理装置

五、电气控制系统

自动化控制系统业务涉及范围：

印刷机械、纺织机械、制药机械、包装机械、汽车生产等行业生产线的制造

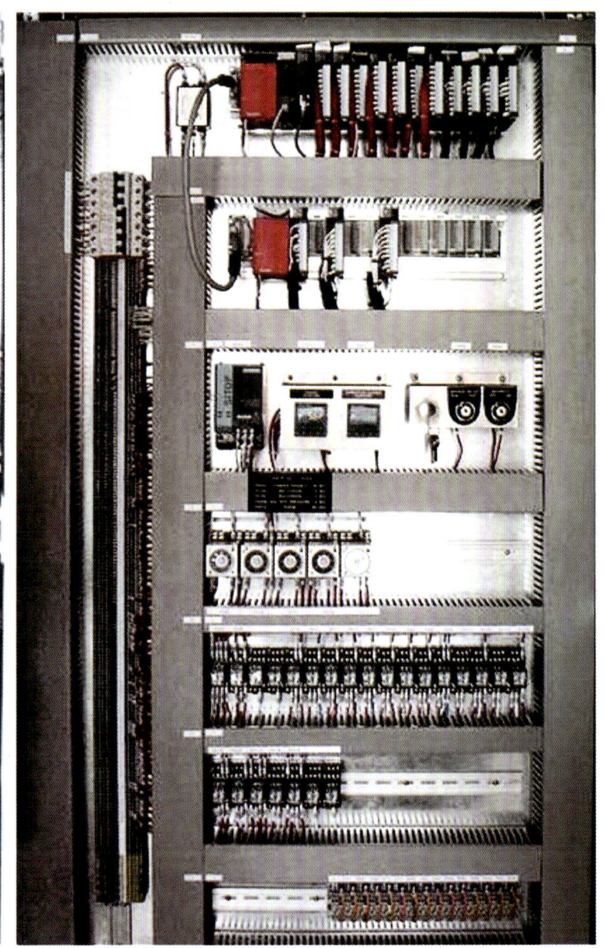

电气控制系统

好利旺机械（上海）有限公司

好利旺机械（上海）有限公司是日本好利旺机械株式会社在中国建立的专业生产无油式真空泵、空压机后处理设备的外资企业。经过10多年的发展，年生产能力可达30000台无油式真空泵、10000台压缩空气超级过滤器。

好利旺机械（上海）有限公司借助日本好利旺株式会社积累近60多年的专业真空技术力量和堪称世界一流水平的管理经验，不断在中国市场推出超前性的新型真空产品和超级过滤设备，以“制造让客户感动的产品”为质量方针，通过全体员工不懈的努力，与中国工业共享科技进步之成果，与中国的现代化共同前进。

目前公司产品广泛应用于电子、印刷、包装、医药、自动化、化工等行业市场。其中在印刷、包装行业推出大批产品以适应各类印包机械设备之需，产品覆盖CTP、胶印机、配页机、折页机、包本机、模切机……。公司的售后服务网点更是遍布全国，有近40网点随时为用户就近解决问题。

地址：上海市松江区九亭镇田富路35号

邮编：201615

电话：021-67698069-318 67632686

传真：021-67632740

网址：www.orionsh.com

产品介绍

空压机械

■空气干燥器
（冷冻式压缩空气除湿装置）
■空气过滤器
（压缩空气清净装置）
■其他

空气干燥器
（变换器控制）
RAXE2300A—W

电子机械

■热气流机
（操作型恒温恒湿器）
■热空气清洗机
（超精密空气供给装置）
■其他

热空气清洗机
AP—750FSK—FW

食品机械

■鼓风冷冻机和吸湿器
（急速冷冻·结冰机）
■蓄冰式冰水冷却机
■人工急冷运送
（高湿急冷发送车）

热风冷冻机和吸湿器
RB101A1

冷冻机械

■单元冷却器
（循环式液体用冷却器）
■除湿干燥机
■油冷却器
（油温自动控制装置）

变频冷却装置
RKE3750A—V

加热机械

■喷射加热器
（可移动式暖风机）
■热辐射加热器
（红外线取暖器）
■德尔加多(dellguard)
（远红外线取暖器）

热辐射加热器
HR330G

畜牧机械

■挤奶机器
■冷却机器
■饲料供给机器
■环境保护机器

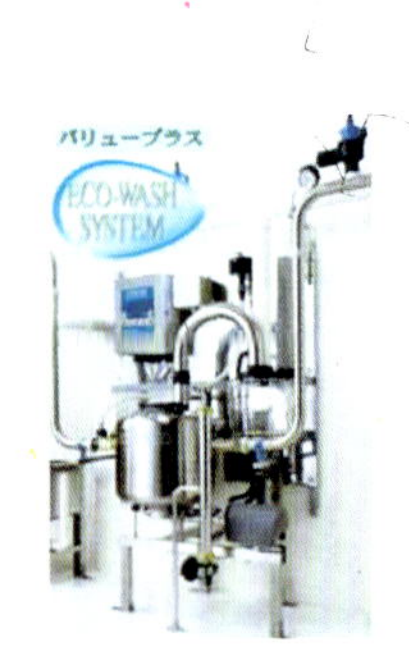

新型超级挤奶生产线
（挤奶机器）

无油式真空泵

应用机型
制版机(CTP)
印刷机
装订机
模切机
覆膜机
裱纸机
上光机
折页机/配页机
铁丝订书机
胶粘订书机锁线机
平装书芯包面机
精装制书壳机
CBF系列
CBX系列
KRX系列
CBX系列
CBF系列
CBX系列
KRA9/10
KRF 系列
KRX 系列
KRA9/10
CBX系列

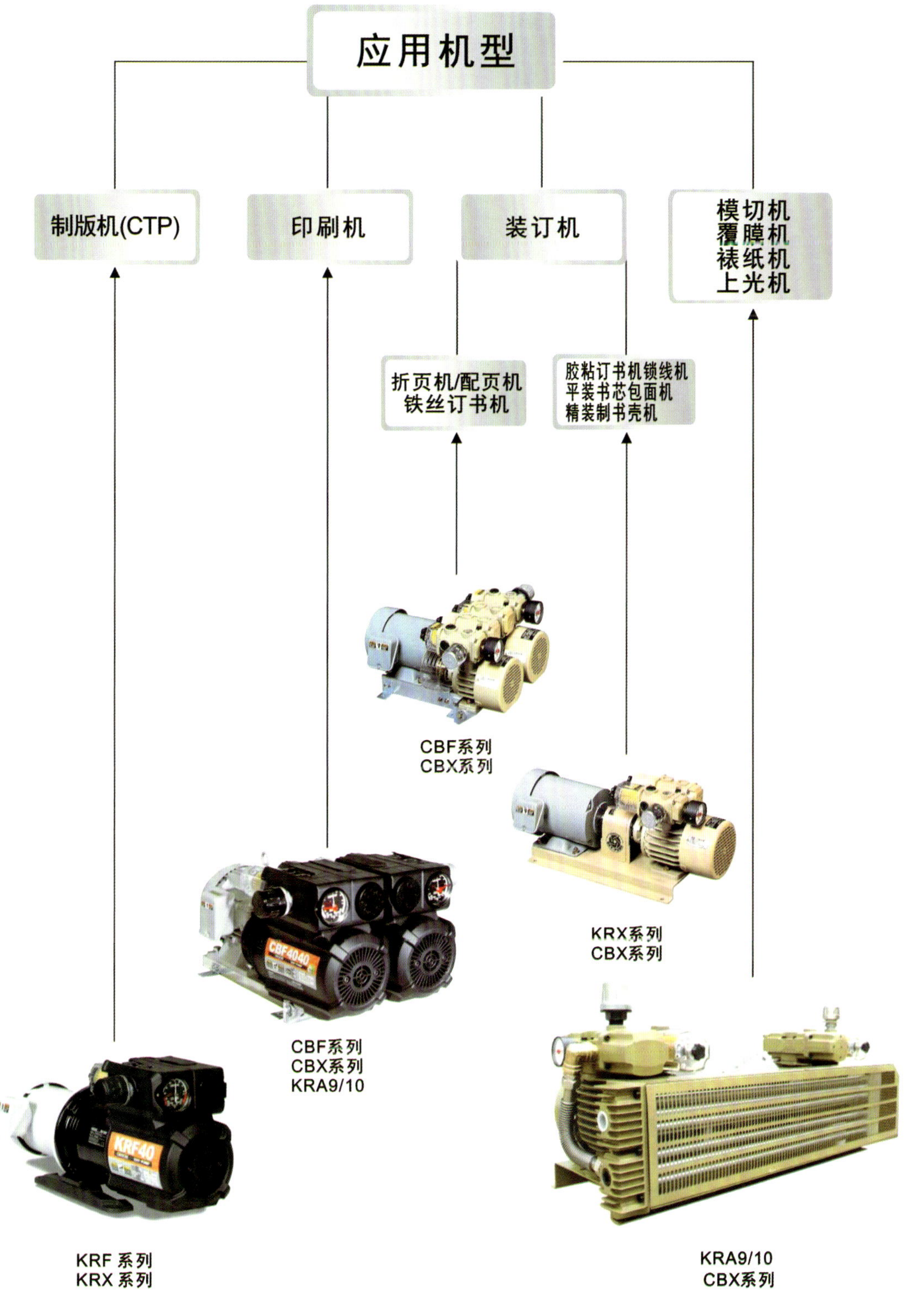

大流量无油KRA系列真空泵

大流量无油KRA系列真空泵适应大幅面高速胶印机，以无油，流量大，易保养的特性满足市场需求。

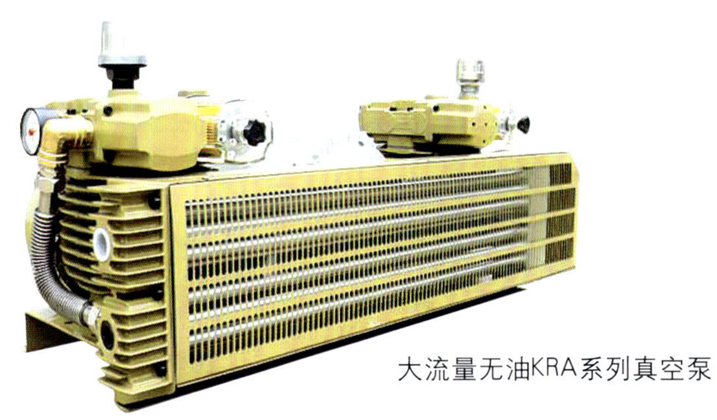

大流量无油KRA系列真空泵

特性

- 双气缸-双功能（真空泵、吹气泵并列）方式，可以同时作为真空度60KPa以下的吸气源、排气压力60KPa以下的吹气源来独立使用。
- 安装与传动带外罩一体的散热器，增加了排气冷却效果，环境温度30℃以下时，保证吹气出口温度65℃以下。
- 传动带驱动方式，整机运转音较低。

部品名称 \ 型式		KRA9-P-DP-VB-03A	KRA9-P-DP-VB-03	KRA10-P-DP-VB-03
转速	rpm	1100	1300	900
设计排气量 ※1	m3/h	90	110	140
常用真空度 ※2	KPa	60以下		
常用排气压力※3	KPa	60以下		
配管连接口径		Rc1		
电源 ※4		3相 200V 50HZ 3相 380V 50HZ		
所需动力	KW	5．5（4P）		
质量	kg	197		237
外型尺寸	mm	1207×524×385		1217×587×461

1. 设计排气量：根据容积得出的理论值。
2. 常用真空度：可以使用的真空度范围。请在常用真空度以内进行使用。
3. 常用排气压力：可以使用的排气压力范围。请在常用排气压力以内进行使用。
4. 电源电压的允许变动范围为±10%以内。

标准型KRF系列

安全设计.低运转音.使用寿命长.环保

常用真空度 60kPa(MAX80kPa以下)
※KRF15 MAX75kPa
常用排气压力 60kPa(MAX70kPa以下)
流量 235~575L/min (50Hz)
RoHs标准　　符合CE标准

标准型KRF系列

特性

- 安全环保设计，带CE认证，符合RoHs标准。
- 静音化设计，比KRX系列降低2～5dB。
- 使用新型滑片，使用寿命比KRX系列增加30%。
- 印刷、包装、自动化、电子机械等多领域使用的真空源。

型式 Model	设计排气量 Designed pumping capacity (L/min) (※1)		到达真空度 Ultimate vacuum (kPa以上) (※2) (Over: kPa)		常用真空度 Continous operative vacuum (kPa以下) (※3)		常用排气压力 Continous operative pressure (kPa以下) (※3)		配管接口 Exhaust port diameter	电源Motor voltage 单相 Single phase		电源Motor voltage 三相 Three phase					运转噪音 (dB) Noise		装载电机 (kw) Motor	质量 (kg) Mass	
	50Hz	60Hz	50Hz	60Hz	推荐	最高	推荐	最高		100v	220v	200v 50/60Hz	380v 50/60Hz	400v 50/60Hz	415v 50Hz	440v 60Hz	50Hz	60Hz		单相 Single phase	三相 Three phase
KRX15–P–□–□																					
V–01	235	280	84	86	60	75	–	–	Rc3/4	○		–	–	–	–	–	62	64	0.4	22.5	–
V–03	235	280	84	86	60	75	–	–	Rc3/4	–		○	○	○	○	○	60	62	0.4	–	19
B–01	235	280	84	86	–	–	60	70	Rc3/4	○		–	–	–	–	–	64	65	0.4	22.5	–
B–03	235	280	84	86	–	–	60	70	Rc3/4	–		○	○	○	○	○	64	65	0.4	–	19
VB–01	235	280	84	86	合计小于60、最高75				Rc3/4	○		–	–	–	–	–	62	64	0.4	22.5	–
VB–03	235	280	84	86	合计小于60、最高75				Rc3/4	–		○	○	○	○	○	60	62	0.4	–	19
KRX25–P–□–□																					
V–01	405	480	86	90	60	80	–	–	Rc3/4	○		–	–	–	–	–	64	66	0.75	31	–
V–03	405	480	86	90	60	80	–	–	Rc3/4	–		○	○	○	○	○	62	64	0.75	–	28
B–01	405	480	86	90	–	–	60	70	Rc3/4	○		–	–	–	–	–	67	69	0.75	31	–
B–03	405	480	86	90	–	–	60	70	Rc3/4	–		○	○	○	○	○	65	67	0.75	–	28
VB–01	405	480	86	90	合计小于60、最高80				Rc3/4	○		–	–	–	–	–	64	66	0.75	31	–
VB–03	405	480	86	90	合计小于60、最高80				Rc3/4	–		○	○	○	○	○	62	64	0.75	–	28
KRX40–P–□–□																					
V–03	575	685	86	90	60	80	–	–	Rc3/4	–		○	○	○	○	○	66	67	1.5	–	36
B–03	575	685	86	90	–	–	60	70	Rc3/4	–		○	○	○	○	○	68	70	1.5	–	36
VB–01	575	685	86	90	合计小于60、最高80				Rc3/4	–		○	○	○	○	○	66	67	1.5	–	36

※ 1.设计排气量：由容积所计算出的理论值，实际流量参考性能实测数据。
※ 2.泵所到达最高真空度在实际上不能使用，只是为了机种选定时计算而使用。
※ 3.可能使用的真空度（排气压力）范围。
※ 使用环境（吸入空气）条件：温度：0～40℃；湿度：通常湿度（65±20%）。
※ 电源电压的允许波动范围为额定电压±10%。
※ 请设置过负荷保护器（热敏继电器等）。
设定值：请以电机标牌上记载的额定电流值为标准。

电机直接连接型高真空KHF系列

极限真空 8KPa[abs]以下

常用真空 可在极限真空~大气压力的宽量程范围内使用（但是，KHF08-V型只能在极限真空~48KPa[abs]内范围使用）

流量 125~340L/min（50Hz）

电机直接连接型高真空KHF系列

特性

在极限真空（8kpa [abs]下能连续运行。

更容易更换滑片，（与KRX系列相比较）

运行真空度高，适合在电子行业中应用 。

型式 Model	设计排气量 Designed pumping capacity (L/min)(※1)		到达极限真空 Ultimate vacuum (kPa[abs])	使用真空 Continuous operative vacuum (kPa[abs])	配管连接孔径 Suction exhaust port diameter	电源Motor voltage				运转噪音 (dB) Noise		装载电机 (kw) Motor	重量 (kg) Mass	
						单相 single phase		三相 Three phase						
						100v	220v	200v	380v					
	50Hz	60Hz				50/60Hz				50Hz	60Hz		单相	三相
KHF08-P-V-01	125	150	8	8~48	Rc1/4	○	○	–	–	64	67	0.2	15.5	–
KHF08-P-V-03						–	–	○	○	64	67	0.2	–	13.5
KHF14-P-V-01	230	280	8	全量程内可以使用	Rc3/4	○	○	–	–	66	68	0.4	24	–
KHF14-P-V-03						–	–	○	○	66	68	0.4	–	22.5
KHF20-P-V-01	340	400	8	全量程内可以使用	Rc3/4	○	○	–	–	67	69	0.75	35	–
KHF20-P-V-03						–	–	○	○	67	69	0.75	–	31

※ 1.设计排气量：由容积所要求的理论值。实际流量参考性能实测数据。
※ 2.在到达泵的最高真空度点时可能连续使用的压力。
※ 要在性能数据的虚线下连续使用，请与代理商联系。
※ 允许脉动范围：13.3kPa以内。
※ 对排气进行配管时，允许阻力：10 kPat以下。(不可以用于排气)。
※ 使用环境(吸入空气)条件：温度：0~40℃；湿度：通常湿度（65±2 0%)。
※ 因为高真空泵在压缩比高时，泵内部容易结露、所以必须要采取以下措施防止生锈。
●试运行时，吸气侧48kPa [abs]以下的负荷，连续运行5分钟以上。
●试运行和工作时间在5分钟以内时，为了除去凝结露水，开放吸气侧，进行10~15分钟的(干燥)运行。
※ 电源电压的允许波动范围为额定电压±10%。
※ 请设置过负荷保护器(热敏继电器等)。
设定值：设定值以电机标牌上记载的额定电流值为标准。

标准型KRX系列

常用真空度　60kPa以下

流量　135～1190L／min(50Hz)

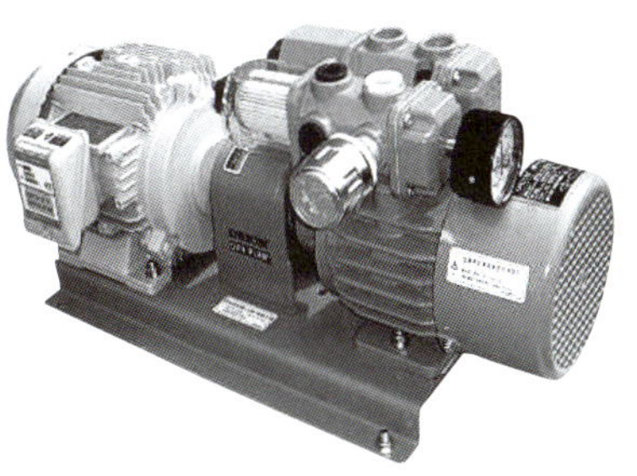

标准型KRX系列

特性

● 因为是无油式，所以在使用真空（真空规格）、排气（鼓风规格）时，也不含有油分，不会对作业环境和产品（物体）造成油污染。

● 运行声音低（由于去掉了使人感到厌烦的高周波音，即使在相同的dB值下，刺耳的声音也少）、寿命长。而且同时装备有真空压力表、调压控制阀。

型式 Model	设计排气量 Designed pumping capacity (L/min) (※1)		到达真空度 Ultimate vacuum (kPa以上) (※2) (Over;kPa)	常用真空度 Continous operative vacuum (kPa以下) (※3) (Under;kPa)	常用排气压力 Continuous operative pressure (kPa以下) (※3) (Under;kPa)	配管接口 Suction Exhaust port diameter	电源Motor voltage 单相 single phase		三相 Three phase					装载电机 (kw) Motor	质量（kg）Mass 单相 Single phase	三相 Three phase
	50Hz	60Hz					100v	220v	200v	380v	400v	415v	440v			
							50/60Hz					50Hz	60Hz			
KRX1-P-□-□																
V-01	135	155	78	60	–	Rc3/4	○	○	–	–	–	–	–	0.2	16.5	–
V-03	135	155	78	60	–	Rc3/4	–	–	○	○	○	○	○	0.2	–	15
B-01	135	155	–	–	60	Rc3/4	○	○	–	–	–	–	–	0.2	16.5	–
B-03	135	155	–	–	60	Rc3/4	–	–	○	○	○	○	○	0.2	–	15
VB-01	135	155	–	V(吸气)+B(排气)〈60kpa		Rc3/4	○	○	–	–	–	–	–	0.2	16.5	–
VB-03	135	155	–	V(吸气)+B(排气)〈60kpa		Rc3/4	–	–	○	○	○	○	○	0.2	–	15
KRX3-P-□-□																
V-01	235	280	84	60	–	Rc3/4	○	○	–	–	–	–	–	0.37	25.5	–
V-03	235	280	84	60	–	Rc3/4	–	–	○	○	○	○	○	0.37	–	21
B-01	235	280	–	–	60	Rc3/4	○	○	–	–	–	–	–	0.37	25.5	–
B-03	235	280	–	–	60	Rc3/4	–	–	○	○	○	○	○	0.37	–	21
VB-01	235	280	–	V(吸气)+B(排气)〈60kpa		Rc3/4	○	○	–	–	–	–	–	0.37	25.5	–
VB-03	235	280	–	V(吸气)+B(排气)〈60kpa		Rc3/4	–	–	○	○	○	○	○	0.37	–	21
KRX5-P-□-□																
V-01	405	480	86	60	–	Rc3/4	○	○	–	–	–	–	–	0.75	34	–
V-03	405	480	86	60	–	Rc3/4	–	–	○	○	○	○	○	0.75	–	33
B-01	405	480	–	–	60	Rc3/4	○	○	–	–	–	–	–	0.75	34	–
B-03	405	480	–	–	60	Rc3/4	–	–	○	○	○	○	○	0.75	–	33
VB-01	405	480	–	V(吸气)+B(排气)〈60kpa		Rc3/4	○	○	–	–	–	–	–	0.75	34	–
VB-03	405	480	–	V(吸气)+B(排气)〈60kpa		Rc3/4	–	–	○	○	○	○	○	0.75	–	33
KRX6-P-□-□																
V-03	575	685	86	60	–	Rc3/4	–	–	○	○	○	○	○	1.5	–	50
B-03	575	685	–	–	60	Rc3/4	–	–	○	○	○	○	○	1.5	–	50
VB-03	575	685	–	V(吸气)+B(排气)〈60kpa		Rc3/4	–	–	○	○	○	○	○	1.5	–	50
KRX7A-P-□-□																
V-03	1190	–	90	60	–	Rc1	–	–	○	○	○	○	–	2.2	–	79
B-03	1190	–	–	–	60	Rc1	–	–	○	○	○	○	–	2.2	–	79
VB-03	1190	–	–	V(吸气)+B(排气)〈60kpa		Rc1	–	–	○	○	○	○	–	2.2	–	79

※ 1.设计排气量：由容积所计算出的理论值。实际流量参考性能实测数据。

※ 2.泵所到达最高真空点在实际上不能使用，只是为了机种选定时计算而使用。

※ 3.可能使用的真空度(排气压力)范围。

※ KRX7A泵不能使用于60Hz的区域，当在60Hz区域使用时、请与代理商或厂家联系。

※ 也有各机种的单体泵（只有泵头）。

※ 使用环境(吸入空气)条件：温度：0～40℃；湿度：通常湿度(65±20%)

※ 电源电压的允许波动范围为额定电压±10%。

请设置过负荷保护器(热敏继电器等)。设定值以电机标牌上记载的额定电流值为标准。

复合型CBX系列

常用真空度　60kPa以下(除CBX□VBVB型)
常用排气压力　60kPa以下(除CBX□VBVB型)
流量　280～1115L／min(50Hz)

特性

● 由于双气缸一双功能(真空泵、鼓风机并列)方式，可以同时作为真空度60 kPa以下的真空源、排气压60kPa以下的空气源来独立使用。

● 该泵体积小、重量轻、操作简便。

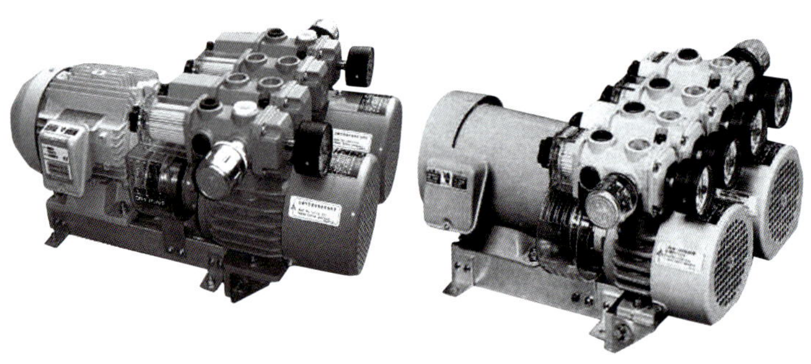

复合型CBX系列

型式 Model		设计排气量 Designed pumping capacity (L/min)(※1)	常用真空度 Continous operative Vacuum (kPa以下)(※2)(Under;kPa)	常用排气压力 Continous operative pressure (kPa以下)(※2)(Under;kPa)	配管接口 Suction exhaust port diameter	电源Motor voltage 三相 Three phase				装载电机 (kw) Motor	质量 (kg) Mass
		50Hz				200v	380v	400v	415v		
						50Hz					
CBX□–P–□–03(VB式样)											
15–P–VB–03		280	60	60	Rc3/4	○	○	○	○	0.75	41
25–P–VB–03		480	60	60	Rc3/4	○	○	○	○	1.5	53
40–P–VB–03		685	60	60	Rc3/4	○	○	○	○	2.2	69
62–P–VB–03		1115	60	60	Rc1	○	○	○	○	3.7	110
CBX□–P–□–03(VBVB式样)											
15–P–VBVB–03	真空	280	55	20	Rc3/4	○	○	○	○	0.75	41
	鼓风	280	35	50	Rc3/4						
25–P–VBVB–03	真空	480	55	20	Rc3/4	○	○	○	○	1.5	53
	鼓风	480	35	50	Rc3/4						
40–P–VBVB–03	真空	685	55	20	Rc3/4	○	○	○	○	2.2	69
	鼓风	685	35	50	Rc3/4						

※ 1.设计排气量：由容积所计算出的理论值。实际流量参考性能实测数据。※ 2.可能使用的真空度(排气压力)范围。
※ 本真空泵的转速设计为增速设计，不能使用于60Hz的区域。当在60Hz区域使用时，请与代理商或厂家联系。
※ 使用环境(吸入空气)条件：温度：0～40℃；湿度：通常湿度(65±20%)
※ 电源电压的允许波动范围为额定电压±10%。
※ 请设置过负荷保护器(热敏继电器等)。
设定值以电机标牌上记载的额定电流值为标准，50Hz时为110%、60Hz时为120%。

复合型CBF系列

安全设计 低运转音 使用寿命长 环保

常用真空度　60kPa以下(V式样)
常用排气压力　60kPa以下(B式样)
常用压力　真空和压力合计60kPa以下(VB式样)
流量　235～575 L／min(50HZ)

复合型CBF系列

特性

- 安全环保设计，带CE认证，符合RoHs标准。
- 印刷包装自动化电子机械等多领域使用的真空源。
- 静音化设计，比CBX系列降低3dB。
- 使用新型滑片，使用寿命CBX系列增加30%。

型式 Model	设计排气量 Designed pumping capacity (L/min)(※1)				常用真空度 Continous operative vacuum (kPa以下)(※3)	常用排气压力 Continuous operative pressure (kPa以下)(※3)	常用压力(VB) Continuous operative vacuum and pressure (kPa)		配管接口 Suction Exhaust port diameter	电源Motor voltage 三相 Three phase					运转噪音(dB) Noise		装载电机(kw) Motor	质量(kg) Mass
	泵1		泵2							200v	380v	400v	415v	440v				
	50Hz	60Hz	50Hz	60Hz			推荐	最高		50/60Hz			50Hz	60Hz	50Hz	60Hz		
CBF1515-P-□-□																		
VB-03	235(V)	280(V)	235(B)	280(B)	60	60	–	–	Rc3/4	○	○	○	○	○	62	63	0.75	36
VBVB-03	235(V.B)	280(V.B)	235(V.B)	280(V.B)	–	–	※4	※5	Rc3/4	○	○	○	○	○	65	66	0.75	36
VV-03	235(V)	280(V)	235(B)	280(B)	60	60	※4	※5	Rc3/4	○	○	○	○	○	61	66	0.75	36
BB-03	235(V)	280(V)	235(B)	280(B)	–	–	–	–	Rc3/4	○	○	○	○	○	61	66	0.75	36
CBF2525-P-□-□																		
VB-03	405(V)	480(V)	405(B)	480(B)	60	60	–	–	Rc3/4	○	○	○	○	○	64	67	1.5	46
VBVB-03	405(V.B)	480(V.B)	405(V.B)	480(V.B)	–	–	※4	※5	Rc3/4	○	○	○	○	○	67	70	1.5	46
VV-03	405(V)	480(V)	405(B)	480(B)	60	60	※4	※5	Rc3/4	○	○	○	○	○	63	66	1.5	46
BB-03	405(V)	480(V)	405(B)	480(B)	–	–	–	–	Rc3/4	○	○	○	○	○	67	70	1.5	46
CBF4040-P-□-□																		
VB-03	575(V)	685(V)	575(B)	685(B)	60	60	–	–	Rc3/4	○	○	○	○	○	68	70	2.2	58
VBVB-03	575(V.B)	685(V.B)	575(V.B)	685(V.B)	–	–	※4	※5	Rc3/4	○	○	○	○	○	69	71	2.2	58
VV-03	575(V)	685(V)	575(B)	685(B)	60	60	※4	※5	Rc3/4	○	○	○	○	○	67	69	2.2	58
BB-03	575(V)	685(V)	575(B)	685(B)	–	–	–	–	Rc3/4	○	○	○	○	○	71	73	2.2	58

※ 1设计排气量：由容积所计算出的理论值。实际流量参考性能实测数据。
※ 2泵所到达最高真空度在实际上不能使用。只是为了机种选定时计算而使用。
※ 3可能使用的真空度(排气压力)范围。
※ 4推荐范围：真空和压力合计小于60kPa。
※ 5最高值：真空／压力可能的组合为55／20，55／30，40／40，35／50。在这种情况下运行，会缩短泵的寿命。
※ 使用环境(吸入空气)条件：温度：0～40℃；湿度：通常湿度(65±20%)。
※ 电源电压的允许波动范围为额定电压±10%。
※ 请设置过负荷保护器(热敏继电器等)。
设定值：请以电机标牌上记载的额定电流值为标准。

变频真空系统

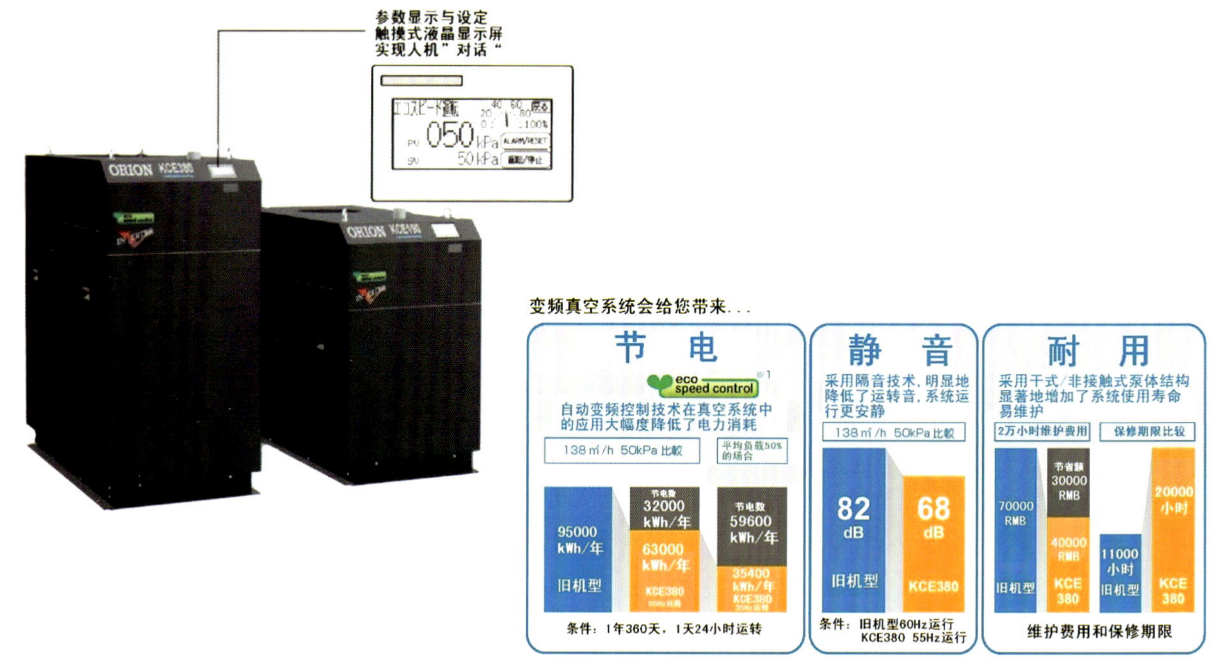

式样

型 式		KCE190-01	KCE380-01
设计排气量　※1		192m³/h	384m³/h
常用真空度　※2		80kPa以下	
到达真空度　※3		90kPa以上	
配管连接口径		Rc 1 1/2	Rc 2
搭载电机	相数・功率・台数	三相・3.7Kw（变频驱动）・1台	三相・3.7Kw（变频驱动）・2台
	额定电压-频率	200V-50/60Hz220V-60Hz	
重量		300kg	475kg
变频调节范围　注1)		20～60Hz	
设置环境	安装场所	室内	
	允许周围温度	5～40℃	
	允许周围湿度	65±20%RH(JIS Z8703)	
运转音　注2)		65dB	68dB
运转方式		内置自动控制系统	
选购件		脚轮	

注1） 请根据实际负荷状况，设定相关参数，详细情况请与销售商取得联系。
注2） 80kPa 60Hz运行状态下实验数据，供参考。
※1 设计排气量：根据容积计算的理论值。实际流量请参考性能实测数据。
※2 如需长期在不满-30 kPa的状态下运行，请和我司联系。
※3 极限真空：真空泵所能达到的最高真空度。实际上不能长时间在此真空度下使用。只是用于机型选定时参考。

玉环县红印机械实业有限公司

玉环县红印机械实业有限公司创建于1984年，公司主要经营：印刷机配件、零部件，印刷机专用系列工具、扭簧杆和“红印”牌室内挂衣架系列产品。

悠久而专业的生产历史使公司成为国内外很多知名印刷机厂家的指定配套单位，主要客户有：北人集团公司，北人印刷机械股份有限公司、江苏昌昇集团股份有限公司、威海印刷机械有限公司、日本三菱重工、高斯图文印刷系统（中国）有限公司、辽宁大族冠华印刷科技股份有限公司、上海紫明印刷机械有限公司、上海光华印刷机械有限公司、潍坊华光精工设备有限公司、湖南新邵印刷机器公司、江西中景集团公司；稳定的产品质量使公司成为国内唯一专业生产印机专用工具的企业；上乘的顾客满意度使公司生产的“红印”牌印刷机零部件、专用工具、扭簧杆成为行业中知名配套企业；套筒扳手在美国的畅销打开了国际市场的大门；“红印”牌室内挂衣架深受消费者的青睐。

公司在2001年通过了ISO 9001国际质量认证体系，并始终以“重质量、守信誉、严管理”的企业宗旨来发展自己。信守“科技以人为本、产品质量至上、关注顾客需求、实现内外满意”的质量方针，坚持以“团结、拼搏、奉献、夺魁”为企业精神和“按ISO9001每个阶段的目标执行”的质量目标，打造印机零部件精品品牌。公司竭诚欢迎国内外客户来人、来电、来函洽谈，敬请莅临指导。

地址：浙江省玉环县坎门红旗新塘路151号

邮编：317602

电话：0576-87507818　87506556

传真：0576-87552446

网址：www.hongyin.com

邮箱：hongyin@mail.tzptt.zj.cn　yhhongyin@163.com

印刷机部件、零件

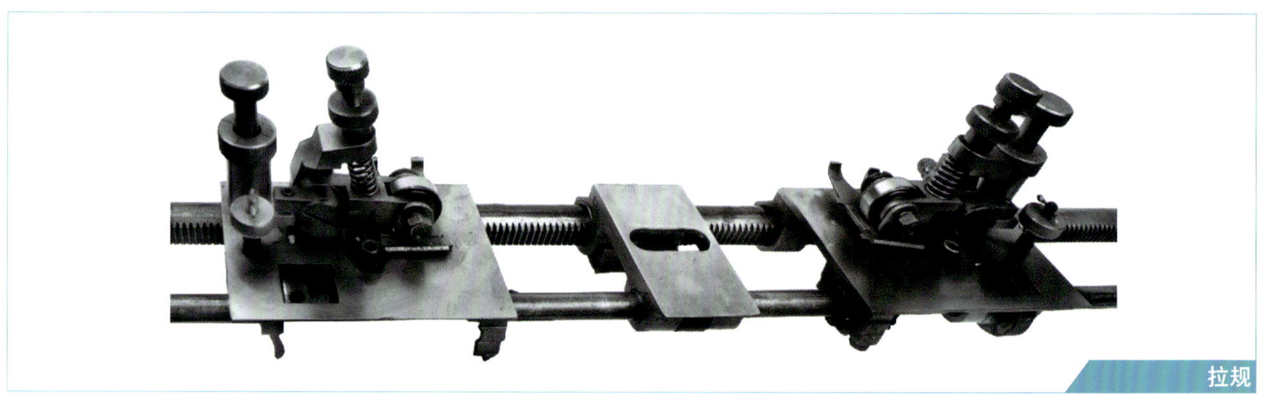
拉规

拉规

拉规

拉规

拉规

拉规

拉规

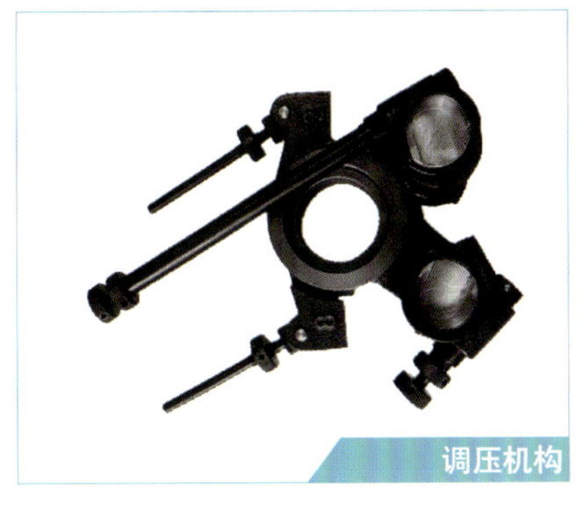
调压机构

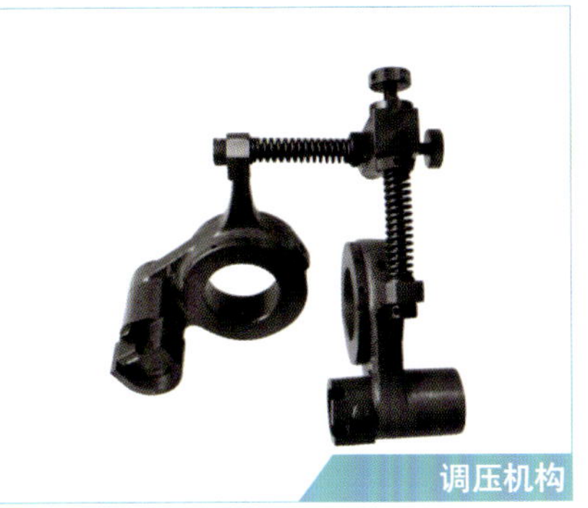
调压机构

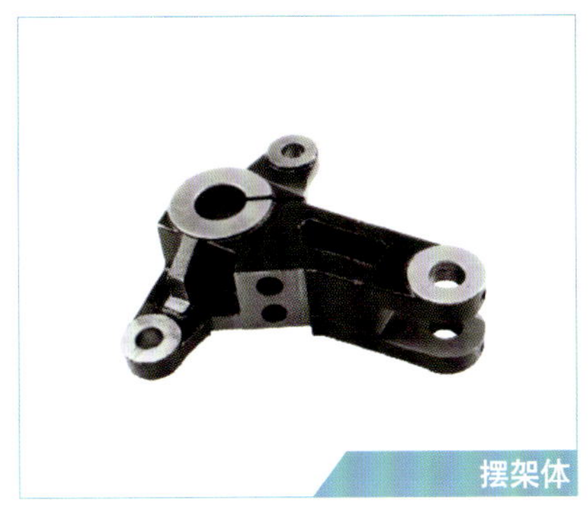
摆架体

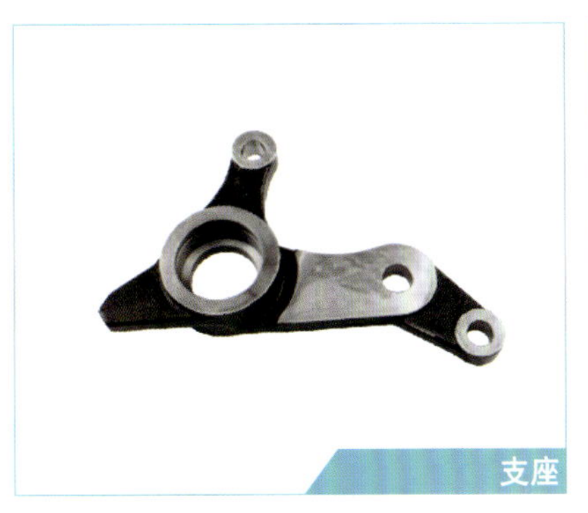
支座

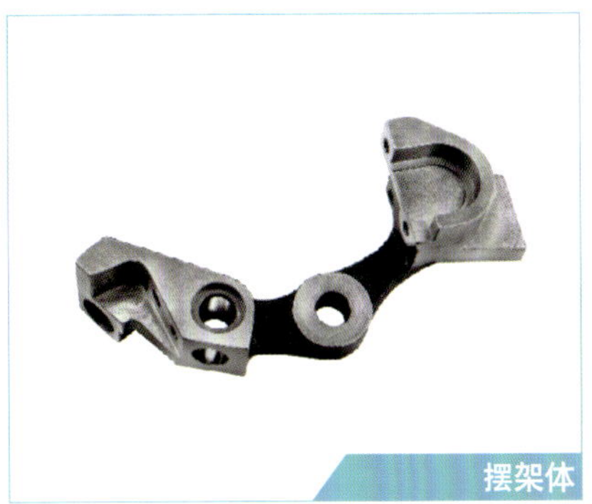
摆架体

支座

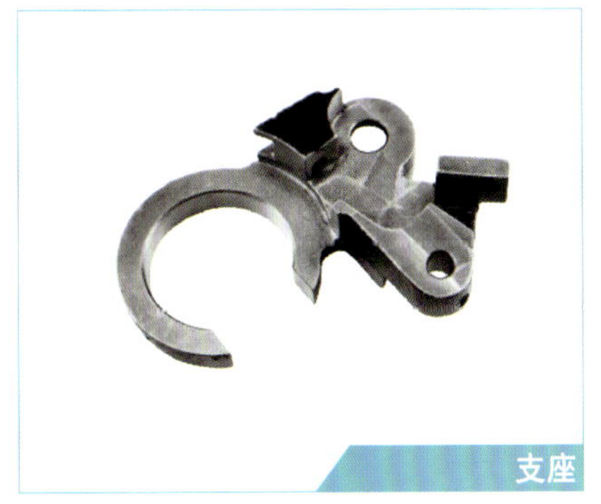
支座

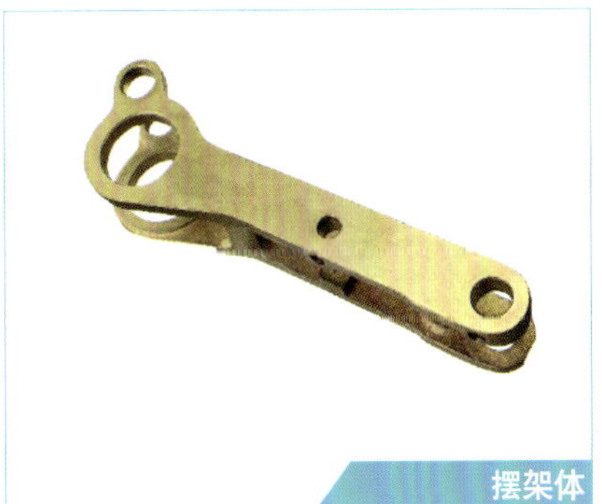
摆架体

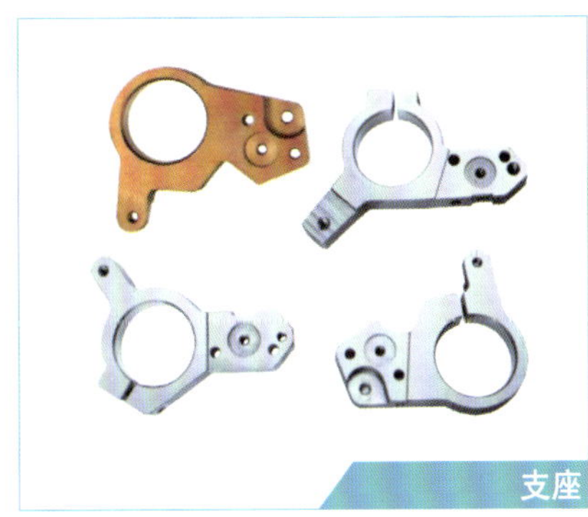
支座

轴座

轴座

支架

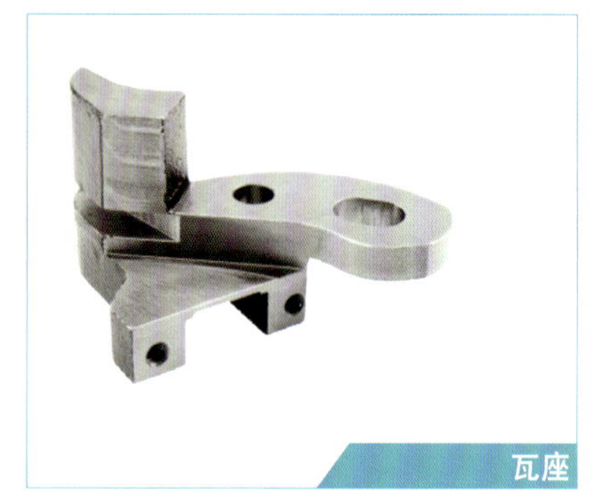
瓦座

支座

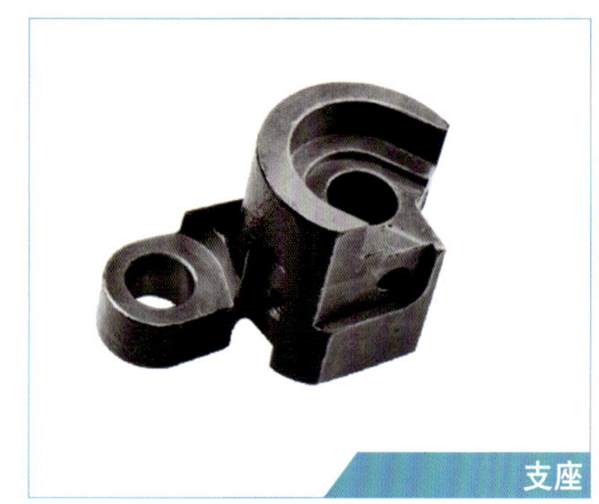
支座

支座

支架

支座

支座

拉杆

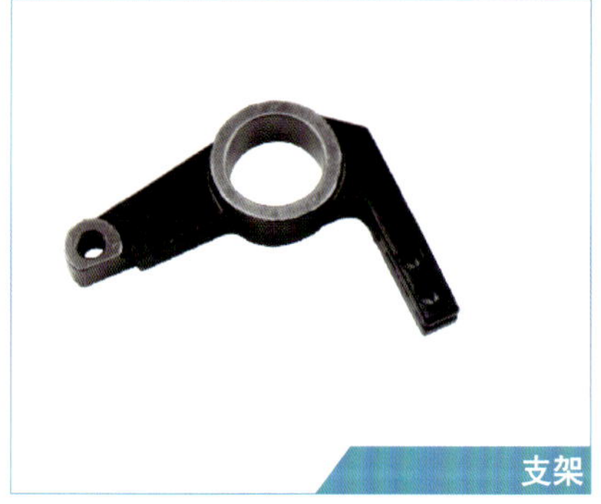
支架

摆座

支座

支架

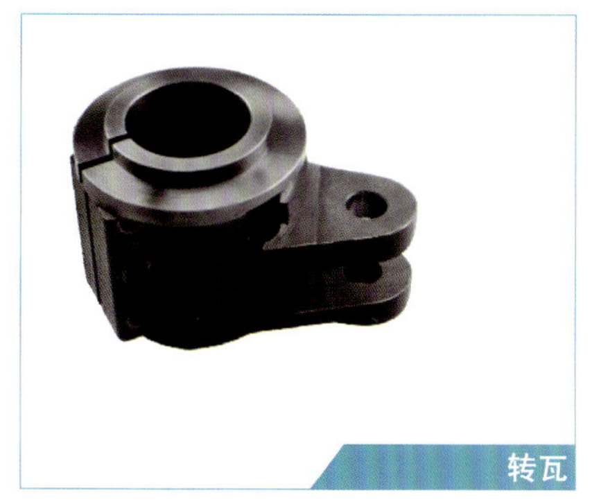
转瓦

隔套

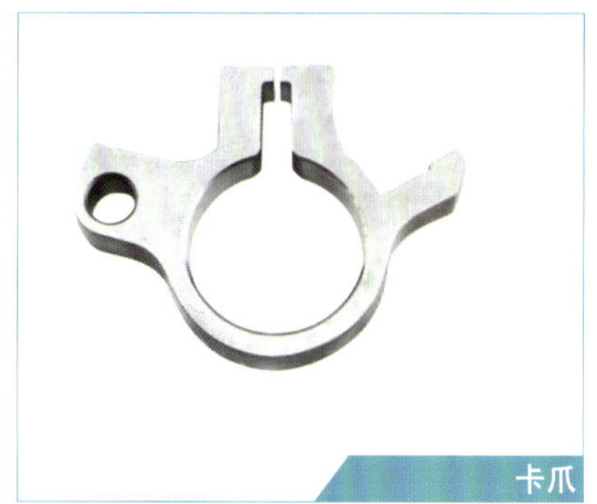
卡爪

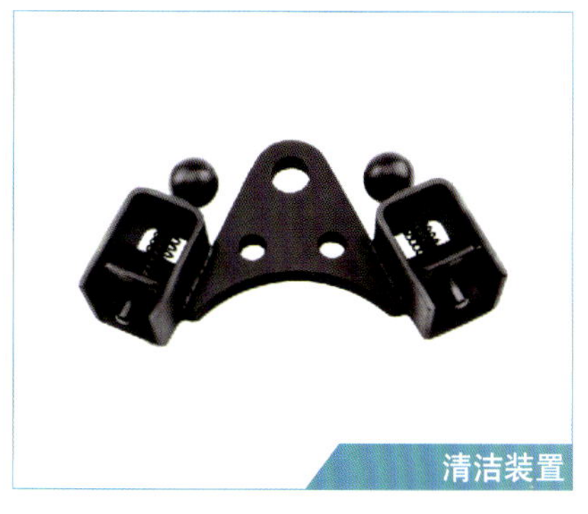
清洁装置

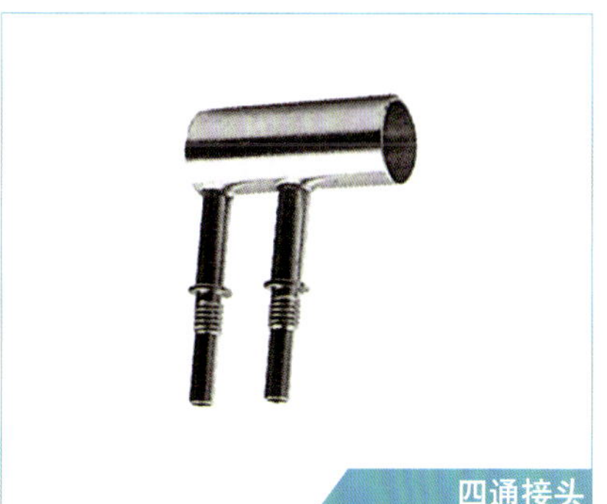
四通接头

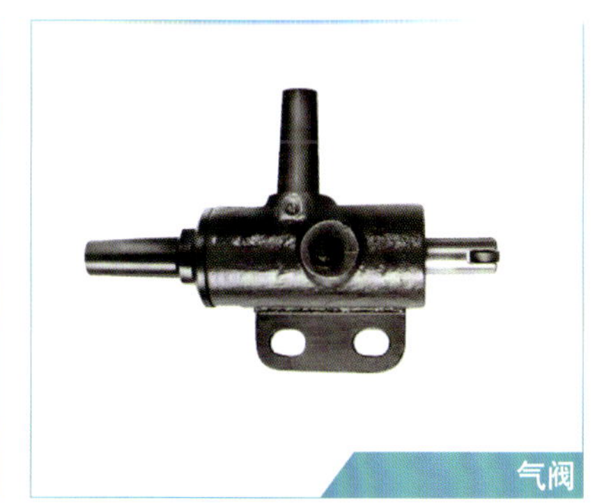
气阀

牙排装置

滤油器

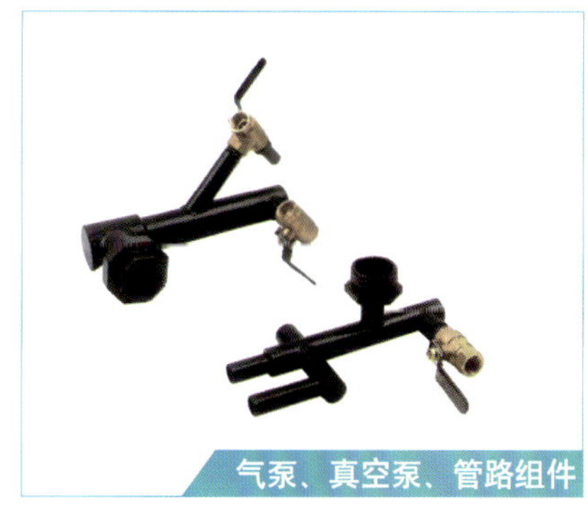
气泵、真空泵、管路组件

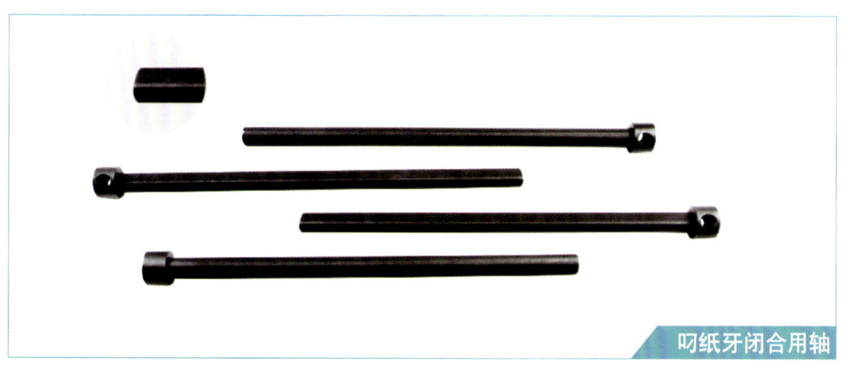
叼纸牙闭合用轴

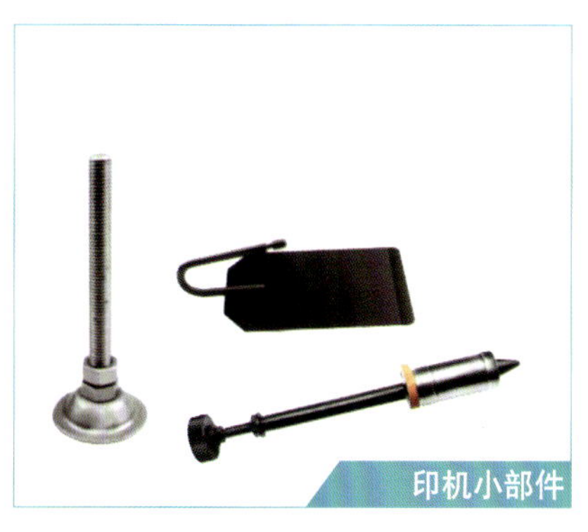
印机小部件

轴套

吸盘

轴套

凸轮

前规

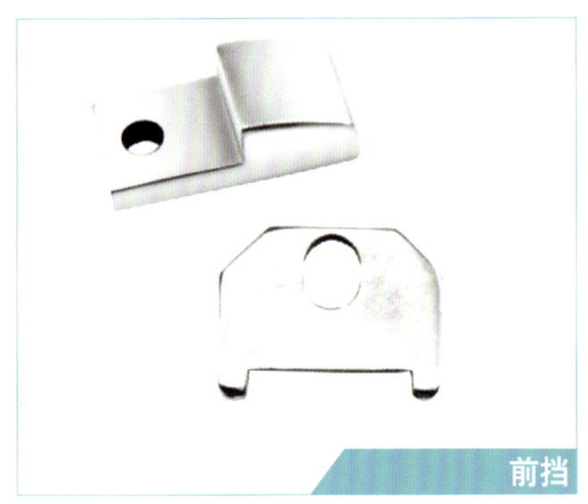
前挡

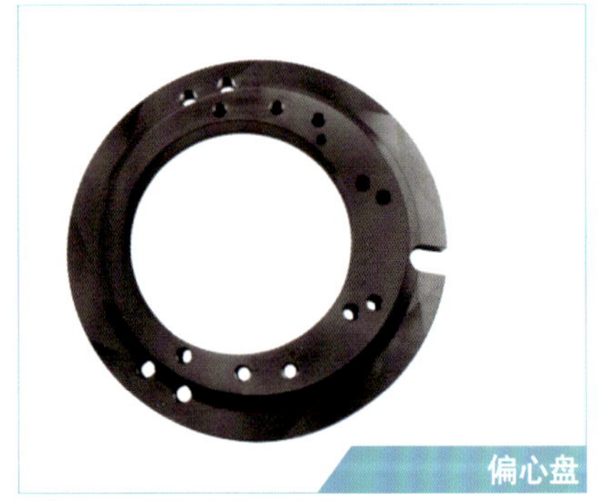
偏心盘

凸轮

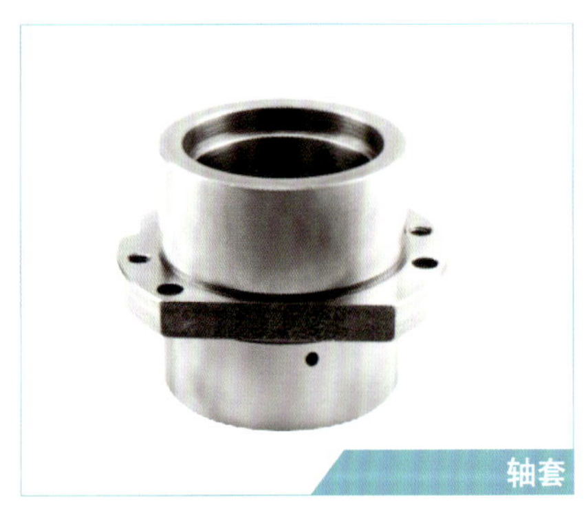
轴套

精密铸造／不锈钢／铸钢／铸铝

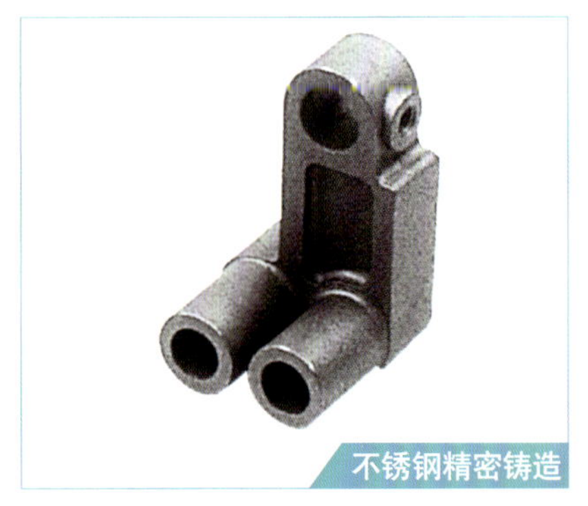
不锈钢精密铸造

精密铸钢

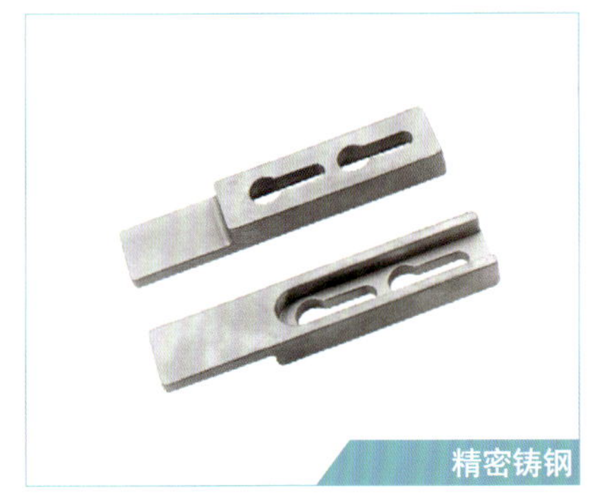
精密铸钢

精密铸造／不锈钢／铸钢／铸铝

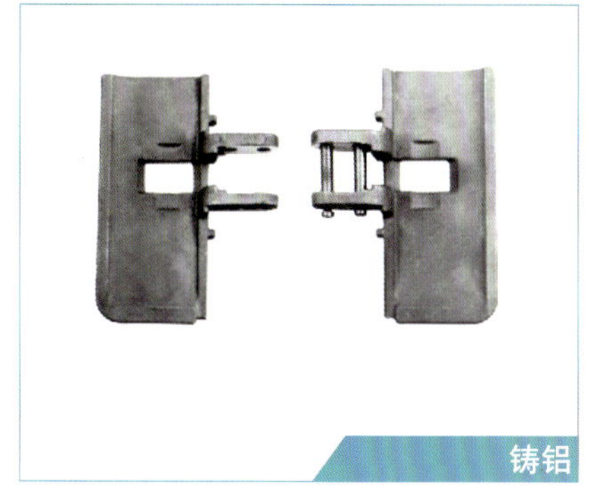

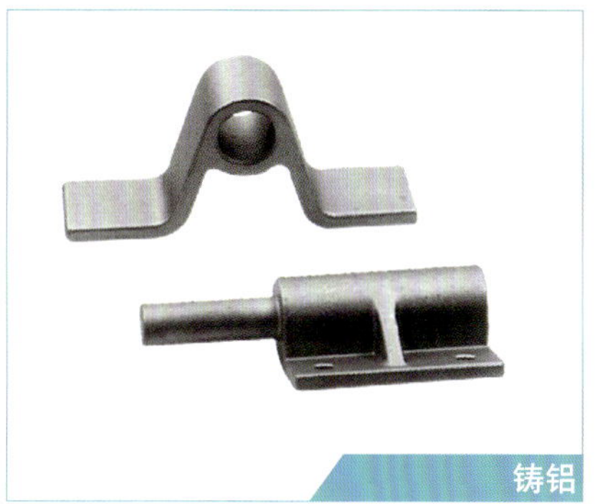

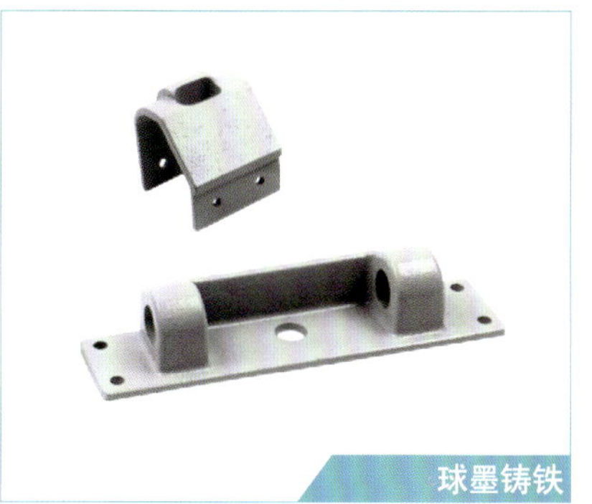

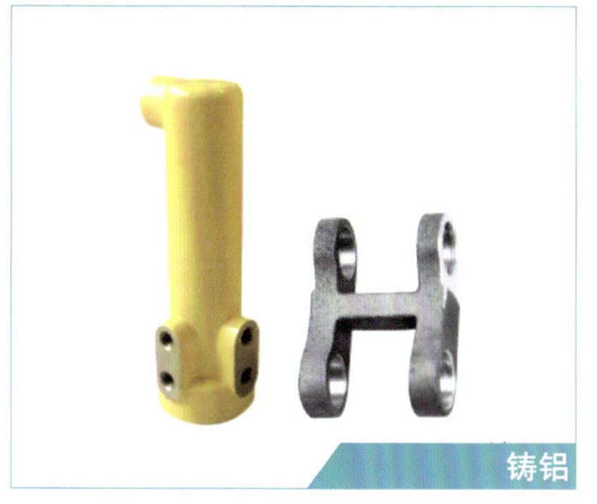

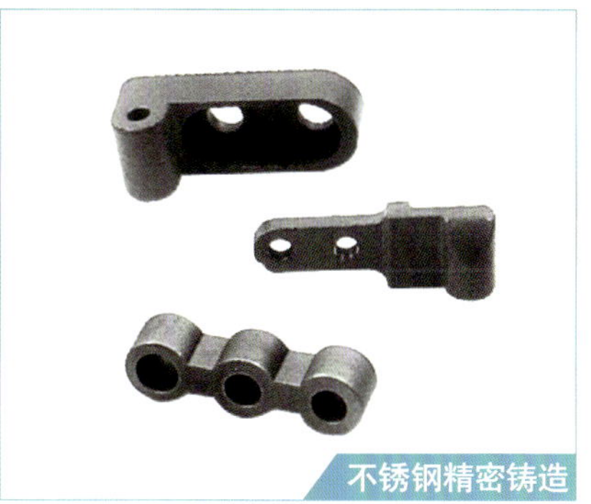

调墨螺钉／调节杆系列

扭簧杆系列产品

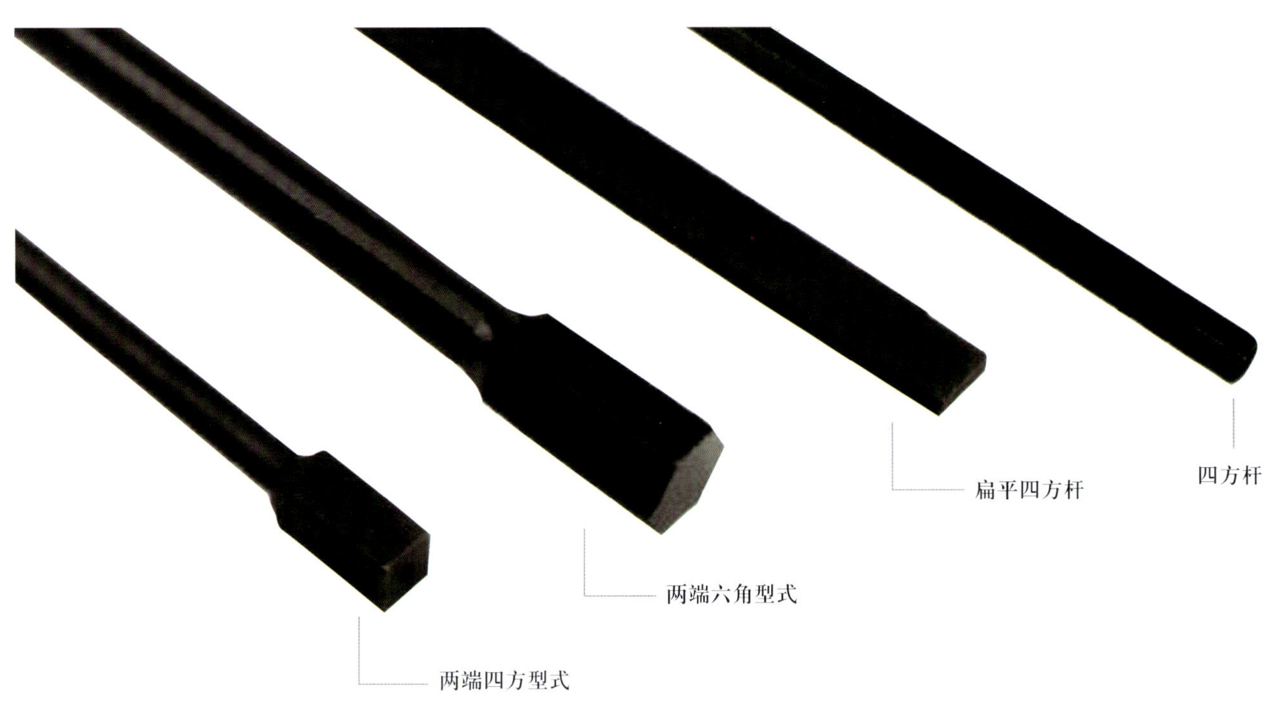

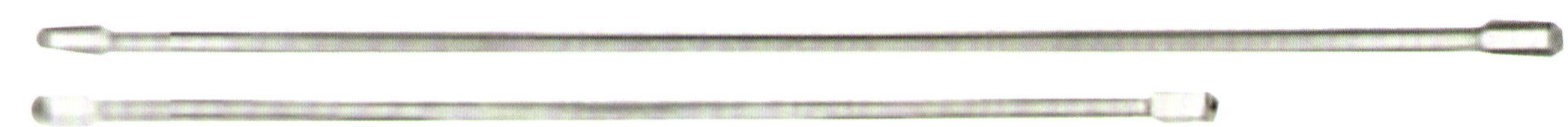

圆杆直径：Φ6～Φ14
长　　度：500～1400mm

墙体

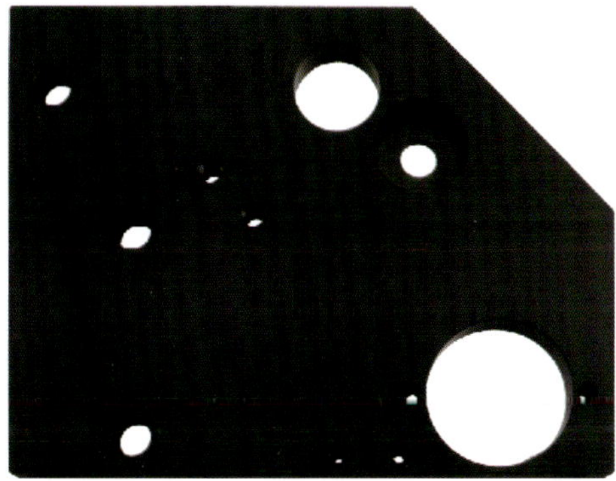

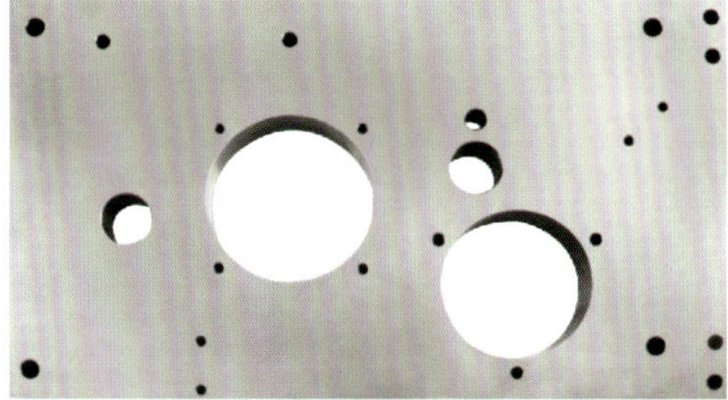

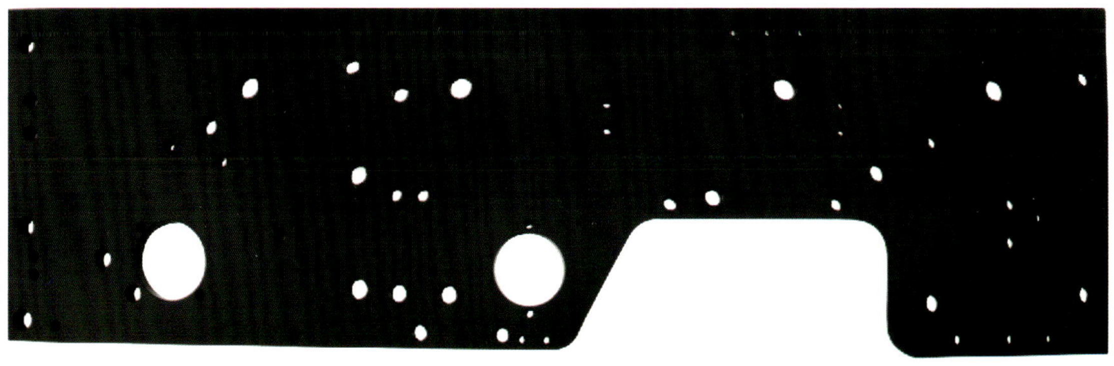

地址：浙江省玉环县坎门红旗新塘路151号　邮编：317602　电话：056-87507818　87506556　传真：0576-87552446
网址：www.hongyin.com　邮箱：hongyin@mail.tzptt.zj.cn　yhhongyin@163.com

印机专用系列工具

插座扳手系列

编号 PART NO.	规格（SIZE）mm			备注 NOTE
	A	D	L	
HA33136	33	Φ4.0	136	
HA38190	38	Φ4.2	190	
HA42190	42	Φ4.2	190	
HA43136	42	Φ5.0	270	
HA42270	43	Φ3.0	136	
HA48270	48	Φ5.0	270	
HA56270	56	Φ5.0	270	
HA65270	65	Φ5.0	270	
HA78270	78	Φ5.0	270	
HA88270	88	Φ5.0	270	
HA96350	96	Φ5.0	350	

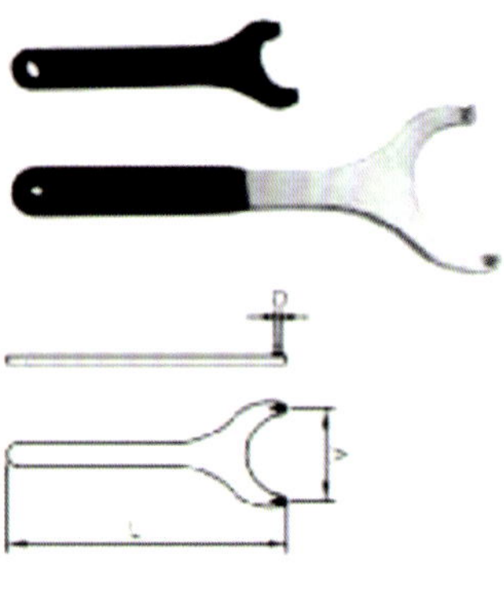

插座扳手

单头呆扳手系列

编号 PART NO.	规格（SIZE）mm		备注 NOTE
	A	L	
HB1101	B	55	
HB1102	10	233	
HB1102A	11	233	
HB1103	3'44"	160	
HB1104	28.8	545	加长杆（伸缩式）
HB1104A	27	280	
HB1104B	30	545	加长杆（伸缩式）
HB1105	30×5（厚）	180	薄型凸轮固定扳手
HB1106	46	650	
HB13140	13	140	
HB17160	17	160	
HB19160	19	180	
HB21240	21	240	

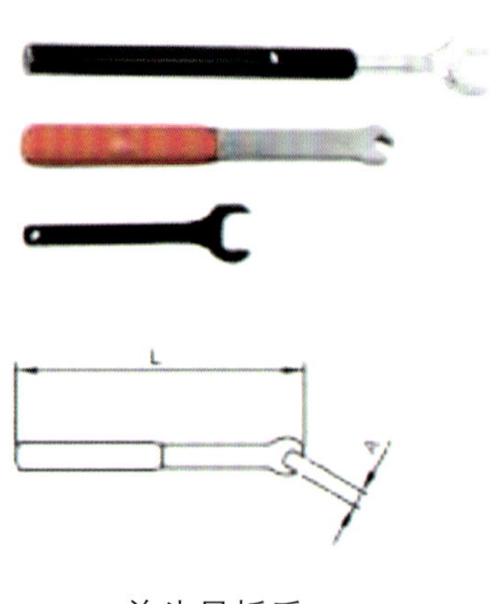

单头呆扳手

双头灵活扳手系列

编号 PART NO.	规格（SIZE）mm			备注 NOTE
	S1	S2	L	
HB1301	9	10	178	
HB1302	11	12	178	
HB1401	1/4"	5/16"	178	
HB1402	3/8"	7/16"	178	

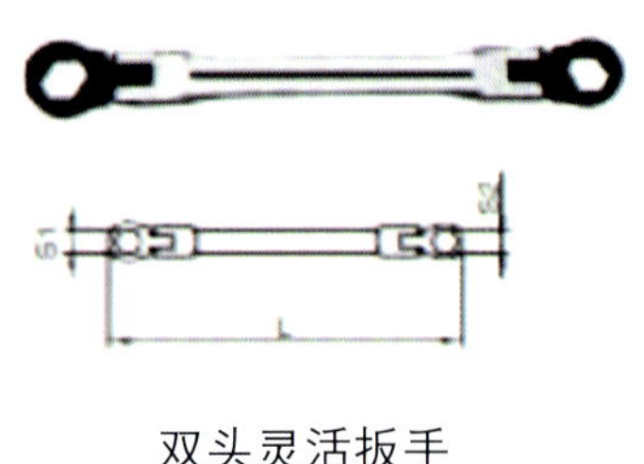

双头灵活扳手

两用扳手（装版扳手）

编号 PART NO.	规格（SIZE）mm			备注 NOTE
	A	D	L	
HD1101	11	Φ4.0	210	
HD1101B	11	Φ5.0	210	
HD1102	13	Φ7.5	210	
HD1102A	13	Φ8.0	210	
HD1103	11	Φ7.0	210	
HD1103A	10	Φ7.0	210	
HD1104	10	Φ6.0	210	
HD1104A	11	Φ6.0	210	
HD1104B	13	Φ6.0	210	

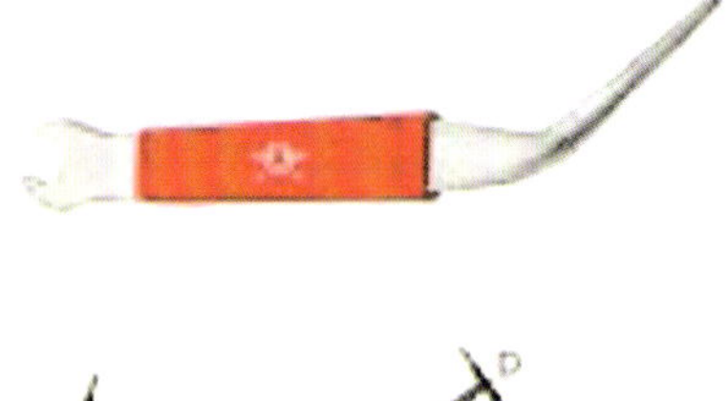

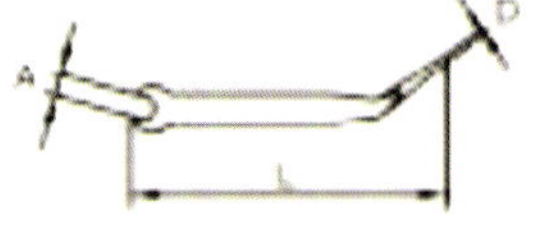

两用扳手

两用扳手（装版扳手）

编号 PART NO.	规格（SIZE）mm			备注 NOTE
	A	D	L	
HD1105	11	Φ8	200	
HD1105A	11	Φ10	200	
HD1105B	13	Φ10	200	
HD1105C	13	Φ6	200	
HD1106	11	Φ12	200	
HD1107	10	Φ7	200	
HD1108	10	Φ8	200	

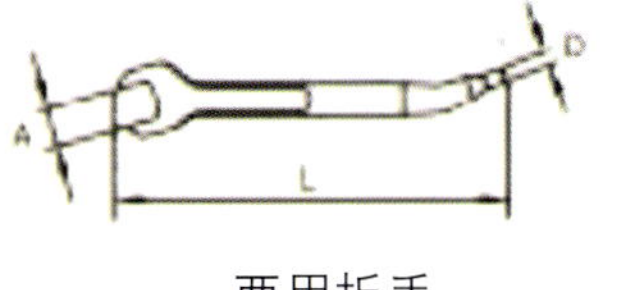

两用扳手

两用扳手（装版扳手）

编号 PART NO.	规格（SIZE）mm			备注 NOTE
	A	S	L	
HD1201	11	5	200	
HD1201A	13	5	200	
HD1202	11	6	200	
HD1202A	13	6	200	

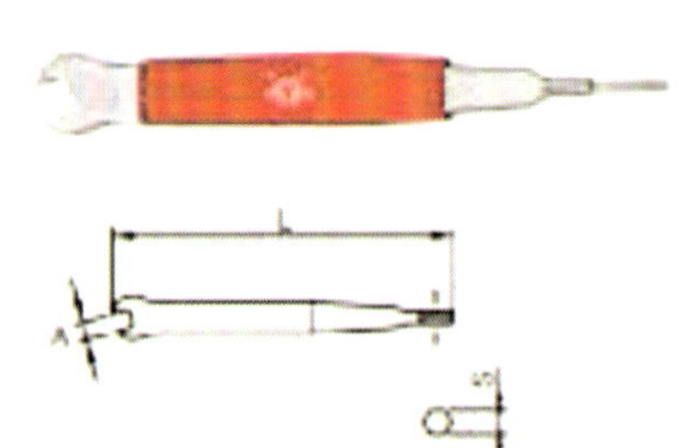

两用扳手

两用扳手（装版扳手）

编号 PART NO	规格（SIZE）mm			备注 NOTE
	A	D	L	
HD1224	24	Φ12	230	
HD1224A	24	Φ12	275	
HD1225	25	Φ12	230	

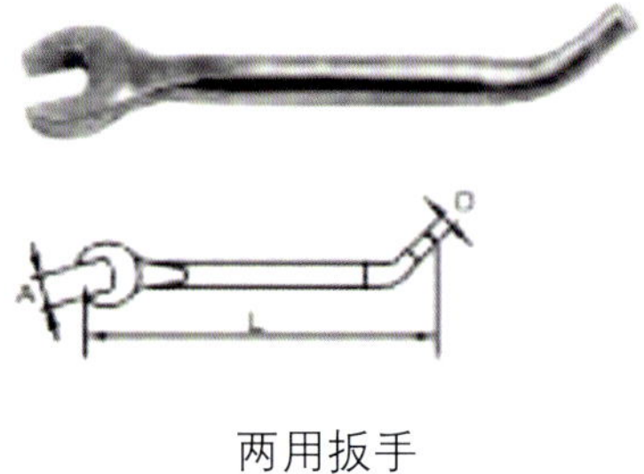

两用扳手

直杆式：撬棒、调节杆、拔辊（印机专用）

编号 PART NO	规格（SIZE）mm		备注 NOTE
	D	L	
HE1101	Φ3	100	
HE1105	Φ5	150	
HE1107	Φ6	120	
HE1111	Φ8	190	
HE1112	Φ5	400	
HE1115	Φ15	700—1000	

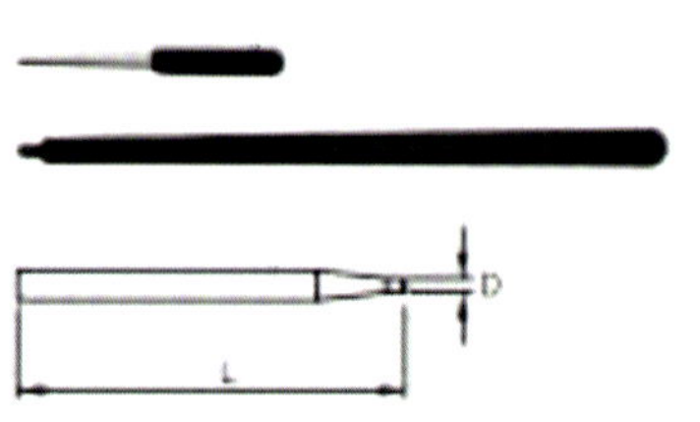

直杆式：撬棒、调节杆、拔辊

L型：装版撬手、撬帮、拔辊

编号 PART NO	规格（SIZE）mm			备注 NOTE
	D1	D2	L	
HE1201	Φ3.5	Φ3.5	120	
HE1202	Φ4	Φ4	100	
HE1203	Φ4	Φ4	190	
HE1204	Φ4	Φ4	238	
HE1206	Φ4.6	Φ4.6	170	
HE1206	Φ5	Φ5	200	
HE1207	Φ5.5	Φ5.5	240	
HE1208	Φ6	Φ6	170	
HE1208A	Φ6	Φ6	205	
HE1209	Φ6	Φ6	239	
HE1209B	Φ7	Φ7	238	
HE1210	Φ6	Φ8	220	
HE1211	Φ8	—	210	
HE1212	Φ8	Φ8	238	
HE1213	Φ10	Φ10	285	
HE1214	Φ14.5	Φ14.5	452	
HE1215	Φ14.5	Φ14.5	600	
HE1216	Φ19	Φ19	635	

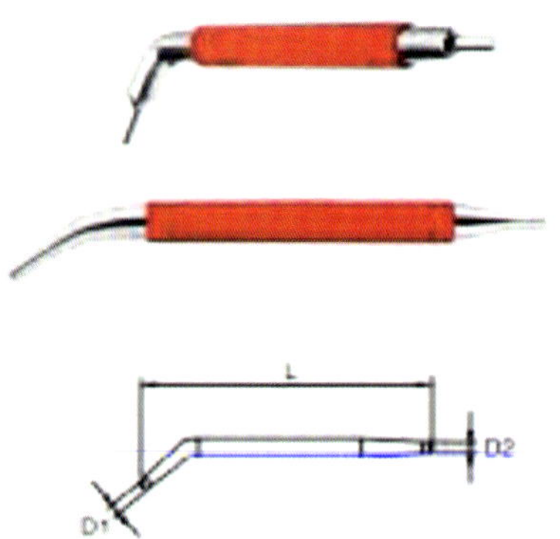

L型：装版撬手、撬帮、拔辊

S型：装版扳手，撬帮，拔撬

编号 PART NO	规格（SIZE）mm			备注 NOTE
	D1	D2	L	
HE1301	Φ4	Φ4	258	
HE1302	Φ5	Φ5	125	
HE1302A	Φ6	Φ6	125	
HE1303	Φ5	Φ5	155	
HE1304	Φ5	Φ6	120	
HE1305	Φ5.8	Φ5.8	150	
HE1306	Φ10	—	258	
HE1307	Φ5.8	Φ5.8	350	

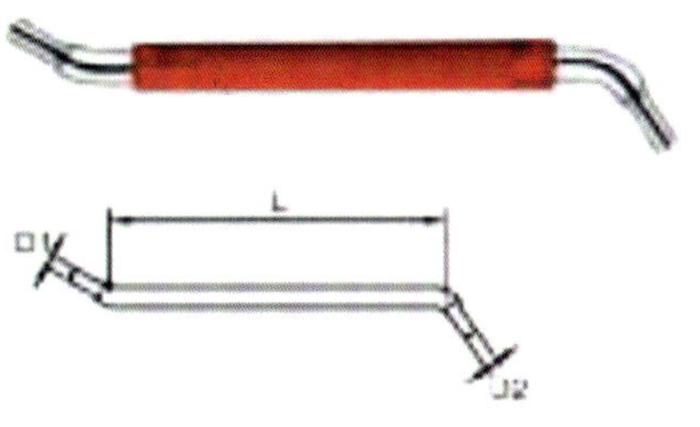

S型：装版扳手，撬帮，拔撬

T型：螺丝刀

编号 PART NO	规格（SIZE）mm		备注 NOTE
	D1	L	
HF1101	Φ6	124	
HF1201	Φ8	300	
HF1202	Φ15	500	
HF1301	Φ8	300	

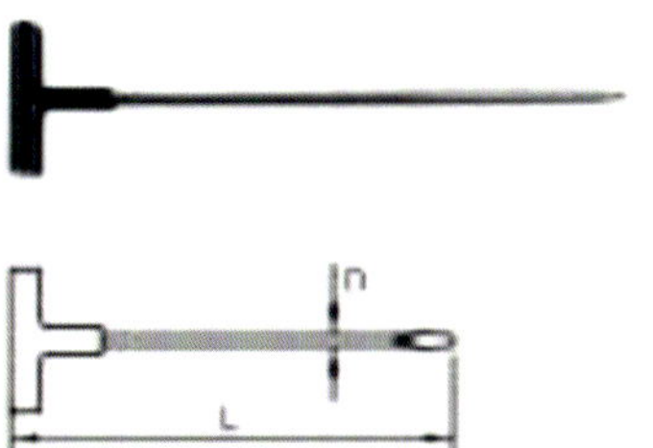

T型：螺丝刀

盘车工具

编号 PART NO	规格（SIZE）mm			备注 NOTE
	A	D	L	
HG1101	12.7	Φ16	550	
HG1102		Φ16	720	

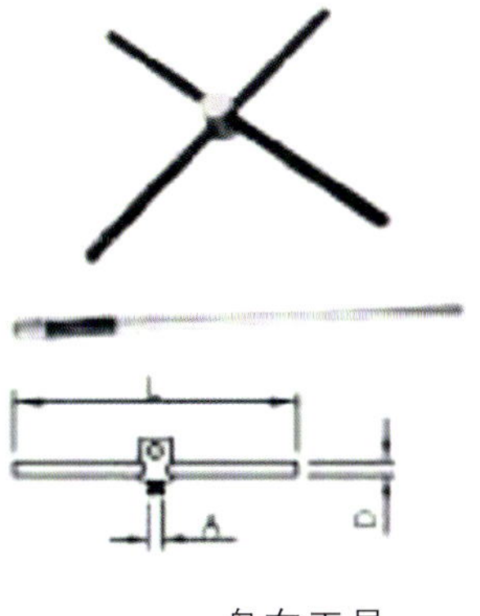

盘车工具

卸胶钩

编号 PART NO	规格（SIZE）mm		备注 NOTE
	D	L	
HJ1101	Φ4	190	
HJ1102	Φ6	245	
HJ1103	Φ6	245	
HJ1104	Φ6	300	

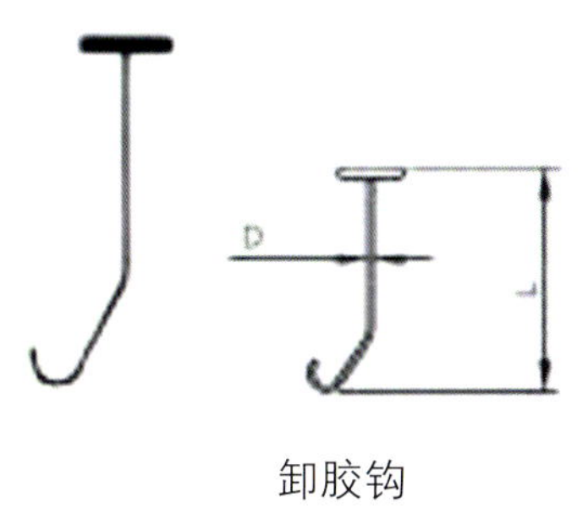

卸胶钩

英制T型内六角扳手/T型球型内六角扳手

平头型编号 PART NO	规格（SIZE）mm			球型编号
	S	L1	L2	PART NO
HTD1101A	1/8	50	80	HTD1201A
HTD1101B	1/8	100	80	HTD1201B
HTD1101C	1/8	160	60	HTD1201C
HTD1102A	5/32	50	60	HTD1202A
HTD1102B	5/32	200	90	HTD1202B
HTD1103A	3/16	100	80	HTD1203A
HTD1103B	3/16	230	100	HTD1203B
HTD1103C	3/16	300	100	HTD1203C
HTD1103D	3/16	400	100	HTD1203D
HTD1103E	3/16	500	130	HTD1203E
HTD1104A	1/4	100	90	HTD1204A
HTD1104B	1/4	230	100	HTD1204B
HTD1104C	1/4	280	100	HTD1204C
HTD1104D	1/4	300	130	HTD1204D
HTD1104E	1/4	400	150	HTD1204E
HTD1104F	1/4	500	150	HTD1204F
HTD1104G	1/4	700	150	HTD1204G

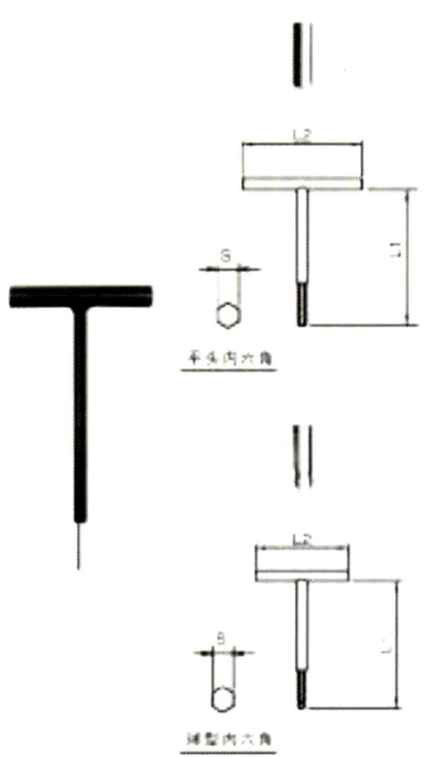

英制T型内六角扳手/T型球型内六角扳手

T型调节杆

编号 PART NO	规格（SIZE）mm		备注 NOTE
	D	L	
HTD1301	Φ13	660	
HTD1302	Φ.16	960	

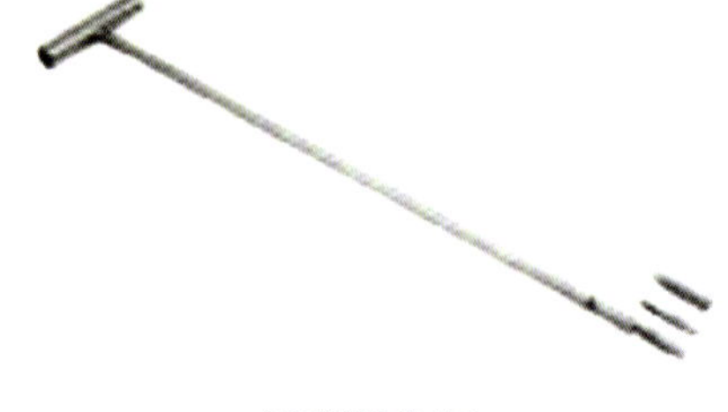
T型调节杆

双头灵活扳手

编号 PART NO	规格（SIZE）mm			备注
	S1	S2	L	NOTE
HTD1401	5	6	203	
HTD1402	6	8	220	
HTD1501	6	6	185	套筒式

双头灵活扳手

S10系列T型套筒扳手

编号 PARTNO.	规格(SIZE)mm			备注 NOTE
	S	L1	L2	
HT10160	10	160	200	
HT10240	10	240	240	
HT10290	10	290	240	
HT10320	10	320	240	
HT10400	10	400	240	

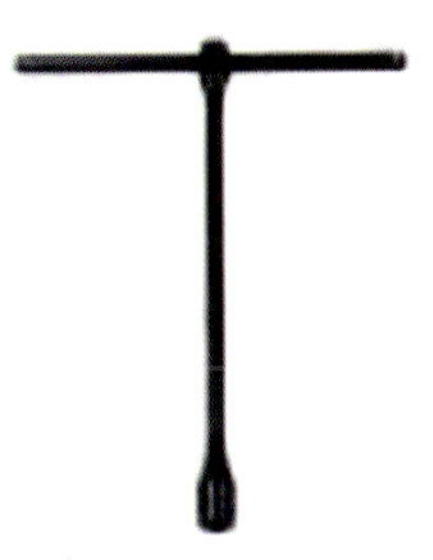

S12系列T型套筒扳手

编号 PARTNO.	规格(SIZE)mm			备注 NOTE
	S	L1	L2	
HT12160	12	160	200	
HT12240	12	240	200	
HT12290	12	290	240	

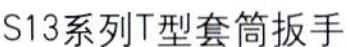

S13系列T型套筒扳手

编号 PARTNO.	规格(SIZE)mm			备注 NOTE
	S	L1	L2	
HT13130	13	130	200	
HT13160	13	160	200	
HT13220	13	220	200	
HT13260	13	260	240	
HT13340	13	340	240	
HT13500	13	500	240	

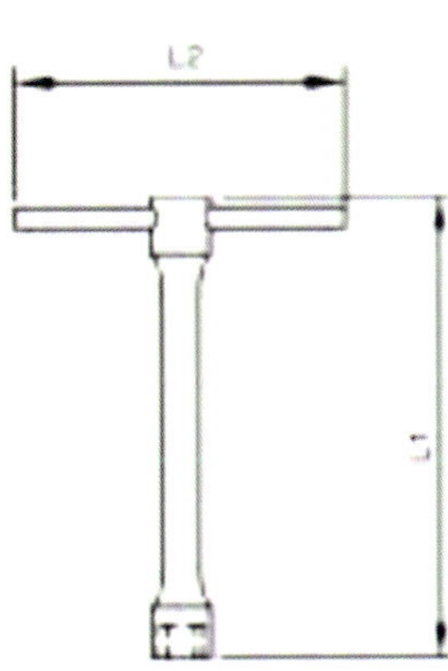

S14系列T型套筒扳手

编号 PARTNO.	规格(SIZE)mm			备注 NOTE
	S	L1	L2	
HT14160	14	160	200	
HT14260	14	260	240	
HT14340	14	340	240	
HT14500	14	500	240	

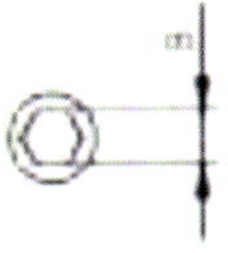

套筒扳手

S16系列T型套筒扳手

编号 PARTNO.	规格(SIZE)mm			备注 NOTE
	S	L1	L2	
HT16160	16	160	240	
HT16220	16	220	200	
HT16260	16	260	240	
HT16340	16	340	315	
HT16390	16	390	315	
HT16430	16	430	315	
HT16500	16	500	315	
HT16550	16	550	315	

S17系列T型套筒扳手

编号 PARTNO.	规格(SIZE)mm			备注 NOTE
	S	L1	L2	
HT17130	17	130	130	
HT17260	17	260	240	
HT17340	17	340	315	
HT17500	17	500	315	
HT17550	17	550	315	

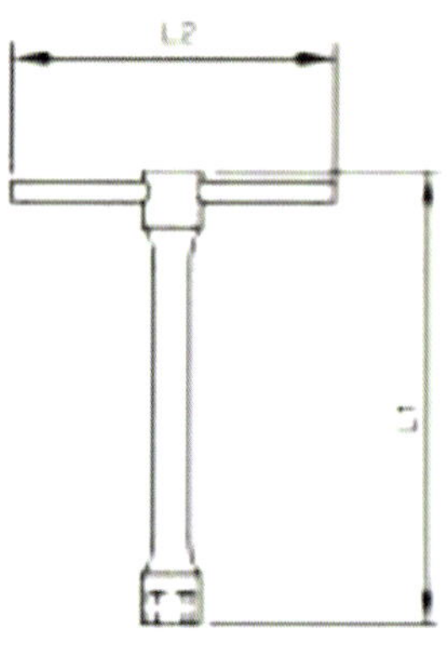

S18系列T型套筒扳手

编号 PARTNO.	规格(SIZE)mm			备注 NOTE
	S	L1	L2	
HT18220	18	220	200	
HT18260	18	260	240	
HT18340	18	340	315	
HT18500	18	500	315	
HT18740	18	740	315	

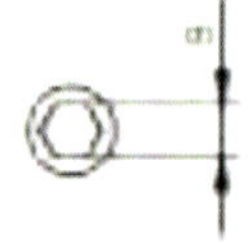

S19系列T型套筒扳手

编号 PARTNO.	规格(SIZE)mm			备注 NOTE
	S	L1	L2	
HT19220	19	220	200	
HT149260	19	260	240	
HT19340	19	340	315	
HT19500	19	500	315	

套筒扳手

S21系列T型套筒扳手

编号 PARTNO.	规格(SIZE)mm			备注 NOTE
	S	L1	L2	
HT21220	21	220	240	
HT21340	21	340	315	
HT21500	21	500	315	
HT21550	21	550	315	

S22系列T型套筒扳手

编号 PARTNO.	规格(SIZE)mm			备注 NOTE
	S	L1	L2	
HT22220	22	220	240	
HT22340	22	340	315	
HT22500	22	500	315	
HT22550	22	550	315	

S24系列T型套筒扳手

编号 PARTNO.	规格(SIZE)mm			备注 NOTE
	S	L1	L2	
HT24200	24	200	200	
HT24220	24	220	200	
HT24300	24	300	315	
HT24320	24	320	315	
HT24340	24	340	400	
HT24550	24	550	315	

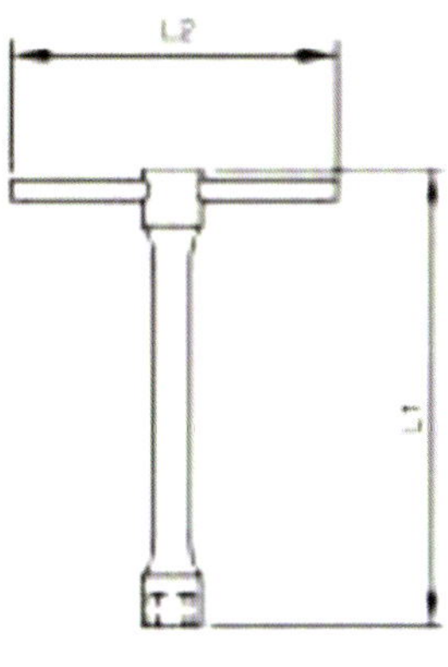

S27S30系列T型套筒扳手

编号 PARTNO.	规格(SIZE)mm			备注 NOTE
	S	L1	L2	
HT27340	27	340	315	
HT27500	27	500	315	
HT30340	30	340	315	
HT30500	30	500	315	

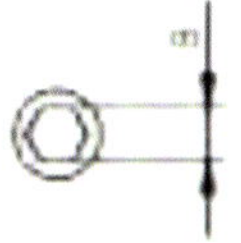

套筒扳手

T型内四方套筒扳手

编号 PARTNO.	规格(SIZE)mm			备注 NOTE
	S	L1	L2	
HTA05110	5	340	100	
HTA05200	5	500	90	
HTA05220	5	340	90	
HTA06100	6	500	90	
HTA06135	6	135	90	
HTA06300	6	300	100	
HTA08120	8	120	100	
HTA08125	8	125	110	
HTA08185	8	185	130	
HTA08300	8	300	130	
HTA09210	9.6	210	150	
HTA10220	10	220	150	
HTA10300	10	300	150	
HTA12138	12	138	150	
HTA12220	12	220	190	
HTA13300	13	300	220	
HTA14340	14	340	315	
HTA16340	16	340	315	
HTA18300	18	300	315	
HTA22320	22	320	315	

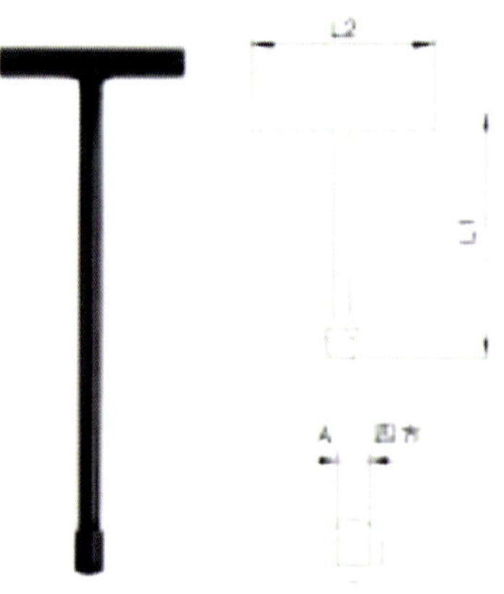

T型内四方套筒扳手

摇摆式内四方套筒扳手

编号 PARTNO.	规格(SIZE)mm		备注 NOTE
	A	L	
HTA19320	19	320	
HTA20260	20	260	
HTA22235	22	235	
HTA27330	27	330	

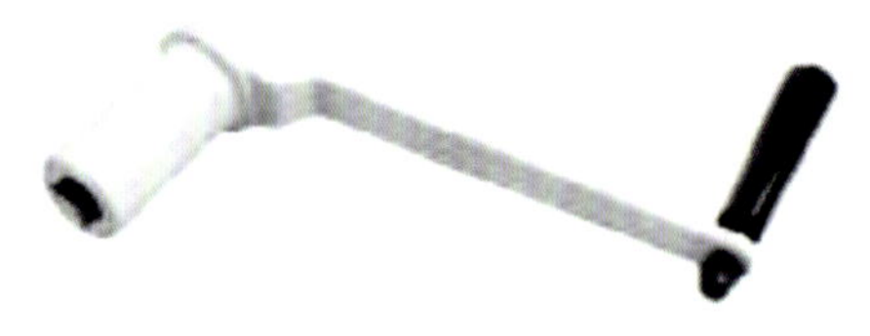

摇摆式内四方套筒扳手

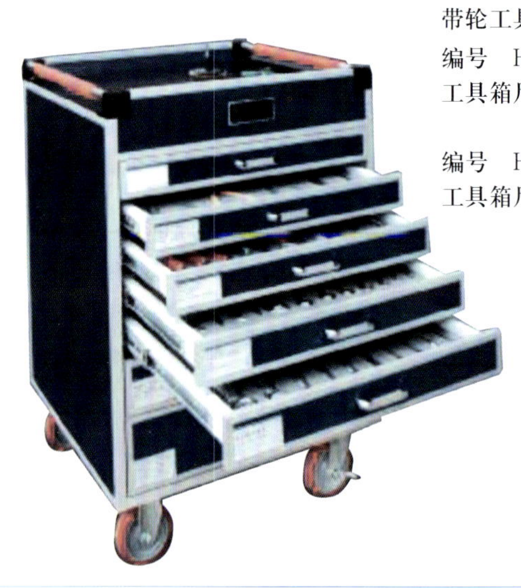

带轮工具箱

编号　HTB10

工具箱尺寸　650×450×750

编号　HTB20

工具箱尺寸　650×500×950

专用成套工具箱

编号　HTB1101

工具箱尺寸　420×205×205

编号　HTB1102

工具箱尺寸　530×205×205

编号　HTB1103

工具箱尺寸　480×180×180

无锡光华印刷机械有限公司

无锡光华印刷机械有限公司积累了近三十年机械加工及制造印刷机械的丰富经验，长期为上海光华印刷机械公司生产各类印刷机械部套和零件，PZ650、PZ740、PZ1020系列滚筒部套、PZ1020系列对开水墨部套、PZ740、PZ650系列收纸部套以及日本秋山的BT440、BT428收纸部套等。

现有员工200余人，其中专业技术人员及管理人员约30人，中高级技工逾百人。

公司座落在无锡市锡山区安镇大成工业园区，总用地面积近36967平方米，新建厂房总建筑面积23000平方米，其中车间面积21703平方米。

公司现拥有加工中心、数控机床、镗床、龙门刨、铣床等各类机械设备百余台。

公司具有较强的可持续发展潜力 。

地址：江苏无锡市安镇街道大城开发区纬二路518号

邮编：214105

电话：0510-88781521 88781524

传真：0510-88781515

产品介绍

收纸机基本参数

代　号	纸张种类	适应纸张mm	最高收纸速度	
			高速收纸	中速收纸
			张/小时	张/小时
P142 P128	使用不低于GB/T 10335.1或QB/T 2693中规定的一等品胶版纸、涂布纸。	0.10～0.60 (120gm²～450g/m²)	⩾12000	⩾8000
P102 P96 P71 P64		0.06～0.60 (45gm²～450g/m²)	⩾15000	⩾10000
P51		0.04～0.40 (30gm²～300g/m²)	⩾15000	⩾12000

收纸机

加长收纸机

供墨系统

滚筒

生产设备

北京市贝尔新技术有限公司

北京市贝尔新技术有限公司成立于1992年，是国内最早专业生产印刷机润版系统循环制冷水箱的厂家，主要为各印刷机制造厂配套生产。目前与国内外多家印刷机生产企业建立了长期稳定的供货关系。

公司还可根据用户生产特殊用途的水箱，并能够维修、改造所有进口润版水箱。

地址：北京市朝阳区楼梓庄北路18号

邮编：100018

400服务热线：400 000 2426

手机：13601000760　13901011942

传真：010-84313673

网址：www.beierxiin.com

邮箱：sunyue@beierxin.com　jiemin1955@sina.com

产品介绍

注： A：半自动酒精 AZ:全自动酒精 AZP:润版液、自动匹配比全自动酒精

酒精润版水箱

RL-550-A AZ AZP

RL-550-A

RL-550-AZ

RL-550-AZP

机器型号	RL-550-A	RL-550-AZ	RL-550-AZP
水箱容积	55L	55L	55L
外形尺寸	550×630×1200	550×630×1200	700×630×1200
整机重量	103kg		
电　源	3/PE AC 380V 50HZ 2.8A		
水泵能力	380V 250W 46L/Min		
制 冷 量	2500W		
制 冷 剂	R22		
温度控制范围	≥7° C	≥7° C	≥7° C
酒精浓度调节范围	0～20%	0～20%	0～20%
润版液浓度范围			2.5～5%

RL-750-A

RL-750-A AZ

机器型号	RL-750-A	RL-750-AZ	RL-750-AZP
水箱容积	75L	75L	75L
外形尺寸	680×680×1250	680×680×1250	830×680×1250
整机重量	137kg		
电　源	3/PE AC 380V 50HZ 4.6A		
水泵能力	380V 250W 46L/Min		
制 冷 量	4500W		
制 冷 剂	R22		
温度控制范围	≥7° C	≥7° C	≥7° C
酒精浓度调节范围	0～20%	0～20%	0～20%
润版液浓度范围			0～5%

RL-750-AZ

注： A：半自动酒精 AZ:全自动酒精 AZP:润版液、自动匹配比全自动酒精

RL-1100-A

RL-1100-AZ

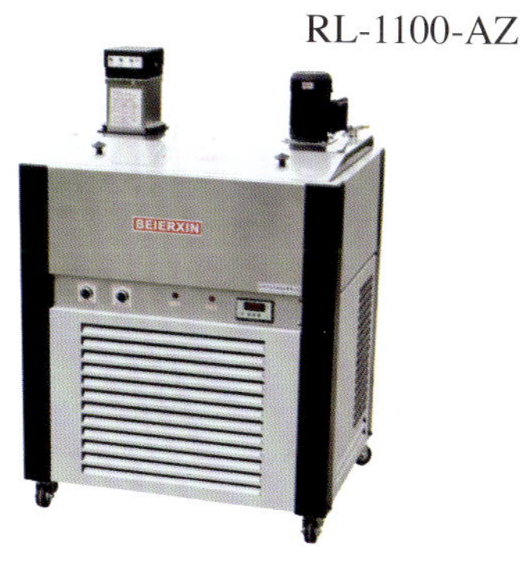

RL-1100-A AZ

机器型号	RL-1100-A	RL-1100-AZ	RL-1100-AZP
水箱容积	110L	110L	110L
外形尺寸	850×680×1250	850×680×1250	1000×680×1250
整机重量	160kg		
电　源	3/PE AC 380V 50HZ 5.0A		
水泵能力	380V 250W 46L/Min		
制 冷 量	5500W		
制 冷 剂	R22		
温度控制范围	≥7° C	≥7° C	≥7° C
酒精浓度调节范围	0～20%	0～20%	0～20%
润版液浓度范围			0～5%

RL-1500-A

RL-1500-AZP

RL-750-A AZP

机器型号	RL-1500-A	RL-1500-AZ	RL-1500-AZP	RL-1500-PB
水箱容积	150L	150L	150L	150L
外形尺寸	1000×700×1250	1000×700×1250	1150×700×1250	1100×700×1250
整机重量	177kg			
电　源	3/PE AC 380V 50HZ 6.3A			
水泵能力	380V 250W 46L/Min			
制 冷 量	7500W			
制 冷 剂	R22			
温度控制范围	≥7° C	≥7° C	≥7° C	≥7° C
酒精浓度调节范围	0～20%	0～20%	0～20%	
润版液浓度范围			0～5%	0～5%

注： A：半自动酒精 AZ:全自动酒精 AZP:润版液、自动配比全自动酒精

RL-1800-AZP PB2 GPB2

RL-1800-PB2
报刊印刷机 同层面

RL-1800-GPB2
报刊印刷机 上下层面

机器型号	RL-1800-AZP	RL-1800-PB2	RL-1800-GPB2
水箱容积	180L	180L	180L
外形尺寸	1450×700×1300	1450×700×1300	1450×1000×1300
整机重量	272kg	272kg	302kg
电 源	3/PE AC 380V 50HZ 9.1A		9.6A
水泵能力	380V 250W 46L/Min		370W 110L/Min
制 冷 量	11250W		
制 冷 剂	R22		
温度控制范围	≥7° C	≥7° C	≥7° C
酒精浓度调节范围	0～20%		
润版液浓度范围	0～5%	0～5%	0～5%

窜墨辊冷却系列

ML-148-A ML-87-A

ML-148-A　　ML-87-A

机器型号	ML-52-A	ML-87-A	ML-148-A	ML-229-A
外形尺寸	530×750×950	660×550×1330	600×700×1600	750×1500×1660
整机重量	98kg	160kg	206kg	421kg
电　源	3/PE AC 380V 50HZ			
整机电流	5.8A	7.7A	11.7A	23A
水泵能力	33L/Min	67L/Min	67L/Min	110L/Min
制冷量	5200W	8700W	14800W	22900W
制冷剂	R22			
温度控制范围	≥7° C	≥7° C	≥7° C	≥7° C

地址：北京市朝阳区楼梓庄北路18号　邮编：100018　400服务热线：400 000 2426　传真：010-84313673
手机：13601000760　13901011942　邮箱：sunyue@beierxin.com　jiemin1955@sina.com　网址：www.beierxiin.com

油冷却循环系统

YL-33、YL-58、YL-87、YL-148、YL-190

YL-148　　YL-87

机器型号	YL-33	YL-58	YL-87	YL-148	YL-190
外形尺寸	504×624×905	526×715×955	550×660×1440	650×1180×1360	750×1440×1660
电　源	3/PE AC 380V 50HZ				
整机功率	2.2kw	2.9kw	4.36kw	6.17kw	7.3kw
油泵能力	380W 18L/Min	750W 27L/Min	1500W 36L/Min	1500W 54L/Min	1500W 72L/Min
制冷量	3300W	5800W	8700W	14800W	19000W
制冷剂	R22				
油温范围	5～40° C	5～40° C	5～40° C	5～40° C	5～40° C

各机型配套设备对照表

单张纸胶印机：

印刷机			配套设备型号		
幅面	色组数量	规格	润版水箱	墨辊冷却系统	油冷却系统
560×385及以下	1	六开单色	RL–550–AZ	ML–52–A	YL–33
	2	六开双色	RL–550–AZ	ML–52–A	YL–33
	4	六开四色	RL–550–AZ	ML–52–A	YL–33
	6	六开六色	RL–750–AZ	ML–87–A	YL–58
	8	六开八色	RL–750–AZ	ML–87–A	YL–58
740×540及以下	1	四开单色	RL–550–AZ	ML–52–A	YL–33
	2	四开双色	RL–550–AZ	ML–52–A	YL–33
	4	四开四色	RL–750–AZ	ML–87–A	YL–58
	5	四开五色	RL–1100–AZ	ML–87–A	YL–58
1020×720及以下	1	对开单色	RL–750–AZ	ML–52–A	YL–33
	2	对开双色	RL–750–AZ	ML–52–A	YL–33
	4	对开四色	RL–1100–AZ	ML–87–A	YL–58
	5	对开五色	RL–1500–AZ	ML–148–A	YL–87
	6	对开六色	RL–1500–AZ	ML–148–A	YL–87
	8	对开八色	RL–1800–AZB2	ML–229–A	YL–148
1420×1020及以下	1	全张单色	RL–750–AZ	ML–52–A	YL–33
	2	全张双色	RL–1100–AZ	ML–87–A	YL–58
	4	全张四色	RL–1500–AZ	ML–148–A	YL–87
	5	全张五色	RL–1800–AZB2	ML–229–A	YL–148
	6	全张六色	RL–1800–AZB2	ML–229–A	YL–148
1620×1020及以下	2	大全张双色	RL–1500–AZ	ML–87–A	YL–58
	4	大全张四色	RL–1800–AZ	ML–148–A	YL–87

※表格中润版水箱型号为推荐型号，其中字母含义：A–半自动酒精控制器　AZ–全自动酒精控制器　P–配版液按百分比添加。

※润版水箱可满足用户的特殊配置要求，如润版液按百分比添加、电导率检测、pH值检测、紫外线消毒等。

地址：北京市朝阳区楼梓庄北路18号　邮编：100018　400服务热线：400 000 2426　传真：010–84313673
手机：13601000760　13901011942　邮箱：sunyue@beierxin.com　jiemin1955@sina.com　网址：www.beierxiin.com

卷筒纸胶印机：

印刷机			配套设备型号		
类型	纸宽	规格	润版水箱	墨辊冷却系统	油冷却系统
商用表格机	520mm 及以下	4色以下	RL–550–AZ		
		6色以下	RL–750–AZ		
		8色以下	RL–1100–AZ		
		12色以下	RL–1500–AZ		
商业轮转机	965mm 及以下		RL–1500–AZP	ML–148–A	
报刊机（同层面）	787mm	单塔	RL–1500–PB2	ML–148–A	YL–87
		双塔	RL–1800–PB2	ML–229–A	YL–148
		三塔	RL–2000–GPB2	ML–296–A	
		四塔	RL–3000–GPB2	ML–229–A*2台	
报刊机（上下层面）	787mm	单塔	RL–1500–GPB2	ML–148–A	YL–87
		双塔	RL–1800–GPB2	ML–229–A	YL–148
		三塔	RL–2000–GPB2	ML–296–A	
		四塔	RL–3000–GPB2	ML–229–A*2台	

※表格中润版水箱型号为推荐型号，其中字母含义：
AZ–全自动酒精控制器；
P–配版液按百分比添加；
B2–双循环泵；
G–高扬程水泵。
※润版水箱可满足用户的特殊配置要求，如润版液按百分比添加、电导率检测、pH值检测、紫外线消毒等

浙江寿原机械有限公司

浙江寿原机械有限公司由中国浙江平湖英厚机械有限公司和日本国寿原株式会社共同出资成立，于2005年正式投入运营。依托日本寿原株式会社强大的研发创新平台，业已建立先进的生产手段和可靠的质量保障体系。专业生产手动墨斗、自动遥控墨斗、空压驱动油墨搅拌器、油墨墨量控制系统及油墨传递部装系统。适用轮转机、单色多色胶印机和金属印刷机。

地址：浙江省平湖市黄姑工业园区

邮编：314203

电话：0573-85862015

传真：0573-85862018

网址：www.toshihara.com.cn

邮箱：info@toshihara.com.cn

产品介绍

墨斗

墨斗是给印刷机提供油墨的设备，墨键是分体式的，我们有两种类型的墨斗，一种是遥控的，另一种是手动的，并可以根据印刷机的大小选择尺寸。

墨斗规格

印刷有效宽度	墨键宽度	墨键数	机型
1050	35	30	单张纸
700	35	20	单张纸
525	35	15	单张纸
590	44.5	20	轮转机
其他	可定制	可定制	轮转机、单张纸

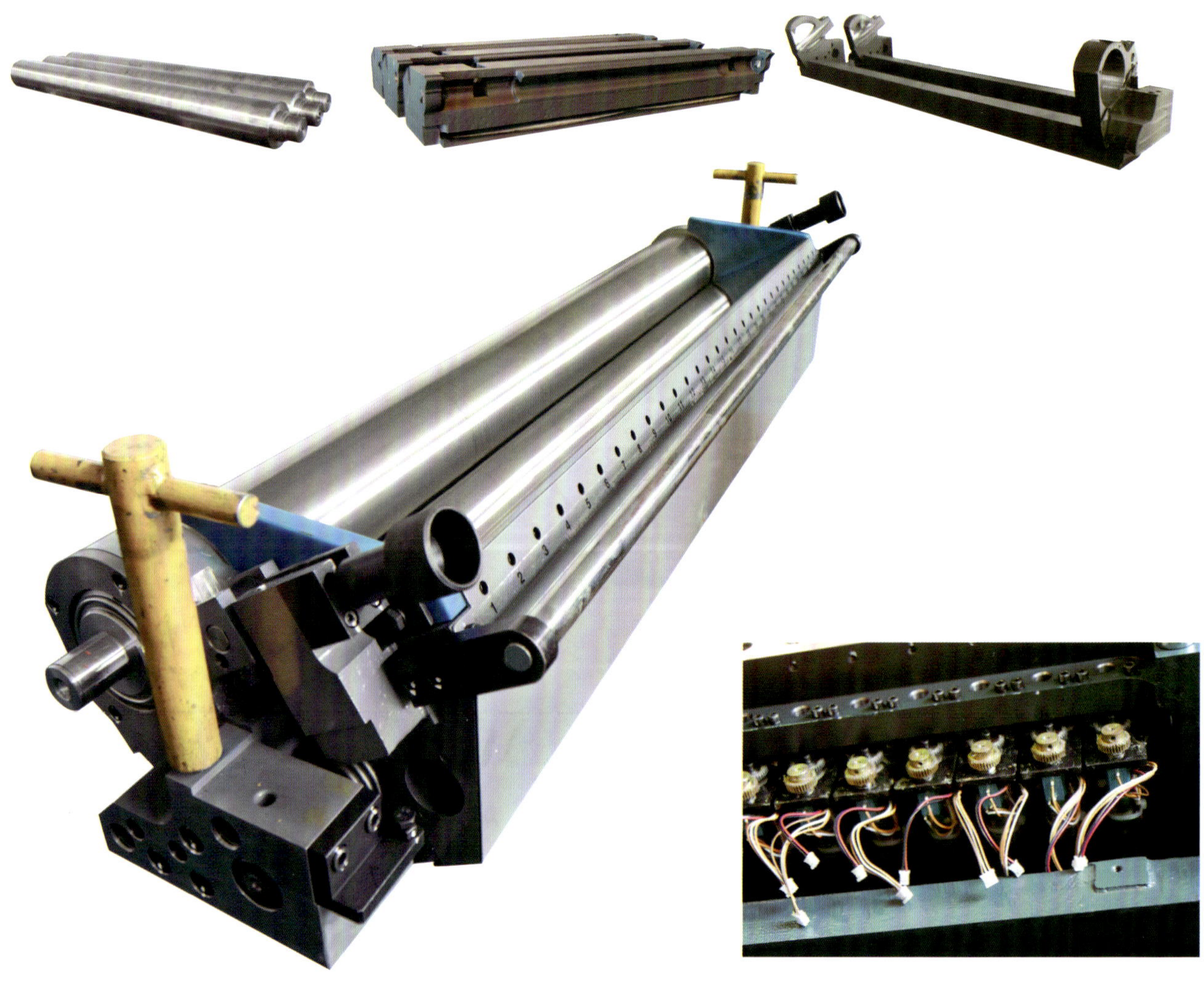

供墨系统

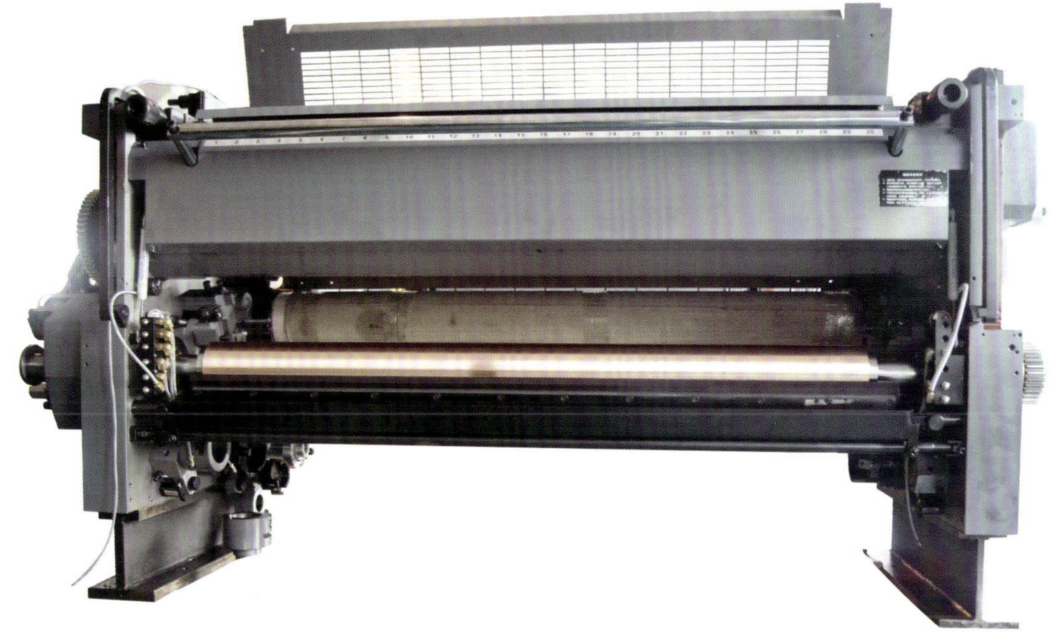

产品检测

上海飞跃特摩齿轮有限公司

上海飞跃特摩齿轮有限公司已有60多年生产齿轮的历史，能生产1250mm以内（GB10095-88）3级精度齿轮，生产的齿轮广泛使用于社会各部门，主导产品是印刷机械齿轮，特别是为日本秋山印刷机配套供应全套齿轮。

公司目前拥有世界著名企业德国Hofier公司制造的HELIX400、HELX700、HELX1250磨齿机等加工设备及精密的齿轮测量仪器，能为广大用户提供各种圆柱齿轮、圆锥齿轮、链轮、蜗轮、蜗杆、齿条、凸轮以及内外花键服务，曾获得中国质量检验协会颁发的"全国质量稳定合格产品"证书。

公司的服务宗旨是："最大限度使客户盈利"

地址：上海虹口区西宝兴路949弄82号
邮编：200083
电话：021-56989303
传真：021-56622171
网址：www.feiyuetemo.com
www.feiyuetemo.cn

产品介绍

三级精度齿轮轴

三级精度齿轮

三级精度齿轮

三级精度斜齿轮

三级精度斜齿轮

齿轮轴

齿轮

蜗轮

齿条

地址：上海虹口区西宝兴路949弄82号　邮编：200083　电话：021-56989303　传真：021-56622171
网址：www.feiyuetemo.com　www.feiyuetemo.cn

加工设备

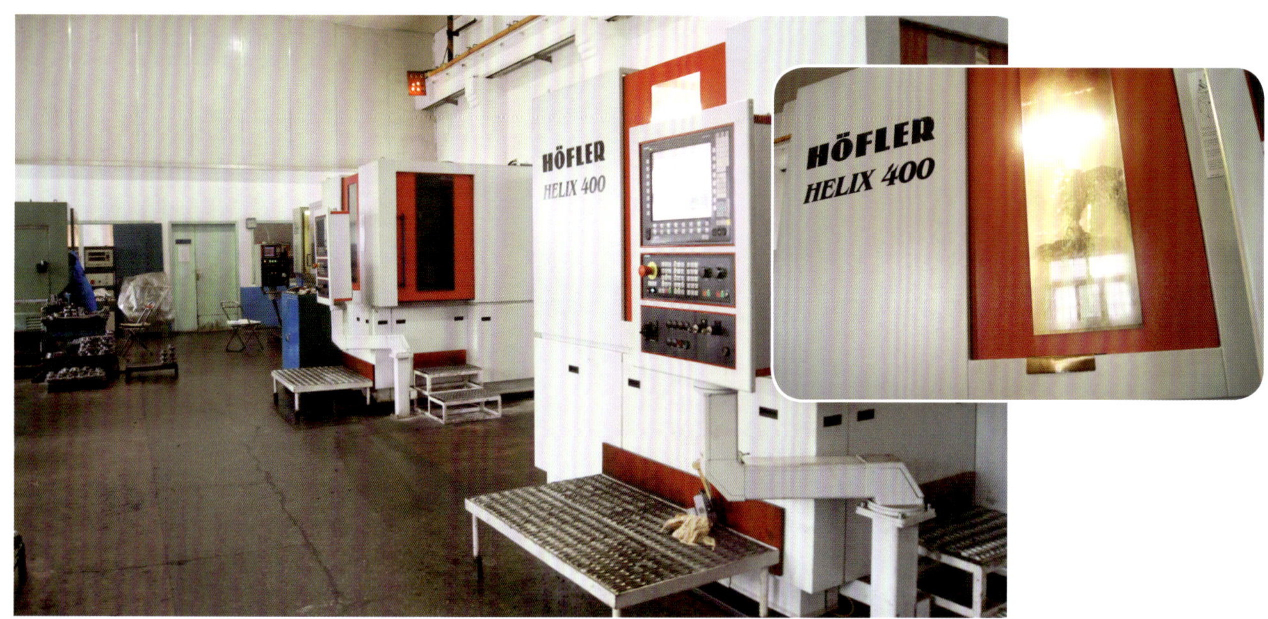

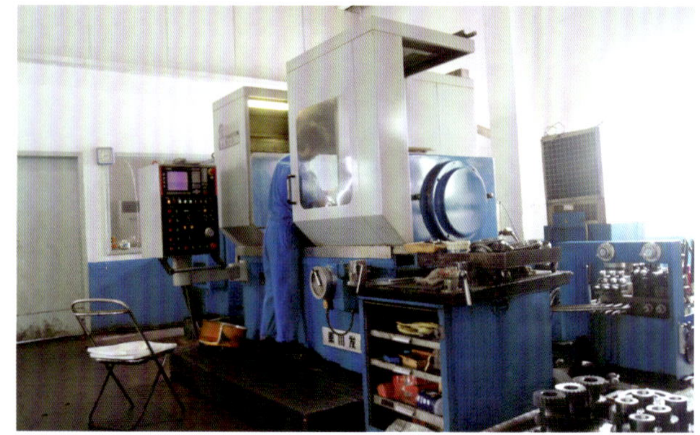

检测设备

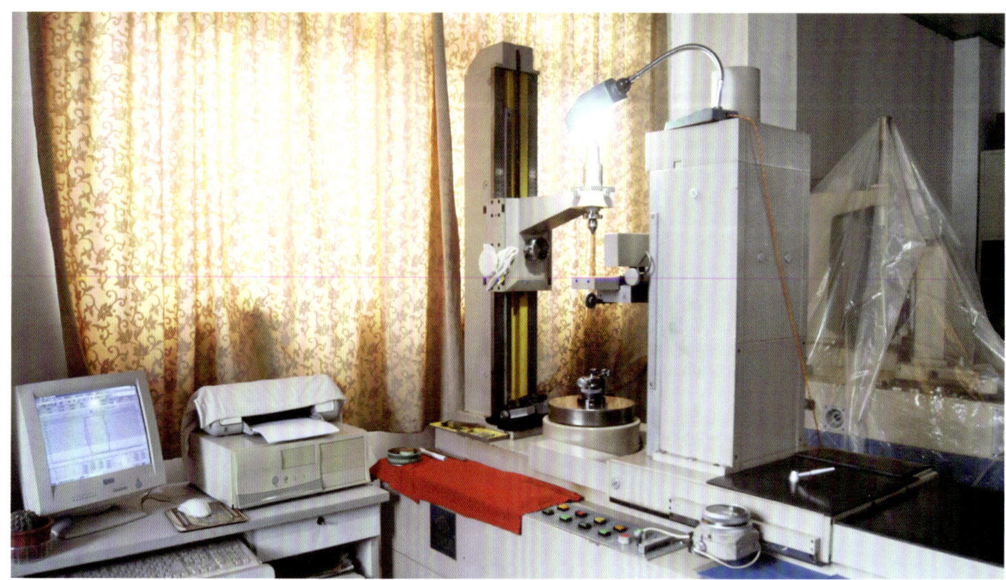

上海荣青机电设备有限公司

上海荣青机电设备有限公司是中国制造印刷机润版系统和印刷机其它配套辅机及钣金零件加工的专业生产企业。公司位于上海西北的嘉定工业区，占地面积10622平方米，厂房建筑面积5200平方米。

公司成立于1993年5月，近20年来产品为国内的著名印刷机械制造企业润版系统前期设计的全过程进行配套设计和开发，配套产品种类有各类轮转、平张纸胶印机、商业印刷机、印铁机等，且根据顾客要求，可提供润版液自动配比、酒精自动添加、水温自动控制等自动化产品供顾客选择，产品还出口加拿大、美国、欧洲、法国和日本，公司产品已属国内印刷机主要生产厂的固定配套产品，产品遍及各大报社印刷系统。公司是中国印刷机械润版循环水箱产品标准主要起草单位之一。

公司始终坚持“否定自我，创造未来”的核心理念和“质量第一，顾客至上”的经营宗旨及“持续改进并提供超越顾客期望的产品与服务”的经营方针，使企业不断创新，永续提升，赢得了顾客的信赖和认可。

上海荣青机电设备有限公司是集开发、制造、销售、服务于一体的现代化制造企业，公司拥有雄厚的电器与机械设计开发能力，拥有多台先进的进口数控设备，拥有一支训练有素的员工队伍。公司已应用ERP信息化管理模式对产品经营制造过程进行有效控制和管理，并于2010年通过了ISO9001：2008质量管理体系认证，完善的质量管理体系保证了产品的先进性、稳定性和可靠性。企业不断持续改进和发展，在国内行业中处于领先地位。

地址：上海市嘉定区嘉行公路2888号

邮编：201816

电话：021－59952456（总机）021-59952307（技术销售）021-59952149（总经理）

传真：021－59951407

网址：www.rongqing.com.cn

邮箱：lijz@rongqing.com.cn

产品介绍

上海荣青的产品已形成了完整的系列品种和规模生产，随着国内外市场的需求，自行设计生产的印刷润版循环制冷水箱RSFH系列、RSF系列、以及高速印刷机润滑油温控YFX系列、墨辊恒温系列产品已经批量用于中国和欧洲中高档印刷机。并开发设计生产了全自动微电脑控制水箱，实现了产品的全自动控制。公司还为印刷设备制造厂提供了高质量的钣金零件加工生产配套服务。

润湿系统

RSFH系列和RSF系列印刷润版循环制冷水箱适用于各类胶印轮转卷筒纸和单张纸平板印刷。在印刷机需要时能根据设定，自动保证均匀补充酒精、润版剂和经过滤的冷却液体，可获得高品质的印刷质量。

高速印刷机润滑油冷却系统

YFX系列油温控制油箱适用于各类轮转、单张平版高速印刷机。其特点是控制印刷机在高速运转时润滑油保持在一定温度之间，避免热胀系数对机器造成的精度误差和损害。

墨辊恒温系统

MSF系列墨辊恒温水箱解决了印刷机长时间高速运转而导致串墨辊过热产生的各类印刷质量问题。

钣金零件加工

加工生产各种印刷机的钣金零件，高质量的钣金零件为印刷机提供了美观的造型和安全的防护及配套服务。

RSFH–215–2型印刷润版循环制冷水箱

RSFH–215–2型印刷润版循环制冷水箱具有循环供水、制冷、过滤、润版液自动配比调整，水斗液温度自动控制等功能。可以与高速轮转胶印机、多色单张纸胶印机、商用表格印刷机等配套使用，也可与其它各种机械传动产品配套使用。产品自动化程度和冷却效率高，操作简单，清洗方便，质量稳定可靠。

该产品系列有RSFH－215－3型和RSFH－215－4型可供顾客选择使用。

该产品已与高斯图文印刷系统（中国）有限公司生产的轮转胶印机配套应用，在中国报业如南方报业、天津今晚报、解放日报印务中心、新民晚报印务中心及澳门日报等都有该产品。

一、产品的主要组成部分示意图

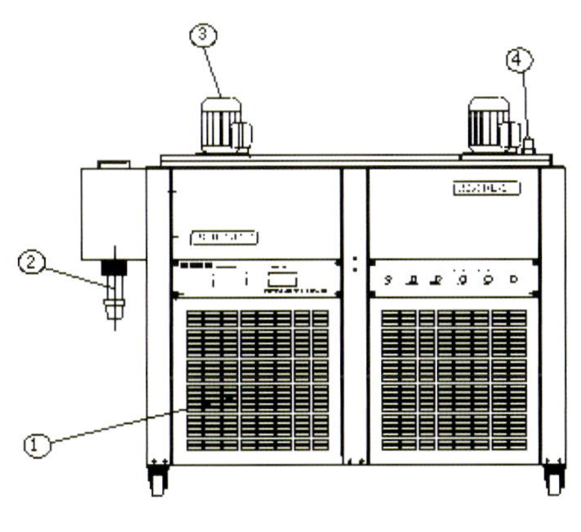

1.制冷机组	6. 水箱排水口	11. 印刷机回水口
2.混合器	7. 印刷机供水口	12. 气源进口
3.水泵	8. 印刷机回水口	13. 润版液调节器
4.电导率	9. 印刷机供水口	14. 水源进水口
5.管道清理口	10. 印刷机回水口	

二、产品的主要技术参数

1	机器型号:	RSFH–215–2
2	水箱标准容积:	215L
3	电源:	3/PE AC380v 50Hz/60Hz
4	水泵功率:	380V/370w 45L/min
5	制冷量:	10Kw
6	温度控制范围:	≥8 C
7	润版液调节范围:	0 ~ 4.0%
8	供水口径:	ф 16mm
9	回水口径:	ф 26mm
10	水源加入口口径:	ф 16mm
11	冷媒:	R22
12	外形尺寸:	1570mm × 3790mm × 31460mm
13	净重:	285Kg

RSFH–160–2型印刷润版循环制冷水箱

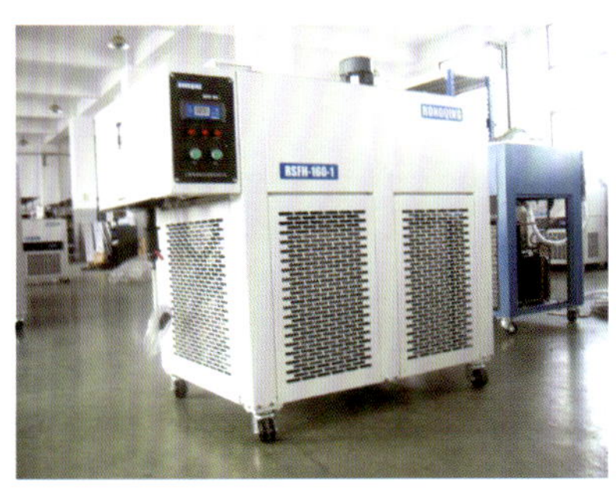

RSFH–160–2型印刷润版循环制冷水箱具有循环供水、制冷、过滤、润版液自动配比、水温控制和酒精设定后自动补偿等功能，可以与高速轮转胶印机、多色单张纸胶印机、商用表格印刷机等配套使用，也可与其它各种机械传动产品配套使用。产品自动化程度和冷却效率高，操作简单，清洗方便，质量稳定可靠。

该产品与上海光华印刷机械有限公司生产的秋山BT640机配套应用。

一、产品的主要组成部分示意图

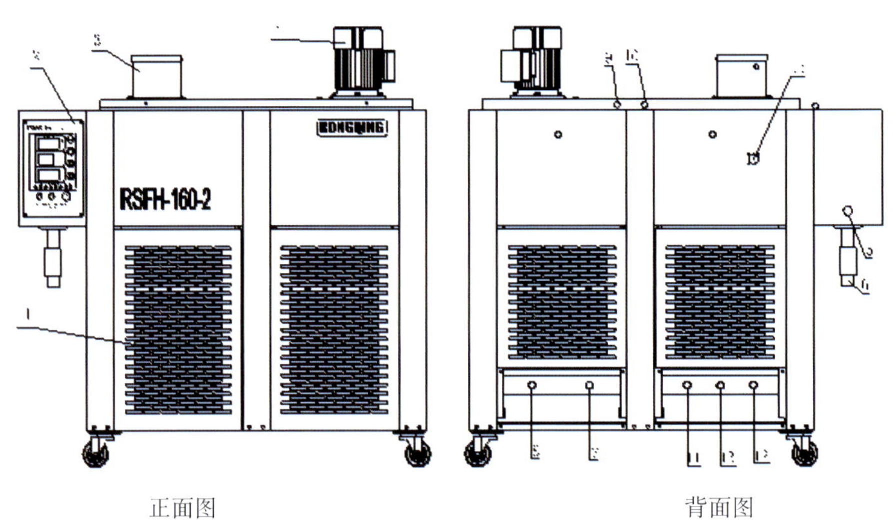

1.制冷系统	6.润版液加液口	11.印刷机回水口
2.控制面板	7.印刷机供水口	12.酒精添加口
3.酒精控制盒	8.水箱排水口	13.水源入口
4.水泵	9.酒精清洁口	14.电源输入插口
5.水源共水口	10.回水清洁口	

二、产品的主要技术参数

1	机器型号：	RSFH–160–2
2	水箱标准容积：	160L
3	电源：	3/PE 380v 50Hz/60Hz
4	水泵功率：	380V/370w 40L/min
5	制冷量：	8.0Kw
6	温度控制范围：	≥8 C
7	酒精调节范围：	0 ～ 15%
8	润版液调节范围：	0 ～ 4.0%
9	供水口径：	ϕ16mm
10	回水口径：	ϕ21mm
11	酒精加入口径	ϕ8mm
12	水源加入口口径：	ϕ16mm
13	冷媒：	R22
14	酒精添加剂	异丙醇
15	外形尺寸：	1220mm×1260mm×790mm
16	净重：	230Kg

RSF–110–2型印刷润版循环制冷水箱

RSF–110–2型印刷润版循环制冷水箱具有循环供水、制冷、过滤及酒精浓度配比等功能，可以与多色平版胶印机、商用表格印刷机等配套使用，也可与其它各种机械传动产品配套使用。产品自动化程度和冷却效率高，操作简单，清洗方便，质量稳定可靠。

产品主要适用于对开四色以下及相应规格的各类印刷机。

该产品已与上海光华印刷机械有限公司生产的PZ4740AL单张纸平版胶印机配套应用，与上海紫光机械有限公司生产的商业表格轮转印刷机配套应用，与上海紫明印刷机械有限公司生产的单张纸平版胶印机和高斯图文印刷系统（中国）有限公司生产的YP4880轮转胶印机配套应用。

一、产品的主要组成部分示意图

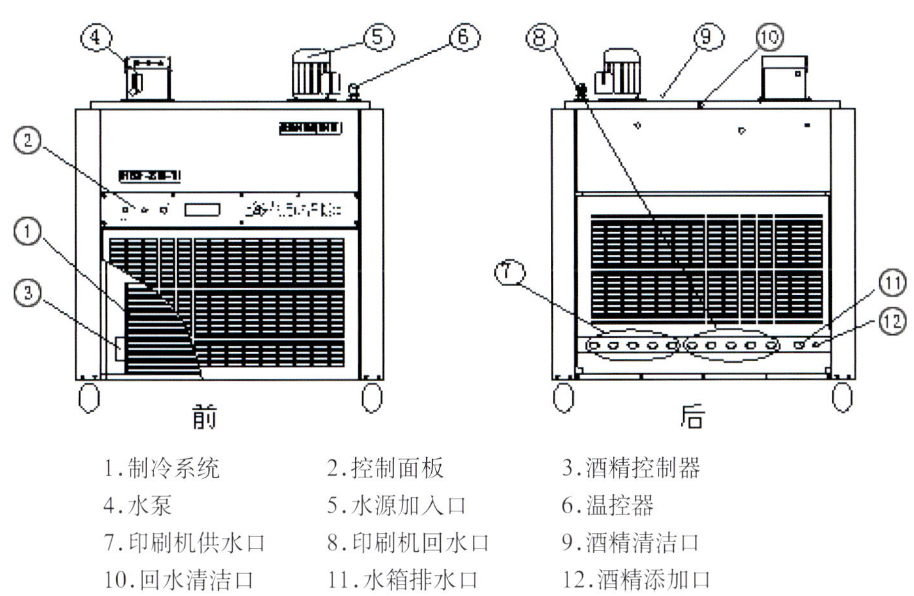

1.制冷系统	2.控制面板	3.酒精控制器
4.水泵	5.水源加入口	6.温控器
7.印刷机供水口	8.印刷机回水口	9.酒精清洁口
10.回水清洁口	11.水箱排水口	12.酒精添加口

二、产品的主要技术参数

1	机器型号	RSF–110–2
2	水箱标准容积	110L
3	电源	3/PE AC380V 50Hz
4	供水泵规格	380V/370W 45L/min
5	制冷量	5KW
6	酒精浓度调节	0–15%
7	温度控制范围	≥8℃
8	供水口外径	Φ8mm
9	回水口外径	Φ21mm
10	外形尺寸	1000 mm×1300 mm×800mm
11	自重	185kg

RSF-80-2型印刷润版循环制冷水箱

RSF-80-2型印刷润版循环制冷水箱具有循环供水、制冷、过滤及酒精浓度配比等功能，可以与多色平版胶印机、商用表格印刷机等配套使用，也可与其它各种机械传动产品配套使用。产品自动化程度和冷却效率高，操作简单，清洗方便，质量稳定可靠。

产品主要适用于四开四色以下及相应规格的各类印刷机。

该产品已与上海光华印刷机械有限公司生产的单张纸平版胶印机、上海紫光机械有限公司生产的商业表格轮转印刷机、江西中景集团生产的单张纸平版胶印机配套应用。

一、产品的主要组成部分示意图

图示说明

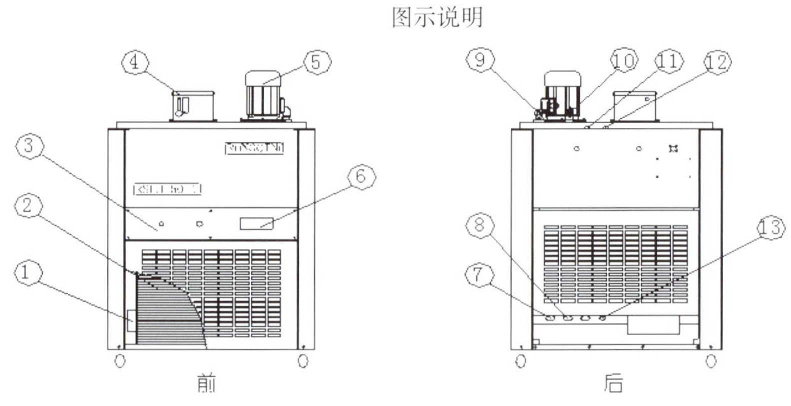

1.压力控制器开关	6.温度控制器	11.酒精清洁口
2.冷凝器	7.水箱排水口	12.回水清洁口
3.控制面板	8.印刷机回水口	13.酒精加液口
4.酒精控制器	9.水源供水口	
5.水泵	10.印刷机供水口	

二、产品的主要技术参数

1	机器型号	RSF-80-2
2	水箱标准容积	80L
3	电源	3/PE AC380V 50Hz
4	供水泵规格	380V/250W 25L/min
5	制冷量	4KW
6	温度控制范围	≥8℃
7	酒精浓度调节	0~15%
8	供水口外径	Φ16.5mm
9	回水口外径	Φ21 mm
10	外形尺寸	750mm×730mm×1230mm
11	自重	155Kg

RSF—55—2型印刷润版循环制冷水箱

RSF—55—2型印刷润版循环制冷水箱具有循环供水、制冷、过滤及酒精浓度配比等功能，可以与多色平版胶印机、商用表格印刷机等配套使用，也可与其它各种机械传动产品配套使用。产品自动化程度和冷却效率高，操作简单，清洗方便，质量稳定可靠。

产品主要适用于四开双色以下及相应规格的各类印刷机。

该产品与上海华光印刷机械有限公司生产的单张纸胶印机、上海紫光机械有限公司生产的商业表格轮转印刷机、上海紫明印刷机械有限公司生产的单张纸胶印

机、江西中景集团有限公司生产的单张纸胶印机、山东潍坊华光精工设备有限公司生产的单张纸胶印机和辽宁大族冠华印刷科技股份有限公司生产的单张纸胶印机配套应用。

一、产品的主要组成部分示意图

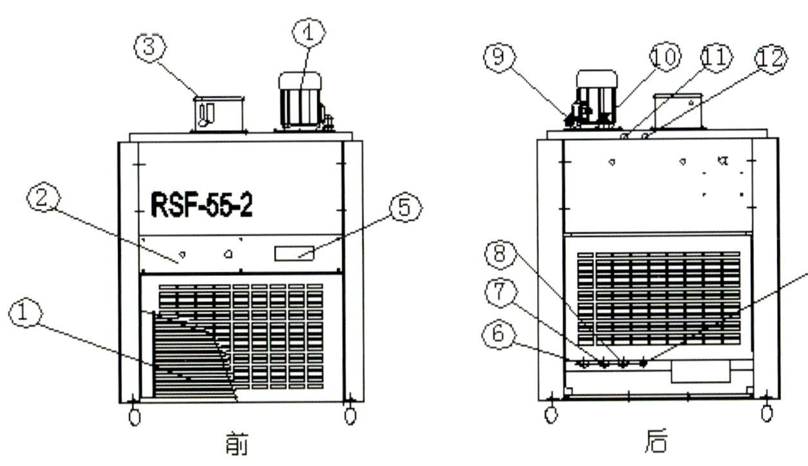

1.制冷系统　2.控制面板　3.酒精控制器　13.酒精加液口
4.水泵　5.温度控制器　6.水箱排水口
7.印刷机供水口　8.印刷机回水口　9.印刷机供水口
10.水源供水口　11.酒精清洁口　12.回水清洁口

二、产品的主要技术参数

1	机器型号	RSF—55—2
2	水箱标准容积	55L
3	电源	3/PE AC380V 50Hz \单相AC220V 50Hz
4	供水泵规格	380V/250W 15L/min
5	制冷量	2.5KW
6	酒精浓度调节	0—15%
7	温度控制范围	≥5℃
8	供水口外径	Φ16.5mm
9	回水口外径	Φ21mm
10	外形尺寸	680mm×570mm×1180mm
11	自重	110kg

RSFH–125–1型印刷润版循环制冷水箱

RSFH–125–1型印刷润版循环制冷水箱具有循环供水、制冷、过滤、润版液自动配比调整、水斗液温度自动控制等功能，可以与高速轮转胶印机、多色单张纸胶印机、商用表格印刷机等配套使用，也可与其它各种机械传动产品配套使用。产品自动化程度和冷却效率高，操作简单，清洗方便，质量稳定可靠。

该产品系列有RSFH–125–1A型和RSFH–125–1B型可供顾客选择使用。

该产品与高斯图文印刷系统（中国）有限公司生产的单张纸四色胶印机配套应用。

一、产品的主要组成部分示意图

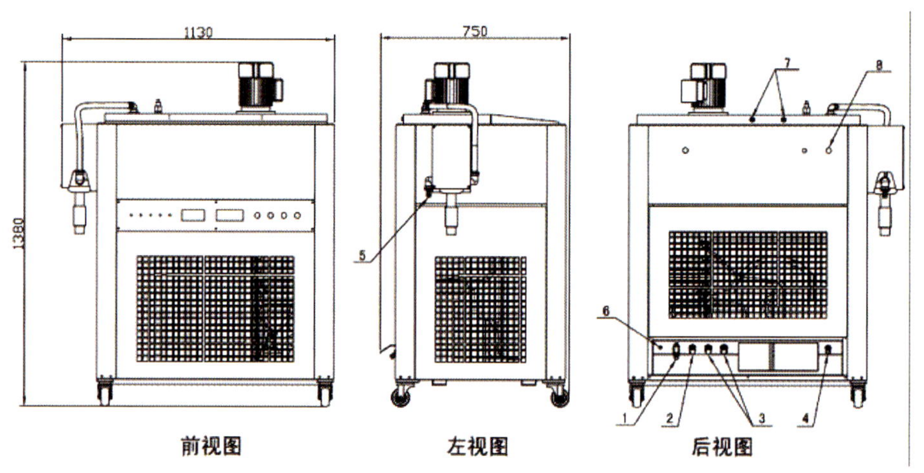

1.供水口（ϕ16）　4.排水口（ϕ20）　7.负压回水清洁口

2.印刷机回水口（ϕ26）　5.水源入口　（ϕ16.5）　8.电源插头（三相4线）

3.印刷机回水口（ϕ26）　6.气管快插接头（ϕ6）

二、产品的主要技术参数

1	机器型号	RSFH–125–1
2	水箱标准容积	125L
3	电源	3/PE　AC380V　50Hz
4	制冷量	6KW
5	供水泵规格	380V/370W　45L/min
6	温度控制范围	≥8℃
7	润版液自动配比值	0—4%
8	供水口外径	Φ16.5mm
9	回水口外径	Φ21mm
10	冷媒	R22
11	外形尺寸	1130mm×750mm×1380mm
12	重量	185kg

RSFH−300−1型印刷润版循环制冷水箱

RSFH−300−1型印刷润版循环制冷水箱具有循环供水、制冷、过滤、润版液自动配比调整、水斗液温度自动控制等功能，可以与高速轮转胶印机、多色单张纸胶印机、商用表格印刷机等配套使用，也可与其它各种机械传动产品配套使用。产品自动化程度和冷却效率高，操作简单，清洗方便，质量稳定可靠。

该产品已与高斯图文印刷系统（中国）有限公司生产的胶印轮转机配套应用。

一、产品的主要组成部分示意图

1.制冷机组　　8.印刷机回水口

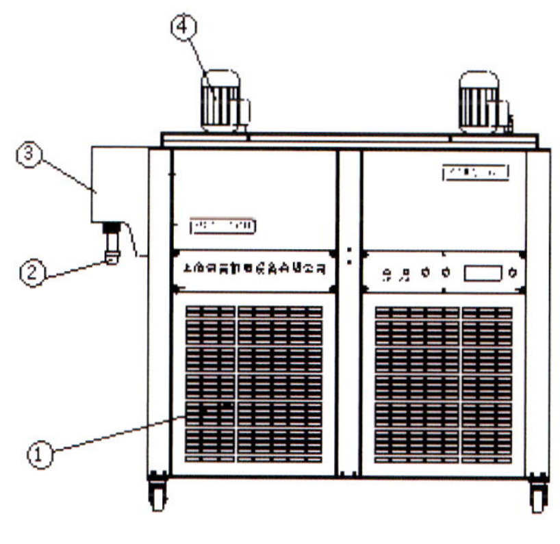

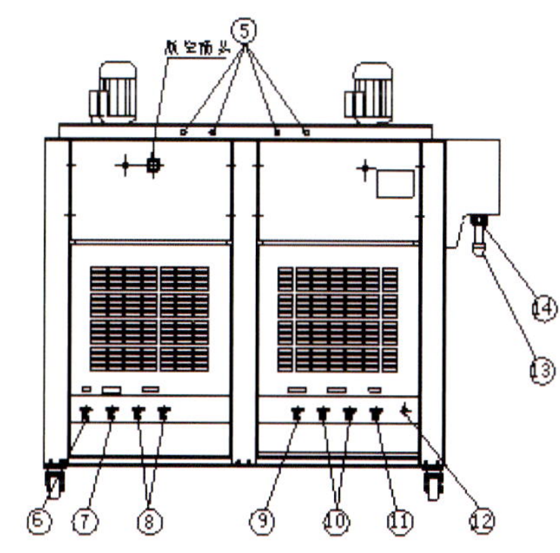

2.混合液吸口　　9.印刷机供水口
3.混合器　　10.印刷机回水口
4.水泵机组　　11.印刷机回水口
5.管道清理口　　12.气源
6.排水口　　13.水源进水口
7.印刷机供水口　　14.比例调整盘

二、产品的主要技术参数

1	机器型号:	RSFH−300−1
2	水箱容量:	300L
3	电源:	3/PE AC380v 50Hz/60Hz
4	水泵规格:	550w*2　50L/min
5	制冷量:	12KW
6	温度控制范围:	≥8 C
7	润版液调节范围:	0 ～ 4.0%
8	供水口径:	ϕ16mm
9	回水口径:	ϕ25mm
10	水源加入口口径:	ϕ16mm
11	冷媒:	R22
12	外形尺寸:	1625mm×1420mm×910mm
13	净重:	325Kg

地址：上海市嘉定区嘉行公路2888号　邮编：201816　电话：021−59952456（总机）021−59952307（技术销售）
021-59952149（总经理）　传真：021−59951407　网址：www.rongqing.com.cn　邮箱：lijz@rongqing.com.cn

YFX-1CB型油冷却循环油箱

YFX-1CB型油冷却循环油箱在循环油路中控制油温，具有油路循环、制冷、过滤、油温自动控制等功能，在印刷机提供回油动力的状态下通过一组压缩机及热交换器分别单独控制印刷机的四个单元，保证了各单元的油仓内油温相对平均和达到规定的要求。

该产品可以与高速轮转胶印机、多色单张纸胶印机、商用表格印刷机等配套使用，也可与其它各种机械传动产品配套使用。产品自动化程度和冷却效率高，操作简单，清洗方便，质量稳定可靠。

该产品已与高斯图文印刷系统（中国）有限公司生产的胶印轮转机配套应用。

一、产品的主要组成部分示意图

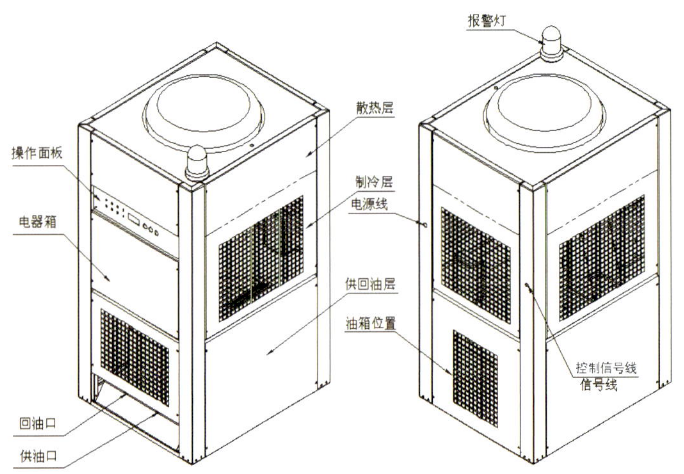

二、产品的主要技术参数

1	机器型号	YFX-1CB
2	电源	AC 380V / 50Hz 三相四线
3	油泵功率	1.5KWX2
4	制冷量	7.5Kw
5	温度控制范围	≥35℃
6	供油口	Φ14mm
7	回油口	Φ25mm
8	外形尺寸	1500mm × 900mm × 700mm
9	自重	280 kg
10	冷媒	R22

YFX-2型油冷却循环油箱

YFX-2型油冷却循环油箱在循环油路中控制油温，具有油路循环、制冷、过滤、油温自动控制等功能，在印刷机提供回油动力的状态下，通过压缩机和热交换器保证印刷机油仓中油温达到规定的要求。产品自动化程度和冷却效率高，操作简单、清洗方便、质量稳定可靠。

该产品可以与高速轮转胶印机、多色单张纸胶印机、商用表格印刷机等配套使用，也可与其它各种机械传动产品配套使用。

该产品已与上海光华印刷机械有限公司生产的秋山BT640、BT440机配套应用。

一、产品的主要组成部分示意图

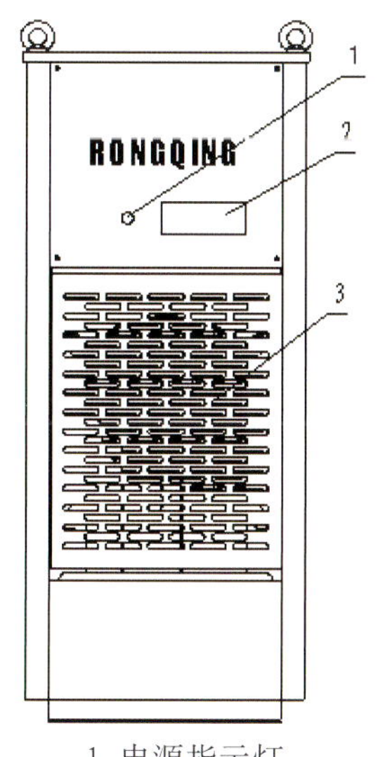

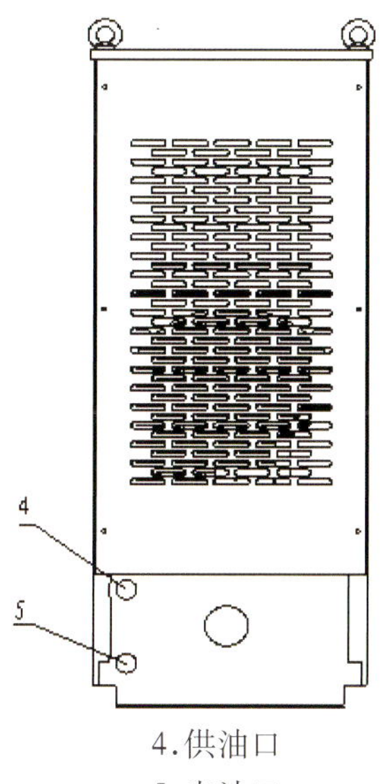

1.电源指示灯
2.温度控制器
3.制冷系统
4.供油口
5.出油口

二、产品的主要技术参数

1	机器型号	YFX-2
2	电源	AC220V / 50Hz
3	油泵功率	0.5KW
4	制冷量	2.5Kw
5	温度控制范围	≥35℃
6	供油口螺纹规格	Φ16mm
7	回油口螺纹规格	Φ16mm
8	外形尺寸	395mm×445mm×1030mm
9	自重	75 kg
10	冷媒	R22

地址：上海市嘉定区嘉行公路2888号　邮编：201816　电话：021—59952456（总机）021—59952307（技术销售）
021-59952149（总经理）　传真：021—59951407　网址：www.rongqing.com.cn　邮箱：lijz@rongqing.com.cn

MSF－120型串墨辊恒温水箱

MSF－120型串墨辊恒温水箱具有制冷与制热功能，可使印刷机的墨辊处于恒温状态，稳定油墨的温度，始终在最佳状态下传墨，保证了印刷机更可靠的工作。产品可以与高轮转速胶印机、多色单张纸胶印机、商用表格印刷机等配套使用，也可与其它各种机械传动产品配套使用，产品自动化程度和制冷及制热效率高，操作简单，清洗方便，质量稳定可靠。

产品的主要技术参数

1	机器型号	MSF－120串墨辊恒温水箱
2	水箱标准容积	120L
3	电源	3/PE AC380V 50Hz
4	泵规格	0.5KW 2T/h
5	制冷量	7.5KW
6	温度控制范围	0℃～30℃（视机型而定）
7	供水口外径	Φ21mm
8	回水口外径	Φ21mm
9	外形尺寸	700 mm × 750mm × 1400 mm
10	重量	240kg

产品型号对照表

序号	名称	原型号
一	印刷润版循环制冷水箱	
1	RSFH－215－2型（－3型/－4型）	RSFH－180－1型（－J型/－Q型）
2	RSFH－160－2型	RSFH－120型
3	RSF－110－2型	RSF－80－1型
4	RSF－80－2型	RSF－50－1型
5	RSF－55－2型	RSF－30－1型
6	RSFH－125－1型(－1A型/－1B型)	RSFH－100－1型（－1A型/－1B型）
7	RSFH－300－1型	RSFH－200型
二	油冷却循环油箱	
1	YFX－1CB型	
2	YFX－2型	
三	墨辊恒温水箱	
1	MSF120型	

产品配套实例

1.为上海紫明机械有限公司ZMB2P294型胶印机配套的RSF-110-2型印刷润版循环制冷水箱。

2.为上海光华印刷机械有限公司PZ4650型胶印机配套的RSF-80-2型润版水箱。

3.为上海光华印刷机械有限公司生产的日本秋山BT640六色胶印机配套的RSFH-160型润版水箱与YFX-3型油温控制油箱。

4.为高斯（中国）有限公司YP4880型卷筒纸书刊胶印机配套的RSFH-110-2型润版水箱。

5.为上海光华印刷机械有限公司生产的PZ4740型胶印机配套的RSF-110-2型润版水箱。

6.为高斯（中国）有限公司WS1000（578规格）型无轴半商业卷筒纸胶印机配套的RSFH-215-3型润版水箱。

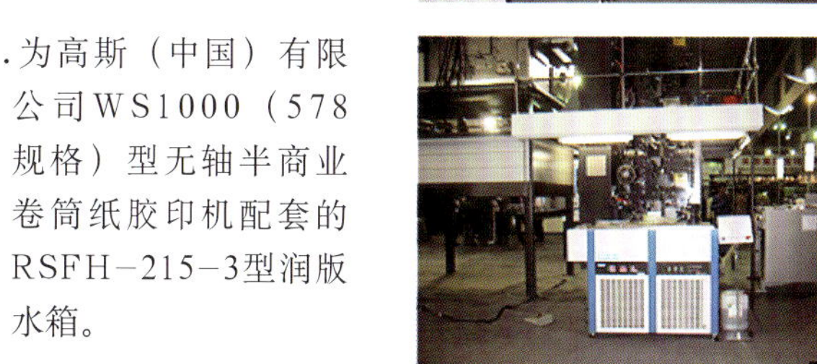

7.为上海光华印刷机械有限公司生产的日本秋山JP2P240（2+2式）胶印机配套的RSFH-125-1型润版水箱。

8.为山东潍坊华光精工设备有限公司六开四色胶印机配套的RSF-55-1型润版水箱。

9.荣青公司的RSF-80-1型水箱配置于上海光华印刷机械有限公司的PZ-4650型四开多色胶印机。

10.荣青公司的RSFH-215-1型水箱及YFX-1型油温控制系统配置于高斯（中国）有限公司的SSC塔式轮转胶印机。

11.荣青公司为上海光华印刷机械有限公司配套制作的Akiyama BT、JP系列的机型外罩。

钣金零件加工生产

上海荣青机电设备有限公司具备雄厚的冷作钣金设计和加工的实力。公司成立后除了生产印刷润版循环制冷水箱和油冷却循环系统油箱等主导产品外，还为印刷包装机械设备制造厂配套加工了大量主要钣金零件，为他们提供了钣金零件的优质配套服务，如已为高斯图文印刷系统（中国）有限公司配套生产轮转胶印机上的门等钣金零件和为上海光华印刷机械有限公司配套生产了单张纸胶印机上的罩壳、踏脚板等钣金零件。

以下是部分生产的钣金零件实物照片：

诸暨市印机弹簧制造厂

诸暨市印机弹簧制造厂是一家专业生产印刷机械、包装机械弹簧的民营企业。已有20多年研制印机弹簧的丰富经验，以科技创新为企业的发展后劲。依托先进的生产设备、严格的标准化的生产工艺、可靠的质量检测手段，为全国主要印刷机械生产企业提供咬牙弹簧、扭杆弹簧、矩形弹簧、滚筒弹簧及各类花色弹簧。多年来一直受到好评。目前是：江苏昌昇、上海光华、北人集团、河南新机、江西中景、北人富士、多元数码、辽宁冠华、威海印机、滨田印机、潍坊华光、青岛瑞普、浙江通业、深圳精密达、淮南光华、上海亚华、上海紫明、上海紫宏等国内知名企业的主要供应商。

随着企业的发展，诸暨市印机制造厂密切紧跟全国印机行业的先进潮流。竭诚为主机生产企业配套，提供优质服务。并根据顾客的需求，不断开发具有竞争力的高性能弹簧。

经营理念：用户成功是我厂的心愿　企业精神：凝聚员工力量实现企业梦想

产品介绍

咬牙弹簧系列

1×6×19.9×10

1.2×6.5×16.2×7.5

1.2×6.2×17.5×9

1.2×6.5×16.9×9

1.3×6.5×16.7×9.5

1.5×9.5×21×7.5

1.5×8×21×10.8

1.5×7×24.5×11.5

1.6×9.9×29.6×12

1.6×10×21.25×8

1.6×8×22×10

1.6×8×30×11

扭杆系列

规格5×5×427

规格6×6×845

规格8×8×1080

规格10×10×1065

规格3×9×945

规格3.5×6×696

规格5×8×870

规格5×30×855

钢带花色系列

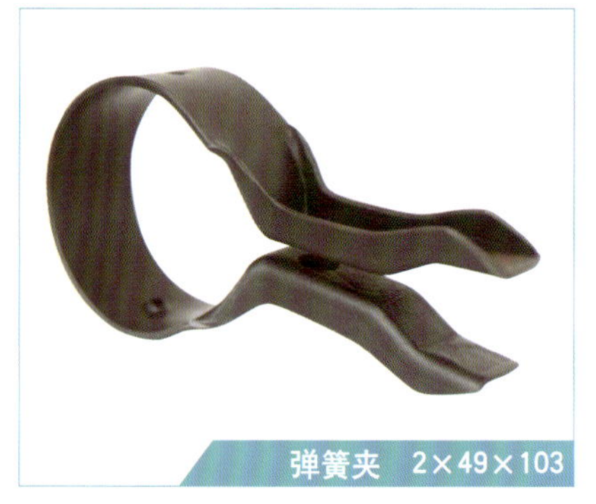
弹簧夹 2×49×103

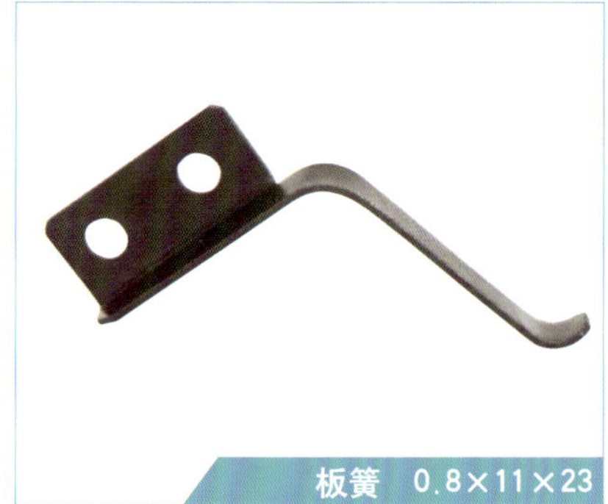
板簧 0.8×11×23

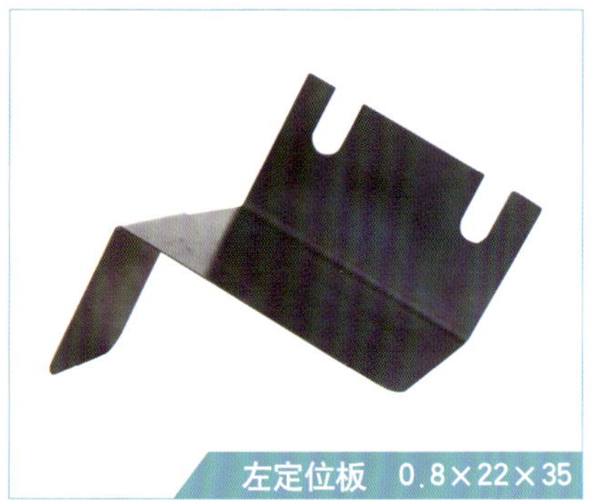
左定位板 0.8×22×35

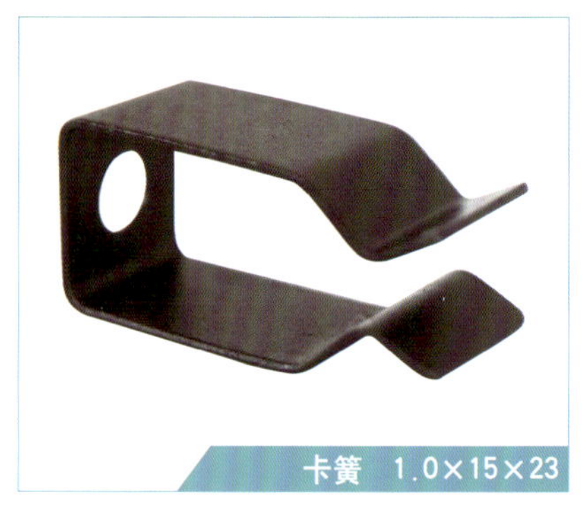
卡簧 1.0×15×23

挡纸舌 1.0×12×23.5

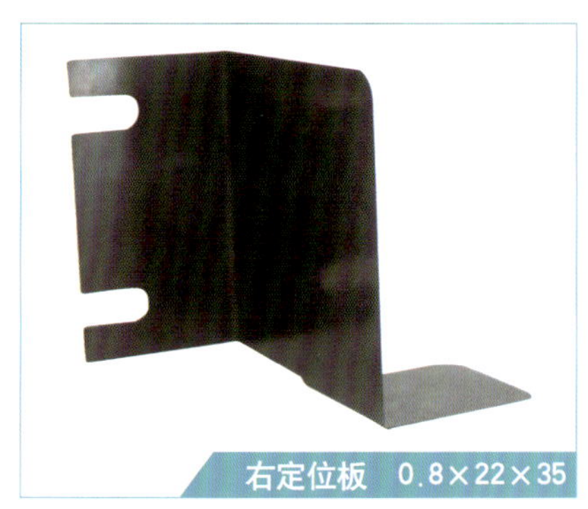
右定位板 0.8×22×35

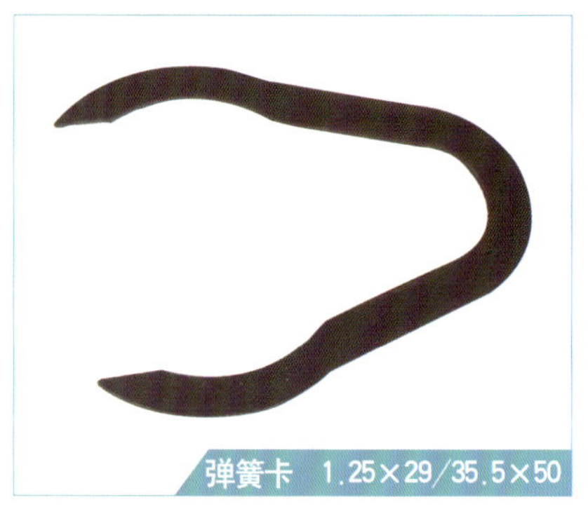
弹簧卡 1.25×29/35.5×50

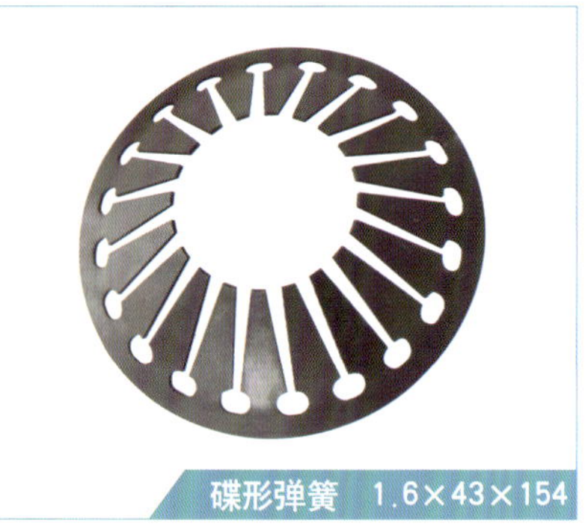
碟形弹簧 1.6×43×154

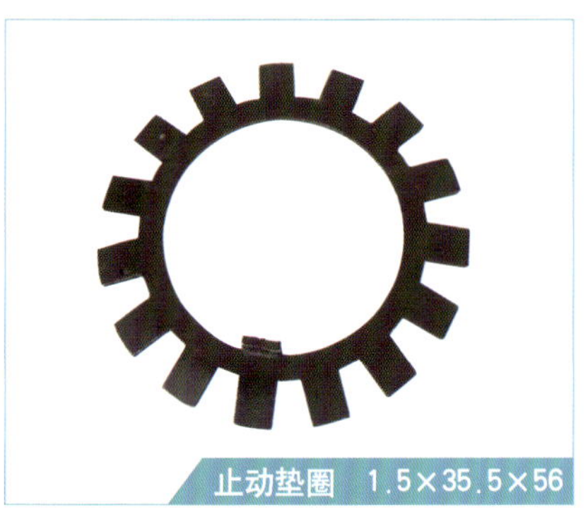
止动垫圈 1.5×35.5×56

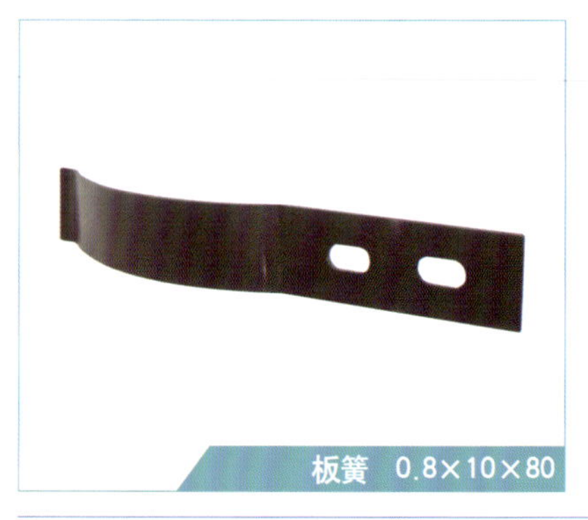
板簧 0.8×10×80

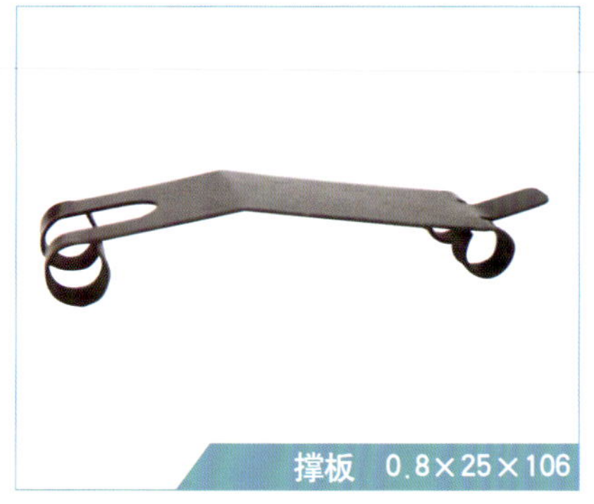
撑板 0.8×25×106

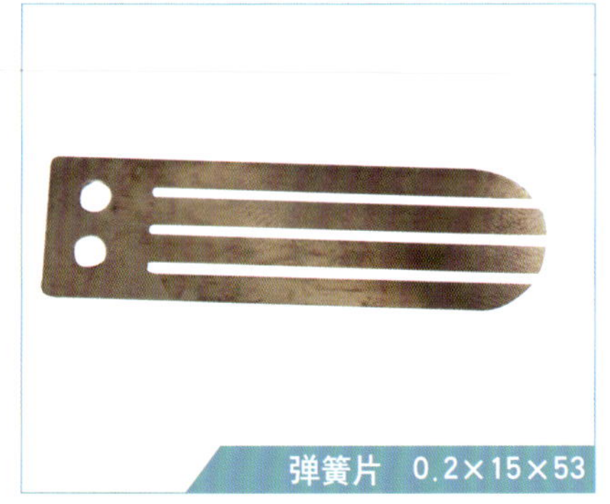
弹簧片 0.2×15×53

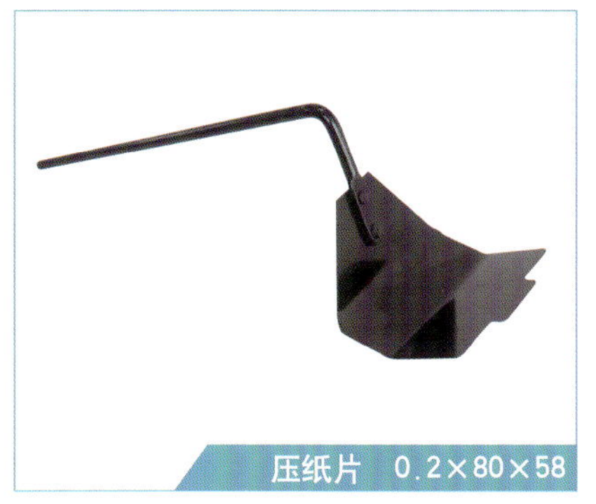
压纸片 0.2×80×58

压纸片 0.4×90×152

见当纸 3×56×101

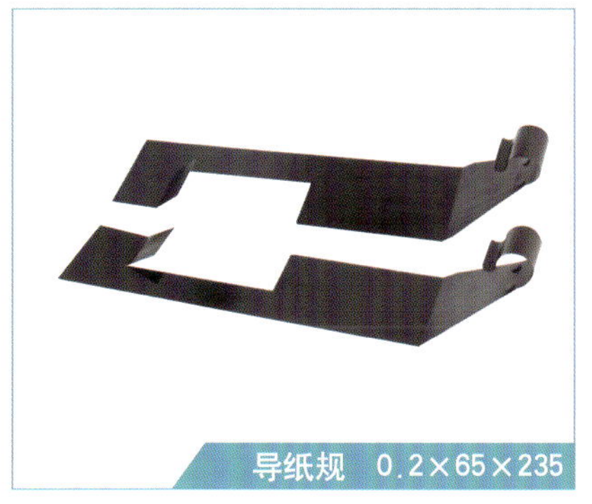
导纸规 0.2×65×235

触片 0.5×12×47

导纸规 0.2×65×235

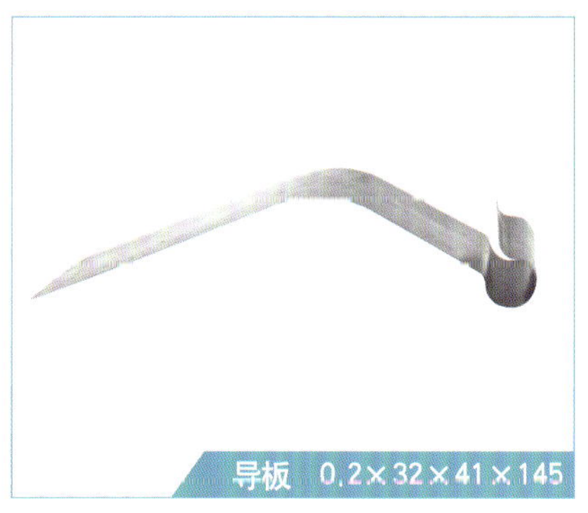
导板 0.2×32×41×145

板簧 1.0×12×38.5×91.5

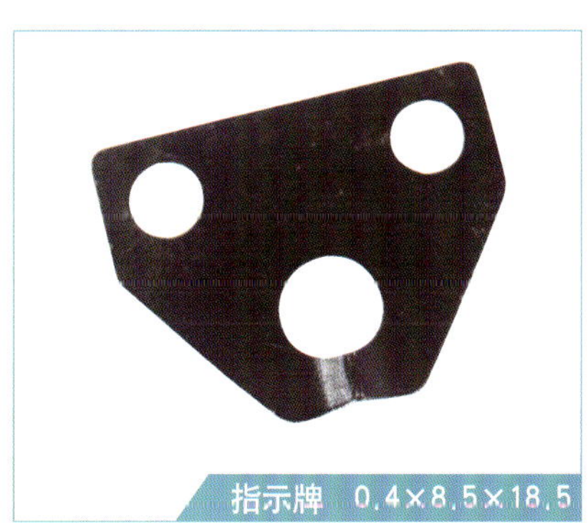
指示牌 0.4×8.5×18.5

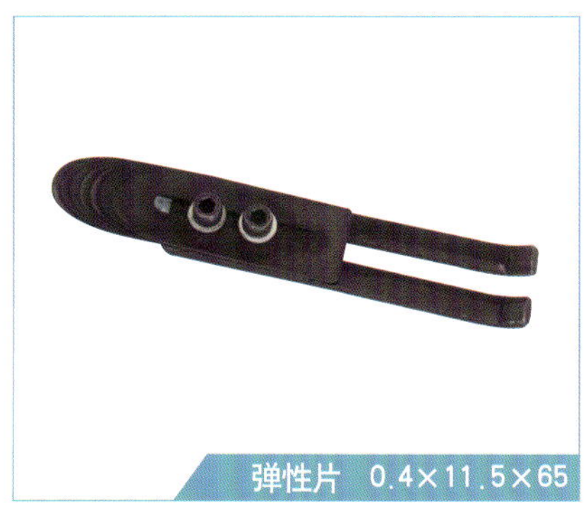
弹性片 0.4×11.5×65

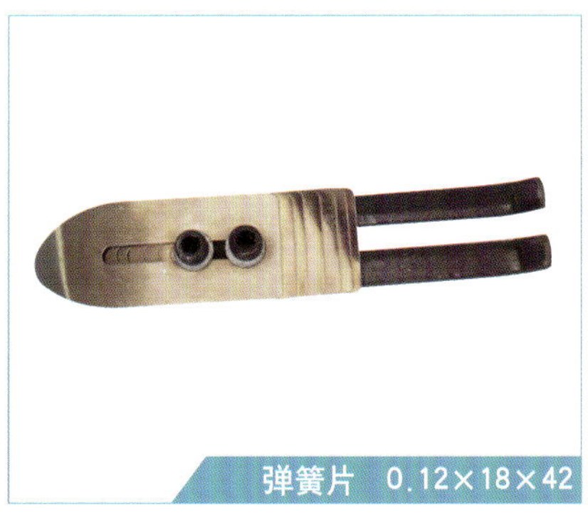
弹簧片 0.12×18×42

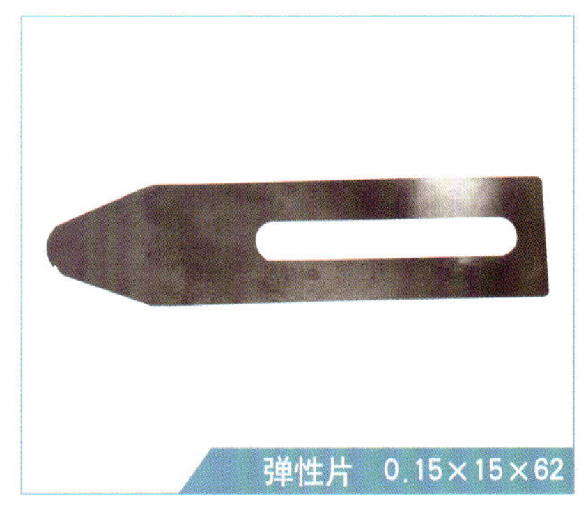
弹性片 0.15×15×62

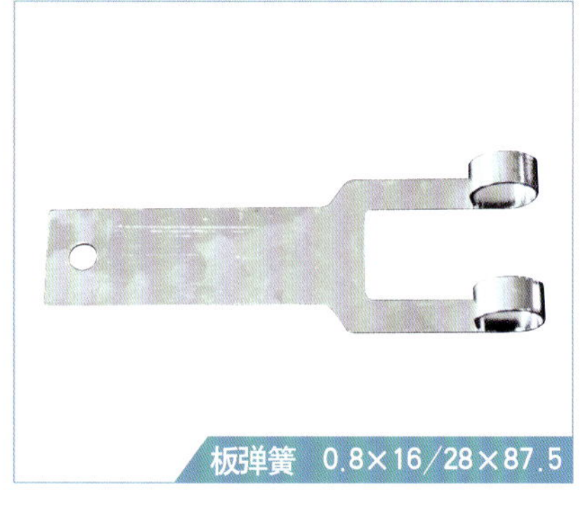
板弹簧 0.8×16/28×87.5

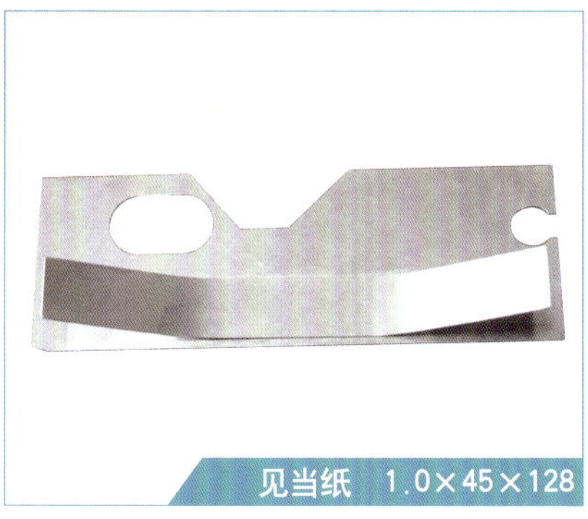
见当纸 1.0×45×128

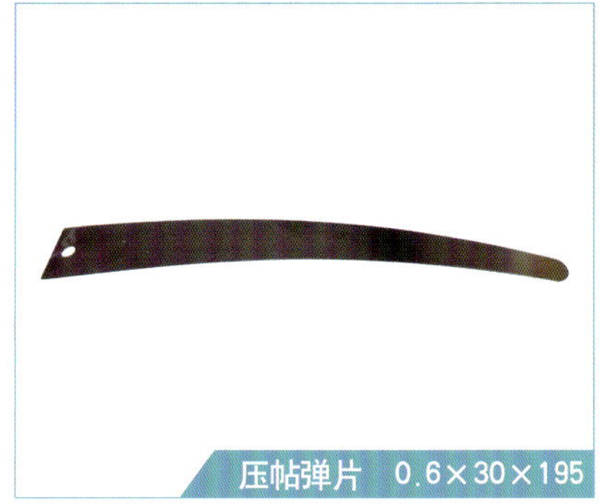
压帖弹片 0.6×30×195

蝶形系列

矩形系列

拉簧系列

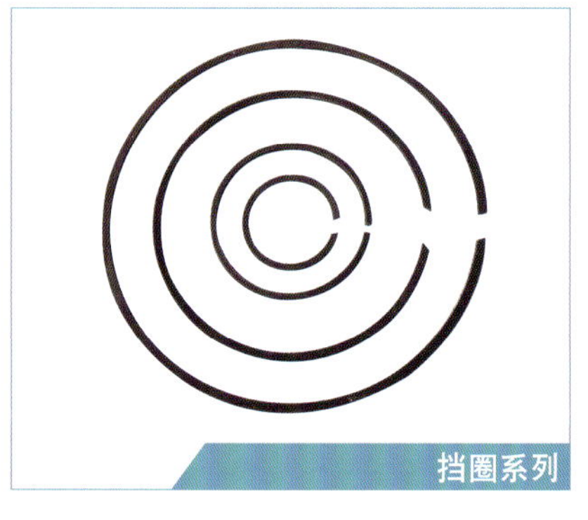
挡圈系列

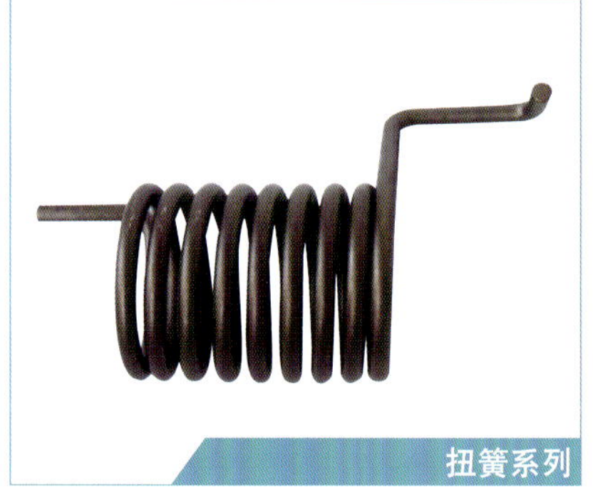
扭簧系列

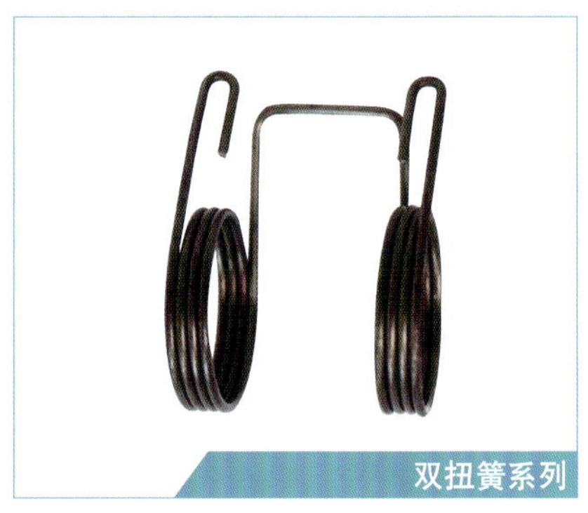
双扭簧系列

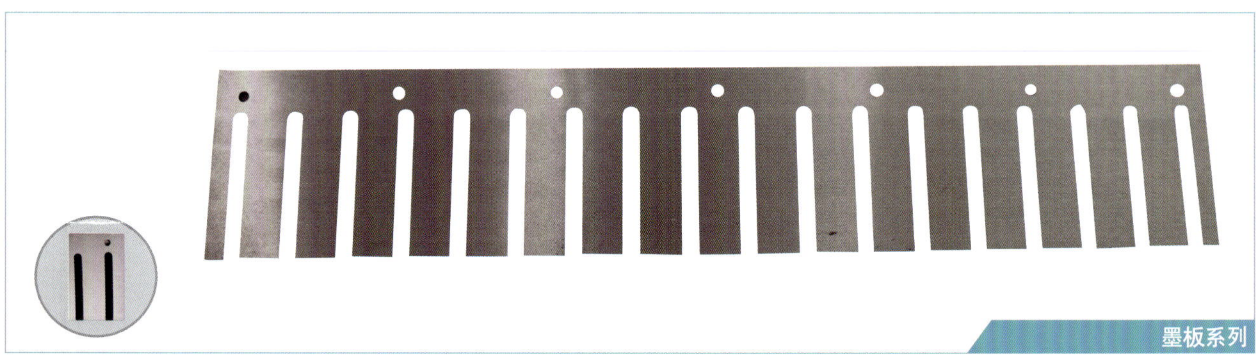
墨板系列

加工设备

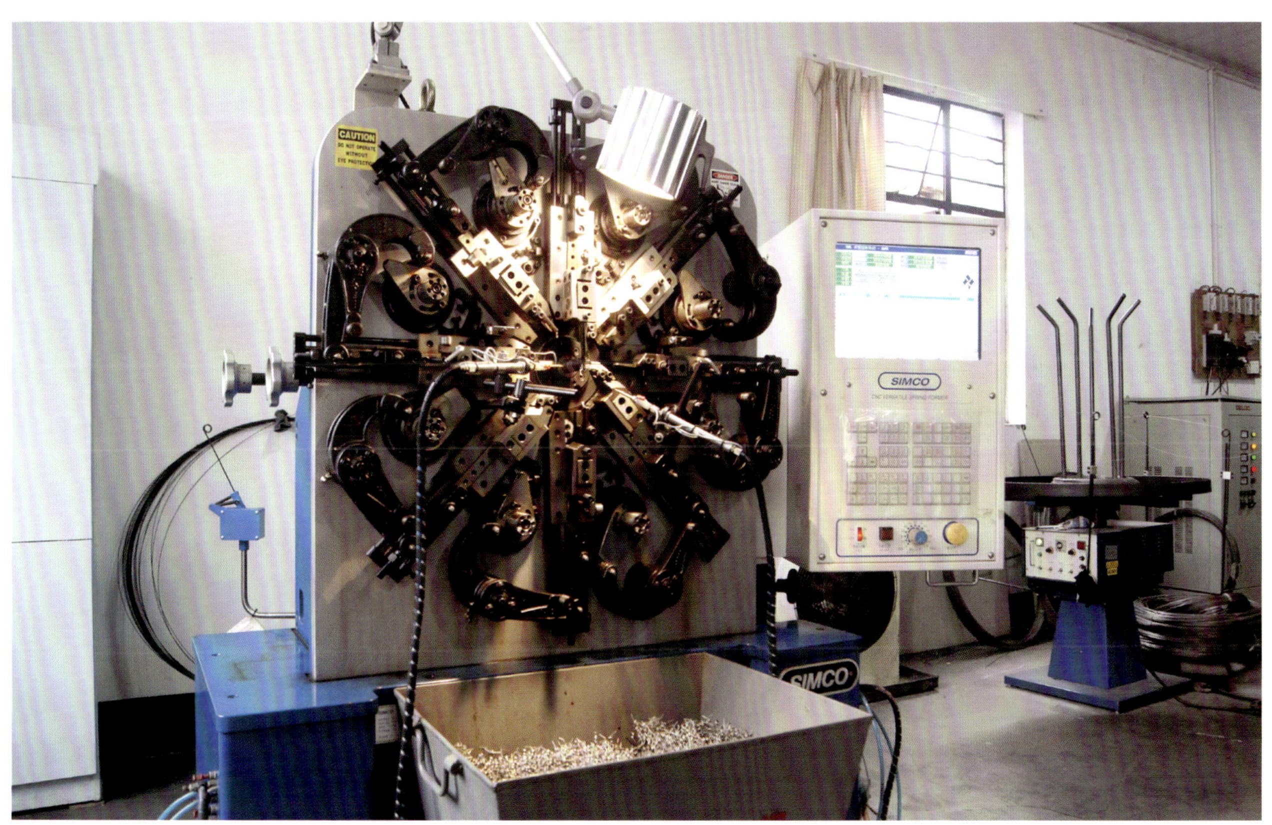

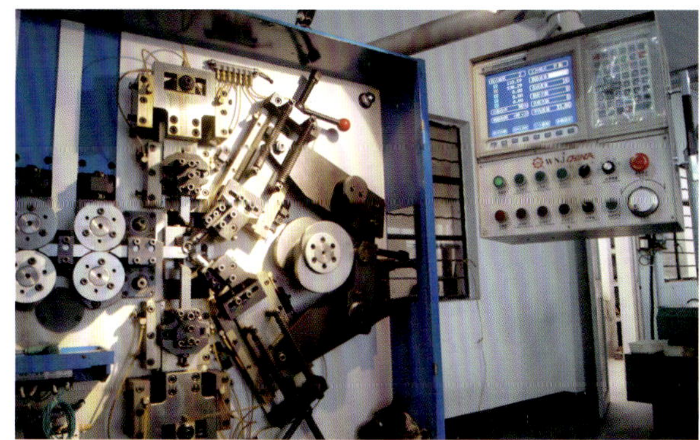

加工设备

检测设备

上海祥随机电物资有限公司

上海祥随机电物资有限公司成立于2000年。公司位于上海火车站南广场对面的机电大厦，办公地址为恒丰路600号机电大厦1849座和1025座。公司在销售机电产品的同时也专业配套海德堡印刷机用特殊规格轴承，承接定制各种非标特种轴承，是上海光华印刷机械有限公司的紧密配套单位。目前已配套的印刷机有PZ1650系列：单色平版印刷机（四开单色系列胶印机）PZ1650、PZ1650-NP； PZ1740系列：单色平版印刷机（四开单色系列胶印机）PZ1740；PZ2650系列：机组式平版印刷机（四开双色系列胶印机）PZ2650B 、PZ2650B-AL、PZ2650C-AL； PZ4650系列：机组式平版印刷机（四开四色系列胶印机）PZ4650B、PZ4650B-AL、PZ4650C-PC1、PZ4650C-AL；PZ21020系列机组式平版印刷机（对开双色系列胶印机）PZ21020B、PZ21020B-AL、PZ21020B-AL(S)；PZ41020系列 机组式平版印刷机（对开四色系列胶印机）PZ41020B 、PZ41020B-AL 、PZ41020C-AL 、PZ41020C-PC1；日本秋山BT40、BT28、JP28；本公司专业生产销售各类关节轴承、滚针轴承、单向轴承-超越离合器、直线轴承、组合轴承、十字轴式万向联轴器、印刷开牙球、凸轮轴承、滚轮轴承、纺机轴承及非标轴承等产品的公司，并能为用户订制各种特殊化规格轴承。

公司设备先进、检测手段完善，拥有一批专业技术和管理人员队伍，经过多年的发展已具有较强的产品开发能力，公司全体员工以优良的产品质量，诚信的售后服务去赢得各方客户的信赖！

地址：上海市恒丰路600号1849室

邮编：200070

电话：021-63175890

传真：021-63175890

网址：www.shxsjd.com

邮箱：shxsjd@shxsjd.com

复合衬套类轴承

只列出部分常用型号,更多型号来电咨询

序号	型 号 规 格	备注
1	SF1　0810	
2	SF1　1008	
3	SF1　1010	
4	SF1　1012	
5	SF1　1015	
6	SF1　1210	
7	SF1　1212	
8	SF1　1215	
9	SF1　1225	
10	SF1　1415	
11	SF1　1420	
12	SF1　1512	
13	SF1　1515	

序号	型 号 规 格	备注
14	SF1　1615	
15	SF1　1620	
16	SF1　1625	
17	SF1　1815	
18	SF1　1820	
19	SF1　2015	
20	SF1　2215	
21	SF1　2225	
22	SF1　2515	
23	SF1　2820	
24	SF1　3011	
25	SF1　3211	

含油铜基类轴承

TSFWC铜垫片

序号	型 号 规 格	备注
1	SFWC52×78×2	
2	SFWC48×74×2	
3	SFWC16×30×1.5	
4	SFWC14×26×1.5	

铜基粉末SFWC

序号	型 号 规 格	备注
1	铜基粉末152015	
2	铜基粉末182516	

滚针类轴承

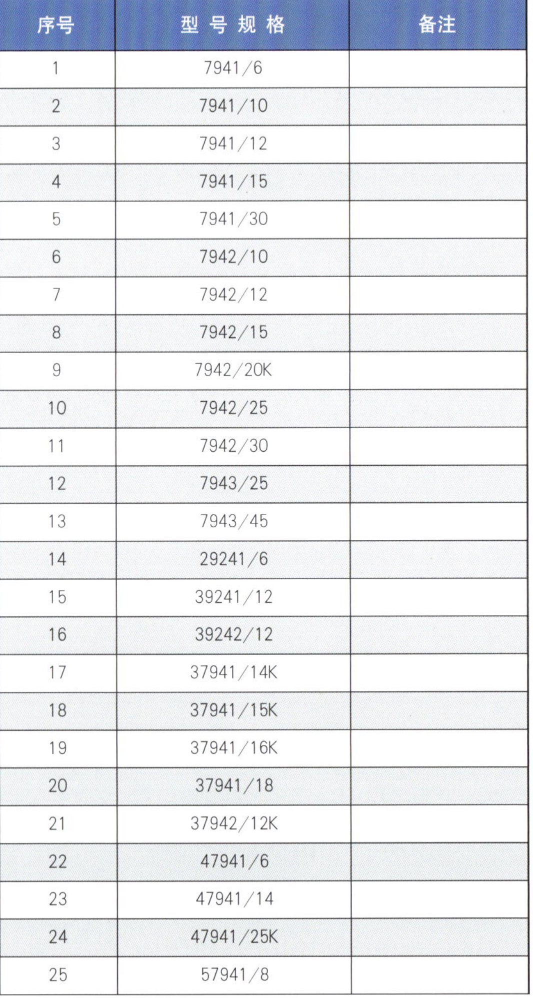

序号	型号规格	备注
1	7941/6	
2	7941/10	
3	7941/12	
4	7941/15	
5	7941/30	
6	7942/10	
7	7942/12	
8	7942/15	
9	7942/20K	
10	7942/25	
11	7942/30	
12	7943/25	
13	7943/45	
14	29241/6	
15	39241/12	
16	39242/12	
17	37941/14K	
18	37941/15K	
19	37941/16K	
20	37941/18	
21	37942/12K	
22	47941/6	
23	47941/14	
24	47941/25K	
25	57941/8	

序号	型号规格	备注
26	57941/10K	
27	57941/12	
28	57941/14K	
29	57941/15K	
30	57941/16K	
31	57941/18K	
32	57941/20K	
33	57941/22K	
34	57942/30K	
35	57941/50K	
36	67941/10	
37	67941/12	
38	67941/18	
39	67941/20	
40	67941/25	
41	67941/28	
42	67941/30	
43	77941/22	
44	87942/30K	
45	TA1416	
46	TA1616	
47	AXK889101	
48	AS122601	
49	AXK889104	
50	AS203501	

序号	型号规格	备注
51	AXK889105	
52	AS254201	
53	AXK889106	
54	AS304701	
55	AXK5070	
56	AXK5578	
57	AXK75100	
58	AXK110130	
59	AXK5578进口IKO	
60	AXK80105进口IKO	
61	FF1515	
62	FF2515	
63	FF3020	
64	HF2016B	
65	HF2520	
66	HF3020B	
67	K222617	
68	K424727	
69	SZ430	
70	SZ432	
71	SZ419	
72	SZ436	
73	NK16/16	
74	NK16/20	
75	NK20/16	
76	NK20/20	
77	NK25/26	
78	NK28/20	
79	NK32/20	

序号	型号规格	备注
80	NK45/20	
81	TWA(TC1427)	
82	RNAO.101910	
83	F34097(内外)	
84	F34363(内)	
85	KF5577(针)	
86	F34098(内外)	
87	KF9327(针)	
88	F83518(内外)	
89	F83676(内)	
90	F83517(针)	
91	RPNA20/35	
92	624701	
93	624704	
94	624705	
95	644804	
96	6534910	
97	6634901	
98	6634902	
99	6634903	
100	6624905	
101	4624901	
102	4624902	
103	4624903	
104	4624905	
105	4624906	
106	4524904	
107	4524914	

特殊非标轴承

序号	型号规格	备注
1	垫片F94888	
2	垫片F83420	
3	垫片WS81110	
4	垫片WS81111	
5	垫片WS81115	
6	滚轮07–79	
7	滚轮07–88	
8	滚轮Y03.05.09	
9	垫片H1–01.27	
10	垫片H1–01.28	
11	带柄F94474.1	

序号	型号规格	备注
12	带柄F53125	
13	带柄F54293	
14	带柄F53272	
15	带柄DF12D	
16	带柄F1403	
17	带柄F1840	
18	带柄F0822	
19	带柄F1025	
20	带柄F23382.1	
21	带柄F54635	
22	偏心SP5670	

特大非标类轴承

序号	型 号 规 格	备注
1	F6268(五片装)	
2	F4346(五片装)	
3	D744729	
4	F180×225×40(五片装)	
5	NA6930 (五片装)	
6	D180×225×40(内外针)	
7	D180×225×80(内外针)	
8	KF180×225×80(针)	
9	NKI60×85×40	
10	IR90×100×40	
11	NA90×120×40(内外)	

序号	型 号 规 格	备注
12	KF100×108×40(针)	
13	HKH45/20	
14	KF180×225×45(针)	
15	RNA145×165×40	
16	KK158×166×65(针)	
17	RAO165×190×80	
18	KK145×153×40(针)	
19	KK165×173×80(针)	
20	IR180×196×45	
21	IR180×196×80	

各类配套轴承及内外套类轴承

序号	型 号 规 格	备注
1	25	
2	6005	
3	6003ZZ	
4	6004ZZ	
5	6005ZZ	
6	6007ZZ	
7	6201ZZ	
8	6204ZZ	
9	6206ZZ	
10	6300ZZ	
11	6302ZZ	
12	2007105	
13	2007108	
14	2007111	
15	7000113	
16	1204	
17	1206	
18	1505	
19	180505	
20	1000099	
21	GE17ES	
22	GE25ES	
23	IR121622	
24	IR152026	
25	IR172116	

序号	型 号 规 格	备注
26	IR202530	
27	IR202620	
28	IR222620	
29	IR222830	
30	IR252930	
31	IR253017	
32	IR253020	
33	IR283230	
34	IR303517	
35	IR303530	
36	IR323720	
37	IR354020	
38	IR354030	
39	IR404520	
40	IR404530	
41	IR404540	
42	IR455032	
43	IR455230	
44	IR505535	
45	IR556025	
46	IR556035	
47	IR657325	
48	IR9010040	
49	IR10011030	
50	IR14016052	

离合器类轴承

序号	型号规格	备注
1	ZHF2860	
2	ZHF2864	
3	ZHF22—4	
4	NU1007	
5	14#万向节	
6	20#万向节	

序号	型号规格	备注
7	LB162636	
8	D6001—2RS	
9	6203—2RS边圆	
10	6200ZZ外槽	
11	RPNA20/35	
12	305701C	

740型印机专用配件

序号	型号规格	备注
1	1706—7	
2	1706—6	
3	1705—11.03	
4	1705—11.02	

序号	型号规格	备注
5	1704—02.16	
6	1707—07	
7	1707—08	
8	Y03.03.20.04	

电器类

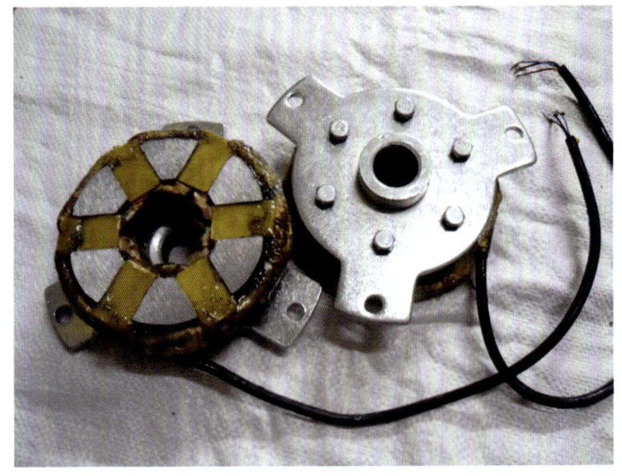

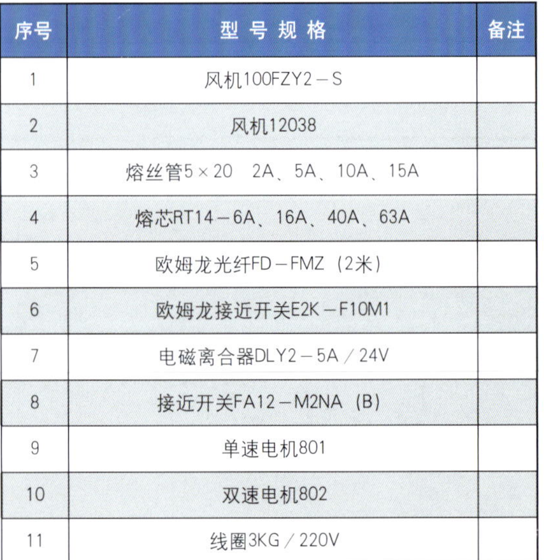

序号	型 号 规 格	备注
1	风机100FZY2－S	
2	风机12038	
3	熔丝管5×20　2A、5A、10A、15A	
4	熔芯RT14－6A、16A、40A、63A	
5	欧姆龙光纤FD－FMZ（2米）	
6	欧姆龙接近开关E2K－F10M1	
7	电磁离合器DLY2－5A／24V	
8	接近开关FA12－M2NA（B）	
9	单速电机801	
10	双速电机802	
11	线圈3KG／220V	

序号	型 号 规 格	备注
12	线圈5KG／220V	
13	电机刹车片801	
14	电机静铁芯801	
15	LXW5－11G1/F	
16	LXW5－11N1/F	
17	LXW5－11Q1/F	
18	LXW5－11D1/F	
19	LXW5－11M1/F	
20	3SE3－100－OB	
21	3SE3－120－OB	

上海瑞富恩机电科技有限公司

上海瑞富恩机电科技有限公司主要产品有：SZ（S）系列直流伺服电动机，ZYT系列永磁直流电动机，ZYT系列稀土直流电动机，WK（SK）直流控制电源，交流调速电源等。产品具有体积小，重量轻，伺服性能好，力能指标高等优点。在自动控制系统中用作执行元件，亦可作为驱动元件。公司产品已获得中国质量认证中心的3G认证及ISO-9001：2000国际质量管理体系认证。

公司与完善的先进制造技术相结合，创新、严谨、高效、务实的工作作风，使产品在航天航空、交通运输、纺织轻工、自动焊接、医疗器械、仪器仪表、健身器材、食品机械、办公自动化领域取得卓越的成就，从而在省内外，乃至国内外同行业中发挥着重要作用。

公司致力于微特电机、电源、控制系统及其机电一体化产品研发与制造，并与科研院所及大专院校进行亲密合作。深信供应商、经销商、同行业研发单位、同类企业及众多客户均是公司的朋友，他们从不同方面给予了公司大力的支持和帮助。公司将以诚信合作、积极进取、勇于开拓的精神，以高质量的产品、高品质的服务与朋友们携手共创美好明天！

地址：上海市中山北一路1250号沪办大厦2号楼809室
邮编：200437
电话：021-66441180
传真：021-65426958
网址：www.rfemotor.com

邮箱：szrfn@126.com

ZWS系列 直流无刷伺服电动机

主要特点

高效率：无刷直流电动机转子上既无铜耗又无铁耗，其效率比同容量异步电动机提高5%～12%。

功率因子高：无刷直流电动机无需从电网吸取激磁电流，功率因子接近1。

启动转矩大，启动电流小：无刷直流电动机的机械特性和调节特性与其他直流电动机枢控时相应特性类似，所以它的启动转矩大，启动电流小，调速范围宽，没有因电刷换向器引起的缺点，电子换向器取代了机械换向。

电动机出力高：在体积和最高工作转速相同时，该电动机较异步电动机输出功率提高30%。

适应性强：电源电压偏离额定值+10%或–15%，环境温度相差40K以及负载转矩从0–100%额定转矩波动时，无刷直流电动机的实际转速与设定转速的稳态偏差，不大于设定转速±1%。

无刷直流电动机是一种自动式调速系统，它无需像普通同步电动机那样需要启动绕组；在负载突变时，不会产生振荡和失步。

无刷直流电动机具有电动机特性、交流异步电动机的结构。

无刷直流电动机适合长期低速运转、频繁启动的场合，这是变频调速器拖动Y系列电动机不可能实现的。

结构特点

驱动器组成：

- 作为控制中枢的单片机；
- 作为电子换向的由IGBT或MOSFET构成的逆变桥；
- 作为电压型交—直—交主电路的整流、滤波单位；
- 作为人机接口的键盘和数字显示单位；
- 作为控制、驱动电源的开关电源。

电机尺寸

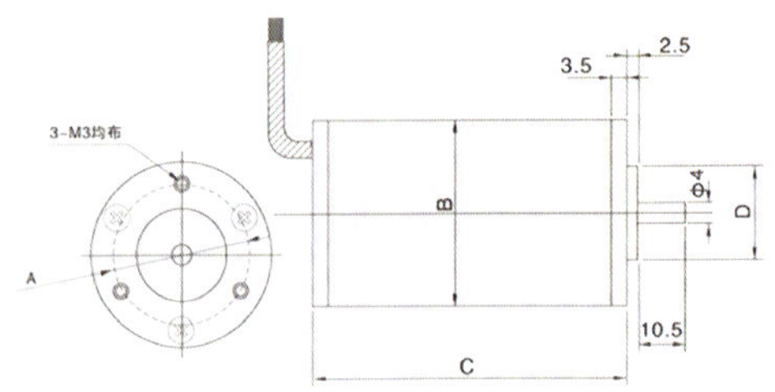

电机型号	A (mm)	B (mm)	C (mm)	D (mm)
28ZWS01	22	28	59	15
36ZWS01	29	36	61	20
40ZWS01	30.5	40	70	20

电机性能参数

电动机型号	电压 (V)	电流 (A)	转速 (r/min)	功率 (W)	转矩 (mN.m)	效率
28ZWS01	24	0.95	7500	16	30	71%
36ZWS01	24	0.52	5800	10	17.4	80%
40ZWS01	24	1.05	3000	20	60	80%

电机技术数据

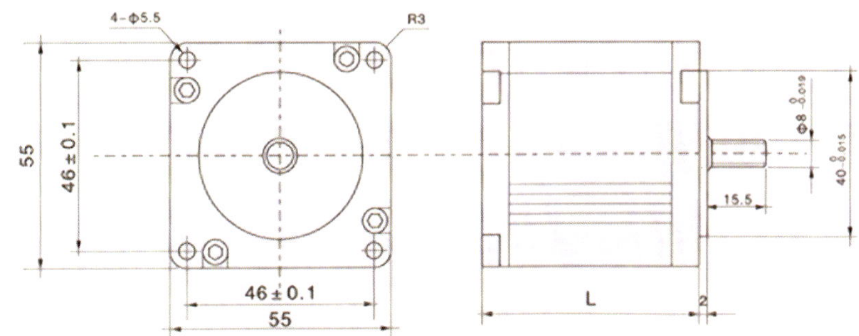

项目名称	额定电压 (V)	额定转矩 (N.M)	额定转速 (r/min)	额定输出功率 (W)	额定电流 (A)	长度 (L)
55ZWS01-12-1000	17	0.115	≥1000	12	≤0.9	45
55ZWS02-30-3000	24	0.095	≥3000	30	≤1.6	45
55ZWS02-25-1000	24	0.24	≥1000	25	≤1.3	60
55ZWS03-30-2000	48	0.143	≥2000	30	≤0.8	47
55ZWS03-50-2000	48	0.236	≥2000	50	≤1.4	62
55ZWS04-8-1600	160	0.0466	≥1600	8	≤0.064	45
55ZWS05-30-2000	300	0.143	≥2000	30	≤0.13	47
55ZWS05-50-2000	300	0.238	≥2000	50	≤0.21	62

电机技术数据

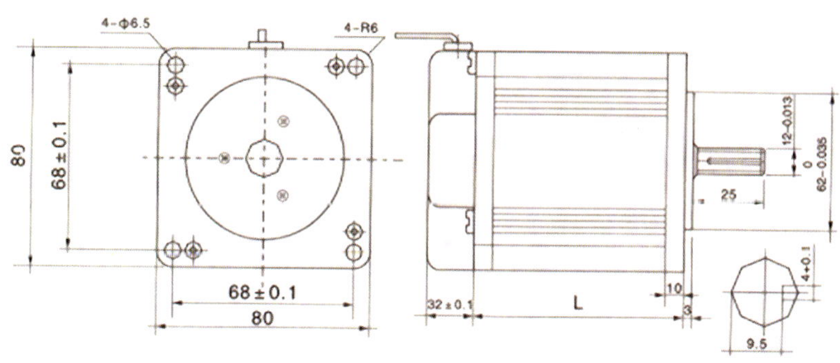

项目名称	额定电压 (V)	额定转矩 (N.M)	额定转速 (r/min)	额定输出功率 (W)	额定电流 (A)	长度 (L)
80ZWS01-150-2000	48	0.72	≥2000	150	≤5	85
80ZWS01-250-1800	48	1.4	≥1800	250	≤9	160
80ZWS01-300-2000	48	1.43	≥2000	300	≤11.5	115
80ZWS01-500-2000	48	2.39	≥2000	500	≤14	125
80ZWS02-60-3000	300	0.2	≥3000	60	≤0.3	75
80ZWS02-150-2000	300	0.72	≥2000	150	≤0.7	85
80ZWS02-200-12000	300	0.16	≥12000	200	≤0.84	150
80ZWS02-300-2000	300	1.43	≥2000	300	≤1.8	115
80ZWS02-500-3000	300	1.6	≥3000	600	≤2.5	125
80ZWS02-500-2000	300	2.39	≥2000	500	≤2.08	160
80ZWS03-113-5000	160	0.215	≥5000	113	≤0.9	85
80ZWS03-156-3500	160	0.426	≥3500	156	≤1.22	95
80ZWS03-253-4500	160	0.537	≥4500	253	≤2	115

电动机技术数据

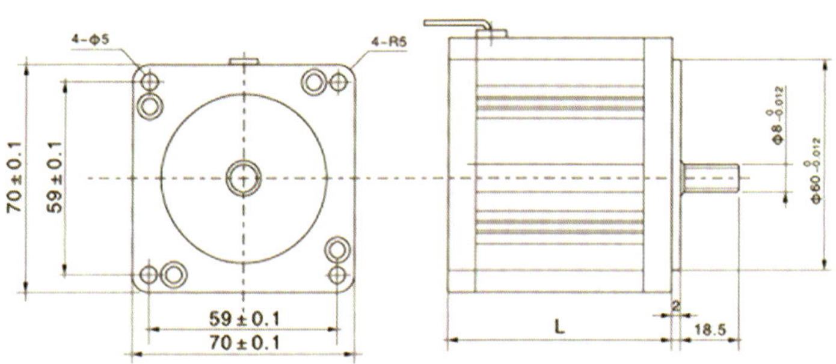

项目名称	额定电压 (V)	额定转矩 (N.M)	额定转速 (r/min)	额定输出功率 (W)	额定电流 (A)	长度 (L)
70ZWS01-50-2000	48	0.24	≥2000	50	≤1.5	66.5
70ZWS01-60-3000	48	0.2	≥3000	60	≤1.7	66.5
70ZWS01-100-2000	48	0.477	≥2000	100	≤3	86.5
70ZWS01-150-2000	48	0.716	≥2000	150	≤3.9	106.5
70ZWS01-200-1200	48	1.59	≥1200	200	≤5.2	171.5
70ZWS01-1200-6000	48	1.91	≥6000	1200	≤32	196.5
70ZWS02-120-1200	36	0.955	≥1200	120	≤4.17	126.5
70ZWS03-50-2300	300	0.21	≥2300	50	≤0.2	66.5
70ZWS03-150-2000	300	0.716	≥2000	150	≤0.65	106.5

电动机技术数据

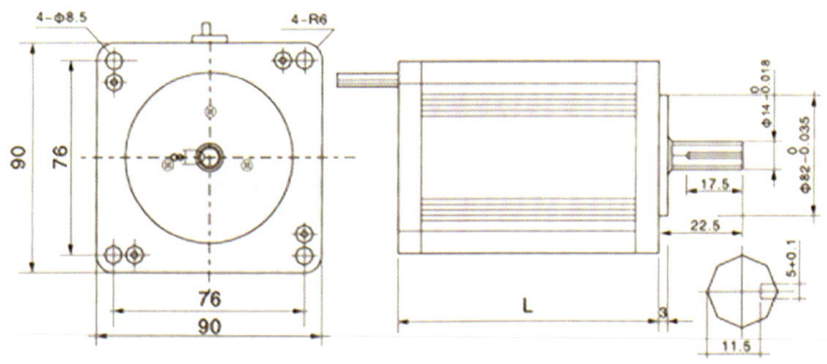

项目名称	额定电压 (V)	额定转矩 (N.M)	额定转速 (r/min)	额定输出功率 (W)	额定电流 (A)	长度 (L)
90ZWS01-400-2000	60	1.91	≥2000	400	≤8.5	400
90ZWS01-600-2000	60	2.87	≥2000	600	≤1.7	600
90ZWS02-400-2000	300	1.91	≥2000	400	≤12.5	400
90ZWS02-600-2000	300	2.87	≥2000	600	≤2.5	600

电动机技术数据

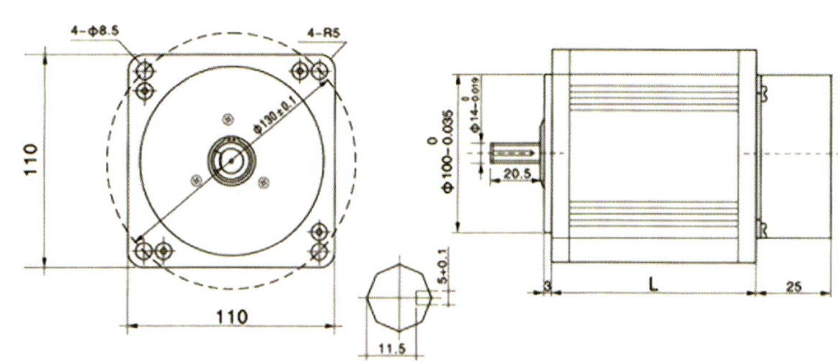

项目名称	额定电压 (V)	额定转矩 (N.M)	额定转速 (r/min)	额定输出功率 (W)	额定电流 (A)	长度 (L)
110ZWS01-500-2000	60	2.38	⩾2000	500	⩽11.5	104
110ZWS01-750-2000	60	3.58	⩾2000	750	⩽17	124
110ZWS02-500-2000	300	2.38	⩾2000	500	⩽2.5	104
110ZWS02-750-2000	300	3.58	⩾2000	750	⩽3.5	124

电动机技术数据

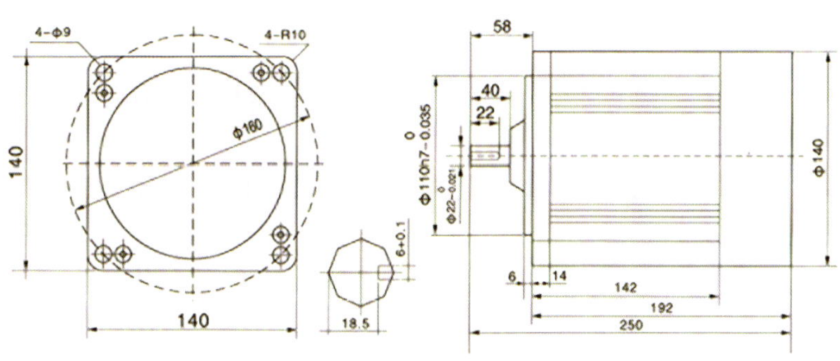

项目名称	额定电压 (V)	额定转矩 (N.M)	额定转速 (r/min)	额定输出功率 (W)	额定电流 (A)	空载转速 (r/min)	空载电流 (A)	铁芯长度 (mm)
140ZWS01	300	15	⩾130	204	⩽0.85	⩾400		76
140ZWS02	170	7.64	⩾2000	1600	⩽11.8	⩾3000		88

ST系列 交流伺服电动机

概述

ST系列交流伺服电动机选用高工作温度，高磁能及优质的永磁材料制作，使用优化的电磁参数设计，电机长期运行仍能保持良好的工作状态；用正弦波电流驱动，低速特性好；电机惯量适中，满足各种场合应用；IP65的防护等级特别适用于工业环境。

环境

周围温度	0～40℃（无冰冻），保存温度：-15～70℃（无冰冻）
周围湿度	80%RH以下（无结露）保存湿度：90%RH以下（无结露）
空气	室内（无直射阳光）、无腐蚀性气体、易燃气体、油物和尘埃
标高	海拔1000m以下
振动	振动加速度24.5m/S^2

型号示例

电动机的型号由机座号、产品名称代号、性能参数代号等部分组成。

- 机座号为：110、130。
- 反馈元件代号： M—光电脉冲码器
- 性能参数代号：前三位表示额定转矩；后两位表示额定转速。
- 如性能参数代号02030表示额定转矩2.0N.m，额定转速3000rpm。
- 派生代号：Z—失电制动器。

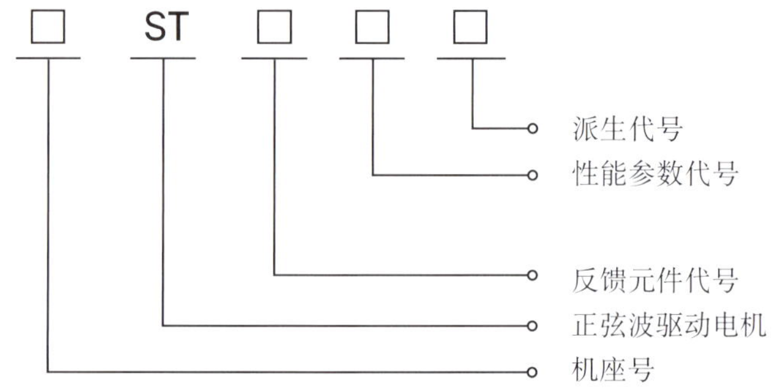

编码器用插头（CN3）与电机编码器插头配线

信号	色标	60、80、90法兰电机	110～130法兰电机
屏蔽		1脚	1脚
+5V（CN3-14）	红粗	2脚	2脚
OV（CN3-13）	黑红	3脚	3脚
A+（CN3-19）	红细	4脚	4脚
B+（CN3-20）	黄	5脚	5脚
Z+(CN3-8)	蓝	6脚	6脚
A-（CN3-10）	黑细	7脚	7脚
B-（CN3-18）	绿	8脚	8脚
Z-（CN3-9）	白	9脚	9脚
U+（CN3-6）	紫	10脚	10脚
V+（CN3-3）	深棕	11脚	11脚
W+（CN3-4）	灰	12脚	12脚
U-（CN3-7）	粉红	13脚	13脚
V-（CN3-2）	浅蓝	14脚	14脚
W-（CN3-5）	橙	15脚	15脚

驱动器输出U、V、W、与电机动力电源端子配线配线

信号	色标	60、80、90法兰电机	110～130法兰电机
U相	红	2	2
V相	蓝	3	3
W相	绿	4	4
机壳接地	黄	1	1

60mm

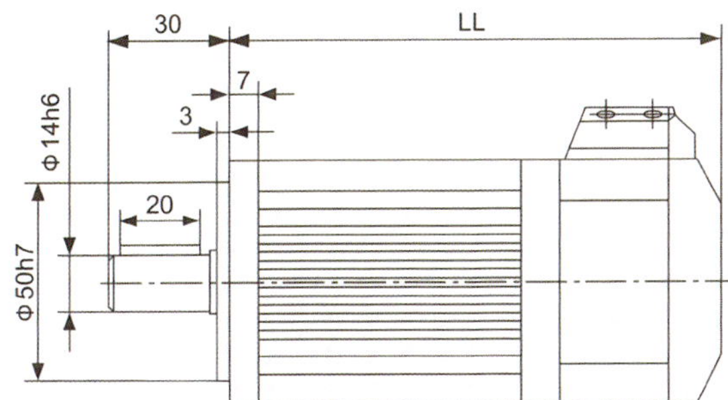

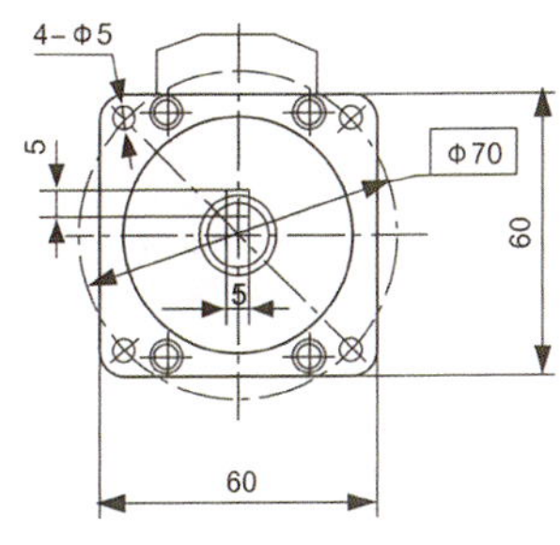

电动机技术数据

型号	额定输出功率（KW）	额定扭矩（N.m）	瞬间最大扭矩（N.m）	额定转速（rpm）	额定电流（A）	瞬间过载电流（A）	转子惯量（Kg.m2）	编码器	尺寸（LL）	
									无制动闸	有制动闸
060ST–M00630	0.2	0.64	1.92	3000	1.5	4.5	0.17×10^{-4}	2500p/r	87	137
060ST–M01330	0.4	1.27	3.81	3000	2.6	7.8	0.30×10^{-4}		129	179

80mm

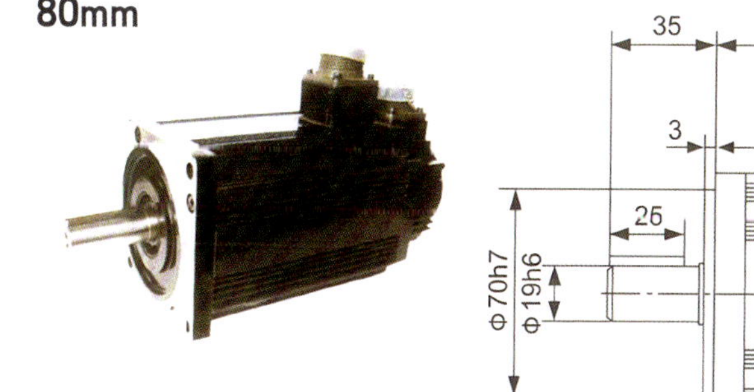

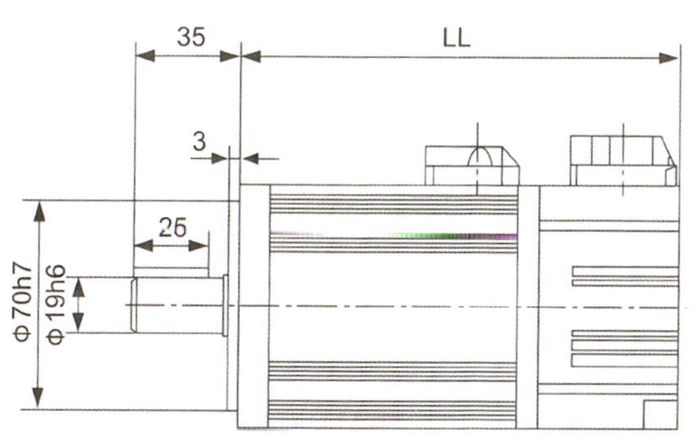

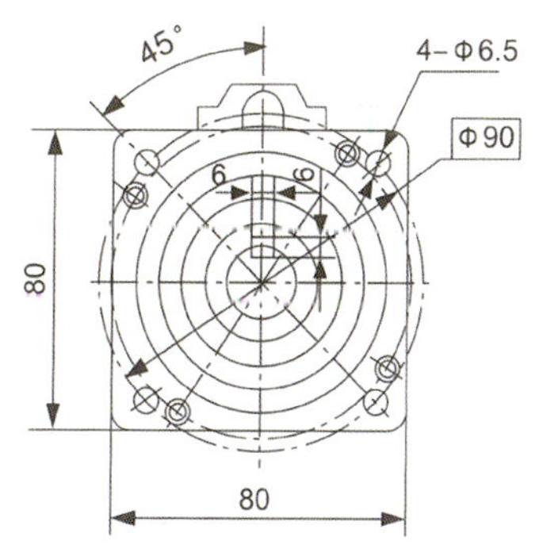

电动机技术数据

型号	额定输出功率（KW）	额定扭矩（N.m）	瞬间最大扭矩（N.m）	额定转速（rpm）	额定电流（A）	瞬间过载电流（A）	转子惯量（Kg.m2）	编码器	尺寸（LL）	
									无制动闸	有制动闸
080ST–M01330	0.4	1.3	3.9	3000	2.5	7.5	0.89×10^{-4}	2500p/r	115	175
080ST–M01630	0.5	1.6	4.8	3000	2.9	8.7	1.25×10^{-4}		129	189
080ST–M02030	0.63	2	6	3000	4	12	1.93×10^{-4}		148	208
080ST–M02430	0.75	2.4	7.2	3000	4.2	12.6	2.0×10^{-4}		167	227

90mm

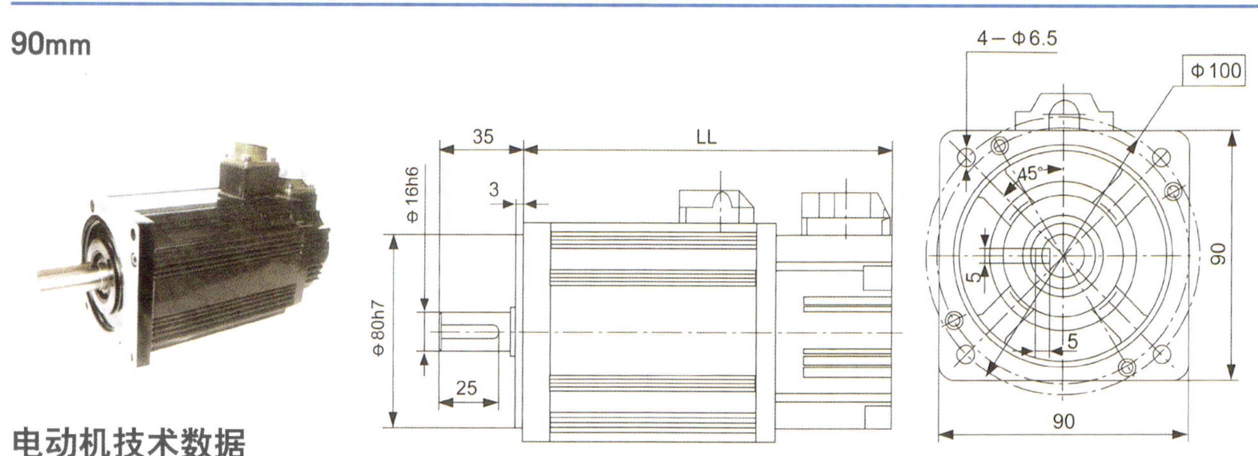

电动机技术数据

型号	额定输出功率（KW）	额定扭矩（N.m）	瞬间最大扭矩（N.m）	额定转速（rpm）	额定电流（A）	瞬间过载电流（A）	转子惯量（Kg.m2）	编码器	尺寸（LL）	
									无制动闸	有制动闸
090ST－M02420	0.5	2.4	7.2	2000	2.0	7	2.45×10^{-4}	2500p/r	151	211
090ST－M02430	0.75	2.4	7.2	3000	2.0	7.5	2.45×10^{-4}		151	211
090ST－M03520	0.75	3.5	10.5	2000	2.4	7.5	3.4×10^{-4}		171	231

110mm

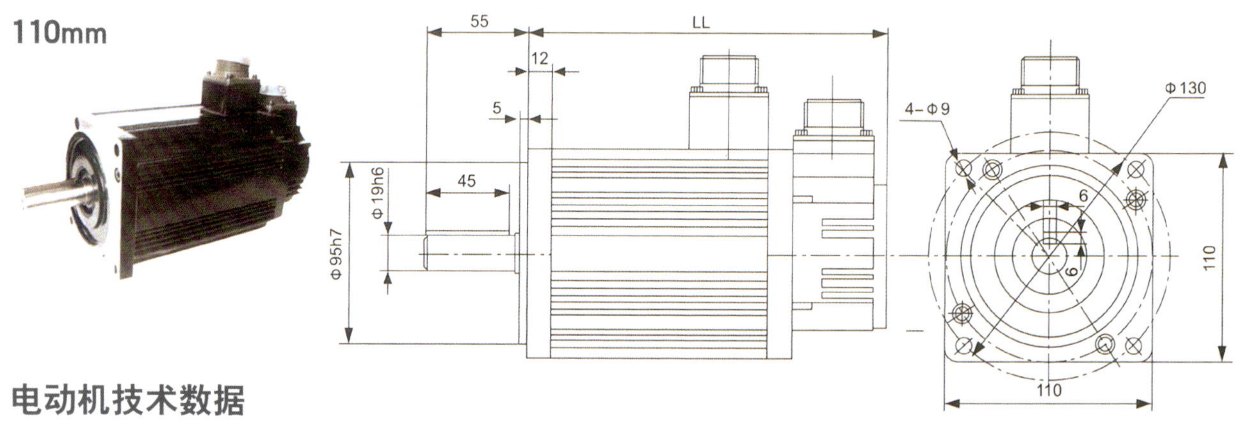

电动机技术数据

型号	额定输出功率（KW）	额定扭矩（N.m）	瞬间最大扭矩（N.m）	额定转速（rpm）	额定电流（A）	瞬间过载电流（A）	转子惯量（Kg.m2）	编码器	尺寸（LL）	
									无制动闸	有制动闸
110ST－M02020	0.42	2	6	2000	2.2	6.6	0.31×10^{-4}	2500p/r	157	217
110ST－M02030	0.6	2	6	3000	2.5	7.5	0.31×10^{-4}		157	217
110ST－M04020	0.84	4	12	2000	3.3	9.9	0.54×10^{-4}		187	247
110ST－M04030	1.26	4	12	3000	5	15	0.54×10^{-4}		187	247
110ST－M05030	1.5	5	15	3000	15	15	0.63×10^{-4}		202	262
110ST－M06020	1.26	6	18	2000	6.5	19.5	0.76×10^{-4}		217	277
110ST－M06060	1.6	6	18	3000	6	18	0.76×10^{-4}		217	277

130mm

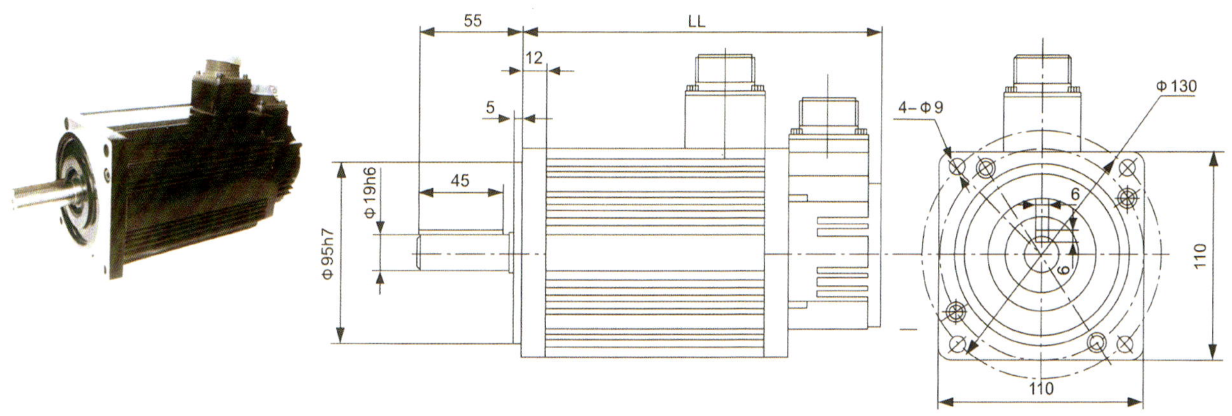

电动机技术数据

型号	额定输出功率（KW）	额定扭矩（N.m）	瞬间最大扭矩（N.m）	额定转速（rpm）	额定电流（A）	瞬间过载电流（A）	转子惯量（Kg.m2）	编码器	尺寸（LL）	
									无制动闸	有制动闸
130ST－M04020	0.84	4	12	2000	3.6	10.8	0.85×10^{-3}		172	232
130ST－M04025	1.0	4	12	2500	4.0	12	0.85×10^{-3}		164	224
130ST－M05020	1.05	5	15	2000	4.5	13.5	1.06×10^{-3}		182	242
130ST－M05025	1.3	5	15	2500	5.0	15	1.06×10^{-3}		173	233
130ST－M06020	1.26	6	18	2000	5.6	16.8	1.26×10^{-3}		192	252
130ST－M06025	1.5	6	18	2500	6.0	18	1.26×10^{-3}		182	242
130ST－M07720	1.57	7.7	22.5	2000	6.2	18.6	1.53×10^{-3}		207	267
130ST－M07725	2.0	7.7	22.5	2500	7.5	22.5	1.53×10^{-3}	2500p/r	196	256
130ST－M07730	2.5	7.7	22	3000	8.0	24	1.53×10^{-3}		207	267
130ST－M10015	1.57	10	30	1500	8.5	24.5	1.94×10^{-3}		247	307
130ST－M10020	2.1	10	30	2500	10	30	1.94×10^{-3}		247	307
130ST－M10025	2.6	10	30	2500	10	30	1.94×10^{-3}		247	307
130ST－M15015	2.4	15	45	1500	9.3	27.2	2.77×10^{-3}		297	357
130ST－M15020	3.1	15	45	2000	10.2	28.5	2.77×10^{-3}		297	357
130ST－M15025	3.8	15	45	2500	17	51	2.77×10^{-3}		297	357

PX系列 微型直流减速电动机

概述

PX系列微型直流减速电动机，分别由ZYT系列永磁直流电动机、SZ系列直流伺服电动机与普通精度行星减速器构成，且配带电源，可实现无级调速。调整范围宽、体积小、重量轻、效率高、结构紧凑、输出转矩大，广泛使用于引进设备及国产机械。如：四色印刷机、塑料平封机、食品及工业包装机械、输油管道保暖检测装置、焊接设备以及其他需要低速高转矩、无级调速的驱动装置，所配电源采用脉宽调制技术，具有先进的短路保护功能（其功能详见电源使用说明书），输出0～220V连续可调的直流稳压电源，使电动机转速实现无级变速等优点。

减速机型号说明

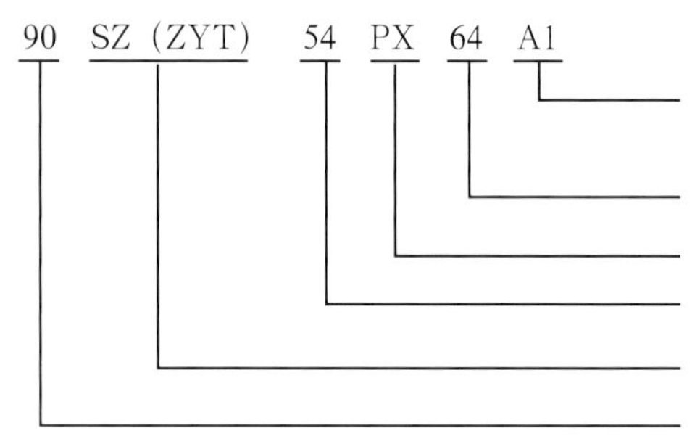

安装型式：{ A1－底脚安装
A3－法兰安装

减速比1：64

普通精度行星减速器

电动机性能参数代号

直流伺服电动机（永磁直流电动机）

电动机座号：表示外圆直径90mm

减速机型号

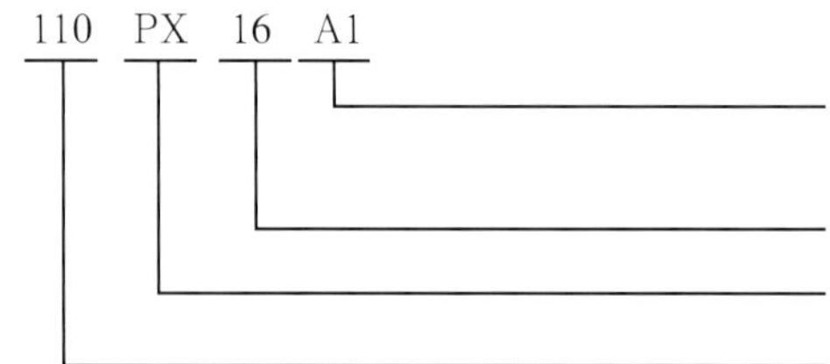

安装型式：{ A1－底脚安装
A3－法兰安装

减速比1：16

普通精度行星减速器

电动机座号：表示外圆直径110mm

PX系列　55/70mm

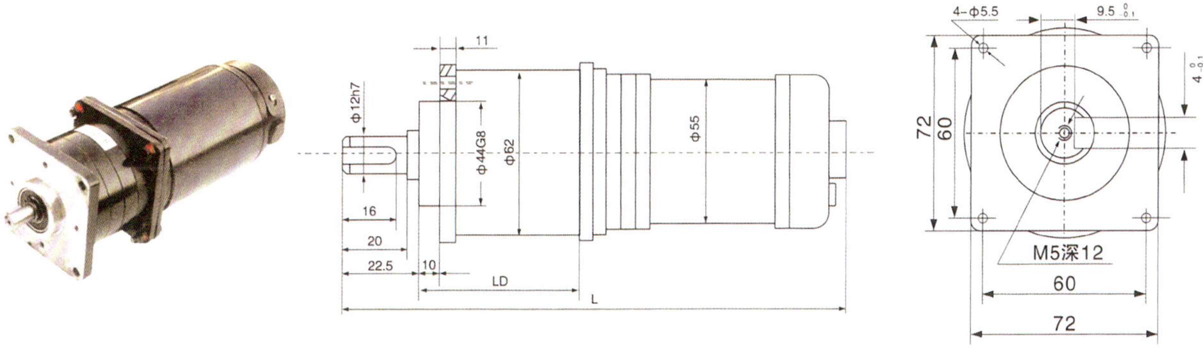

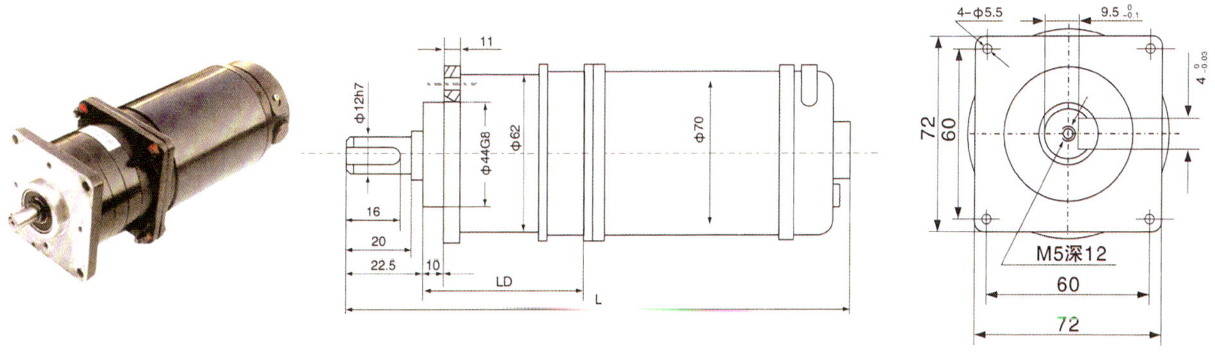

减速比	LD	L			配用电动机	
		70SZ(ZYT)01—49	70SZ(ZYT)51—99	55ZYT51—99	70SZ(ZYT)	55ZYT
4(6)	60	193.5	203.5	186	70SZ(ZYT) 01—49 51—99	55ZYT 51—99
16(36)	74	207.5	217.5	200		
64(216)	88	221.5	231.5	214		
256(1296)	102	235.5	245.5	228		

电动机技术数据　PX系列55/70mm

型号	输出转矩 (mN.m)	输出转速 (r/min)	额定功率 (W)	额定电压（V）		额定转速 (r/min)	减速电动机安装方式	减速比
				电枢	激磁			
55ZYT	260	750	29	24V:55ZYT51 27V:55ZYT52 48V:55ZYT53 110V:55ZYT54		3000	A3	4
	740	187.5						16
	21200	47						64
	5900	12						256
	390	500						6
	1660	83						36
	7180	14						216
70ZYT01	450	750	50	24	24	3000	A3	4
70ZYT02				27	27			
70ZYT03				48	48			
70ZYT04				110	110			
70ZYT05	380	1500	85	24	24	6000		
70ZYT06				27	27			
70ZYT07				48	48			
70ZYT08				110	110			
70ZYT51	630	750	70	24	24	3000		
70ZYT52				27	27			
70ZYT53				48	48			
70ZYT54				110	110			
70ZYT55	540	1500	120	24	24	6000		4
70ZYT56				27	27			
70ZYT57				48	48			
70ZYT58				110	110			
70ZYT01	1270	187.5	50	24	24	3000		16
70ZYT02				27	27			
70ZYT03				48	48			
70ZYT04				110	110			
70ZYT51	1780	187.5	70	24	24	3000		
70ZYT52				27	27			
70ZYT53				48	48			
70ZYT54				110	110			
70ZYT01	3670	47	50	24	24	3000		64
70ZYT02				47	50			
70ZYT03				48	48			
70ZYT04				110	110			

电动机技术数据　PX系列70mm

型号	输出转矩 (mN.m)	输出转速 (r/min)	额定功率 (W)	额定电压 (V)		额定转速 (r/min)	减速电动机安装方式	减速比
				电枢	激磁			
70SZ01	360	750	40	274	274	3000	A3	4
70SZ02				27	27			
70SZ03				48	48			
70SZ04				110	110			
70SZ05	310	1500	68	24	24	6000		
70SZ06				27	27			
70SZ07				48	48			
70SZ08				110	110			
70SZ51	500	750	55	24	24	3000		
70SZ52				27	27			
70SZ53				48	48			
70SZ54				110	110			
70SZ55	420	1500	92	24	24	6000		4
70SZ56				27	27			
70SZ57				48	48			
70SZ58				110	110			
70SZ01	1020	187.5	40	24	24	3000		16
70SZ02				27	27			
70SZ03				48	48			
70SZ04				110	110			
70SZ51	1400	187.5	55	24	24	3000		
70SZ52				27	27			
70SZ53				48	48			
70SZ54				110	110			
70SZ01	2930	47	40	24	24	3000		64
70SZ02				27	27			
70SZ03				48	48			
70SZ04				110	110			
70SZ51	4030	47	55	24	24	3000		
70SZ52				27	27			
70SZ53				48	48			
70SZ54				110	110			
70SZ01	8150	12	40	24	24	3000		256
70SZ02				27	27			
70SZ03				48	48			
70SZ04				110	110			
70SZ51	11200	12	55	24	24	3000		
70SZ52				27	27			
70SZ53				48	48			
70SZ54				110	110			

电动机技术数据 PX系列70mm

型号	输出转矩 (mN.m)	输出转速 (r/min)	额定功率 (W)	额定电压（V）		额定转速 (r/min)	减速电动机安装方式	减速比
				电枢	激磁			
70SZ01	540	500	40	24	24	3000	A3	6
70SZ02				27	27			
70SZ03				48	48			
70SZ04				110	110			
70SZ05	460	1000	68	24	24	6000		
70SZ06				27	27			
70SZ07				48	48			
70SZ08				110	110			
70SZ51	740	500	55	24	24	3000		
70SZ52				27	27			
70SZ53				48	48			
70SZ54				110	110			
70SZ55	620	1000	92	24	24	6000		
70SZ56				27	27			
70SZ57				48	48			
70SZ58				110	110			
70SZ01	2290	83	40	24	24	3000		36
70SZ02				27	27			
70SZ03				48	48			
70SZ04				110	110			
70SZ51	3150	83	55	24	24	3000		
70SZ52				27	27			
70SZ53				48	48			
70SZ54				110	110			
70SZ01	9900	14	40	24	24	3000		216
70SZ02				27	27			
70SZ03				48	48			
70SZ04				110	110			
70SZ51	13600	14	55	24	24	3000		
70SZ52				27	27			
70SZ53				48	48			
70SZ54				110	110			
70SZ01	41250	2.5	40	24	24	3000		1296
70SZ02				27	27			
70SZ03				48	48			
70SZ04				110	110			
70SZ51	56720	2.5	55	24	24	3000		
70SZ52				27	27			
70SZ53				48	48			
70SZ54				110	110			

PX系列　90mm

安装型式：A3 AA3

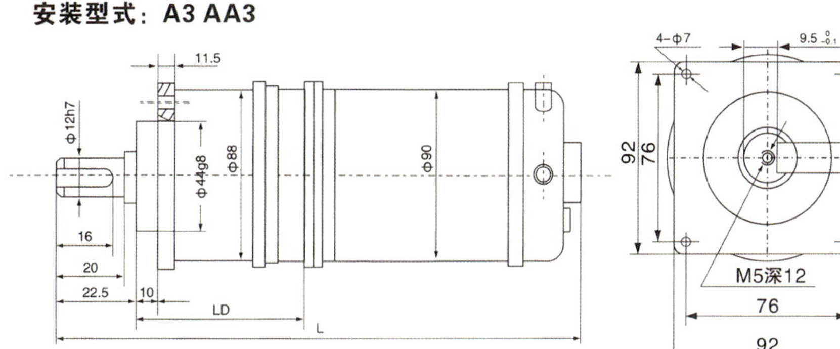

安装型式：A1 AA1

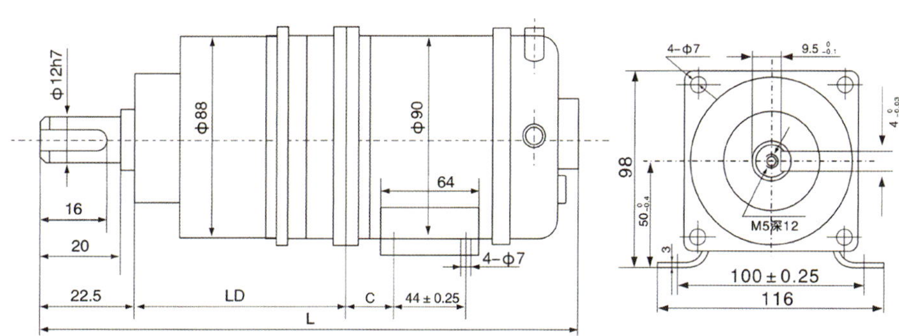

减速	LD	C (A1型)	L			配用电动机
			90SZ51-99	90SZ01-49	90ZYT51-99	
4(6)	58	37.5	224	224	249	90SZ51-99 90ZYT01-49 90ZYT51-99
16(36)	72	37.5	238	238	263	
64(216)	86	37.5	252	252	277	
256(1296)	100	37.5	266	266	291	

电动机技术数据　PX系列90mm

型号	输出转矩 (mN.m)	输出转速 (r/min)	额定功率 (W)	额定电压（V）		额定转速 (r/min)	减速电动机安装方式	减速比
				电枢	激磁			
90SZ53	1350	750	150	110	110	3000	43	4
90SZ54				220	220			
90SZ67				180	180			
90SZ66	1360	560	113	180	180	2250		
90SZ51	1440	375	80	110	110	1500		
90SZ52				220	220			
90SZ55				24	24			
90SZ65				180	180			
90SZ64	1460	250	54	180	180	1000	A1(A3)	
90SZ53	3820	188	150	110	110	3000		16
90SZ54				220	220			
90SZ67				180	180			
90SZ66	3830	140	113	180	180	2250		
90SZ51	4070	94	80	110	110	1500		
90SZ52				220	220			
90SZ55				24	24			
90SZ65				180	180			
90SZ64	4120	62.5	54	180	180	1000		64
90SZ53	11000	47	150	110	110	3000		
90SZ54				220	220			
90SZ67				180	200			
90SZ66	11050	35	113	180	200	2250		
90SZ51	11730	23.5	54	110	220	1500		
90SZ52				180	180			
90SZ55				180	180			
90SZ65				110	110			
90SZ64	11880	15.6	80	220	220	1000		
90SZ53.	30550	12	150	24	24	3000		256
90SZ54				180	180			
90SZ67				180	180			
90SZ66	30690	9	113	110	110	2250		
90SZ51	32590	6	80	220	220	1500		
90SZ52				180	180			
90SZ55				180	180			
90SZ65				110	110			
90SZ64	33000	4	54	220	220	1000		6
90SZ53	2030	505	150	24	24	3000		
90SZ54				180	180			
90SZ67				180	180			
90SZ66	2040	375	113	110	110	2250		

电动机技术数据　PX系列90mm

型号	输出转矩 (mN.m)	输出转速 (r/min)	额定功率 (W)	额定电压（V）		额定转速 (r/min)	减速电动机安装方式	减速比
				电枢	激磁			
90SZ50	2170	250	80	110	110	1500	A1(A3)	6
90SZ51				220	220			
90SZ55				24	24			
90SZ65				180	180			
90SZ64	2190	166.7	54	180	180	1000		
90SZ53	8590	83.3	150	110	110	3000		36
90SZ54				220	220			
90SZ67				18	18			
90SZ66	8630	62.5	113	180	180	2250		
90SZ51	9160	41.7	80	110	110	1500		
90SZ52				220	220			
90SZ55				24	24			
90SZ65				180	180			
90SZ64	9280	27.8	54	180	180	1000		
90SZ53	37120	13.9	150	110	110	3000		216
90SZ54				220	220			
90SZ67				180	180			
90SZ66	37290	10.4	113	180	180	2250		
90SZ51	39600	6.9	80	110	110	1500	A1(A3)	216
90SZ52				220	220			
90SZ55				24	24			
90SZ65				180	180			
90SZ64	40000	4.6	54	180	180	1000		
90SZ53	154600	2.3	150	110	110	3000		1296
90SZ54				220	220			
90SZ67				18	18			
90SZ66	15530	1.7	113	180	180	2250		
90SZ51	16500	1.2	80	110	110	1500		
90SZ52				220	220			
90SZ55				24	24			
90SZ65				180	180			
90SZ64	467000	0.77	54	180	180	1000		
90SZ53	2780(4180)	750(500)	308	110	110	3000		4(6)
90SZ54				220	220			

PX系列　110mm

安装型式：A3 AA3

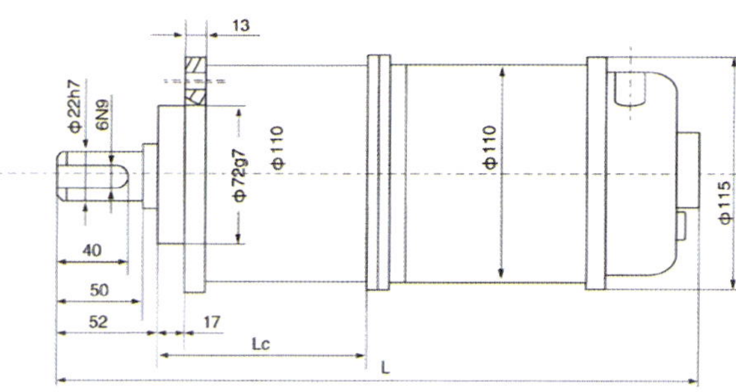

安装型式：A1 AA1

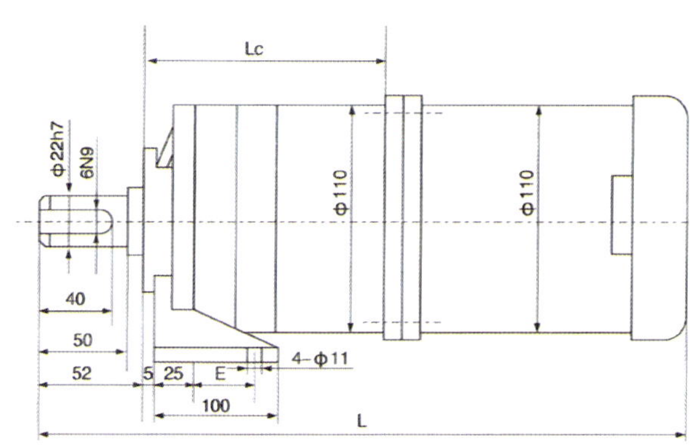

减速比	E	Lc	L			配用电动机
			110SZ51—99	110SZ01—49	110ZYT51—99	
4（6）	45	82	335	329	359	110SZ51—99 110ZYT01—49 110ZYT51—99
16(36)	60	107	360	354	384	
64(216)	60	132	385	279	409	
256(1296)	60	157	410	404	434	

电动机技术数据　PX系列110mm

型号	输出转矩 (mN.m)	输出转速 (r/min)	额定功率 (W)	额定电压（V）		额定转速 (r/min)	减速电动机安装方式	减速比
				电枢	激磁			
110SZ55	2780(4180)	750(500)	308	24	24	3000	A1(A3)	4(6)
110SZ66				180	200			
110SZ65	2770(4160)	560(375)	230	180	200	2250		
110SZ51	3340(5020)	375(250)	185	110	200	1500		
110SZ52				110	110			
110SZ64				180	200			
110SZ56	3330(5000)	250(166.7)	123	110	110	1000		
110SZ61				180	200			
110SZ53	7840(17650)	188(83.3)	308	110	110	3000		16(36)
110SZ54				220	220			
110SZ55				24	24			
110SZ66				180	200			
110SZ65	7840(17570)	140(62.5)	230	180	200	2250		
110SZ51	9420(21200)	94(41.7)	185	110	110	1550		
110SZ52				220	220			
110SZ64				180	200			
110SZ56	9390(21140)	62.5(27.8)	123	110	110	1000		
110SZ61				180	200			
110SZ53	22590(76230)	47(13.9)	308	110	110	3000		64(216)
110SZ54				220	220			
110SZ55				24	24			
110SZ66				180	180			
110SZ65	22490(75900)	35(10.4)	230	180	200	2250		
110SZ51	27130(91580)	23.6(6.9)	185	110	110	1500		
110SZ52				220	220			
110SZ64				180	200			
110SZ56	27000(91330)	15.6(4.6)	123	110	110	1000		
110SZ61				180	200			
110SZ53	62740(317640)	12(2.3)	308	110	110	3000		256(1296)
110SZ54				220	220			
110SZ55				24	24			
110SZ66				180	200			
110SZ65	62740(316620)	9(1.7)	230	180	200	2250		
110SZ51	75370(381580)	6(1.2)	185	110	110			

PX系列 130mm

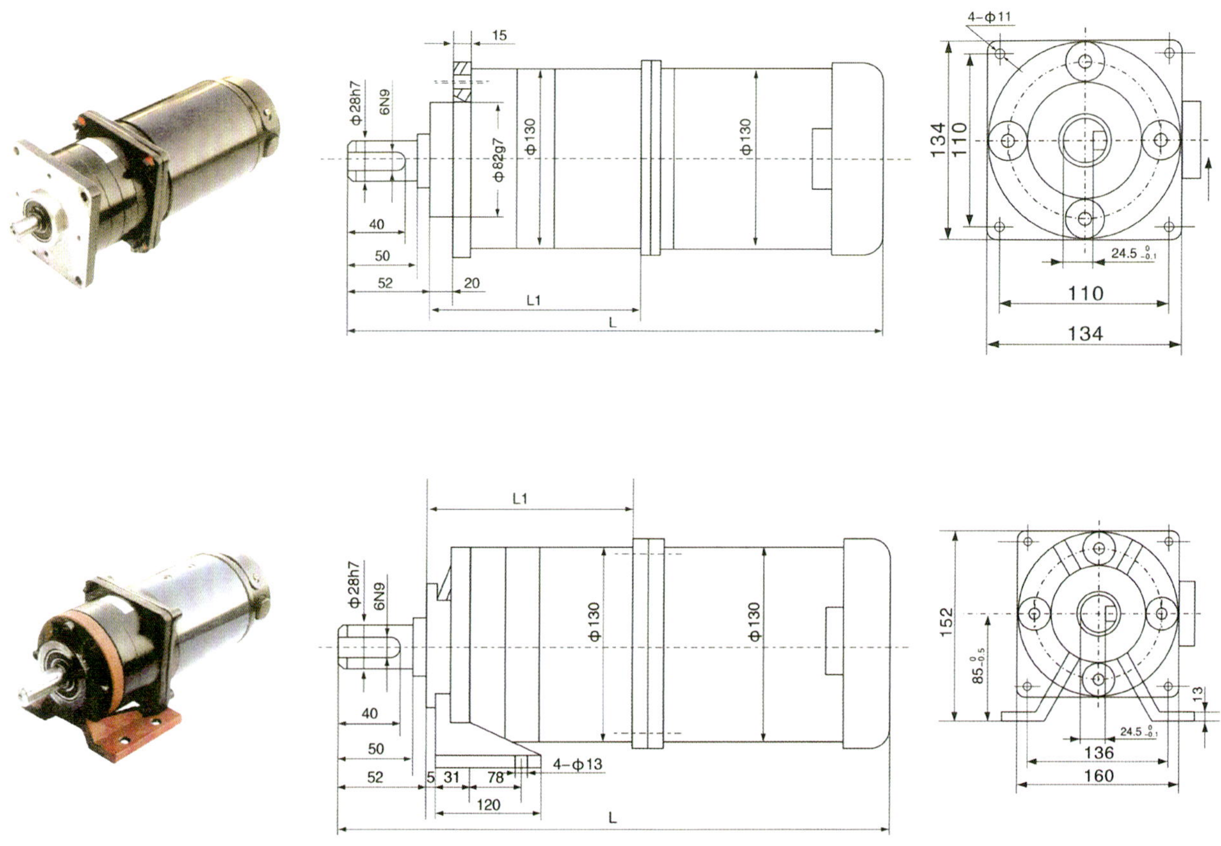

减速比	L1	L	配用电动机
4（6）	94	377	130SZ
16(36)	126	409	
64(216)	158	441	
256(1296)	190	473	

电动机技术数据　PX系列130mm

型号	输出转矩（mN.m）	输出转速（r/min）	额定功率（W）	额定电压（V）		额定转速（r/min）	减速电动机安装方式	减速比
				电枢	激磁			
130SZ52	75371(381580)	6(1.2)	185	220	220	1550	A1(A3)	256(1296)
130SZ64				180	200			
130SZ56	75170(380550)	4(0.77)	123	110	110	1000		
130SZ61				180	200			
130SZ01	6420(9630)	375(250)	355	110	110	1500		4(6)
130SZ02				220	220			
130SZ11				180	200			
130SZ03	5420(8130)	750(500)	600	110	110	3000		
130SZ04				220	220			
130SZ12				180	200			
130SZ06	6400(9600)	187.5(125)	177	110	110	750		
130SZ01	18080(40680)	94(41.7)	355	110	110	1500		16(36)
130SZ02				220	220			
130SZ11				180	200			
130SZ03	15280(34370)	187.5(83.3)	600	110	110	3000		
130SZ04				220	220			
130SZ12				180	200			
130SZ06	18030(40560)	47(20.8)	177	110	110	750		
130SZ01	52000(175730)	23.5(6.9)	355	110	110	1500		64(216)
130SZ02				220	220			
130SZ11				180	200			
130SZ03	44000(148500)	47(13.9)	600	110	110	3000		
130SZ04				220	220			
130SZ12				180	200			
130SZ06	51920(175240)	12(3.5)	177	110	110	750		
130SZ01	144600(732220)	6(1.2)	355	110	110	3000		256(1296)
130SZ02				220	220			
130SZ11				180	200			
130SZ03	122200(618770)	12(2.3)	600	110	110	3000		
130SZ04				220	220			
130SZ12				180	200			
130SZ12	144200(720150)	3(0.6)	177	110	110	750		

RV系列　蜗轮减速电动机

性能特点

RV系列蜗轮减速电动机是蜗轮减速器和各种电机（包括直流伺服电动机、永磁直流电动机等）组合而成。
方箱外形采用优质铝合金压铸箱体，美观大方。
散热性能优良，承载能力大。
多面安装，空心输出轴结构，另配有各种输入、输出方式，并能方便的与其他传动机械组合、适应性强。
机型小巧、结构紧凑、体积小、重量轻、节省安装空间。
传动平稳、噪音小。
安全可靠，经济耐用。

型号命名

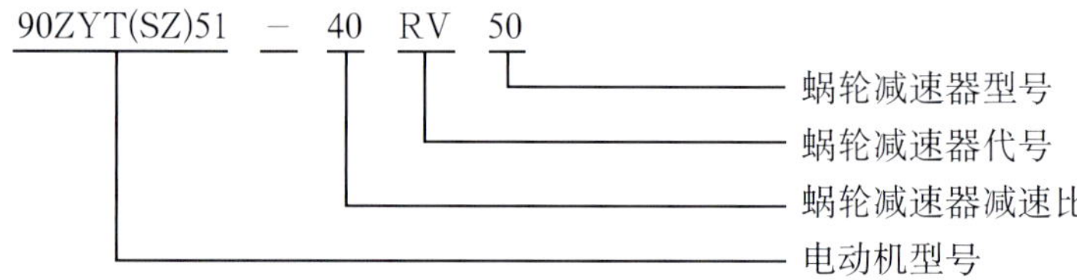

蜗轮减速器和直流电动机适配表

电机型号	功率范围（W）	适配减速器型号
70ZYT(SZ)01–99	40～90	RV25
80ZYT(SZ)01–99	50～180	RV30
90ZYT(SZ)01–99	50～230	RV40
110ZYT(SZ)01–99	123～700	RV50
130ZYT(SZ)01–99	355～750	RV63

单向/双向输出轴尺寸见图1

型号	D(h6)	B	B1	L	L1	f	b	t
25	11	23	25.5	81	101	–	4	12.5
30	14	30	32.5	102	128	M6	5	16
40	18	40	43	128	164	M6	6	20.5
50	25	50	53.5	153	199	M10	8	28
63	25	50	53.5	173	219	M10	8	28

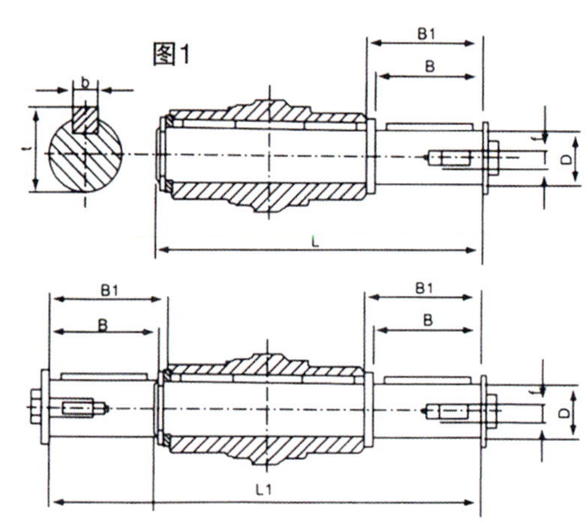

RV系列 25/30/40/50/63mm 法兰安装规格轴芯尺寸–D见图2

<table>
<tr><th rowspan="3">选配
电机</th><th rowspan="3">型号</th><th colspan="2">安装规格</th><th colspan="11">公称传动比</th></tr>
<tr><th rowspan="2">法兰
型号</th><th rowspan="2">N M P</th><th>7.5</th><th>10</th><th>15</th><th>20</th><th>25</th><th>30</th><th>40</th><th>50</th><th>6</th><th>80</th><th>100</th></tr>
<tr><th colspan="11">D</th></tr>
<tr><td>70ZYT</td><td>25</td><td>56B14</td><td>50 65 80</td><td>9</td><td>9</td><td>9</td><td>9</td><td>—</td><td>9</td><td>9</td><td>9</td><td>9</td><td>—</td><td>—</td></tr>
<tr><td>80ZYT</td><td>30</td><td>63B5
63B14
56B14</td><td>95 115 140
60 75 90
50 65 80</td><td>11
11
9</td><td>11
11
9</td><td>11
11
9</td><td>11
11
9</td><td>11
11
9</td><td>11
11
9</td><td>11
11
9</td><td>11
11
9</td><td>—
—
9</td><td>—
—
9</td><td>—
—
—</td></tr>
<tr><td>90ZYT</td><td>40</td><td>71B5
63B5</td><td>110 130 160
90 115 140</td><td>14
11</td><td>14
11</td><td>14
11</td><td>14
11</td><td>14
11</td><td>14
11</td><td>14
11</td><td>14
11</td><td>—
11</td><td>—
11</td><td>—
11</td></tr>
<tr><td>110ZYT</td><td>50</td><td>80B5
71B5
63B3</td><td>130 165 200
110 130 160
95 115 140</td><td>19
14
—</td><td>19
14
—</td><td>19
14
—</td><td>19
14
—</td><td>19
14
—</td><td>19
14
—</td><td>19
14
11</td><td>—
14
11</td><td>—
14
11</td><td>—
14
11</td><td>—
—
11</td></tr>
<tr><td>130ZYT</td><td>63</td><td>90B5
80B5
71B3</td><td>130 165 200
130 165 200
110 130 160</td><td>24
19
—</td><td>24
19
—</td><td>24
19
—</td><td>24
19
—</td><td>24
19
—</td><td>24
19
—</td><td>24
19
14</td><td>—
19
14</td><td>—
19
14</td><td>—
—
14</td><td>—
—
14</td></tr>
</table>

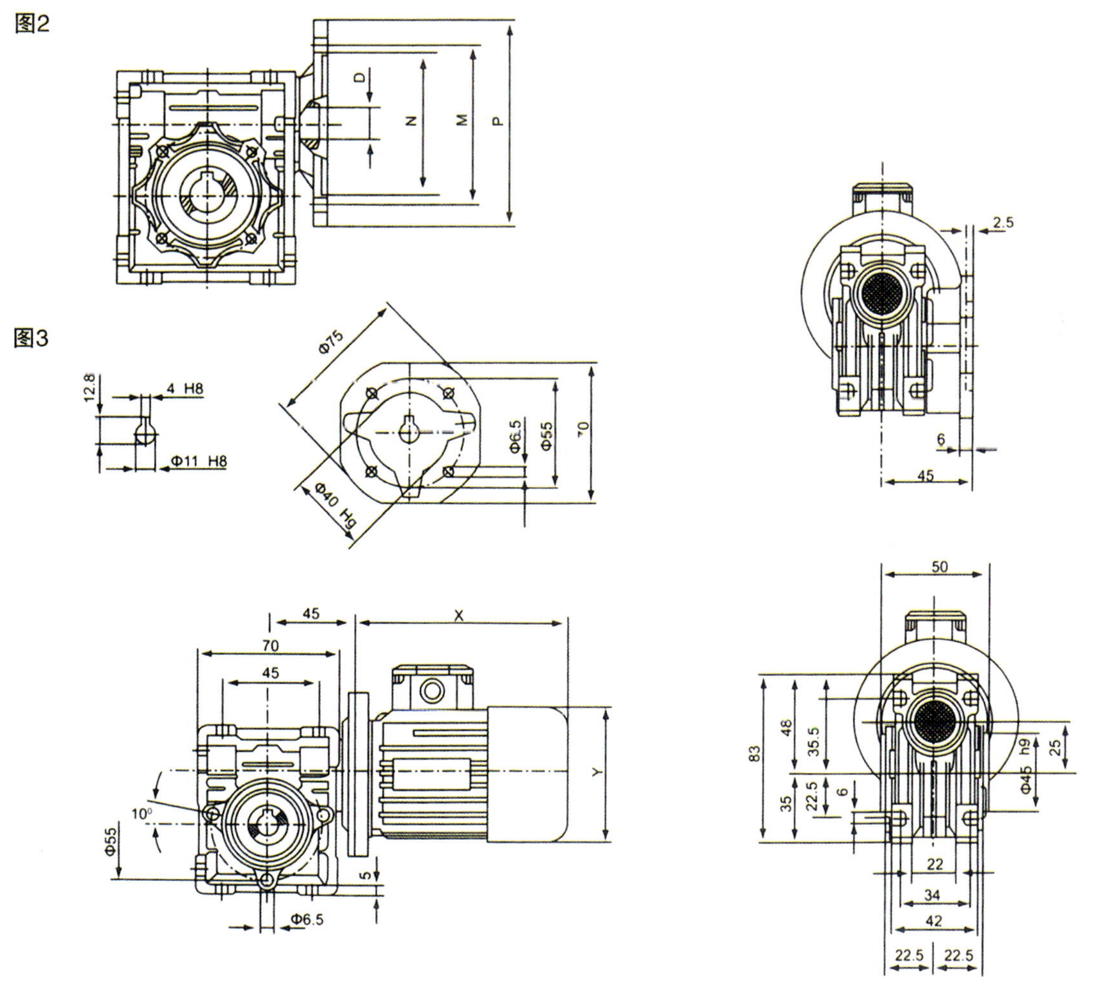

RV系列 25/30/40/50/63mm

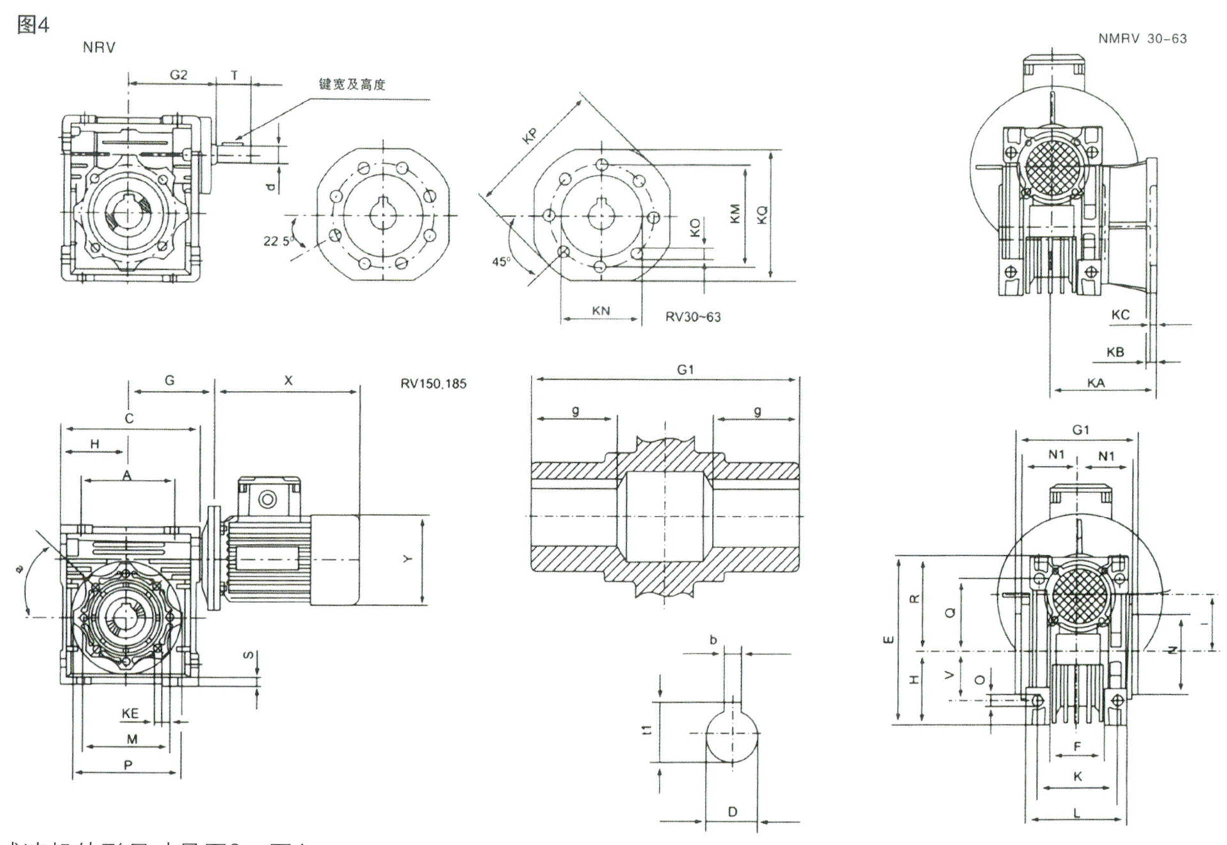

减速机外形尺寸见图3、图4

型号	尺寸																	
	A	C	D(H7)	E	F	G	H	I	L	M	N(h8)	O	P	Q	R	S	T	V	K
30	54	80	14	97	32	≤54	40	30	56	65	54	6.5	75	44	57	5.5	20	27	44
40	70	101	18	121.5	43	≤72	50	40	71	75	60	6.5	87	55	71.5	6.5	23	35	60
50	80	121.5	25	144	49	≤90	60	50	85	85	70	8.5	100	64	85	7	30	40	70
63	100	147.5	25	174	67	≤106	72	63	103	95	80	8.5	100	80	102	8	40	50	85

型号	尺寸																
	G1	G2	g	N1	KA		KB	KC	KE	α	KM(H8)	KO	KP	KQ	d(j6)	b	t1
					F	FL											
30	63	51	20	29	54.5		6	4	M6×11 (n4)	0°	50	6.5 (4/90°)	80	70	9	5	16.3
40	78	60	23	36.5	67	97	7	4	M6×8 (n4)	45°	60	9 (4/90°)	110	95	11	6	20.8
50	92	74	30	43.5	90	120	9	5	M8×10 (n4)	45°	70	11 (4/90°)	125	125	14	8	28.3
63	112	90	40	53	82	112	10	6	M8×14 (n8)	45°	115	11 (4/90°)	180	180	19	8	28.3

WKSK系列　直流控制稳压电源

概述

该系列稳压电源采用脉宽调制技术，选用当今先进的开关器件设计生产的，具有体积小、工作无噪音、效率高，并具有先进的短路保护功能（能保证电动机频繁正反转），其电枢输出电压稳定度高，其电枢电压从零到额定值连续可调，这使得电动机调速极为方便。该系列电源由于工作频率高，从而保证电动机在低转速下能稳定工作（即不出现爬行现象），是替代可控硅调速电源的理想换代产品。

适用条件

海拔不超过4000m；
环境温度：−20℃～+40℃；
相对湿度：85%；
安装于通风良好得室内；
允许交流电网电压波动范围160V～250V；
使用环境中无导体尘埃与不含有各种腐蚀性气体；
无爆炸危险及剧烈振动和冲击的地方。

技术数据

型号	电枢输出电压V	励磁输出电压V	电枢额定输出电流A	励磁最大输出电流A	输入电压	备注
Wk−211	0−110	110	2	1	～220	～200V接地端与外壳间：用于1000V兆欧表测其绝缘电阻不低于100；耐压：～1000V；1min无异常情况
Wk−222	0−220	220	2	1	～220	
Wk−311	0−110	110	3	1	～220	
Wk−322	0−200	220	3	1	～220	
Wk−411	0−110	110	4	1	～220	
Wk−422	0−220	220	4	1	～220	
Wk−611	0−110	110	6	1	～220	
Wk−622	0−220	220	6	1	～220	

电气接线图图

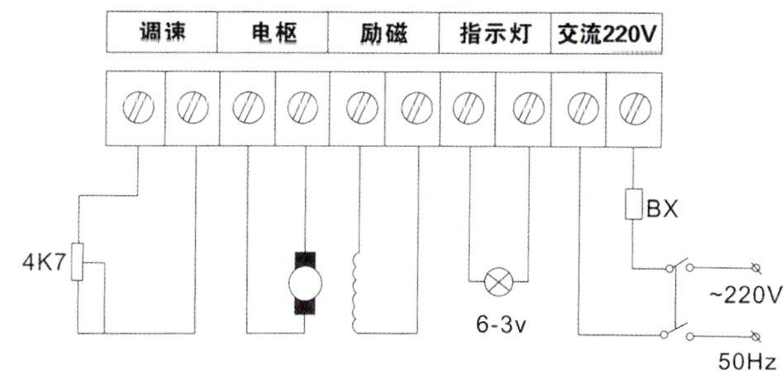

该电源应安装在通风条件比较好的地方，应避免接触酸、碱等有腐蚀性的物质。与电动机连接时，切记将电枢励磁接反；与电磁电动机连接时，绝对不允许励磁开路或通过励磁换向，否则，将会损坏电动机。另外，不允许用手触及机内任何元件，以防触电。保险丝BX的容量为所选电源电枢额定输出电流的3～1.5倍。安装时，请将电源外壳可靠接地。

订货须知

订货时须注明型号、电压、频率；
用户如要求电磁派生、结构派生或三防等要求时，请订货时说明；
减速机订货时，请注明减速器型号、负载转矩、输出转速、安装形式、电源电压；
如要求配备直流稳压减速电源实现无级调速时，请来函联系；
此说明更改，恕不另行通知。

技术数据

型号	SK400A	SK400B	SK800A	SK800B
输入电压V	Ac200			
输出电压（DC）V	0—110	0—220	0—110	0—220
额定输出电流（DC）A	4	2	8	4
最大输出电流A	8	4	16	8
配接电机功率W	50—300		200—600	
过载能力	2倍额定输出电流不超过1min			
起动时间S	1—5			
停止时间S	1—5			
励磁电压（DC）V	110	220	110	220
励磁电压（DC）A	0.5			
工作环境温度	−20℃～+45℃			
保险丝A	5		10	
安全性能	AC输入端子与外壳间绝缘电阻不低于10M AC输入端子与外科间耐压强度AC1000V 1min无异常现象			

SK400AH，SK400BH，SK800AH，SK800BH 内部装有正反转继电器，能耗制动继电器由内置单片计算机控制换向。换向过程中不存在火花干扰。若工作中需正反方向运转的电机，请选用上述四种型号的电源。另外起动及停止时间，可根据用户需求，进行调整，无特殊要求，一般在5S。

外形尺寸

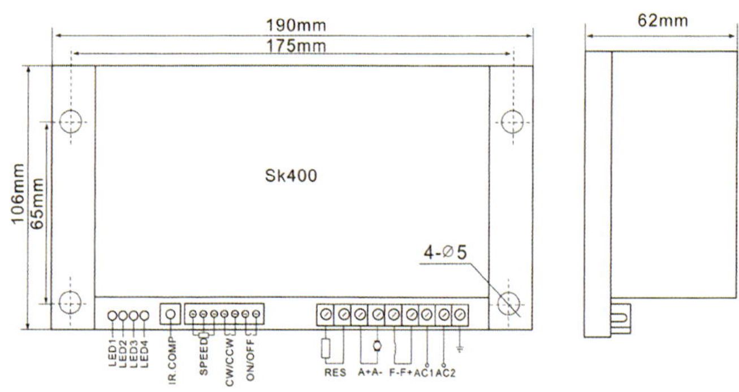

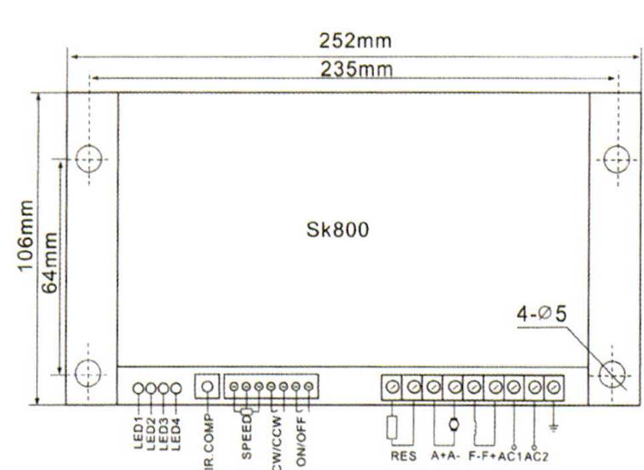

SPEED	为调速电位器，其阻值为4K7。
MAX.SPEED	当速度电位器旋至最低速时，用此电位器调节最低输出电压。
MIN.SPEED	当速度电位器旋至最高速时，用此电位器调节最低输出电压。
IR.COMP	用于调节电机空载与负载时转速变化率。
CUR.LIM	最大输出电流调节，出厂时，已将此调定为最大输出电流，无特殊情况，不允许调节。
LED1电源指示灯	电源送电后，此指示灯显示。
LED2过热指示灯	此指示灯亮时，说明电源已温度过高，可能是电源输出功率过载或散热不好。
LED3短路指示灯	此指示灯亮时，说明电枢回路有短路现象，请检查电机有无短路现象。
LED4指示灯	此指示灯在电机工作时显示，调节IR.COMP，此指示灯闪烁，则逆时针调IR.COMP电位器
CW/CCW：正反转控制	ON/OFF起动、停止
RES：制动电阻	AC1、AC2：输入220V
A+、A−：电机电枢	F+、F−：电机励磁

常州市永盾机械有限公司

常州市永盾机械有限公司是中国气泵制造行业之新秀。公司具有自营进出口权，专业生产用于粮食加工、印刷、包装、卷烟、除尘、陶瓷、灯具、船舶排污等行业的ZYBW系列自润滑真空、压力复合气泵。

公司位于美丽富饶的江南鱼米之乡，北靠长江沪宁高速公路，南临太湖，东依上海，西傍省会南京，交通十分方便。公司环境优美，四季花木飘香，公司占地面积36800平方米，建筑面积33600多平方米，拥有各种设备一百多台，年生产能力ZYBW系列气泵20000多台，主要产品ZYBW系列自润滑真空压力复合气泵是中国首家通过ISO9001英国劳氏公司（LRQA）质量体系认证。

公司技术力量雄厚，拥有多名中、高级技术人员，管理经验丰富，工艺及检测设备齐全，质量保证体系完善，产品设计采用CAD计算机辅助设计，模块化，通用化，变更性强，气泵品种从16m^3/h～500m^3/h,并可根据用户要求设计其适用的产品。

公司一贯奉行“质量就是生命”，以“挑战自我，追求卓越，争创一流”，“生产优质满意的产品，奉献世界各地的用户”为宗旨。产品畅销全国20多个省市，在国内外享有较高的声誉。

地址：江苏省常州市武进马杭

邮编：213162

电话：0519-86709999　0519-86705888

传真：0519-86705678

网址：www.china-yongdun.cn.

产品介绍

YBW系列自润滑压力气泵

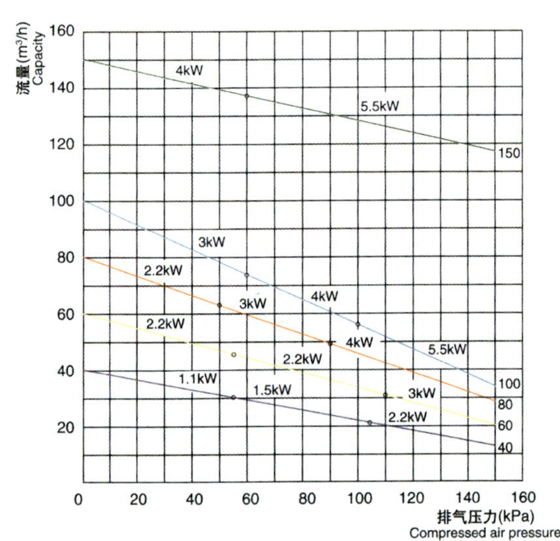

YBW系列自润滑压力气泵，是根据国内外的粮食加工行业要求专业生产，为低压脉冲除尘专用压力泵。具有气体纯净、性能高、噪音小、温升低、维护方便等优良特点，也可根据客户特殊需求设计生产。

YBW系列自润滑压力气泵技术参数

项目	单位	YBW40	YBW60	YBW80	YBW100	YBW150
公称排气量	m^3/h	40	60	80	100	150
公称排气压力	Kpa	55/105/150	55/110/150	55/90/150	60/100/150	60/100
外形尺寸（长×宽×高）	mm	684/744/779×393×339	779×393×339	779/779×393×339	805/825/880×430×320	915/970×565×570
电动机功率	kw	1.1/1.5/2.2	2.2/2.2/3	2.2/3/4	3/4/5.5	4/5.5
噪音	dB(A)	75	77	79	80	81
整机质量	kg	69/73/76	76/85	76/85/96	100/111/132	151
出口螺纹口径	M/G	M27×2	M27×2	M27×2	G1¼	G1¼

YBW−E系列自润滑压力气泵

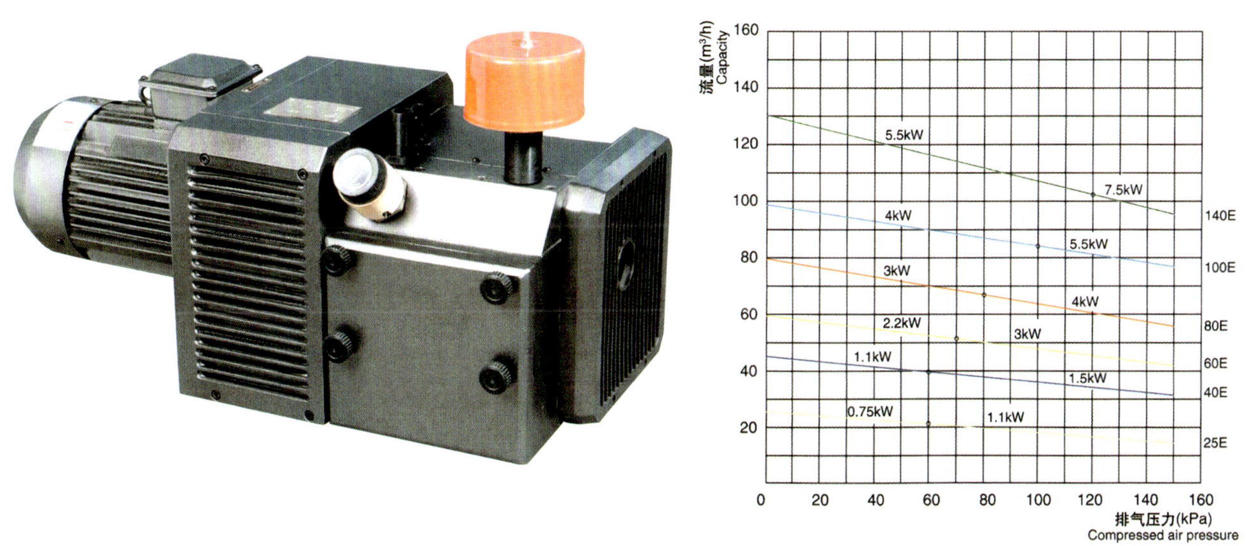

YBW−E系列自润滑压力气泵输出纯净、恒压气源。具有性能高、噪音小、温升低、维护方便、气源无污染等优良特点，广泛用于高档印刷、包装、卷烟、灯具、排污等行业，也可根据客户特殊需求设计生产。

YBW−E系列自润滑压力气泵技术参数

项目	单位	YBW25E	YBW40E	YBW60E	YBW80E	YBW100E	YBW140E
公称排气量	m^3/h	25	40	60	80	100	140
公称排气压力	Kpa	60/100	60/100	70/150	00/150	100/150	120/150
外形尺寸 （长×宽×高）	mm	618/ 633×320×320	633/ 648×320×320	755/ 755×358×320	755/ 755×358×320	863/ 935×480×400	935/ 970×480×400
电动机功率	kw	0.75/1.1	1.1/1.5	2.2/3	3/4	4/5.5	5.5/7.5
噪音	dB(A)	74	75	77	78	80	81
整机质量	kg	41/42	54/58	82/91	91/103	116/138	163/168
出口螺纹口径	M/G	M27×2	M27×2	M27×2	M33×2	G1¼	G1¼

YBW-G系列自润滑压力气泵

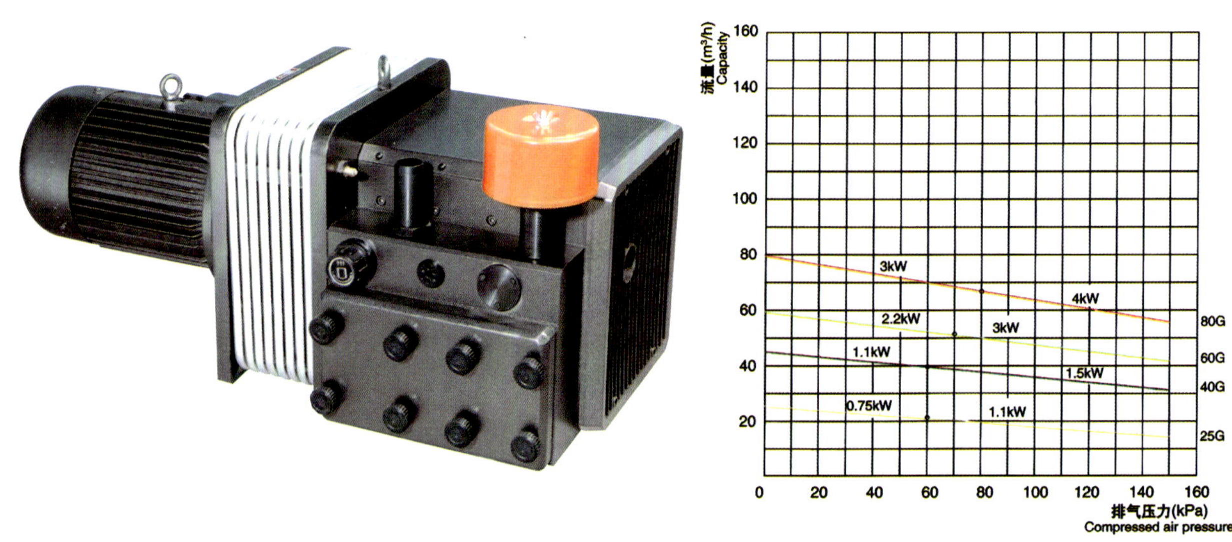

YBW-G系列自润滑压力气泵，是根据国内外客户使用特点设计生产，具有自主知识专利产权，输出纯净、恒压。具有性能高、噪音小、温升低、维护方便、气源无污染等优良特点，广泛用于印刷、包装、卷烟、灯具、排污等行业，也可根据客户特殊需求设计生产。

YBW-G系列自润滑压力气泵技术参数

项目	单位	YBW25G	YBW40G	YBW60G	YBW80G
公称排气量	m^3/h	25	40	60	80
公称排气压力	Kpa	60/100	60/100	70/150	90/150
外形尺寸（长×宽×高）	mm	659/ 674×355×310	674/ 699×335×310	804/ 804×377××345	804/ 824×377×345
电动机功率	kw	0.75/1.1	1.1/1.5	2.2/3	3/4
噪音	dB(A)	75	76	78	79
整机质量	kg	59/60	63/67	99/108	113/123
出口螺纹口径	M/G	M27×2	M27×2	M27×2	M33×2

ZBW-E系列自润滑压力气泵

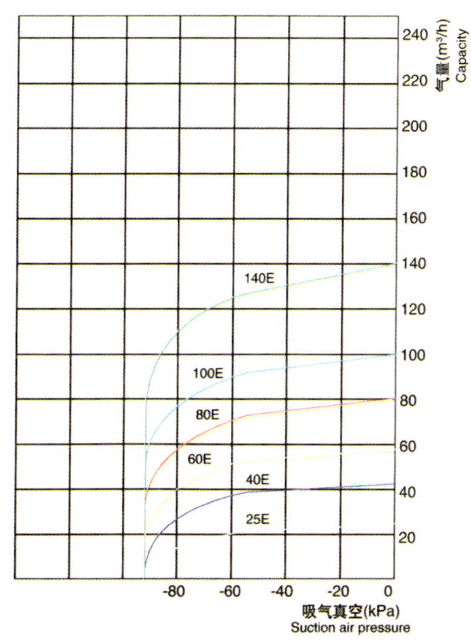

ZBW-E系列自润滑压力气泵，能提供纯净真空吸气，具有性能高、噪音小、温升低、维护方便等优良特点。广泛用于高档印刷、包装、吸塑、贴标、装潢等行业，也可根据客户特殊需求设计生产。

ZBW-E系列自润滑压力气泵技术参数

项目	单位	ZBW25E	ZBW40E	ZBW60E	ZBW80E	ZBW100E	ZBW140E
公称排气量	m^3/h	25	40	60	80	100	140
极限真空	Kpa	≥-85	≥-85	≥-85	≥-85	≥-85	≥-85
载荷真空	Kpa	≤-80	≤-80	≤-80	≤-80	≤-80	≤-80
外形尺寸（长×宽×高）	mm	633×320×320	648×320×320	755×358×320	755×358×320	863×480×400	895×480×400
电动机功率	kw	1.1	1.5	2.2	3	4	5.5
噪音	dB(A)	73	74	76	77	79	81
整机质量	kg	42	58	82	88	116	163
出口螺纹口径	M/G	M27×2	M27×2	M27×2	M33×2	G1¼	G1¼

地址：江苏省常州市武进马杭　邮编：213162　电话：0519-86709999　0519-86705888
传真：0519-86705678　网址：www.china-yongdun.cn.

ZBW–G系列自润滑压力气泵

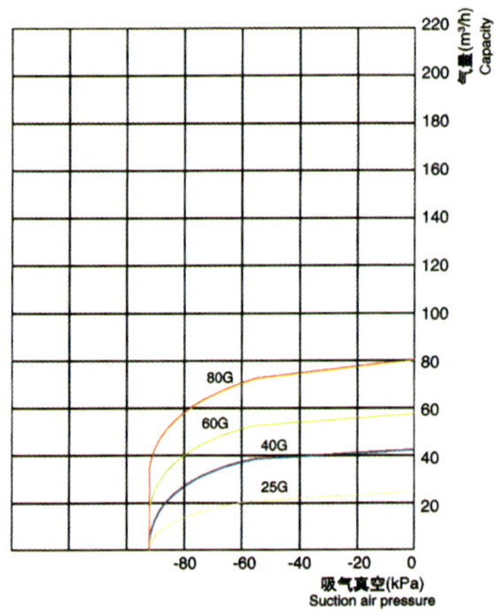

ZBW–G系列自润滑压力气泵，是根据国内外客户使用特点设计生产，具有自主知识专利产权，能提供纯净真空吸气具有气体纯净、性能高、噪音小、温升低、维护方便等优良特点。广泛用于印刷、包装、装潢、木工机械等行业，也可根据客户特殊需求设计生产。

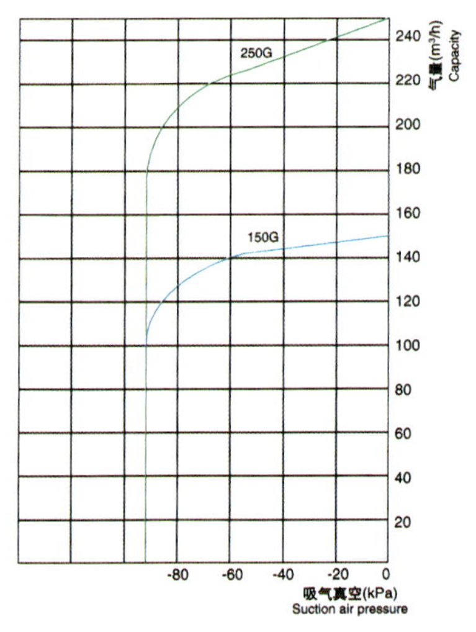

ZBW–G系列自润滑压力气泵技术参数

项目	单位	ZBW25G	ZBW40G	ZBW60G	ZBW80G	ZBW150G	ZBW250G
公称排气量	m^3/h	25	40	60	80	150	250
极限真空	Kpa	≥–85	≥–85	≥–85	≥–85	≥–85	≥–85
载荷真空	Kpa	≤–80	≤–80	≤–80	≤–80	≤–80	≤–80
外形尺寸（长×宽×高）	mm	674×335×310	699×335×310	804×377×345	804×377×345	941×449×437	1089×449×437
电动机功率	kw	1.1	1.5	2.2	3	4	7.5
噪音	dB(A)	73	74	76	77	80	81
整机质量	kg	60	67	99	113	142	206
出口螺纹口径	M/G	M27×2	M27×2	M27×2	M33×2	G1¼	G2

ZBWH系列自润滑真空气泵

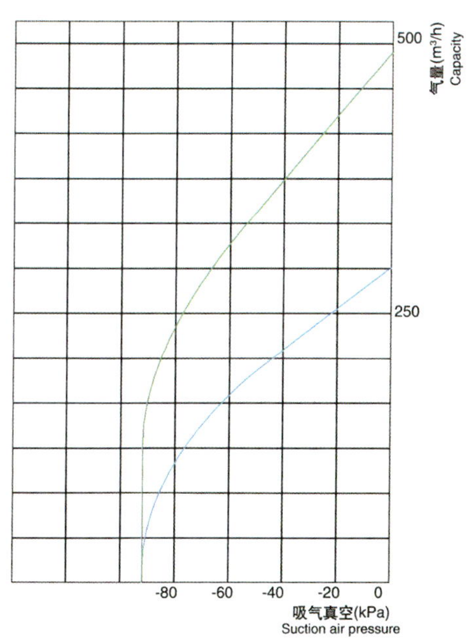

ZBWH系列自润滑真空气泵，能提供纯净真空吸气，可根据客户实际使用状况，合理、节能、高效使用。具有性能高、噪音小、温升低、维护方便等优良特点。专为木工机械使用，也可根据客户特殊需求设计生产。

ZBWH系列自润滑真空气泵技术参数

项目	单位	ZBW150G	ZBW250G
公称排气量	m^3/h	150	250
极限真空	Kpa	≥-85	≥-85
载荷真空	Kpa	≤-80	≤-80
外形尺寸（长×宽×高）	mm	966×618×958	1066×618×958
电动机功率	kw	8	15
噪音	dB(A)	82	84
整机质量	kg	315	452
出口螺纹口径	M/G	G2	G2

ZYBW系列自润滑压力复合气泵

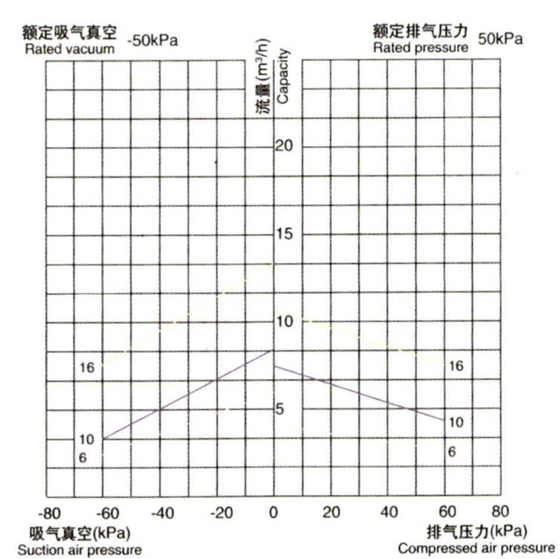

ZYBW系列自润滑压力复合气泵能同时使用真空吸气和输出压缩空气，维护方便、排气纯净无油等为其特点，应用于印刷、包装、卷烟、除尘、船舶排污等行业。

ZYBW系列自润滑压力复合气泵技术参数

项目	单位	ZYBW6	ZYBW10	ZYBW16
公称排气量	m^3/h	6	10	16
额定吸气压力	Kpa	−40（−50）	−40（−50）	−40（−50）
额定排气压力	Kpa	40（50）	40（50）	40（50）
外形尺寸（长×宽×高）	mm	470×180×248	490×180×248	546×200×258
电动机功率	kw	0.37	0.55	0.75
噪音	dB(A)	67	69	71
整机质量	kg	19	22	32

ZYBW–E系列自润滑压力复合气泵

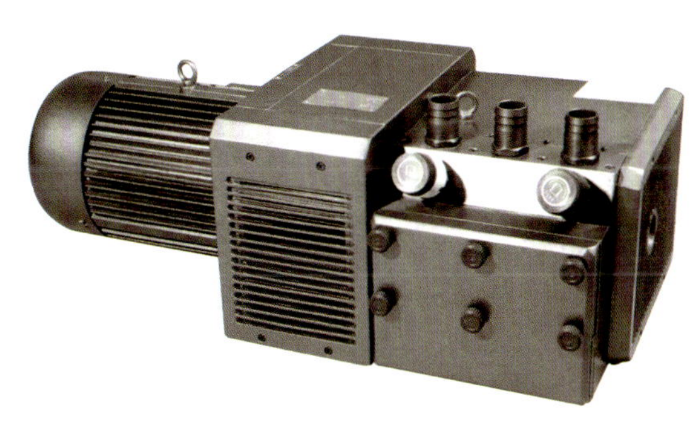

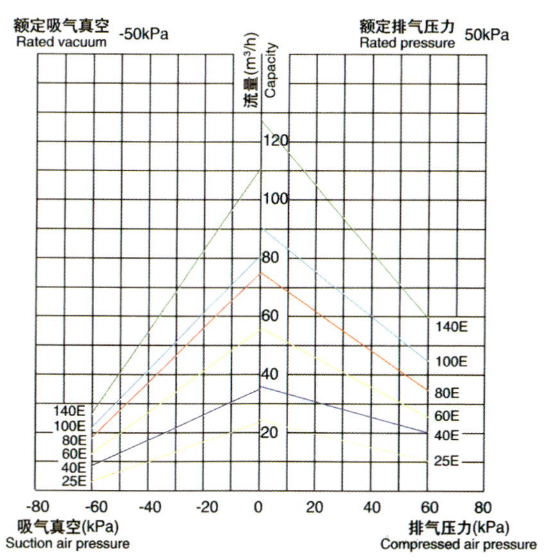

ZYBW–E系列自润滑压力复合气泵，能同时使用真空吸气和输出压缩空气，具有性能高、噪音小、温升低、维护方便、气源纯净无油等优良特点。可广泛用于高档印刷、包装等行业，也可根据客户特殊需求设计生产。

ZYBW–E系列自润滑压力复合气泵技术参数

项目	单位	ZYBW25E	ZYBW40E	ZYBW60E	ZYBW80E	ZYBW100E	ZYBW140E
公称排气量	m³/h	25	40	60	80	100	140
极限真空	Kpa	≥–85	≥–85	≥–85	≥–85	≥–85	≥–85
载荷真空	Kpa	≤–80	≤–80	≤–80	≤–80	≤–80	≤–80
外形尺寸（长×宽×高）	mm	633×320×320	648×320×320	755×358×320	755×358×320	895×480×400	935×480×400
电动机功率	kw	1.1	1.5	3	4	5.5	7.5
噪音	dB(A)	78	79	80	81	82	83
整机质量	kg	42	58	91	99	138	168
出口螺纹口径	M/G	M27×2	M27×2	M27×2	M33×2	G1¼	G1¼

ZYBW–G系列自润滑压力复合气泵

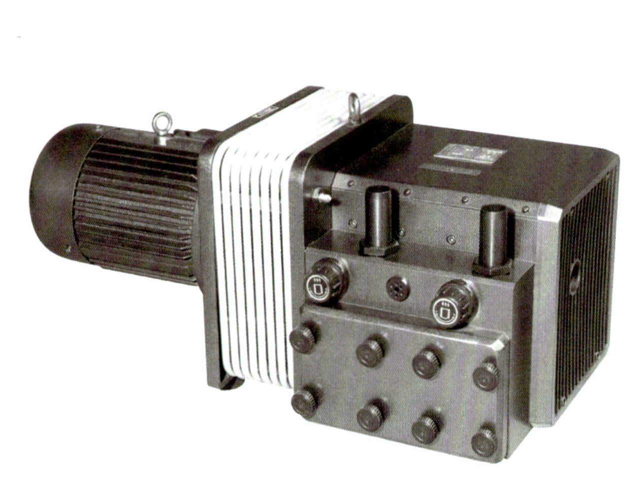

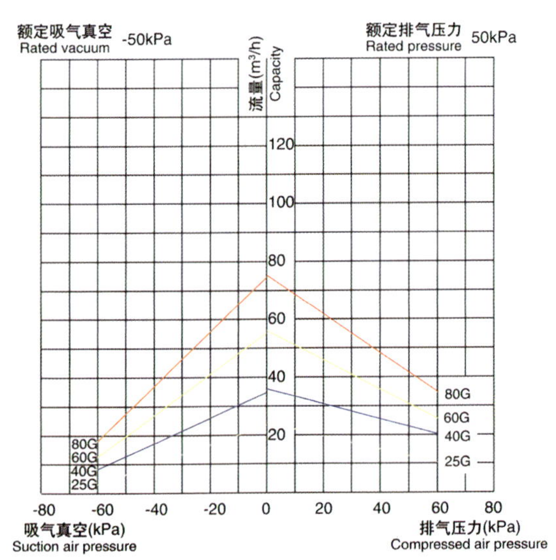

ZYBW–G系列自润滑压力复合气泵，能同时使用真空吸气和输出压缩空气，是根据国内外客户使用特点设计生产，具有自主知识专利产权。具有性能高、噪音小、温升低、维护方便、气源纯净无油等优良特点。可广泛用于印刷、包装等行业，也可根据客户特殊需求设计生产。

ZYBW–G系列自润滑压力复合气泵技术参数

项目	单位	ZYBW25G	ZYBW40G	ZYBW60G	ZYBW80G
公称排气量	m^3/h	25	40	60	80
极限真空	Kpa	⩾–85	⩾–85	⩾–85	⩾–85
载荷真空	Kpa	⩽–80	⩽–80	⩽–80	⩽–80
外形尺寸（长×宽×高）	mm	674×335×310	699×335×310	804×377×345	804×377×345
电动机功率	kw	1.1	1.5	2.2	3
噪音	dB(A)	79	80	80	81
整机质量	kg	60	67	99	113
出口螺纹口径	M/G	M27×2	M27×2	M27×2	M33×2

宁波市久源润滑设备制造有限公司

宁波市久源润滑设备制造有限公司创建于20世纪90年代初。专业从事机器设备的各种类型集中润滑装置和印刷机械配套产品研究、开发与制造的企业。至今已为国内印刷机械行业广泛配套的产品有：

1. SJX系列手动集中润滑装置；
2. DJX系列稀油电动阻尼式循环润滑装置；
3. DCX电动系列和WCX自动系列容积式定量润滑装置；
4. WTZ自动系列递进式油脂定量润滑装置；
5. LOX系列稀油循环冷却集中润滑装置；
6. PF系列单张纸胶印机气压式自动喷粉装置；
7. YGX系列. YDX系列和YDGX系列胶印机墨辊与滚筒快速自动清洗装置；

“久源”始终以诚挚服务为宗旨，以优异的产品质量和服务来赢得广大用户的满意与信赖。

厂址：浙江省宁波市象山县石浦镇万泰工业园区

邮编：315731

电话：0574-65982840　0574-65971192

传真：0574-65982746

网址：www.nbjiuyuan.com

邮箱：rh@nbjiuyuan.com

一、SJX系列手动集中润滑装置

SJX系列手动阻尼分配消耗型润滑装置如图一所示：由手动润滑泵、阻尼式分配器、管接头及管线附件等组成。装置中的手动泵、联接体、计量件及管接头可根据机器设计的不同要求选择组合。计量件分螺线阻尼和小孔阻尼二种，改变计量件内部阻尼力的大小可改变每一头分油器出油量，将油泵提供的润滑油进行按比例分配，以满足机器各润滑点不同油量的需求，润滑油不回收。

适用油液：N32～N320机械润滑油以及00[#]、000[#]润滑脂。装置特点是：安装连接方便，配套价格经济。可广泛适用润滑点数量在30个以内，主管路总长不超过5m，机器高不超过1.5m。加油间隔时间较长（一般在四个小时以上），各润滑点加油量要求不很严格的中、小型机器设备。如印刷机械中不同规格的切纸机、简易包装机械等均可选配。现已配套潍坊华光、长春印刷、浙江万里、杭州永创、上海紫宏、海门北人、河南新机等。

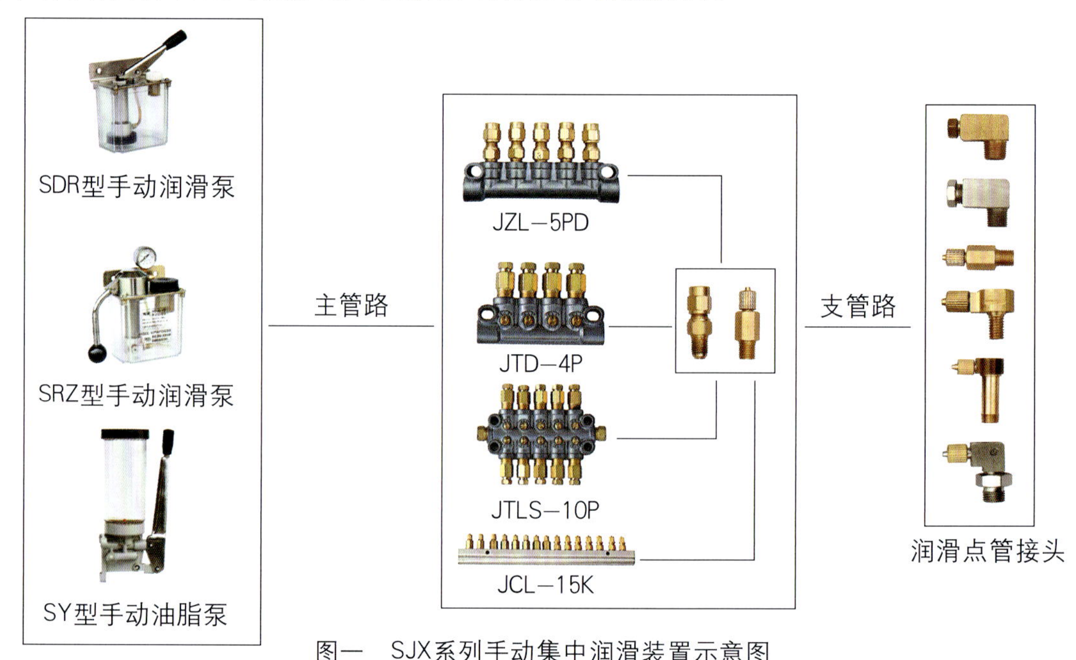

图一　SJX系列手动集中润滑装置示意图

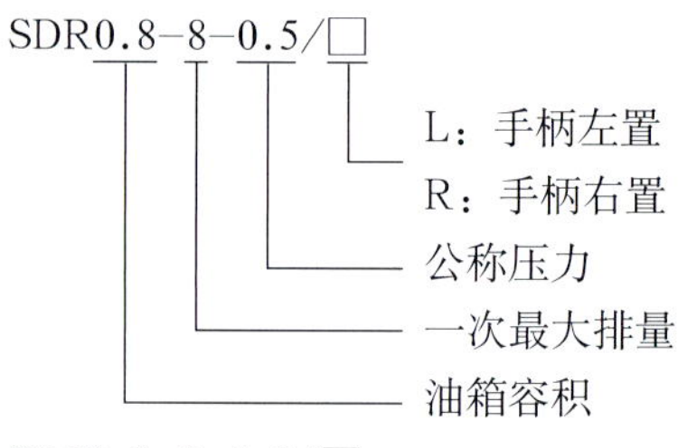

规格型号	油箱容积L	一次排量ml/cy	公称压力Mpa	外形尺寸				备注
				L	H	h	B	
SDR0.8-8-0.5	0.8	2~8 可调	0.5	133	214	121	94	手柄分左、右置
SDR1.4-8-0.5	1.4			154	230	142	112	

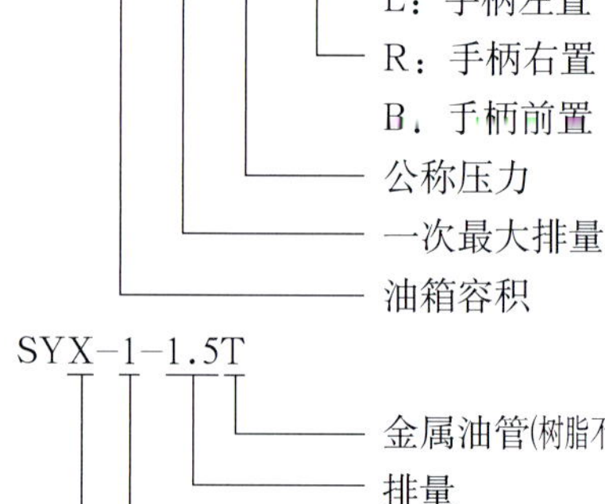

规格型号	油箱容积L	一次排量ml/cy	公称压力Mpa	外形尺寸					备注
				L	L2	H	h	B	
SRZ0.8-9-1.8	0.8	9	1.8	132	185	160	125	95	手柄分左、右、前置
SRZ1.4-9-1.8	1.4	9		155	205	178	144	112	
SRZ2.0-14-1.8	2.0	14		183	235	206	165	135	

规格型号	油箱容积L	一次排量ml/cy	工作压力Mpa	外形尺寸				安装孔尺寸
				H	H1	L	B	
SY0.5-1.0	0.5	1	≥5.0	295	268	150	ф76	70×75 孔ф8.5
SYX0.5-1.0				330	268	150	ф76	
SY1-1.5	1.0	1.5		325	308	165	ф100	
SYX1-1.5				360	308	165	ф100	

二、DJX系列稀油电动阻尼式循环集中润滑装置

DJX系列电动阻尼分配循环润滑装置如图二所示：由BB内转子系列电动润滑泵(站)、阻尼式分配器、LYQ型过滤器、管接头及管线附件等组成。根据机器的设计要求，可以任意选择不同流量的BB型润滑泵(站)、LYQ型过滤器、阻尼式分配器和管接头附件等进行优选组合，以满足机器各润滑点（部位）的润滑要求。在装置中可以附加油泵供油压力不足，过滤器堵塞等故障检测报警功能，以提高装置的工作可靠性。

装置在机器运转时连续供油（也可间歇供油），润滑油循环使用。适用油液：N32～N220机械润滑油。

印刷机械中凡采用雨淋式润滑设计的单张纸胶印机、轮转胶印机、凹印机、双面胶印机等机器均可应用此类润滑装置。至今国内已有多家印机制造企业(如江苏昌 、新乡新机、北人股份、上海亚华等)生产的机器配套公司的产品。

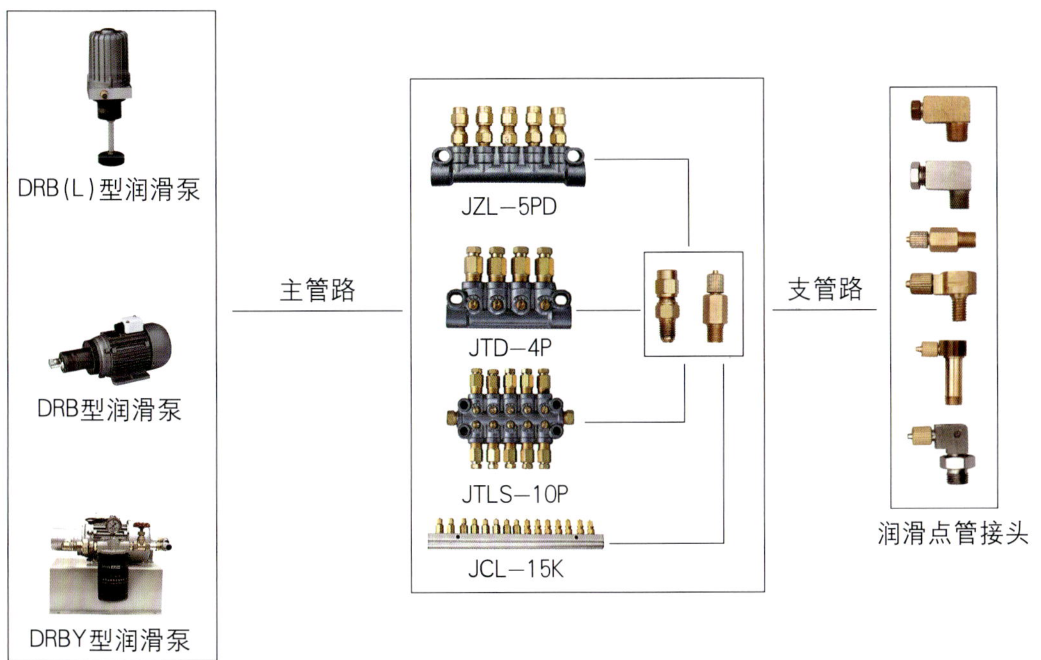

图二　DJX系列稀油电动阻尼式循环集中润滑装置示意图

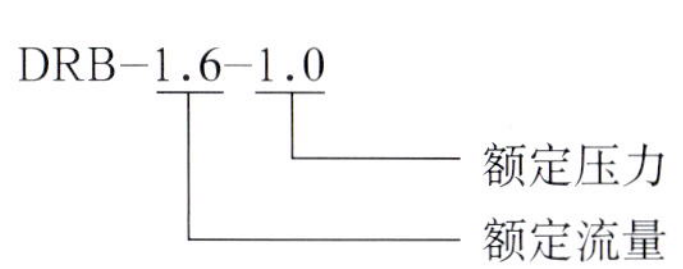

规格型号	流量L/min	压力调节范围Mpa	电机参数			安装孔尺寸			
			电压V	功率W	转速r/min	A	B	φD	h
DRB-1.6-□/380V	1.6	0.4～1.2	380	180	2800	75	75	5.5	按实际使用要求
DRB-2.5-□/380V	2.5			250		80	100	8.6	
DRB-6-□/380V	6			550	1400	90	112	M8	
DRB-10-□/380V	10					90	112	M8	

DRBY-8/-□□
配套机型
用户代码
额定流量

型号规格	额定流量L/min	压力调节范围Mpa	电压/功率V/W	滤油精度μ	配套对象
DRBY-8/YH1020	8	0.4～1.0	380/370	≤10	亚华
DRBY-10/XJ4142G	10		380/370		新机
DRBY-12/XJ5142G	12		380/550		新机

三、DCX电动系列和WCX自动系列容积式定量润滑装置

DCX电动系列容积式定量润滑装置如图三所示：由DRC型电动润滑站、T861型或XL型或SG型容积式定量分配器、检测元件、管接头和管线附件等组成。装置的工作和故障检测报警，由主机PLC控制完成。

WCX自动系列容积式定量润滑装置如图三所示：由WRC型自动润滑站、T861型或XL型或SG型容积式定量分配器、检测元件、管接头和管线附件等组成。装置的工作和故障检测报警，由润滑站内的微电脑控制器控制完成。

容积式定量润滑装置中的定量分配器有T86型、XL型、SG型等结构形式可供选择。各种形式分配器内每一头的出油量可按用户设计要求定制，以满足一台机器中各润滑点不同油量的要求，装置中各点每次出油量恒定、准确、可靠，不受分配器安装位置距油泵远、近的影响。

本装置可广泛适用N32～N320机械润滑油及00#、000#润滑脂，并确保机器各运动摩擦副始终保持足够的润滑油膜、满足机器润滑需求。润滑油不回收、不渗漏污染环境、装置性价比高等诸多优越性，已在印刷机械中广泛地获得应用。如上海光华公司生产的所有PZ系列胶印机、上海紫明、北人二厂、上海北门、潍坊华光、浙江蓝宝、上海中天等印机制造公司生产胶印机均已全部配套应用本公司生产的上述润滑装置。

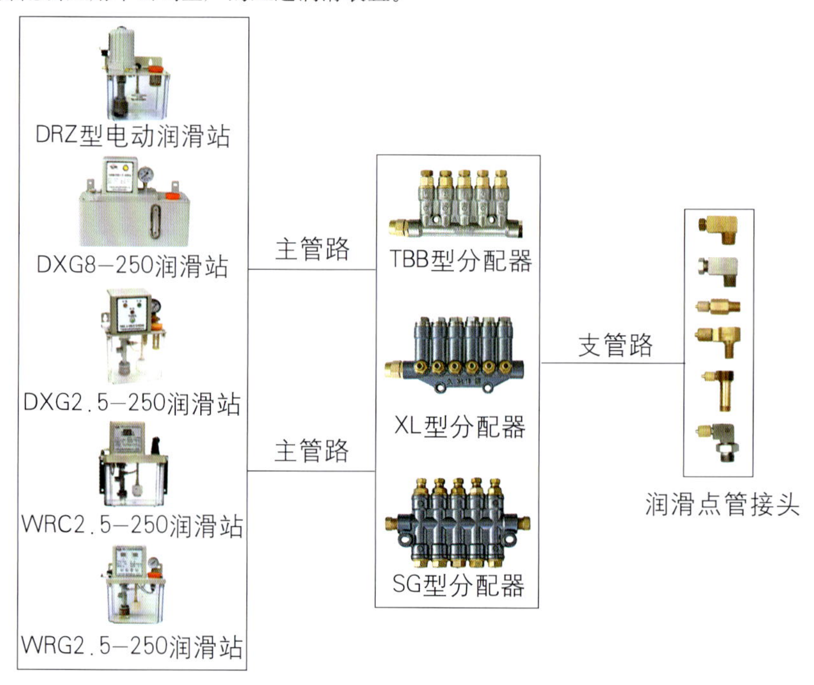

图三　DCX电动系列和WCX自动系列容积式定量润滑装置

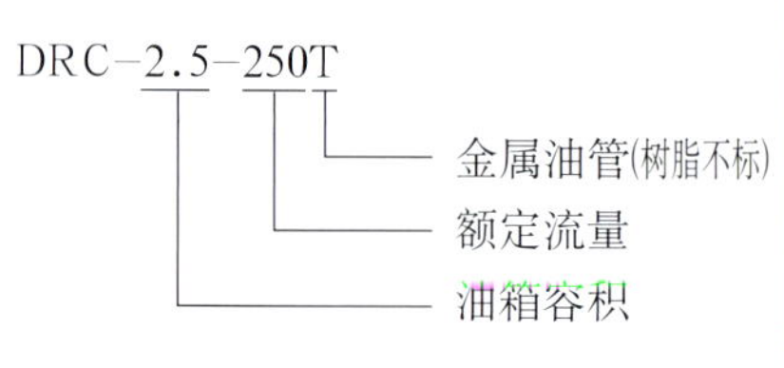

规格型号	油箱容积 L	额定流量ml/min	压力调节范围Mpa	外形尺寸					电机参数	
				L	L1	H	h	B	电压V	功率W
DRC–2.5–500	2.5	500	1.8～3.0	210	120	302	184	139	AC380	60
DRC–1.4–250	1.4	250		158	134	240	166	120	DC24	50
DRC–2.5–250	2.5			236	190	280	170	143		
DRC–8–250	8			387	320	290	156	161		

WRCII–2.5–250T

金属油管(树脂不标)
额定流量
油箱容积
双时间控制
(但时间不标)

规格型号	油箱容积 L	额定流量 ml/min	压力调节范围 Mpa	电机参数		控制器特征	工作环境温度
				电压V	功率W		
WRC–2.5–250	2.5	250	1.8~3.0	DC24	50	单时间控制	–25~55℃
WRC II –2.5–250						双时间控制	

注：塑料油箱容积有2L、2.5L；钣金油箱容积有6L、8L、10L等可供选择或定制。

T86型定量分配器

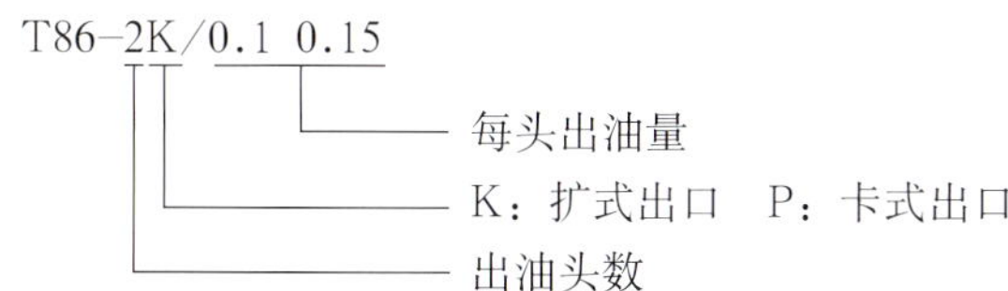

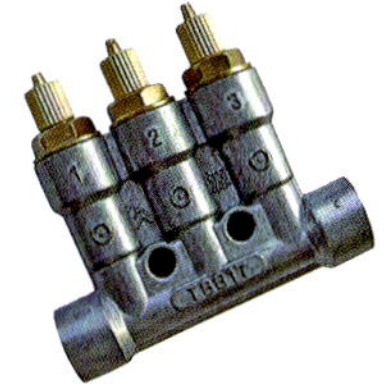

专利号：ZL97102393X

型号规格	出油头数	外形及连接尺寸（mm）				代号出油ml/次	油量标记涂色	适用油液
		L	L1	H	d			
T8616	2	48		60	M10×1	A(0.60) B(0.10) C(0.16) D(0.25)	不涂色 天兰 红 黑	N32～N460
T8617	3	65	17					
T8618	5	99	51					
T8622	2	48		71	M12×1.25	A(0.10) B(0.20) C(0.40) D(0.60)	天兰 紫 黑 橘红	
T8623	3	65	17					
T8624	5	99	51					

XL型定量分配器

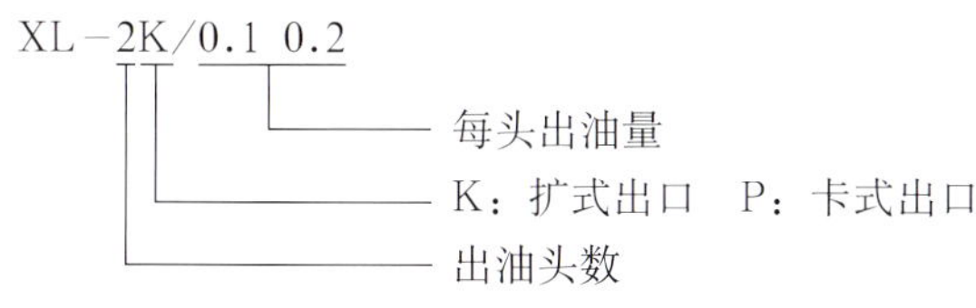

专利号：ZL20042008509.7

型号规格	出油头数	外形尺寸(mm)			工作压力(Mpa)	出油量（每头）ml/次	油量标记	适用油液
		L	L1	H				
XLQ-2	2	58	0	78	2.5-3.0	0.03 0.06 0.1 0.2 0.3 0.4 0.5 0.6	1 2 3 4 6	NLGI000#～0#润滑脂 及N32#～460#润滑油
XLQ-4	4	92	50	78				
XLQ-6	6	126	50	78				

XG型定量分配器

型号编制说明

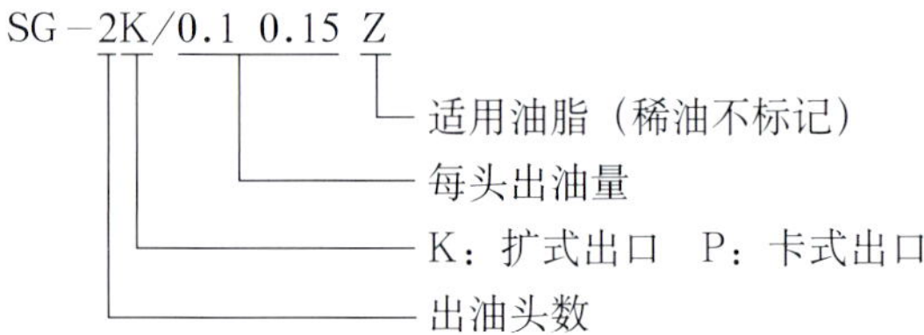

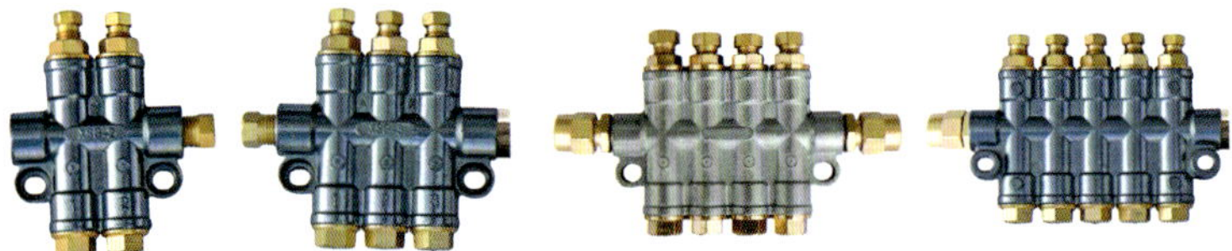

技术参数

<table>
<tr><th rowspan="2">型号规格</th><th rowspan="2">出油头数</th><th rowspan="2">工作压力（Mpa）</th><th colspan="4">外形和连接尺寸（mm）</th><th rowspan="2">出油量代号（ml/次）</th><th rowspan="2">标记（色标）</th><th rowspan="2">适用油液</th></tr>
<tr><th>L</th><th>L1</th><th>H</th><th>d</th></tr>
<tr><td>SG2</td><td>2</td><td rowspan="4">2.0</td><td>52</td><td>38</td><td rowspan="4">75</td><td rowspan="4">M10×1</td><td rowspan="4">B(0.06)
C(0.10)
D(0.20)
E(0.30)
F(0.40)
G(0.50)</td><td rowspan="4">白
绿
不涂色
天蓝
红
黑</td><td rowspan="4">CLG1000# ～ 0# 润滑脂及N32# ～ 460#润滑油</td></tr>
<tr><td>SG3</td><td>3</td><td>67</td><td>53</td></tr>
<tr><td>SG4</td><td>4</td><td>82</td><td>68</td></tr>
<tr><td>SG5</td><td>5</td><td>97</td><td>83</td></tr>
</table>

微电脑自动润滑控制器

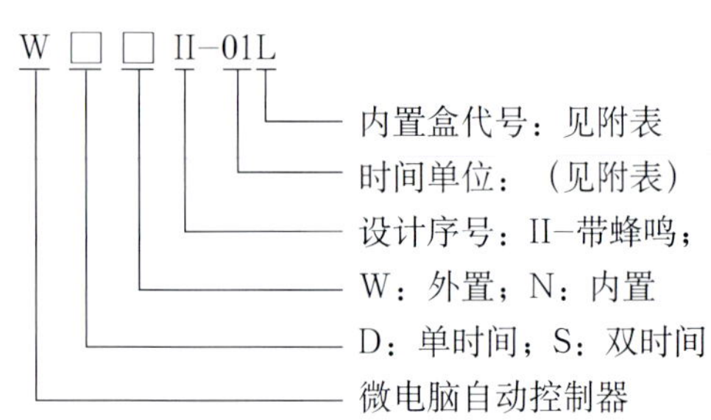

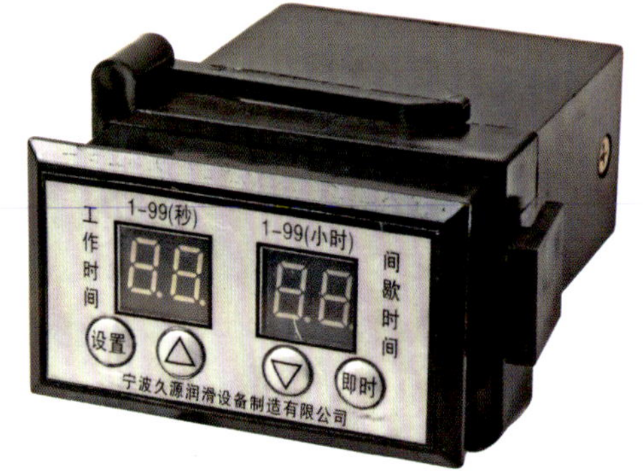

双时间控制器

四、WTZ自动系列递进式油脂定量润滑装置

WTZ自动系列递进式油脂定量润滑装置如图四所示：由WHZ型自动油脂润滑站或由DHZ电动油脂润滑站配外置WSW型微电脑润滑控制器、递进式定量分配器，压力检测元件，管接头、管线及管路附件等组成。

若装置配用SY型手动油脂泵则组成手动递进式油脂定量润滑装置。

WTZ系列自动递进式油脂定量润滑装置的工作由安装在润滑站内的WSN型微电脑控制器完成（控制器也可以安装在其它便于操作和观察的地方），每次供油时间（即供油量）和间歇停止时间可在控制器面板上任意设定。分配器可根据机器润滑点的数量组合配置，采用母子连接。对需油量要求多润滑点，通常将几个出油点合并供给来满足。若系统发现油泵供油压力不足，或某个润滑点不供油等故障控制器即自动报警并显示故障源。

本装置适用0#～2#润滑脂，使用环境温度：−25～55℃。主要配套应用在设计要求采用油脂润滑的机器设备，如上海国际高斯、无锡宝南等印机制造企业生产的报刊轮转胶印机操作面的润滑采用了公司生产的WTZ系列油脂润滑装置。

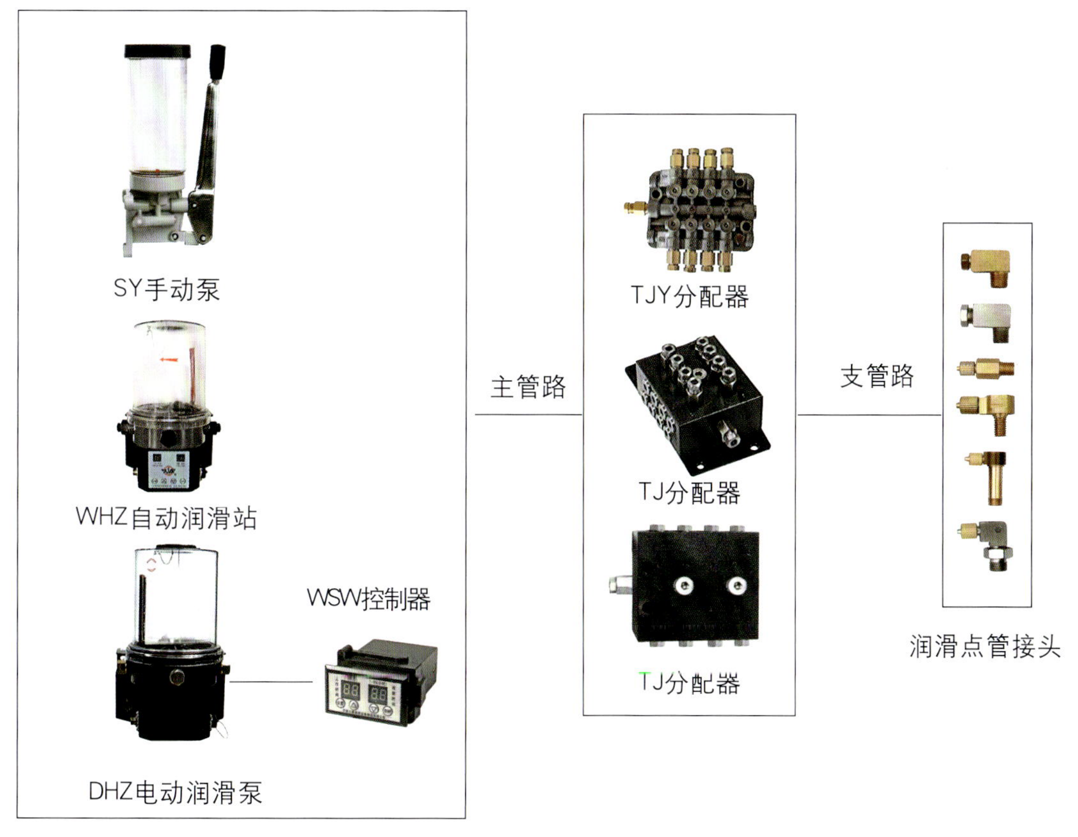

图四　WTZ自动系列递进式油脂定量润滑装置

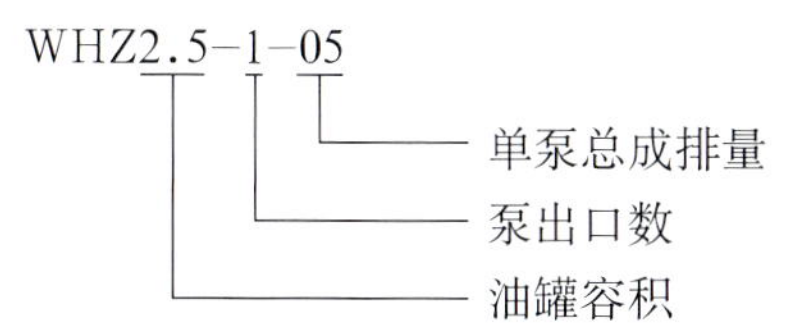

规格型号	泵出口数	油脂输出量 ml/min	调定压力 Mpa	电机参数		外形尺寸			
				电压V	功率W	L	B	H	安装孔距
WHZ2.5-1-05	1	5	12～20	DC24	50	225	213	326	185
WHZ2.5-2-05	2	10							
WHZ2.5-1-07	1	7							
WHZ2.5-2-07	2	14							
WHZ2.5-1-10	1	10							
WHZ2.5-2-10	2	20							

TJ型整体递进式分配器

型号编制说明

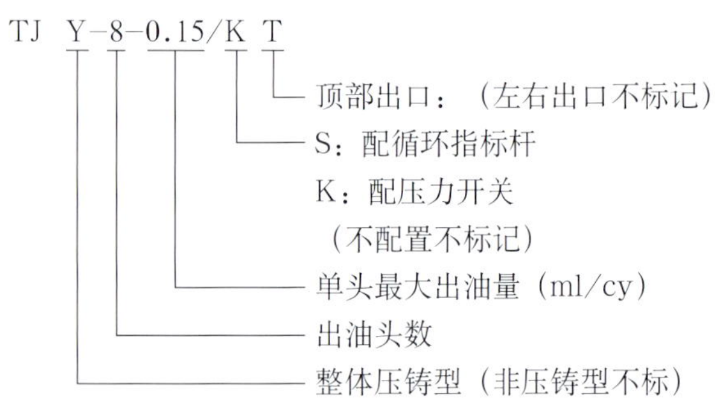

型号规格	出油头数	许允压力Mpa	启动压力Mpa	每头出油量ml/cy	进油口螺纹	出油口螺纹	外形尺寸	
							L	L1
TJY-6-□	6	31.5	≤0.8	0.15 0.20 0.25	M10×1 M12×1.25	M10×1	80	67
TJY-6-□/T								
TJY-8-□	8						95	82
TJY-8-□/T								
TJY-10-□	10						110	97
TJY-10-□/T								

型号规格	出油头数	许允压力Mpa	每头出油量ml/cy	进油口螺纹	出油口螺纹	外形尺寸mm		
						L	L1	L2
TJ-6-□	6	20	0.15 0.20 0.25	M10×1 或M12×1.25	M10×1	95	65	81
TJ-6-□/T								
TJ-8-□	8					110	80	96
TJ-8-□/T								
TJ-10-□	10					125	95	111
TJ-10-□/T								

五、LOX系列稀油循环冷却集中润滑装置

LOX系列稀油循环冷却集中润滑装置如图五所示：由贮油箱、供油泵、回油泵、节流阀组、滤油器、冷凝机组、电器控制系统、管路附件等组成。在润滑过程中实现油温自动控制。装置在工作中若出现贮油箱缺油、供油压力不足、滤油器堵塞等故障即自动检测报警。系统工作可靠性高。有效解决轮转机稀油润滑长期存在的油温过高导致润滑效果不良的问题，从而延长机器的使用寿命。

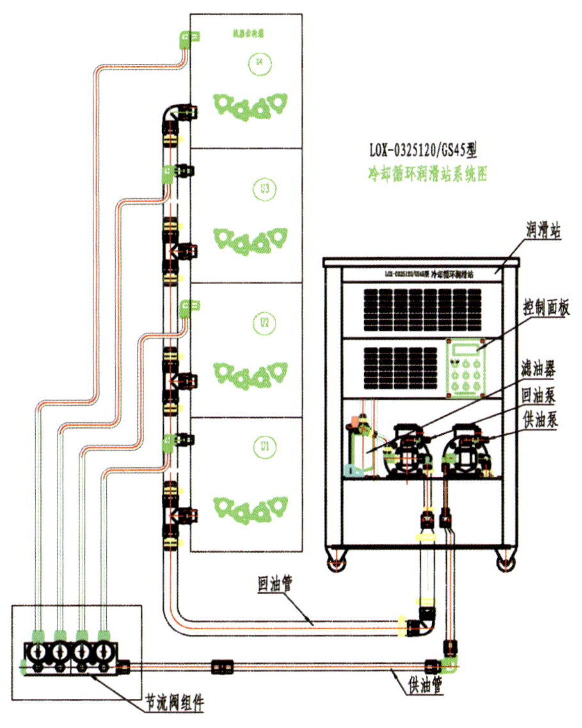

图五　LOX系列稀油循环冷却集中润滑装置

图六　LOX3P120循环冷却润滑站

LOX3P120循环冷却润滑站主要技术参数：

1. 供油泵额定压力：2.5MPa；　流量：25L/min；
2. 回油泵额定压力：1.0MPa；　流量：25L/min；
3. 油泵电机功率：1.5KW/380V；
4. 滤油器流量：45L/min；　过滤精度：≤15u；
5. 制冷机动率电压：3P/380V；
6. 油温自动控制范围：25～35℃；
7. 故障自动检测．显示．报警：
   a、邮箱缺油检测
   b、供油缺压检测
   c、滤油堵塞检测
   d、制冷故障检测

注：其它油箱容积、供油回油泵流量、制冷功率及润滑油分配等可根据用户要求设计制造。

六、PF系列单张纸胶印机气压式自动喷粉装置

PFG系列气压式自动喷粉装置如图七所示：主要由PFG箱式喷粉发生器总成、PK型喷粉杆总成、风泵、管线及电气控制元器件等组成。

MPFG系列气帘幕气压式自动喷粉装置如图八所示：主要由PFG箱式喷粉发生器总成、PKM型喷粉杆总成、风泵、管线及电气控制元器件等组成。

当机器需要喷粉时，自动开启风泵，风泵输出气源经电磁阀控制，进入喷粉发生器下部的气粉混和室内，带有一定压力的气流搅和并带动室内的粉剂从另一出口流出，到达分配调节器；经分调器各调节阀分配后，由管路送达各喷粉嘴，喷向印品表面。喷出粉流中含粉量的多、少，由安装在喷粉发生器粉杯盖进气通道中的含粉量调节阀来控制。转动调节阀，可改变进入混合室内的气流多、少，进入混和室气流越多，则带出的粉剂就越多，喷出气流中的含粉量也就越高。反之喷出气流中的含粉量就少。调节范围：由零到最大量。各喷粉嘴喷出粉流量的大小，则由分调器上对应旋钮控制。顺时针转动增加喷嘴喷出粉量，逆时针转动减少喷出粉量。

电磁阀安装在喷粉发生器进气通道中。当纸张前沿到达喷粉嘴时打开，纸张通过后关闭。喷粉应与纸张同步。电磁阀动作控制一般由主机PLC控制，也可以另配纸张幅面调节器来控制。以实现来一张印刷品，喷一次粉的要求。

MPFG型气帘幕气喷式自动喷粉装置与PFG型气喷式自动喷粉装置的主要不同特点是，在喷粉嘴喷出粉流量周边增设一道气帘幕，以阻止粉尘四处飞扬，污染环境，同时在实现防止印品蹭脏、粘连的功能前提下，可大幅减少喷粉耗量和印品表面的粉尘残留，有利于印品复膜。

本装置获多项国家专利，专利号：992574900。现已配套的印机制造厂家有：上海光华、上海紫明、江苏如皋、潍坊华光、辽宁大族冠华、河南新机等。

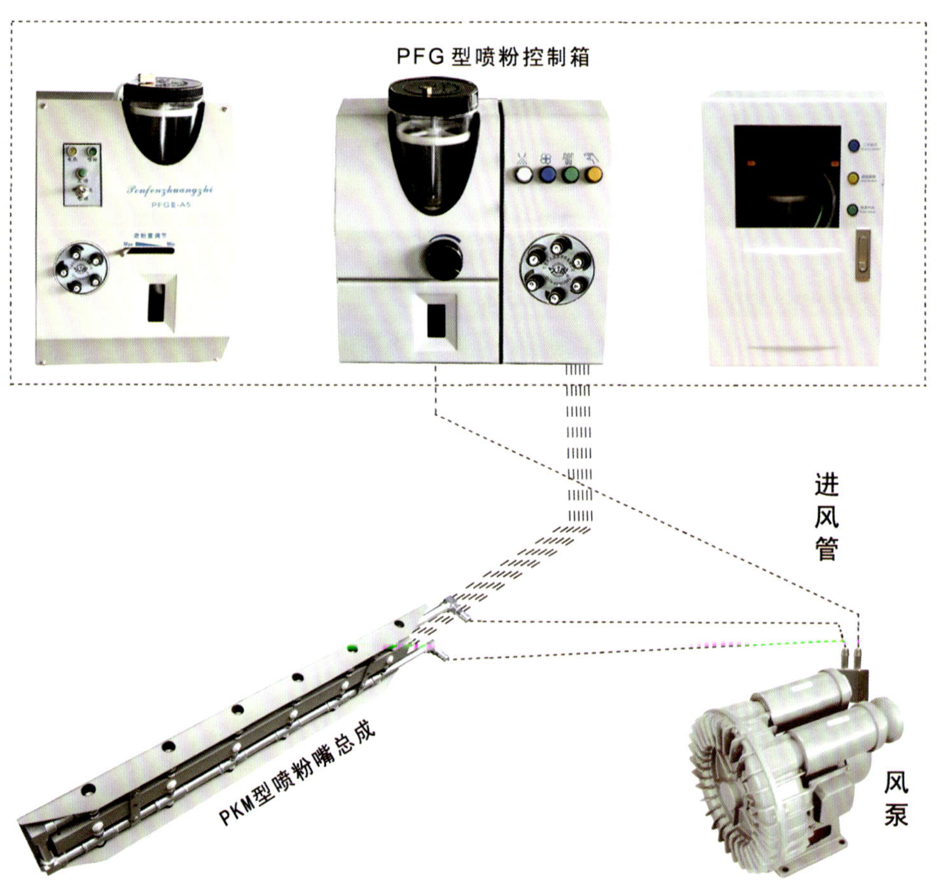

图七　PFG系列气压式自动喷粉装置

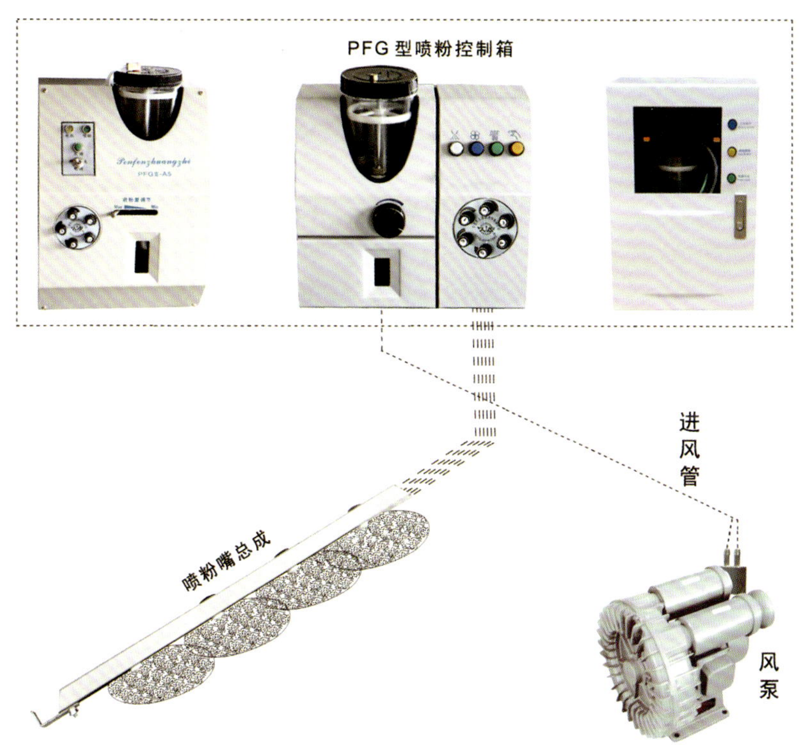

图八　MPFG系列气帘幕气喷式自动喷粉装置

PFG系列箱式喷粉器总成，现有PFGⅢ、PFGⅣ、PFGⅤ等不同箱型结构，可供用户选择配套。

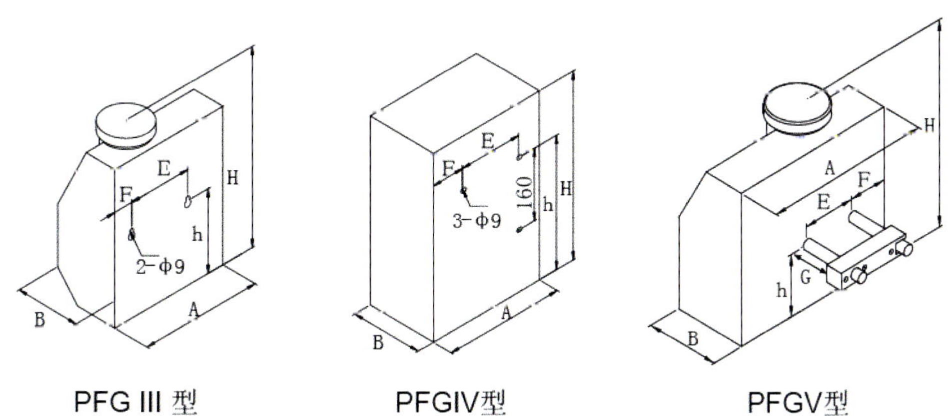

上图为PFG系列喷粉控制箱外型及安装示意图

<table>
<tr><th rowspan="2">型号规格</th><th colspan="3">外型尺寸</th><th colspan="3">安装尺寸</th><th rowspan="2">分调器</th><th rowspan="2">加粉罐</th><th rowspan="2">适用印机幅面</th></tr>
<tr><th>A</th><th>B</th><th>H</th><th>h</th><th>E</th><th>F</th></tr>
<tr><td>PFGⅢ-A04</td><td>235</td><td>140</td><td>310</td><td>170</td><td rowspan="4">145</td><td rowspan="2">39</td><td>PD-A04</td><td>PG07/170</td><td>520、650、660</td></tr>
<tr><td>PFGⅢ-A06</td><td>258</td><td rowspan="3">150</td><td rowspan="3">376</td><td rowspan="3">193</td><td>PD-A06</td><td rowspan="3">PG11/203</td><td>740、920</td></tr>
<tr><td>PFGⅢ-A08</td><td rowspan="2">273</td><td rowspan="2">44</td><td>PD-A08</td><td>1020、1040</td></tr>
<tr><td>PFGⅢ-A10</td><td>PD-A10</td><td>1400、1440</td></tr>
</table>

<table>
<tr><th rowspan="2">型号规格</th><th colspan="3">外型尺寸</th><th colspan="3">安装尺寸</th><th rowspan="2">出粉头（个）</th><th rowspan="2">加粉罐</th><th rowspan="2">适用印机幅面</th></tr>
<tr><th>A</th><th>B</th><th>H</th><th>h</th><th>E</th><th>F</th></tr>
<tr><td>PFGⅣ-A04</td><td rowspan="2">280</td><td rowspan="2">170</td><td rowspan="2">420</td><td rowspan="4">296</td><td rowspan="4">145</td><td rowspan="4">54</td><td>4</td><td>PG07/170</td><td>520、650、660</td></tr>
<tr><td>PFGⅣ-A06</td><td>6</td><td rowspan="3">PG11/203</td><td>740、920</td></tr>
<tr><td>PFGⅣ-A08</td><td>300</td><td rowspan="2">175</td><td rowspan="2">420</td><td>8</td><td>1020、1040</td></tr>
<tr><td>PFGⅣ-A10</td><td>320</td><td>10</td><td>1400、1440</td></tr>
</table>

<table>
<tr><th rowspan="2">型号规格</th><th colspan="3">外型尺寸</th><th colspan="4">安装尺寸</th><th rowspan="2">出粉头（个）</th><th rowspan="2">加粉罐</th><th rowspan="2">适用印机幅面</th></tr>
<tr><th>A</th><th>B</th><th>H</th><th>h</th><th>E</th><th>F</th><th>G</th></tr>
<tr><td>PFGⅤ–A04</td><td rowspan="2">298</td><td rowspan="2">130</td><td rowspan="2">290</td><td rowspan="4">104</td><td rowspan="4">95</td><td rowspan="4">66</td><td rowspan="4">70</td><td>4</td><td>PG07/170</td><td>520、650、660</td></tr>
<tr><td>PFGⅤ–A06</td><td>6</td><td rowspan="3">PG11/203</td><td>740、920</td></tr>
<tr><td>PFGⅤ–A08</td><td rowspan="2">305</td><td rowspan="2">130</td><td rowspan="2">310</td><td>8</td><td>1020、1040</td></tr>
<tr><td>PFGⅤ–A10</td><td>10</td><td>1400、1440</td></tr>
</table>

如图九所示：PFH型喷粉器总成由PG型伺服加粉罐、JD型电磁阀控制器、PS型喷粉发生器、PD型分配调节器等组成。由风泵提供的气源，经电磁阀、含粉量调节阀控制进入喷粉发生器的气粉混和室，与伺服加粉罐下落的粉剂充分搅和后进入分配调节器内，经调节分配后，由各出粉管输出到喷嘴喷向印品表面。输出粉流中粉剂含量的多、少及各出粉管输出粉流量的多、少均可单独调节。调整方法详见公司安装使用说明书。

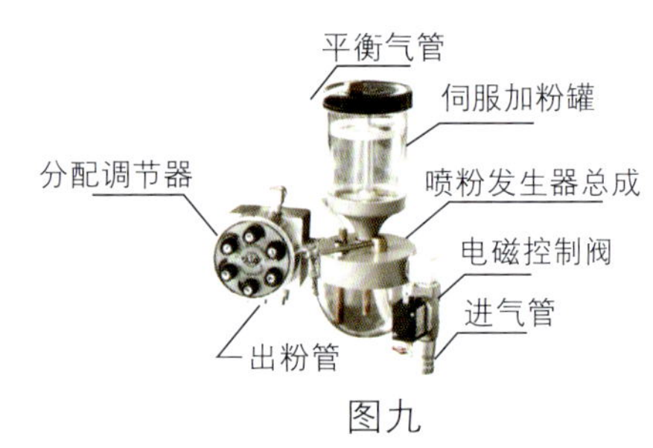

图九

如图十所示：PT型纸张幅面调节器的工作原理：调节器的固定圈固定在滚筒轴端。松开锁紧帽，转动调节圈改变接近开关的导通周长。由接近开关输出控制信号，经继电器控制电磁阀的开、闭时间，使之与印品纵向长度一致，并达到与纸张同步要求。（调节方法详见公司使用说明书）。

图十

如图十一所示：PKM型气帘幕组合喷粉嘴总成。是为克服气喷式喷粉装置易产生粉尘飞扬的不足，公司特研制成功的最新产品。它在喷粉嘴的外围增设一道气帘幕，将喷出的粉流挡隔在气帘幕墙内。对阻止粉尘飞扬、提高粉剂利用率、减少环境污染起到极有效的作用。由PKM型喷粉嘴总成配套PFG型、PFH型喷粉装置，经用户使用反映良好。

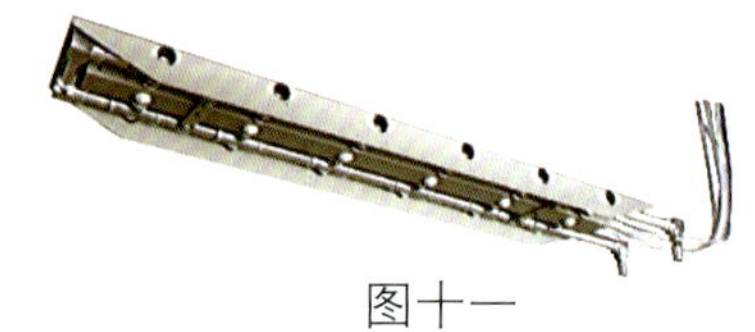
图十一

如图十二所示：由于喷粉装置对气源低气压、大流量、低噪声的要求，本公司生产的PF系列自动喷粉装置中配置了如图所示的XH型漩涡式风泵。

图十二

七、胶印机墨辊与滚筒表面快速清洗装置

1. YGX系列胶印机墨辊双水清洗装置　　发明专利号：ZL200910101483.3

YGX系列墨辊双水自动清洗装置，是公司自行开发设计、研制成功的新产品。该装置获得国家发明专利，旨在取代当前国产胶印机用人工用擦布洗车水边点动机器边擦洗墨辊的落后工艺。

YGX型胶印机墨辊双水清洗装置如图十三所示：由YXZ型墨辊双水清洗站、XMG型墨辊清洗喷液器（每个色组配置一个）及管路等组成，可配套应用在任何印刷幅面的胶印机。装置工作由主机PLC自动控制，每当墨辊需要清洗时，由操作人员在主机控制触屏上输入需清洗对象（可以是某一组或n组或全部的墨辊），按清洗键后，即全自动完成清洗液清洗墨辊表面的油污，清水清洗墨辊上残留的清洗液全过程，全部墨辊一次清洗用时仅需二分钟左右。清洗效率和效果比人工擦洗高出十几倍。 在清洗过程中如出现缺清洗液或供液压力不足，工作气压不足等故障时，即报警显示故障源，真正实现自动、快速、高效、节能、环保的效果。

本装置经营口冠华，新乡印机，上海光华，景德镇中景，上海紫明，上海中天等印机厂配套应用，印刷厂用户普遍反映良好。 装置的功能及性能完全达到当前国际同类产品的先进水平，而价格大大低于同类进口设备，性价比极高。

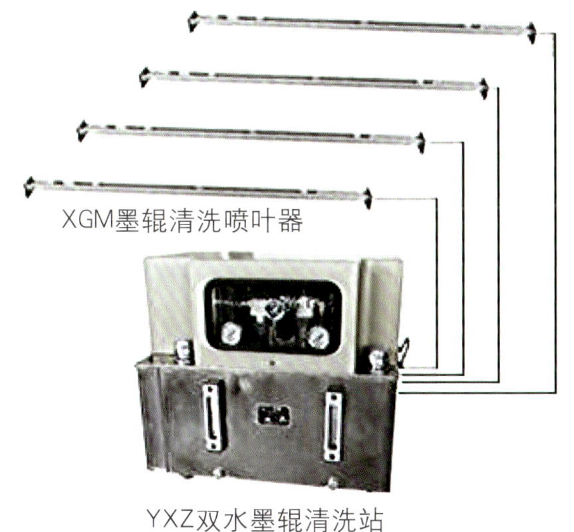

图十三

YXZ型墨辊双水清洗站技术参数：
工作电压：DC24V
供液压力：0.4～0.6Mpa
供水压力：0.4～0.6Mpa
工作气压：0.4～0.6Mpa
清水箱容积：10L
清水一次供液量：240ml
洗车水箱容积：10L
洗车水一次供液量：240ml
外形尺寸：长度505x宽度345x高度438
XMG型墨辊清洗喷液器技术参数：
外形尺寸：长度根据印刷幅面定制
宽度:33
高度:52
安装方式：根据不同机型定制

2. YDX系列胶印机滚筒快速清洗装置

YDX胶印机滚筒快速清洗装置是本公司最新研发成功，具有自主知识产权国内首创，国际领先的新产品。 这套装置已获得多项专利：

国家发明专利：“一种卷布机构及安装有该卷布机构的胶印机滚筒清洗器”，专利号ZL201010108096.5；
国家发明专利：“一种胶印机滚筒表面的清洗方法”，专利号：ZL201010129930.9；
新型实用专利：“一种胶印机滚筒清洗器安装机构”，专利号： ZL201020110041.3；
新型实用专利：“一种胶印机滚筒清洗器清洗压紧机构”，专利号：ZL201020050237.8。

YDX型胶印机滚筒快速清洗装置如图十四所示，主要由YSK双水自动供液控制装置和n个YWQ胶印机滚筒快速清洗器（每一色组配置一个）及管线附件等构成。专门配套应用在胶印机上，用以替代国产胶印机人工擦洗橡皮滚筒和压印滚筒的落后方法。该装置采用PLC触摸屏自动控制，智能化程度高，操作人员可根据使用情况任意选择不同的清洗对象（即胶印机中的某一个或几个或全部色组的橡皮滚筒或压印滚筒），根据被清洗对象的污染程度选择清洗强度，一键（确认键）敲定，全自动完成洗车水清洗油墨污物、清水清洗残留的洗车水的全过程，并实现清洗液供给量，清洗布的消耗量和清洗

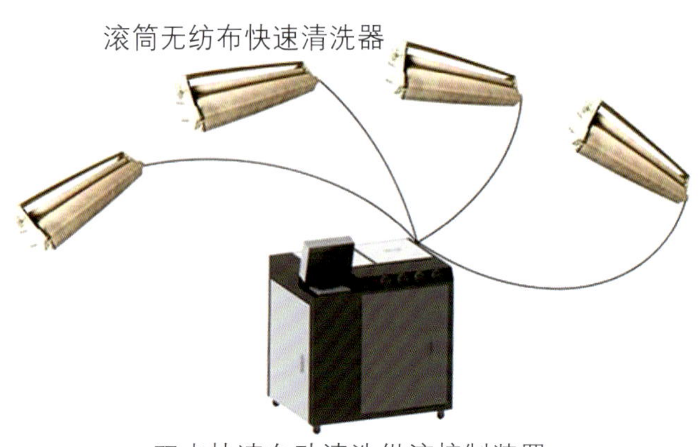

图十四　YDX胶印机滚筒快速清洗装置

时间的最佳值，高速、高效地完成清洗工作。全部滚筒一次清洗仅需2～3分钟，清洗效率和效果远高于人工擦洗，自动化程度达到国际同类产品同等水平，而价格仅为其1/2～1/3，性价比极高。

装置还具有故障实时在线动态监测功能，在清洗过程中，一旦系统出现缺液、缺布、压力不足等故障时，该装置会发出声光报警，同时触摸屏显示故障源以及故障排除方法，方便操作人员及时快速的处理故障。

本装置的PLC操作系统由公司与北京印刷学院联合开发，具有极其良好的先进性，可靠性，稳定性。全部技术指标完全达到国际同类产品的先进水平，对提高国产胶印机的自动化水平具有极大的推动意义。

YSK双水自动供液控制装置技术参数：
工作电压：DC24V
触摸屏尺寸：7”
气缸工作压力：0.4～0.6Mpa
清水箱容积：18L
清水一次供液量：785ml
洗车水箱容积：20L
洗车水一次供液量：785ml
外形尺寸：长820×宽600×高810

YWQ胶印机滚筒快速清洗器技术参数：
外形尺寸：长度：印刷幅宽+160
宽度：223
高度：120
清洁布最大外径：Φ60
每次卷布量：5～6
缺布报警提前量：40～50cm
气缸工作压力：0.4～0.6Mpa

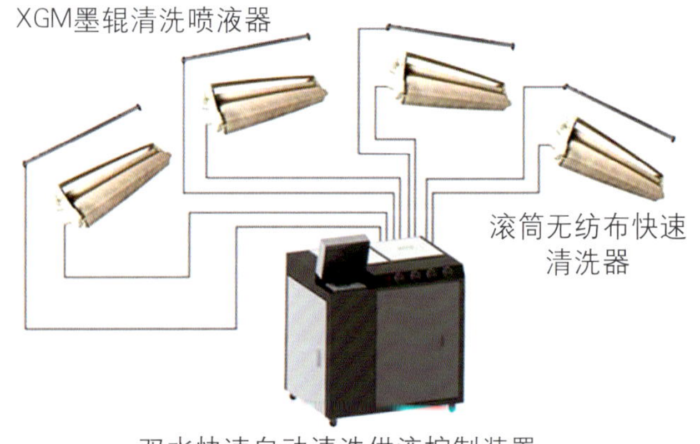

图十五　YDGX胶印机滚筒快速清洗装置

3. YDGX系列胶印机墨辊和滚筒表面快速清洗装置

YDGX系列胶印机墨辊和滚筒表面快速清洗装置是公司在研发胶印机墨辊快速自动清洗和滚筒自动快速清洗先进技术产品的基础上，推出又一快速自动清洗新产品。它是将YGX墨辊快速清洗装置和YDX胶印机滚筒快速清洗装置的全部功能集合为一体，共用一套洗车水（清洗液）和清水供液系统和PLC控制操作系统。可配套应用在任何印刷幅面的胶印机上，实现墨辊和滚筒表面快速自动清洗。其清洗功能控制系统与YDX型胶印机滚筒快速清洗装置PLC控制系统一样，整体设计结构更合理紧凑，性价比更高。

装置结构如图十五所示：由YSK双水自动供液控制装置和n个YWQ胶印机滚筒快速清洗器和n个XMG型墨辊清洗喷液器（每一色组配置一个清洗器和一个喷液器）及管线附件等构成。YSK双水自动供液控制装置、YWQ胶印机滚筒快速清洗器和XMG型墨辊清洗喷液器的主要技术指标如上所述。

上海宝都机电科技有限公司

上海宝都机电科技有限公司是从上海印刷包装机械总公司及上海市轻工机械技术研究所中改制出来的企业。

该公司从事机电设备（印刷机械、轻工机械）及印刷机械配套产品“酒精润版液循环冷却机”等产品的生产，销售。同时还进行单螺杆泵、工具、量刃具的生产和销售，公司业务由三大板块组成：

一、常规产品的经营和销售

1. 印刷机械及配套设备和配件的销售；

2. 销售各类著名品牌的常规刀具，工量具等。

二、产品的开发与销售

1. 酒精润版液循环冷却机(印刷机配套设备——冷水箱)；

2. 单螺杆泵；

3. 特殊刀具（非标）的生产和销售。

三、 技术服务

1. 金属切屑刀具技术的开发与服务；

2. 非标设备的开发、设计、改造；

3. 印刷包装机械、轻工机械设备的成套服务。

公司在生产经营、产品销售、技术服务的过程中坚持当好配角，做好助手，为用户提供优质的产品、正宗的品牌产品。

公司坚持“守信、负责、认真、和谐”的宗旨,做一个受用户信任的合作伙伴。

地址：上海市海门路470号
邮编：200082
电话：021-66532732
手机：13916502205
传真：021-65373381
邮箱：sppmc_w@126.com

酒精润版液冷却循环机（俗称：冷水箱）

1．全自动（电脑型）

酒精润版液全自动冷却循环机（系列）

型号：RLX-100

制冷效果好，8℃～12℃，高温季节可以放心使用。

电脑控制水箱内混合配比值，电脑自动跟踪检测，全自动补液。

水箱容积100升，使用中无泡沫（不用消泡剂），运行稳定，自动补液精确可靠。可配用于各类高档多色胶印机、轮转机，包括进口机型。

型号：RLX-100

2．半自动（普通型）

酒精润版液全自动冷却循环机（系列）

型号：RLX70

制冷效果好，8℃～12℃ 只要平时注意
酒精自动补充，润版液手工补充。
水箱容积70升。
结构新颖，敞开式设计，便于清洗。
使用中无泡沫，无需消泡剂。

型号：RLX70

大型和超大型（订制）

大于300升的酒精润版液全自动（电脑测控）冷却循环机，根据用户的要求专项订制。同样可以满足用户的使用要求：

冷量保证、全自动补液、补水、补酒精，使用中不产生泡沫。工作稳定，操作方便。

产品介绍

机别	机型	制冷量 W	水箱容积	温度上下限	印刷幅面 mm	适用机型	备 注
润版机	RLX70普通型	2500W	70L	8～12℃	1040×2	对开双色	自动加酒精，手动加润版液
润版机	RLX70电脑型	2500W	70L	8～12℃	520×4	轮转4色	PLC控制：水、酒精、润版液比值自动检测、自动补充
润版机	RLX70–2普通型	5000W	70L	8～12℃	520×6	轮转6色	自动加酒精，手动加润版液
润版机	RLX70–2电脑型	5000W	70L	8～12℃	520×6	轮转6色	PLC控制：水、酒精、润版液比值自动检测、自动补充
润版机	RLX100普通型	7500W	100L	8～12℃	1040×4	对开4色	自动加酒精，手动加润版液
润版机	RLX100电脑型	7500W	100L	8～12℃	1020×4	对开4色	PLC控制：水、酒精、润版液比值自动检测、自动补充
					520×8	轮转8色	PLC控制：水、酒精、润版液比值自动检测、自动补充
润版机	RLX150普通型	10000W	150L	8～12℃	1040×6	对开6色	自动加酒精，手动加润版液
润版机	RLX150电脑型	10000W	150L	8～12℃	520×12	轮转12色	PLC控制：水、酒精、润版液比值自动检测、自动补充

备注：

1. 电脑型机器具有跟踪检测水箱酒精润版液的比值并自动进行补液调整。
2. 普通型润版机同样保证其冷量在高温季节稳定工作，只是水箱中的润版液比值是靠操作者来控制，不具有检测控制的功能。
3. 普通型润版机使用中同样不产生累积泡沫，同时设计为敞开式结构，清洗方便，用户满意。
4. 如有特殊要求公司可以定制。
5. 其他产品包括冷水机、螺杆泵等欢迎前来洽谈。

江苏爱吉科纺织机械有限公司

江苏爱吉科纺织机械有限公司（原如皋市纺织机械厂），创建于1955年，公司地处中国大陆首批对外城市之一如皋市丁埝镇。古镇丁埝风景秀丽，人杰地灵，204国道、通盐高速、317省道、新长铁路在镇区周边交汇，与沪、苏、锡地区仅有一江之隔。江阴大桥、苏通大桥使天堑变成了通途。具有独特的人文或地域优势的爱吉科公司在近五十年的历程中不断地发展壮大。

1988年爱吉科公司开始自主研发生产单张纸输纸机，首批01、05机配套与昌昇集团胶印机。后期随着印机行业的飞速发展，输纸机也相应从低速、中速系列发展至高速系列。

公司成为行业标准和国家标准《单张纸输纸机》的参加起草单位

公司质量管理体系顺利通过ISO9001国际认证

地址：江苏省如皋市丁埝镇丁新路138号

邮编：226521

电话：0513-88561026

传真：0513-88561108

网址：www.ajq.cn

产品介绍

输纸机

本系列单张纸输纸机，适用于中高速的自动输纸工作，是胶印机的辅助设备。其功能是自动、准确、平稳地将待印的纸张按印机运转规律自动地送到印机的前规或印刷装置。使用方便，对厚薄纸均能输送平稳、准确可靠。

输纸辊采用传纸辊与皮带辊分开传动，对纸张优劣适应性强。

升纸量采用时间控制器，可根据不同纸张厚度调节升纸量，精确可靠。

CSS双面印系列技术参数：

产品型号	最大纸张幅面	纸张适应范围（g/m²）	输纸步距	输纸板角度（α）	输纸板接口尺寸		传动形式	旋转方向（向主机）	堆纸高度	外形尺寸（长×宽×高）	最高速度
					X	Y					
CSS1040	1040×720	40—450	248	13	660	1634	万向节	逆	1600	1877×1655×2215	11000
CSS920	920×650	40—450	248	13	660	1634	万向节	逆	1600	1787×1550×2215	11000

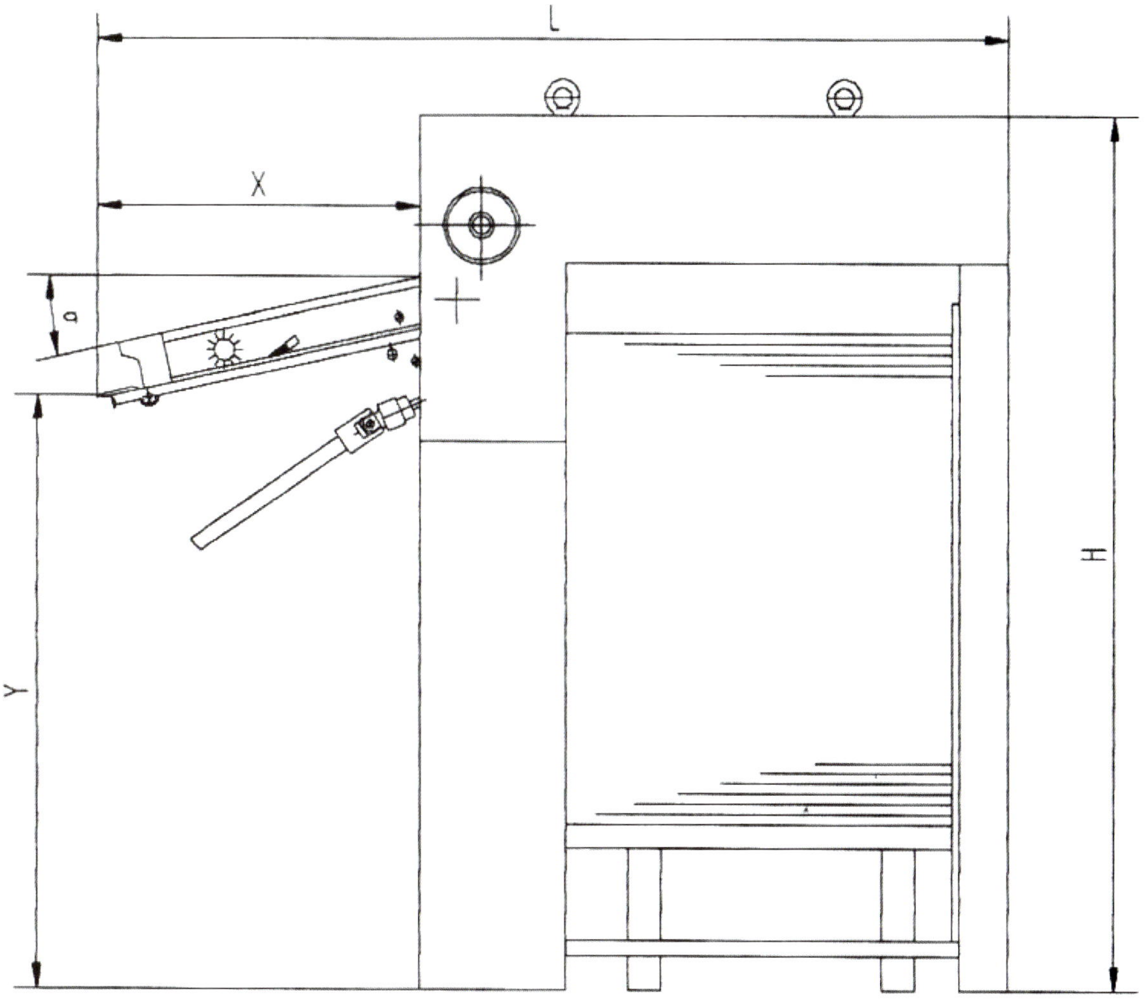

YP双面印系列技术参数：

产品型号	最大纸张幅面	纸张适应范围(g/m²)	输纸步距	输纸板角度（α）	输纸板接口尺寸		传动形式	旋转方向(向主机)	堆纸高度	外形尺寸（长×宽×高）	最高速度
					X	Y					
SA1E301	920×650	40—450	248	13	660	1120	万向节	逆	1000	1787×1550×1693.5	10000
SA1E303	920×650	30—450	245	12—13	660	1191	万向节	逆	1200	1787×1550×1763.5	10000
SB1E304	1040×740	60—450	245	12~13	660	1121	万向节	逆	1000	1877×1655×1693.5	10000
SB0E305	1440×1020	100—400	245	12~13	940	1104	万向节	逆	1000	2470×2260×1740	6000
SB1E306	1040×740	40—450	245	12~13	660	1191	万向节	逆	1200	1877×1655×1763.5	10000

输纸头

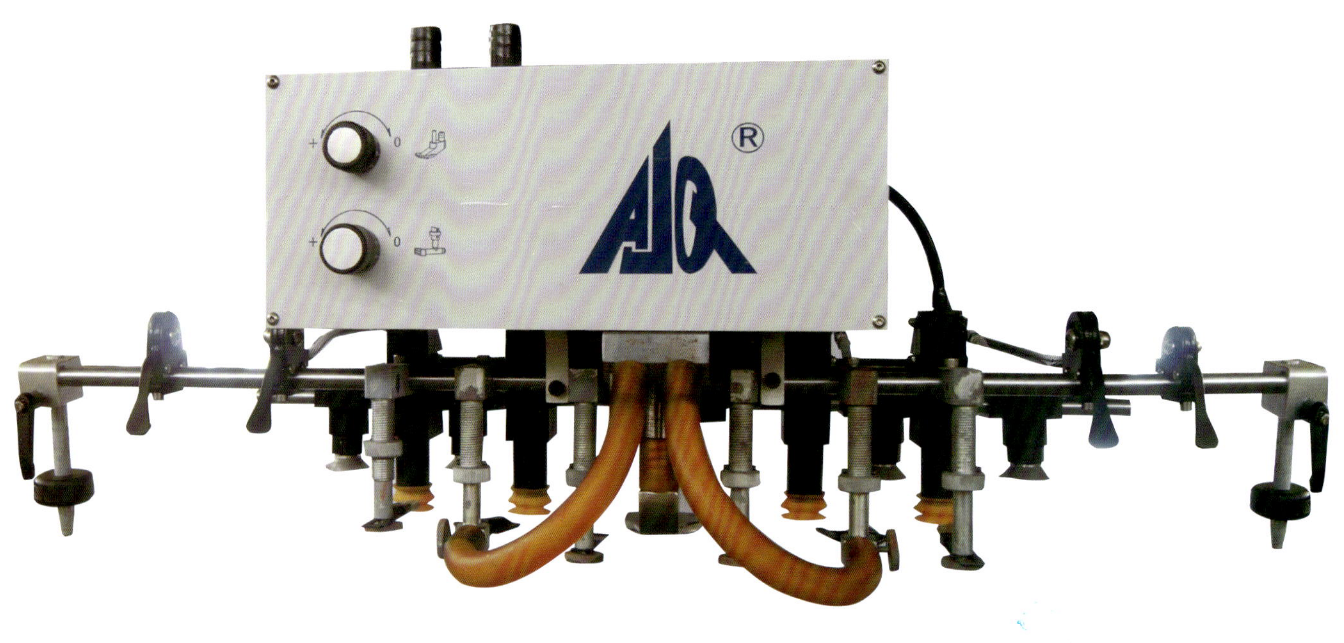

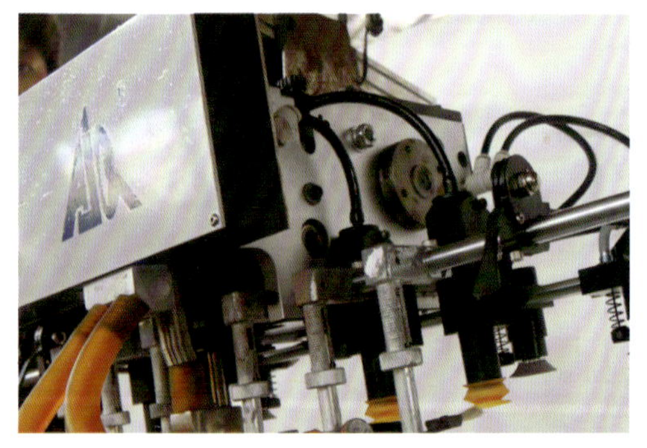

PK100输纸机头结构特点

独特的气压补偿分纸吸嘴，采用非凸轮机构，高速运转时无震动，输出平稳、噪音小。适合各种纸张分离、输送。

递纸运动采用带滚子保持器的超高刚性滚子导轨，实现低摩擦、平滑运动，可长期免维护。

技术参数：

分纸吸嘴行程：	30mm
递纸行程：	60mm
送纸方式：	两提四送
旋转方向：	顺、逆（可选）
传动方向：	右边传动
最高输纸速度：	12000P/h
最大纸张幅面：	1040mm×720mm

镇江斯伊格机械有限公司

镇江斯伊格机械有限公司的前身——镇江里其乐机械有限公司，系由德国里其乐公司和镇江印刷机械厂共同投资建成的合资企业。

镇江斯伊格机械有限公司实力雄厚、技术先进、管理规范、员工素质高。先进的加工手段、多年气泵生产积累的经验、先进的管理模式、一批掌握全新知识的科技和管理人才保证了公司产品质量和市场领先地位。公司现具备年产2万台6大类20个系列近百种规格的气泵生产能力，为印刷、包装、电子、纺织、陶瓷、环保、粮食加工、卷烟等行业提供真空、压力气源，其产品产量、质量、品种、市场占有率均居全国同行业前列。公司一贯注重质量第一、服务为先的思想，遍布中国的30余个经销服务网点将随时为我们的客户提供优质、快捷的服务。

镇江斯伊格机械有限公司继承和发扬“顺风”品牌的优势，引进高质、高效的管理模式，并致力于气泵新品的开发。新企业以更灵活的经营手段、更高的产品质量、更新的产品、更完善的服务与广大新老客户携手奋进，共同为中国现代工业的发展做出贡献。

地址：江苏省镇江市丹徒区三山镇辛三路9号

电话：0511-85116318

400服务热线：400 068 0807

传真：0511-85116308

邮编：212143

网址：www.zj-sieg.com

邮箱：info@zj-sieg .com

产品介绍

ZYB…A系列油润滑真空压力复合气泵

ZYB…A系列气泵能同时使用真空吸气和排送压缩空气，具有噪声小、温升低、寿命长等特点，广泛应用于印刷、包装、印铁、卷烟、除尘、陶瓷、灯具及粮食加工等行业。

性能曲线图流量

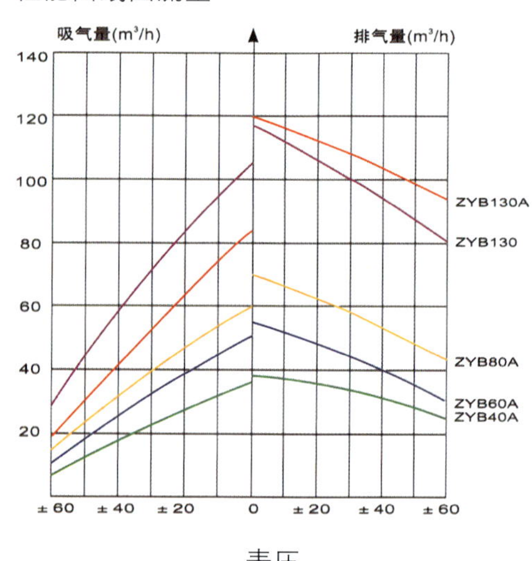

表压

技术规格

项目 Item	单位 Unit	ZYB 40A	ZYB 60A	ZYB 80A	ZYB 130A	ZYB 130
流量 Capacity	m^3/h	40	60	80	130	130
额定排气压力 Rated pressure	kpa	60	60	60	60	60
额定吸气真空 Rated vacuum	kpa	−60	−60	−60	−60	−60
额定补气真空 Supplement vacuum	kpa	−20	−20	−20	−35	
电机功率 Motor rating	kw	1.5	2.2	3.0	5.5	5.5
电机转速 Motor speed	r/min	1400	1420	1420	1440	1440
噪声 Noise level	dB(A)	77	77	80	85	82
联接管外径 Dia.of connecting pipe	mm	ϕ27	ϕ27	ϕ34	ϕ27 ϕ42 ϕ48	ϕ42
重量 weight	kg	95	115	130	210	210
外形尺寸（长×宽×高） Overall dimensions	mm	865×328×340	910×373×380	970×373×380	1213×407×430	1213×407×430

ZYBW...F型无油真空、压力复合气泵

ZYBW…F型气泵是ZYBW…B型气泵的更新换代产品，其噪音温升明显降低，三用泵可在吸气真空≥－60kPa，补气真空≥－20kPa，排气压力≤－60kPa的条件下同时使用吸气、补气和排气；两用泵在±60kPa压力下可同时使用吸气和排气（无中间补气管及调节阀），故广泛应用于印刷、包装、印铁、卷烟、电子陶瓷等气力输送机械以及除尘、灯具、粮食加工等行业。

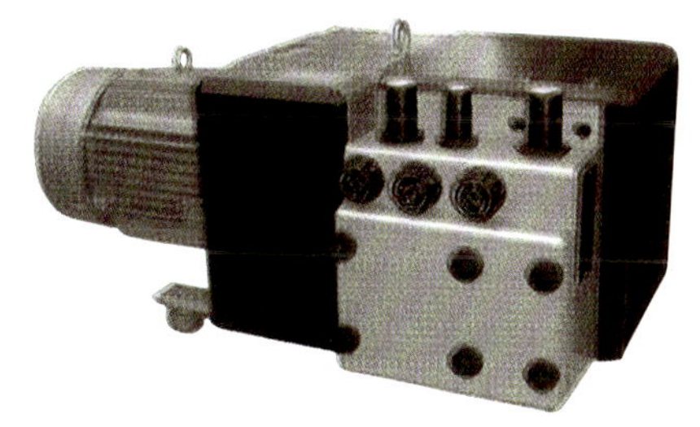
ZYBW…F型三用泵

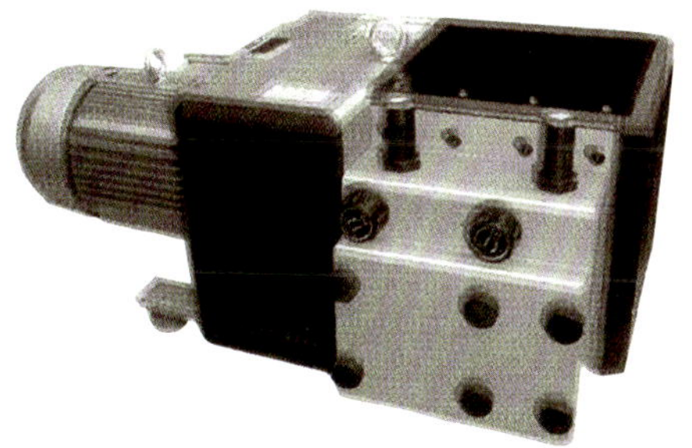
ZYBW…F型两用泵

技术规格

项目 Item	单位 Unit	ZYBW 60F	ZYBW 80F	ZYBW 100F	ZYBW 140F
流量 Capacity	m^3/h	60	80	100	140
额定排气压力 Rated pressure	kpa	60	60	60	60
额定吸气真空 Rated vacuum	kpa	−60	−60	−60	−60
额定补气真空 Supplement vacuum	kpa	−20	−30	−30	−30
电机功率 Motor rating	kw	3.0	4.0	5.5	7.5
电机转速 Motor speed	r/min	1420	1420	1420	1440
噪声 Noise level	dB(A)	76	77	79	82
泵体升温 Temperaturerise	℃	70	70		
联接管外径 Dia.of connecting pipe	mm	M27×2 M20×1.5 M27×2	M33×2 M27×2 M33×2	ϕ34	G3/4 G11/2 G11/4
重量 weight	kg	84	94	116	133
外形尺寸（长×宽×高） Overall dimensions	mm	788×405×350	808×405×350	965×405×350	1031×405×350

XP系列旋涡气泵

XP系列旋涡气泵采用国际先进结构设计制造，具有性能更高，噪声更低，寿命长，免维护等特点，是提供吸气或排气更理想的气源设备，广泛应用于印刷、纺织、气体传送、吸尘、液体搅拌、污水处理、水产养殖等行业。

型号Yype			XP90	XP130		XP180		XP220	
流量（吸/排）Capacity(m^3/h)		50HZ	80/85	120/130		162/175		200/220	
		60HZ							
真空工况 V	极限压力 Pressure(kPa)	50HZ	-15	-18		-25		-28	
		60HZ							
	功率 Power(kW)	50HZ	0.55	0.75		1.5		2.2	
		60HZ							
压力工况 P	极限压力 Pressure(kPa)	50HZ	17	19	23	26	30	30	35
		60HZ							
	功率 Power(kW)	50HZ	0.55	0.75	1.1	1.5	2.2	2.2	3
		60HZ							
转速 Speed(min^{-1})		50HZ							
		60HZ							
噪声 Noise level dB(A)		50HZ	62	62	63	65	66	68	70
		60HZ							
重量 Weight(kg)		三相	18.5	26.5	30	35	39.5	44	50
		单相							

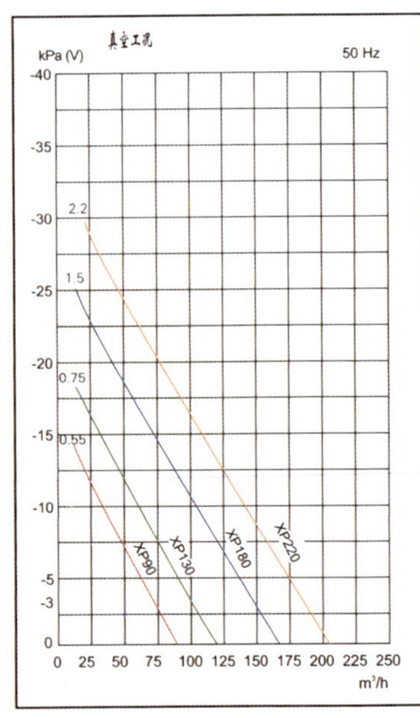

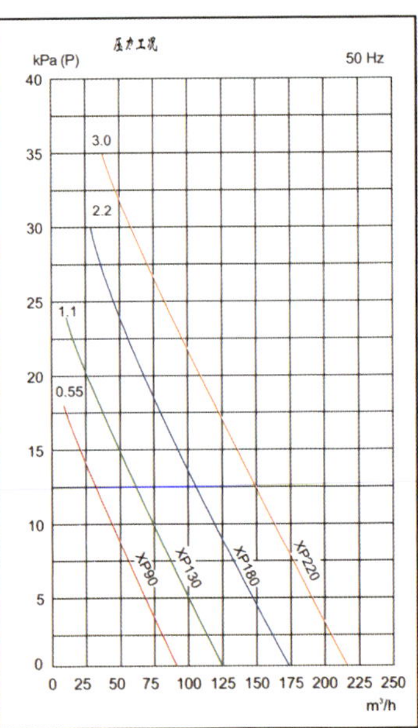

XP

XPD

注：产品技术参数、特性曲线仅供参考，若有变动，恕不另行通知

CLFT…DV系列无油真空压力复合气泵

CLFT…DV型气泵采用德国引进的技术、标准生产，具有维修方便、排除气体纯净无油等特点，广泛应用于印刷、包装、卷烟、陶瓷、灯具等行业。

ZYBW…B系列无油真空压力复合泵

ZYBW…B型气泵能同时使用真空吸气和排送压缩空气，具有维修方便、排除气体纯净无油等特点，广泛应用于印刷、包装、卷烟、陶瓷、灯具等行业。

性能曲线图流量

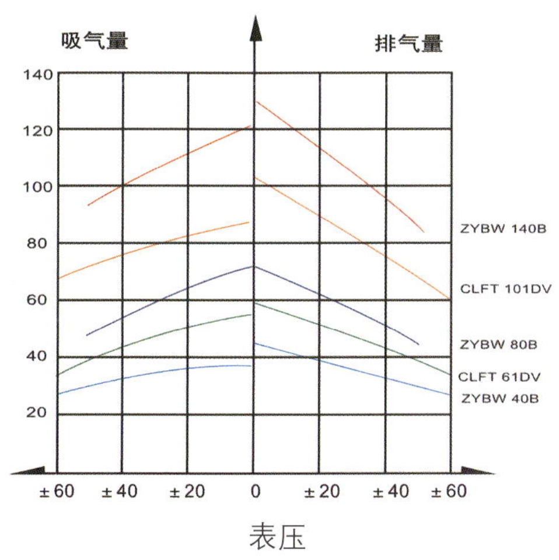

表压

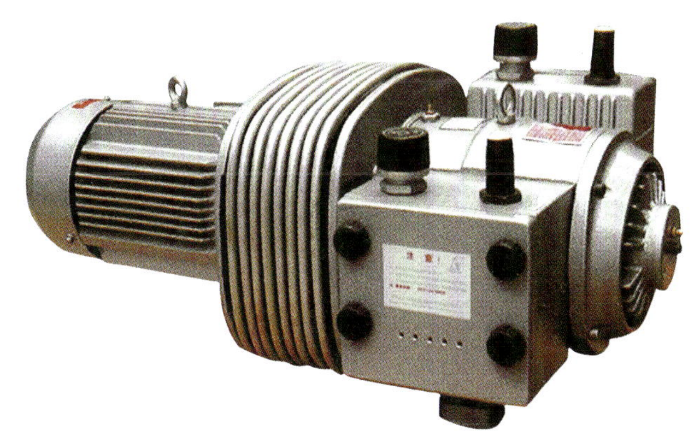

CLFT…DV系列无油真空压力复合气泵

ZYBW…B系列无油真空压力复合泵

技术规格

项目 Item	单位 Unit	ZYBW 40B	CLFT 61DV		ZYBW 80B	CLFT 101DV	ZYBW 140B
流量 Capacity	m³/h	40	60		80	100	140
额定排气压力 Rated pressure	kpa	50	60		60	60	60
额定吸气真空 Rated vacuum	kpa	-50	-60		-60	-60	-60
电机功率 Motor rating	kw	1.5	3		4	5.5	5.5
电机转速 Motor speed	r/min	1400	1430		1430	1440	1440
噪声 Noise level	dB(A)	80	80		82	84	85
泵体升温 Temperaturerise	℃	65	70		75	84	100
连接管外径 Dia.of connecting pipe	mm	27	27		34	42	42
重量 weight	kg	65	80	83	108	160	160
外形尺寸（长×宽×高） Overall dimensions	mm	737×418×295	760×418×325		790×430×355	920×487×372	945×487×372

TPL系列气泵（TPL…DV复合泵/TPL…V真空泵/TPL…D压力泵）

TPL…DV复合泵可在±40kPa条件下同时使用吸气和排气，TPL…D压力泵适用于将标准湿度的空气排至100kPa之压力，TPL…V真空泵适用于将标准湿度的空气抽至-90kPa之真空，这三种气泵均排气纯净而不污染环境，是现代包装机械、印刷机械等优选的配套辅机。

性能曲线图流量

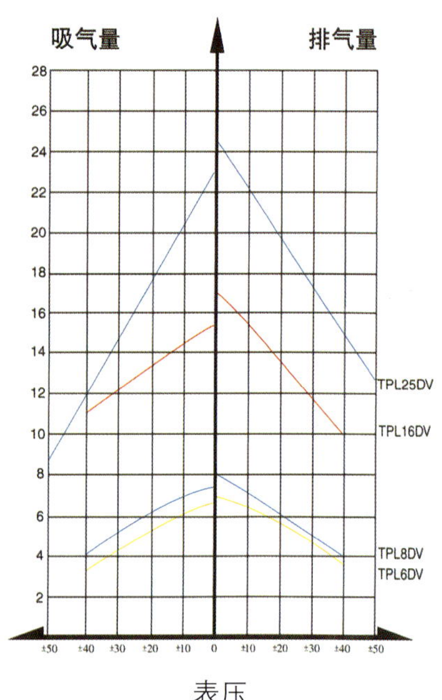

表压

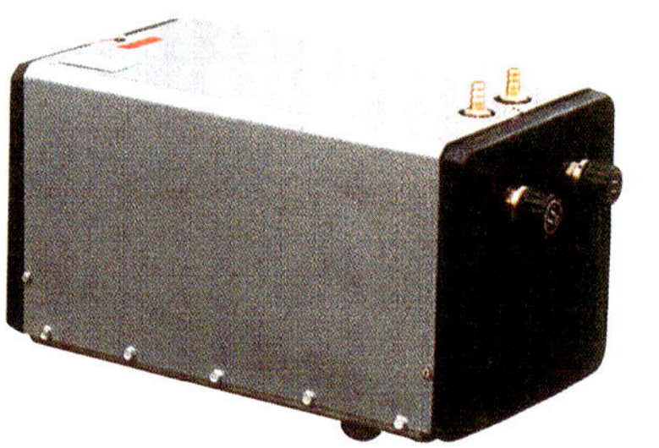

TPL25/40DV

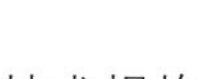

技术规格

项目 Item	TPL 6DV	TPL 6V	TPL 6D	TPL 8DV	TPL 8V	TPL 8D	TPL 16DV	TPL 16V	TPL 16D	TPL 25DV	TPL 40DV
流量 Capacity (m^3/h)	6			8			16			25	40
额定真空 Rated vacuum (kPa)	−40	−90		−40	−90		−40	−90		−50	−50
额定压力 Rated pressure (kPa)	40		100	40		100	40		100	50	50
转速 Motor speed (r/min)	1400									1400	1400
电机功率 Motor rating (kW)	0.25						0.55			1.1	1.5
吸排气风管外径 Dia. of conenecting pipe (mm)	13									14	
重量 weight (kg)	15						20			50	
外形尺寸 (A×B×H) Overall dimensions (mm)	355×160×190						400×180×220			550×300×340	

TPL6/8/16DV

TPL6/8/16V

威迪(南通)机械有限公司

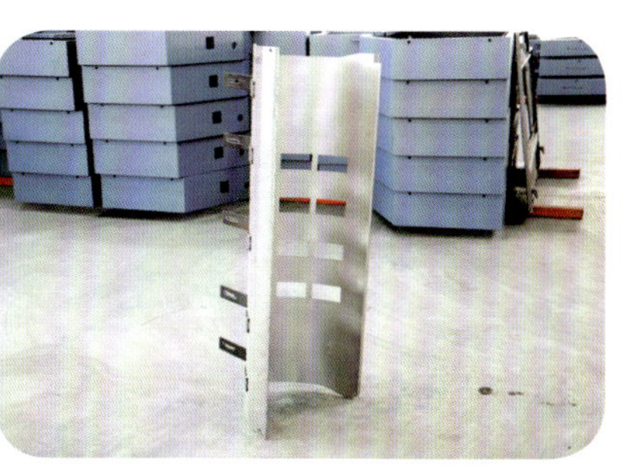

威迪(南通)机械有限公司是一家专业从事钣金加工的生产制造企业，中国印刷及设备器材工业协会成员单位。公司座落在与上海隔江相望．素有江海门户之称的国家卫生城市海门市市区，去上海虹桥、浦东国际机场只需2小时，去南通机场只需三十分钟，沿海高速公路通往全国各地，区位优越，交通便捷。公司占地面积20亩，厂房面积6000多平方米，注册资金300万美元。公司拥有先进的生产设备和雄厚的技术力量，利用专业CAD和CAM和用户共同开发和改进各类印刷机护罩。公司配备瑞士百超激光切割机、日本AMADA数控冲床、数控折弯机床等主要钣金设备，主要为北人印刷机械股份有限公司、上海光华印刷机械有限公司、江西中景集团、江苏昌昇集团、浙江篮宝机械有限公司等单位的钣金零件、护罩及电柜配套。

地址：江苏省海门市定海路899号

邮编：226100

电话：0513-82198388　82191311

传真：0513-82191599　82320518

邮箱：djjxc@yahoo.com.cn

主要设备

瑞士百超BYJIN4020万能激光切割系统

加工范围：碳　钢：25mm以下
　　　　　不锈钢：20mm以下
　　　　　铝合金：12mm以下

瑞士百超BYJIN4020万能激光切割系统

加工样品

sus12mm

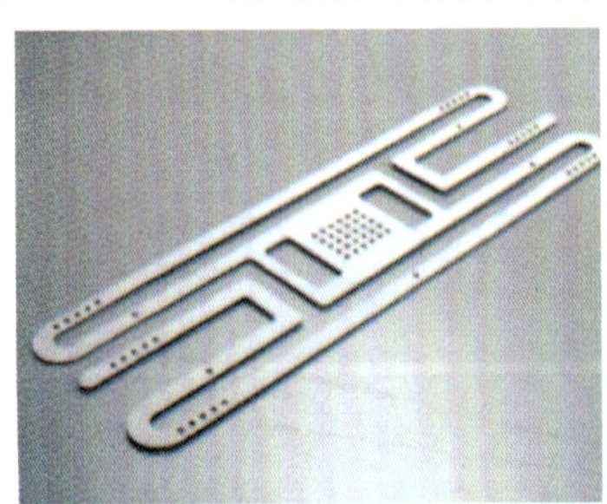

AL1.0mm

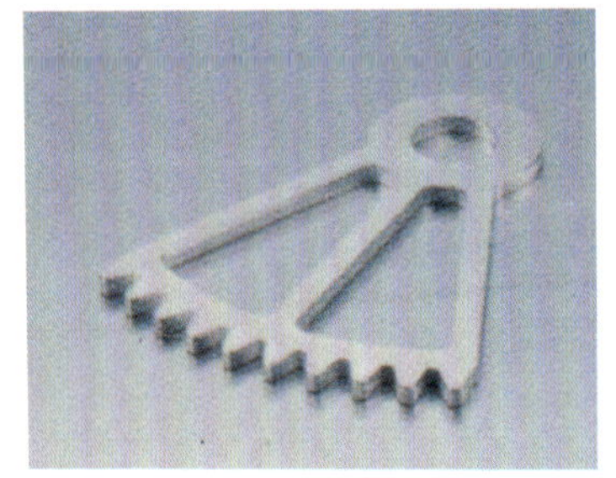

AL6mm

ss20mm

日本AMADA数控冲床

加工范围：2500mm×1250mm
3.2mm以下

日本AMADA数控冲床

日本AMADA数控折弯机

加工范围：100吨
3100mm长

生产现场

配套护罩机型

印刷机械

装订机械

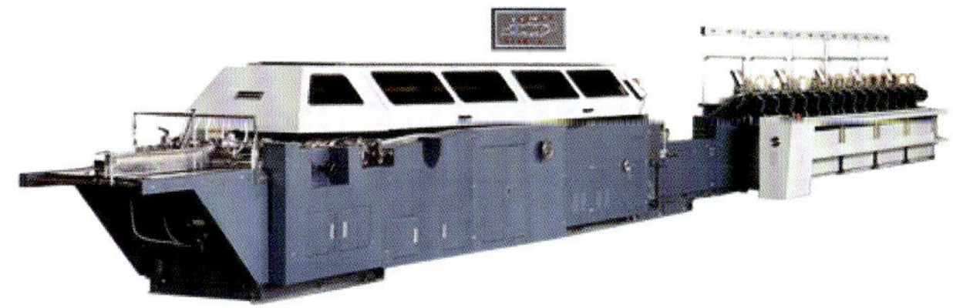

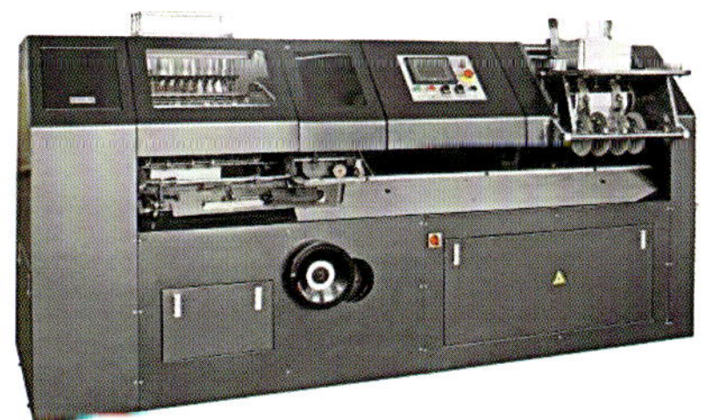

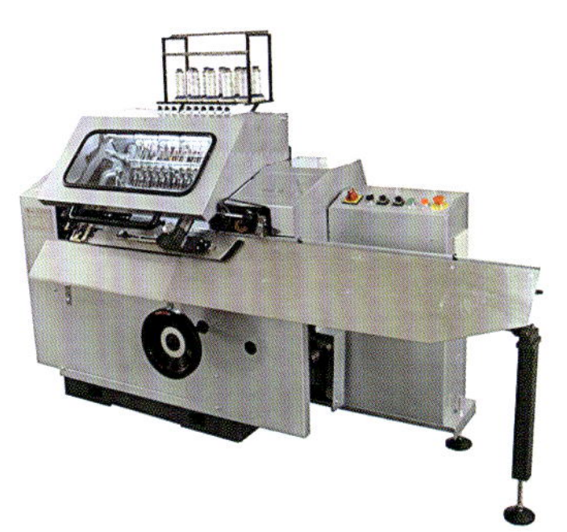

产品展示

上海利马达机械有限公司

上海利马达机械有限公司（前身“上海利马达润滑设备有限公司”）专业从事润滑元件及装置的研究、开发与制造。经十几年的不懈努力，积累了丰富而宝贵的经验。并锤炼出一支精英团队，可为客户提供周到的售前、售后服务。公司的产品属于机械设备的基础件，是机器的血液。她的可靠性、可控性及使用寿命凝聚于“利马达”的品牌中。

“LIMD®”（Lubricationm Maintaining Device 润滑维护者）为公司的注册商标。职责：成为机器的保护神。目标：减少或消灭主机厂的售后服务。

公司以“追求卓越，制造精品”为企业理念，信守“与用户共赢”的经营理念。宗旨：“提供高性价比的产品”，使用户的“马达”得到最大的利益。

利马达公司以精湛的技术，良好的信誉，优质的产品，一流的服务，热忱欢迎新老客户的光临!

地址：上海市奉贤区奉城镇团结朱墩1158号

邮编：201411

电话：021-57528362　18901895778

传真：021-57529377

网址：www.shlimd.com

邮箱：limd@shlimd.com

产品介绍

润滑泵

手动定量泵

SL型、SY型、SX型手动定量泵，属弹簧活塞泵。操纵拉手或压杆，可将润滑油压送至各分油元件，通过各计量件按比例分配到系统的各个润滑点。适用于润滑点数少、加油间隔时间较长、分油精度要求不高的设备。适用于N22#～N68#机械润滑油。

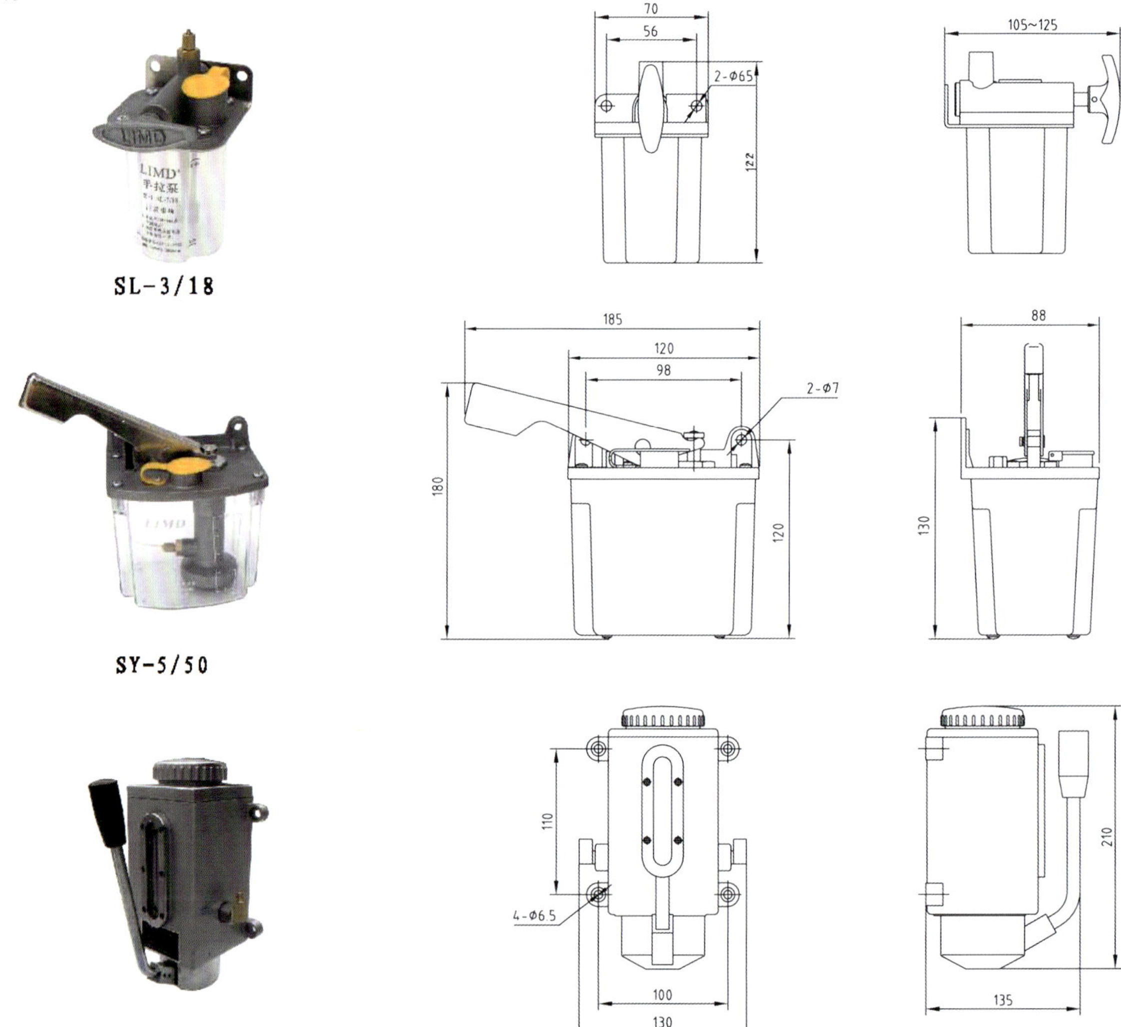

SL-3/18

SY-5/50

SX-8/60

技术参数

型号	订货号	额定注油压力(MPa)	每行程最大注油量(ml)	油罐容积(ml)	输出口油管(外径×壁厚)	备注
SL-3/18	111113	0.35	3.0	180	Φ4×0.75	拉手可置为左、中、右
SY-5/50	111221	0.4	5.0	500	Φ4×0.75	压杆可为左置及右置
SX-8/60	111323	2.5	8.0	600	Φ6×1	左右各设一输出口

SR－6／1型手动泵

SR－6／1型手动定量泵，属卸压式弹簧活塞泵。泵内设有自动卸压阀，拉动手柄，油泵输出压力润滑油。放松手柄，自动卸压阀动作，主管路内的油压可快速卸荷。配合T86型定量分配器组成容积式手动定量集中润滑。每次排量6ml，最高工作压力2.5Mpa，油箱容积1.2升。手柄可设在左侧和右侧。适用于润滑点数较少，每工作日加油次数不多的设备。输出口接管有6毫米和4毫米两种选择，适用N22#～N150#润滑油。

配置系统时须注意：手动泵的排量应大于定量分配器各支路给油量总和的1.5倍。

订货号：112431

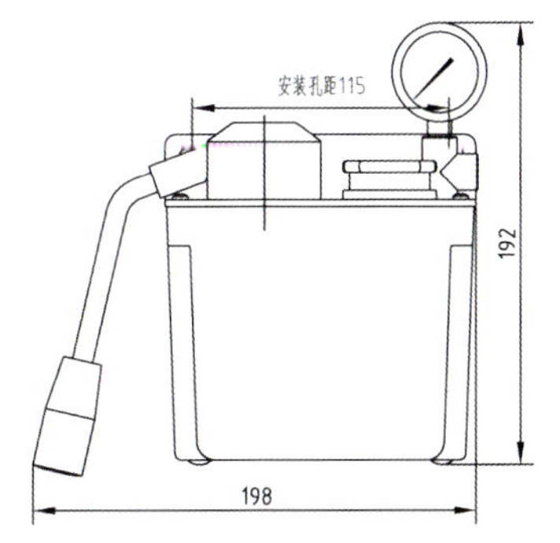

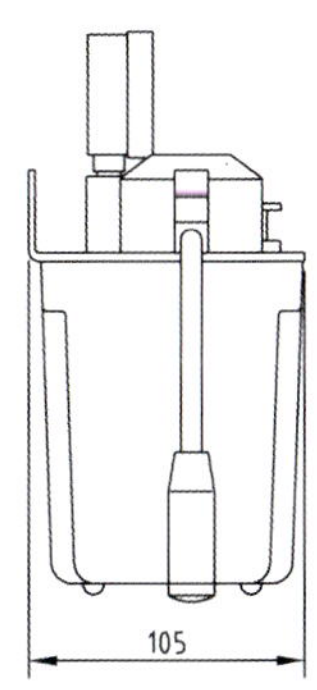

C系列点动润滑泵

“C”系列电动泵是一种电机驱动齿轮泵，电动泵得电即输出润滑油，失电停止供油。润滑泵的工作与否及工作时间长短受外来指令控制，适用润滑介质：N22#～N320#润滑油或000#油脂，工作电源：AC220V。

其中“CS”型为非卸压式润滑泵，工作压力为0.6MPa。可与PD或PJ型计量件组成电动抵抗式集中润滑装置；“CP”型为卸压式润滑泵（油泵停止泵油，卸压阀即开启，将主管路的油压快速卸荷），工作压力2.0MPa。与T86型容积式定量分配器组成需周期润滑的电动容积式集中润滑装置。

根据不同用途，可选择配置液位开关和压力开关，若无特殊要求：液位开关为常闭型（即油箱无油或低油位时呈通态；止常油位时两信号线呈断态），压力开关为常开型（即无压力或压力未达到动作压力值时，两信号线呈断态，压力达到动作压力值时，信号线呈通态）。

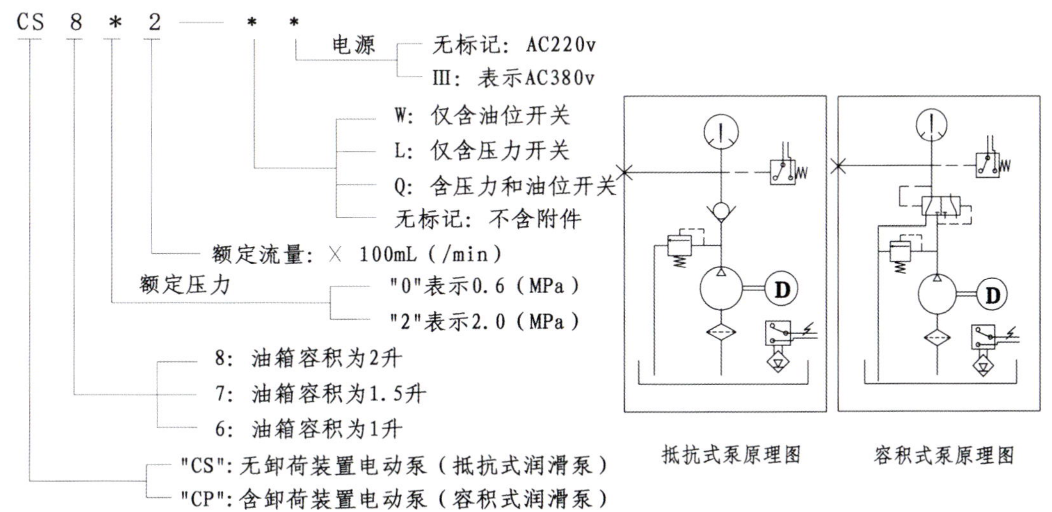

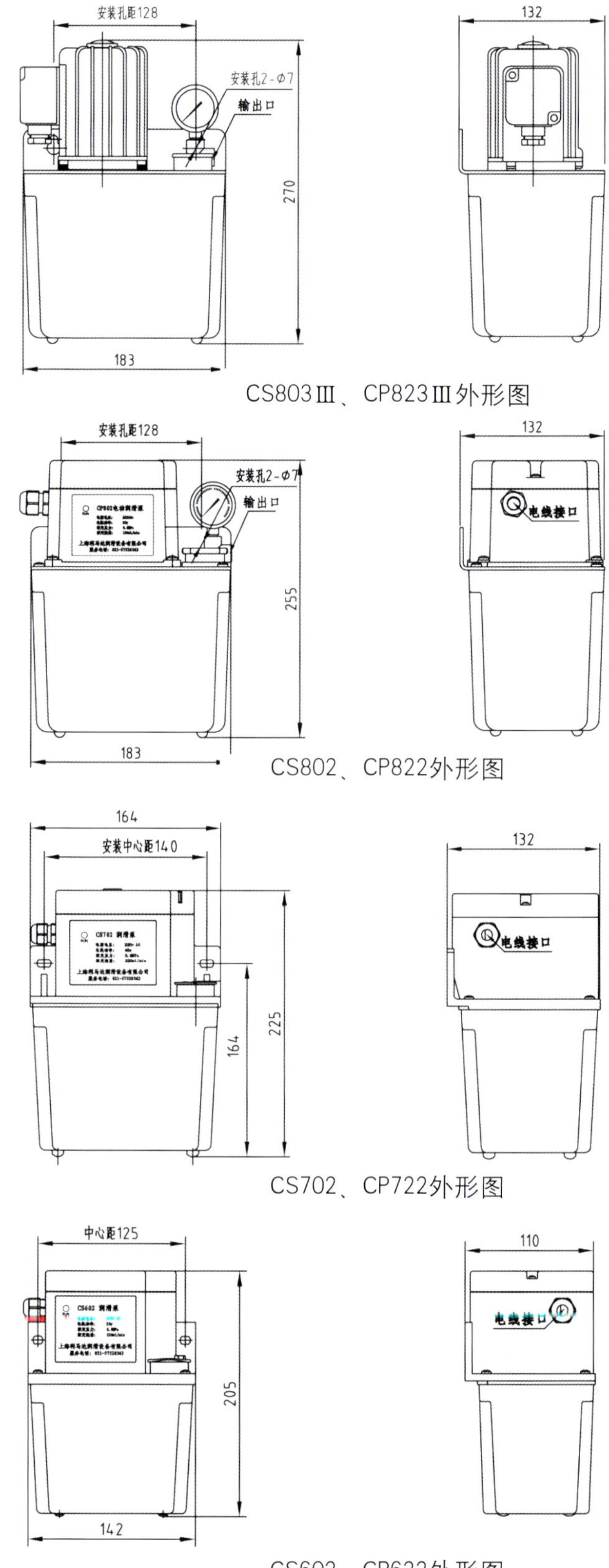
安装孔距128
132
安装孔2-Φ7
输出口
270
183
CS803Ⅲ、CP823Ⅲ外形图
安装孔距128
132
安装孔2-Φ7
输出口
电线接口
255
183
CS802、CP822外形图
164
安装中心距140
132
电线接口
164
225
CS702、CP722外形图
中心距125
110
电线接口
205
142
CS602、CP622外形图

技术参数

型　号	订货号	工作压力（MPa）	额定流量（mL/mln）	油箱容积	电机参数			可润滑点数	备　注
					电压（V）	功率（w）	频率（Hz）		
CS803－III	123521	0.6	300	2.0L	AC380	60	50或60	小于100	无卸压
CP823－III	133621	1.8						小于500	带卸压
CS802－＊	123221	0.6	200		AC220	40	50或60	小于80	无卸压
CP822－＊	133421	1.8						小于500	带卸压
CS702－＊	122321	0.6	200	1.5L		40	50或60	小于80	无卸压
CP721－＊	132221	1.8	100					小于500	带卸压
CS602－＊	121321	0.6	200	1.0L		40	50或60	小于80	无卸压
CP621－＊	131221	1.8	100					小于500	带卸压

非标润滑泵组

可根据用户的具体要求（电源、输出压力、输出流量、油箱容积等），制造各种消耗型或循环性泵站或泵组。

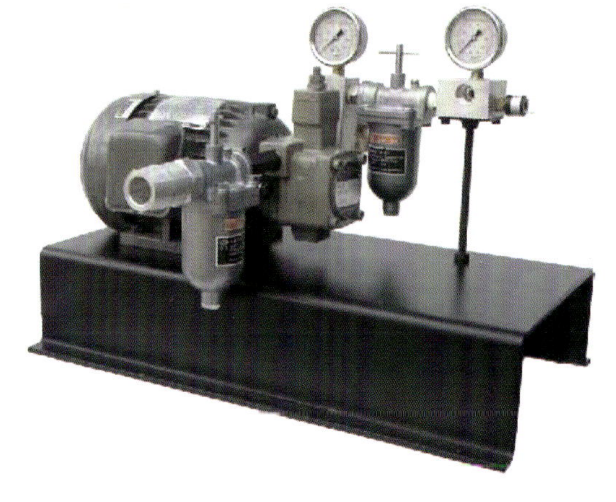

“A＊”系列自动润滑泵

“A＊”系列自动润滑泵为电机齿轮泵，内含“MY3”型控制器、溢流阀、液位开关等。具有双时间控制、点动即时润滑、低油位报警、输出缺油信号及联控主机等功能。只要接上电源，就可按设定的程序自动工作。泵面板设有：电源、工作和低液位三只指示灯（指示相应工况）；间歇时间（运行时间）调节旋钮及点动按钮。

其中：“AS”型自动泵不含自动卸荷阀，工作压力0.6MPa。与PD型计量件组成抵抗式集中润滑系统；“AP”型自动泵内含自动卸荷阀（当油泵停止泵油，卸压阀自动开启，将主管路的油压快速卸荷）。而不设运行时间调节旋钮（属单调时自动泵，泵油时间已设为固定值，无需调节），工作压力1.8MPa。同T86型定量分配器组成容积式定量集中润滑装置。适用润滑介质：N22#～N320#润滑油或000#油脂。工作电源AC220V。

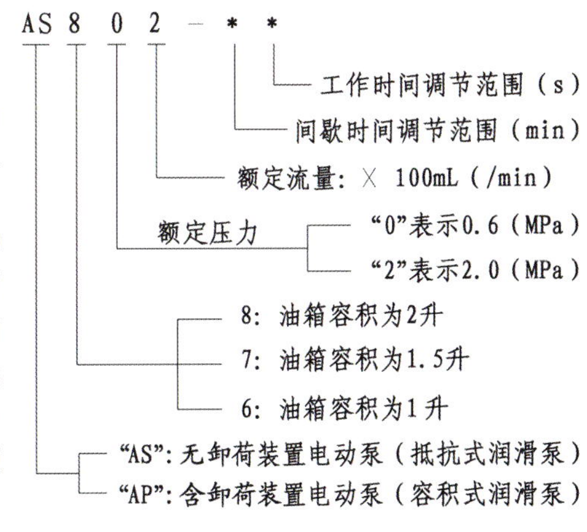

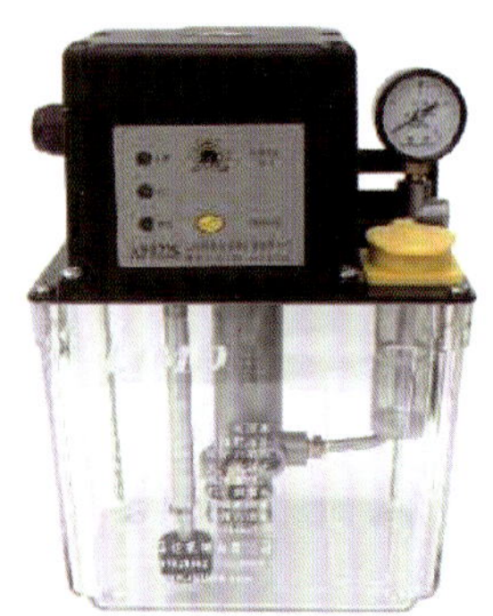

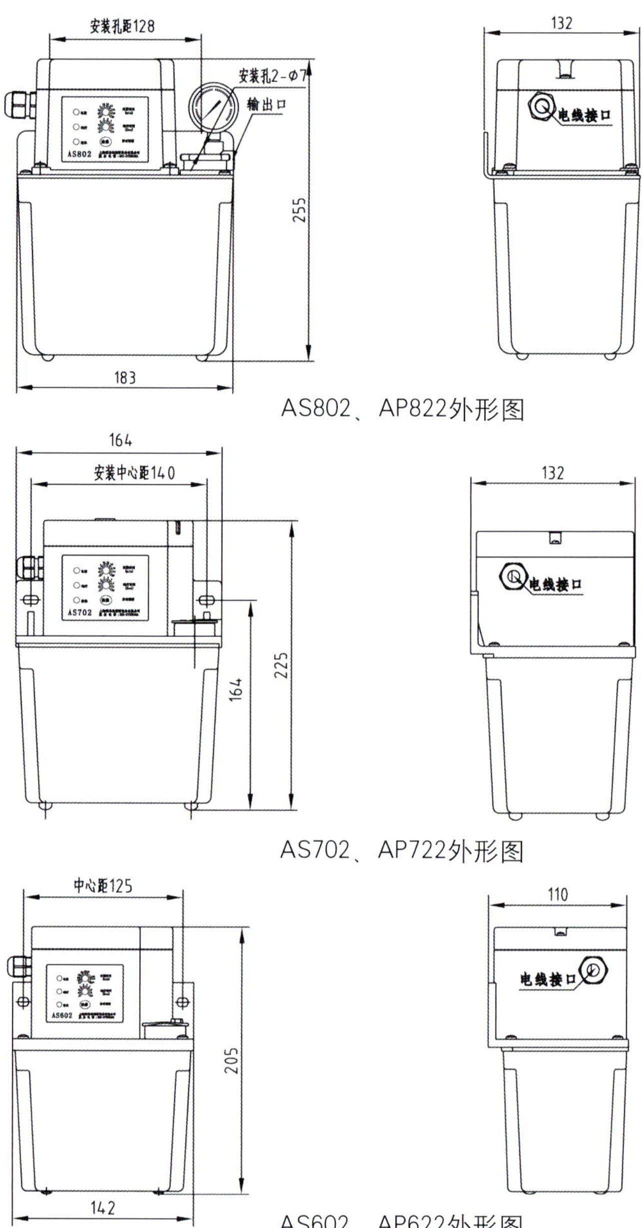

AS802、AP822外形图

AS702、AP722外形图

AS602、AP622外形图

技术参数

型号	订货号	工作压力 (MPa)	额定流量 (mL/min)	油箱容积	电机参数			可润滑点数	备注
					电压（V）	功率（W）	频率（Hz）		
AS802－＊	143321	0.6	200	2.0L	AC220	60	50或60	小于100	无卸压
AP822－＊	132431	1.8						小于500	带卸压
AS702－＊	142321	0.6	200	1.5L		40	50或60	小于80	无卸压
AP721－＊	152221	1.8						小于500	带卸压
AS602－＊	141321	0.6	200	1.0L		40	50或60	小于50	无卸压
AP621－＊	151221	1.8	100					小于800	带卸压

"G＊" 系列数控泵

"G＊"系列数控润滑泵内含"CKA"型控制器、溢流阀、压力开关、液位开关等。采用数码管显示，具有双时间控制、点动即时润滑、动态在线检测油位和压力、故障报警及数据源记忆等功能。只要接上电源，就可按设定的程序自动工作。间隔时间设置范围：1～999分钟；适用润滑介质：N22#～N320#润滑油或000#油脂。

其中："GS"型数控泵不含自动卸荷阀，工作压力0.6MPa。泵油时间设置范围：3～60秒钟。与PD型计量件组成抵抗式集中润滑系统；

"GP"型数控泵设自动卸荷阀，工作压力1.8MPa，同T86型定量分配器组成容积式定量集中润滑装置。油泵只需设置"间隔时间"，而泵油时间会根据系统所带的分配器多少、润滑油粘度、环境温度高低等情况自动调整，不需要人工设置。

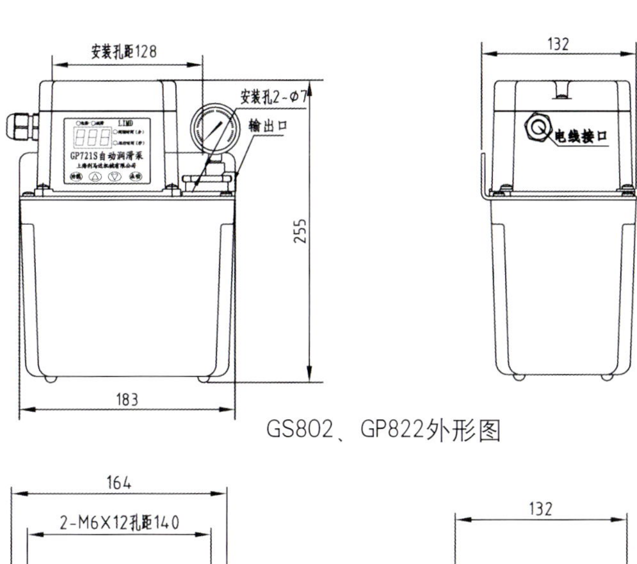

GS802、GP822外形图

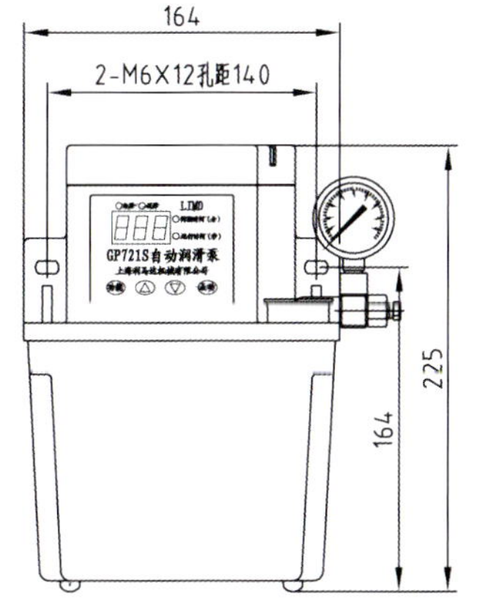

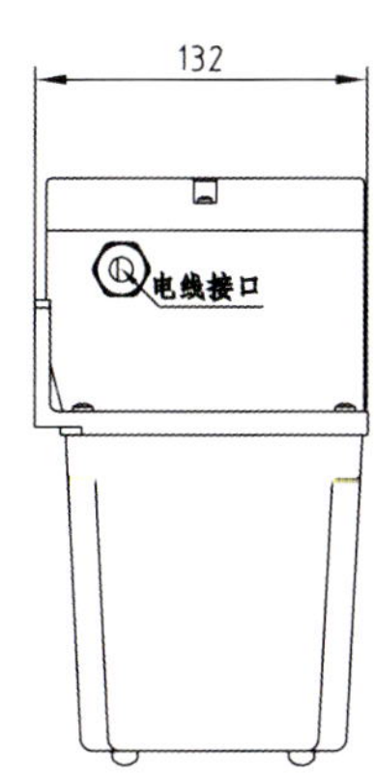

GS702、GP722外形图

技术参数

型号	订货号	工作压力(MPa)	额定流量(mL/min)	油箱容积	电机参数			可润滑点数	备注
					电压（V）	功率（W）	频率（Hz）		
GS802	163331	0.6	200	2.0L	AC220	60	50或60	小于100	无卸压
GP822	173431	1.8						小于500	带卸压
GS702－＊	162321	0.6	200	1.5L		40	50或60	小于80	无卸压
GP721－＊	172221	1.8	100					小于500	带卸压

QS(P)型气动润滑泵

QS(P)型气动润滑泵是一种由压缩空气驱动的弹簧活塞泵。内含气缸、油缸等。属间歇工作泵。设有油位开关，可将低油位信号输出。

其中："QS"型气动泵用于抵抗式集中润滑系统。供油压力：0.5MPa，与PD型计量件组成抵抗式集中润滑系统；"QP"型气动泵设有自动卸荷阀，供油压力：1.5MPa，同T86型定量分配器组成容积式定量集中润滑系统。

适用气源压力：0.5～0.8MPa；适用润滑介质：N22#～N320#润滑油。

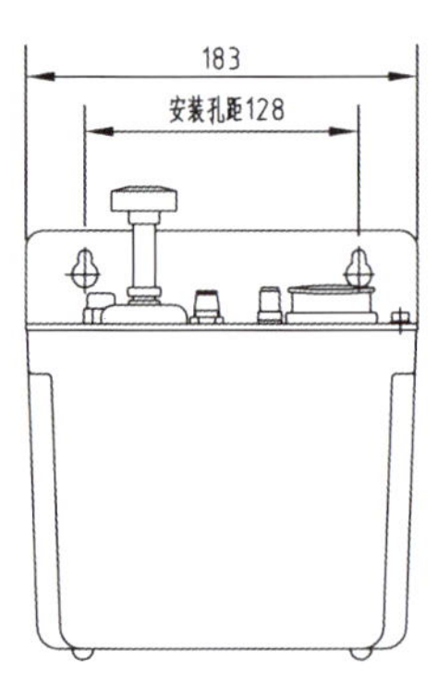

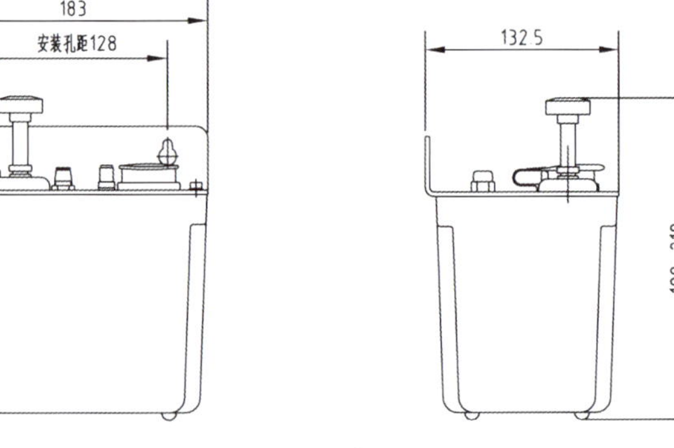

QS—40外形图

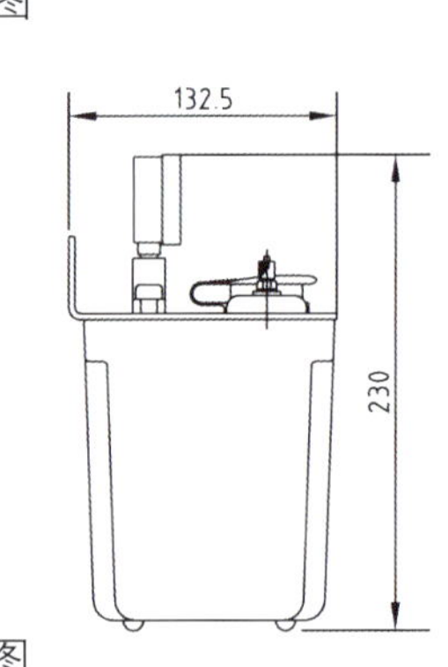

QP—80外形图

型号说明

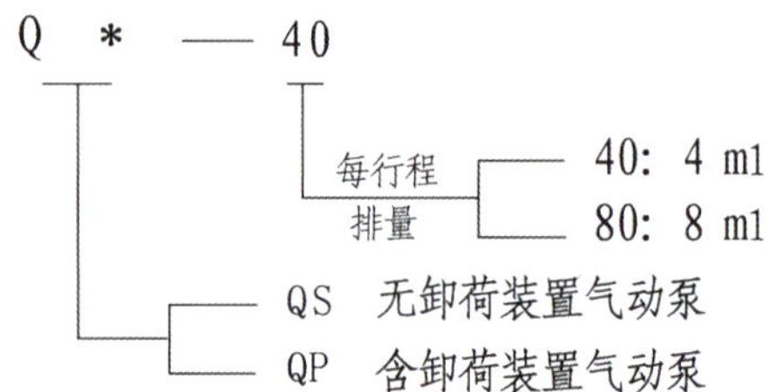

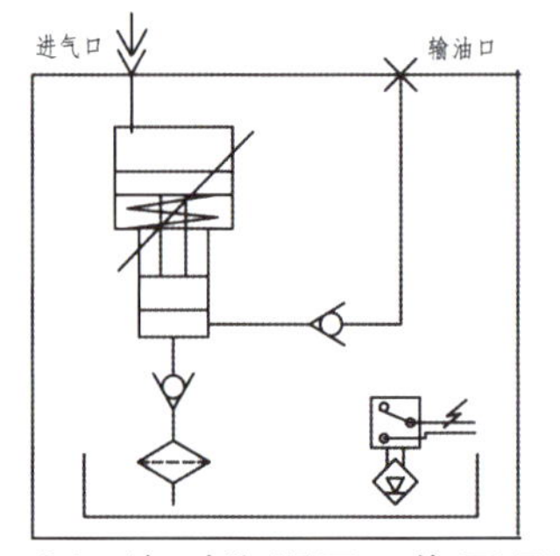

QS型气动润滑泵工作原理图

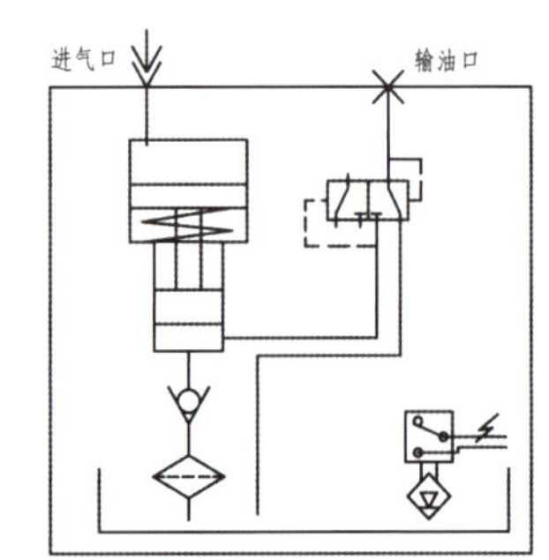

QF型气动润滑泵工作原理图

型号	订货号	工作压力 (MPa)	额定流量 (mL/min)	油箱容积	量大工作频率 (cyc/min)	可润滑点数	备注
QS—40	115724	0.5	0～4可调	2L	15	小于20	无卸压装置，抵抗式润滑
QP—80	16744	1.5	8			小于60	含卸压装置，容积式润滑

分配器

P型抵抗式分配器

“P”系列抵抗式分配器又称抵抗式计量件。为管式结构，输出口接外径Φ4油管，有卡套式和扩口式两种形式。它由单向阀和节流元件等组成。分配油量多少决定于计量件的流率及计量件两端的压力差。因此它能将油泵提供一定量的润滑油按比例分配到各润滑点。既可间歇工作，又可用于连续供油。计量精度低于容积式分配器。其中：PD型计量件连接螺纹为M10×1，PJ型计量件连接螺纹为M8×1。

适用油液范围：N22#～N68#润滑油。

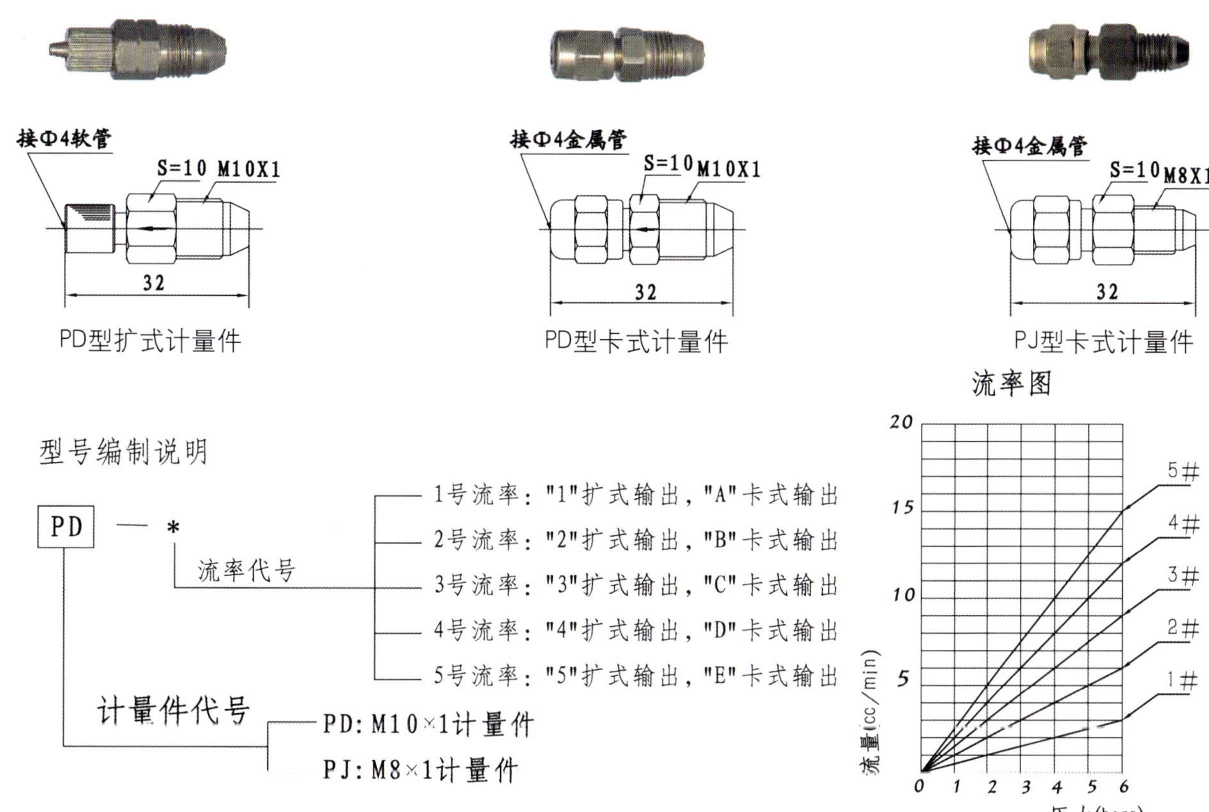

技术参数

型号	订货号	特征	型号	订货号	特征	型号	订货号	特征	流率
PD–1	211201		PD–A	211101		PJ–A	212101		
PD–2	211202		PD–B	211102		PJ–B	212102		
PD–3	211203		PD–C	211103		PJ–C	212103		小
PD–4	211204	扩口式输出，M10X1螺纹	PD–D	211104	卡套式输出，M10X1螺纹	PJ–D	212104	卡套式输出，M8X1螺纹	↓
PD–5	211205		PD–E	211105		PJ–E	212105		大
PD–6	211206		PD–F	211106		PJ–F	212106		
PD–7	211207		PD–G	211107		PJ–G	212107		

B型联接体

B(BQ)型联接体用于安装PD（PJ）型抵抗式分配器和主管路的连接体，通常也称“油排体”。其中“B”型的螺孔为M10×1，“BQ”型为M8×1。“BS”型为双排联接体，螺孔为M8×1。

B型联接体参数

图例（B6）	型号	订货号	N	A	B	C
	B4	201204	4	48	36	16
	B5	201205	5	64	52	32
	B6	201206	6	80	68	48
	B7	201207	7	96	84	64
	B8	201208	8	112	100	80
	B9	201209	9	128	116	96
	B10	201210	10	144	132	112

BQ型联接体参数

图例（BQ6）	型号	订货号	N	A	B	C
	BQ4	201204	4	48	36	16
	BQ5	201205	5	64	52	32
	BQ6	201206	6	80	68	48
	BQ7	201207	7	96	84	64
	BQ8	201208	8	112	100	80
	BQ9	201209	9	128	116	96
	BQ10	201210	10	144	132	112

BS型联接体

图例（B6）

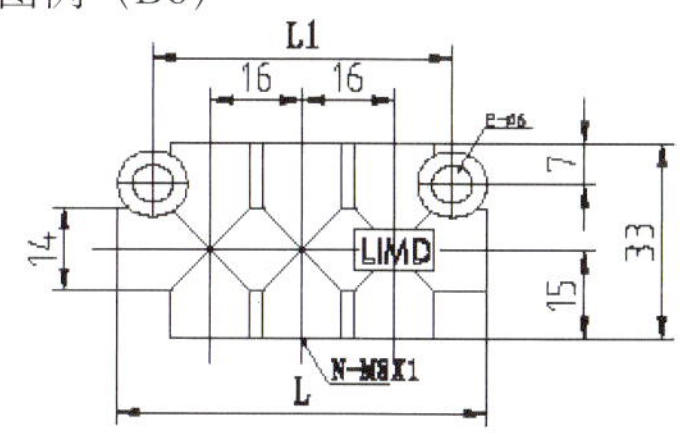

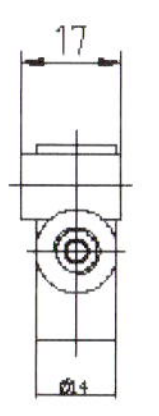

BS型联接体参数

型号	订货号	N	L	L1
BS6	204106	6	48	36
BS8	204108	8	64	52
BS10	204110	10	80	68

T86型容积式定量分配器

T86型容积式定量分配器：适用于周期工作的润滑系统。系统加压输出润滑油；卸压时，分配器计量储油。每次工作都包括加压和卸压两个过程。分配器工作一次输出油量的多少取决于活塞行程的长短。因此它能将润滑介质每次按设定的给油量精确输出而不受其他因素（泵油时间、位置高低远近、温度变化等）的影响。定量分配器每路给油量可在规格范围内任意选择；输出口形式也可按需要选择：卡套式和扩口式；可任意串接或并接于系统。工作压力：1.6～2.0MPa。适用油液范围：N22#～N320#润滑油及000#油脂。

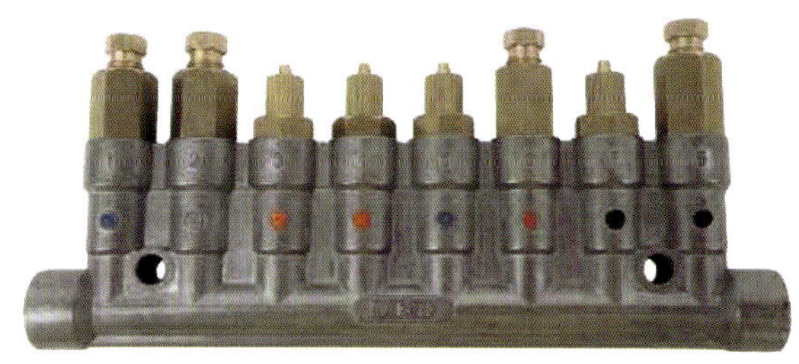

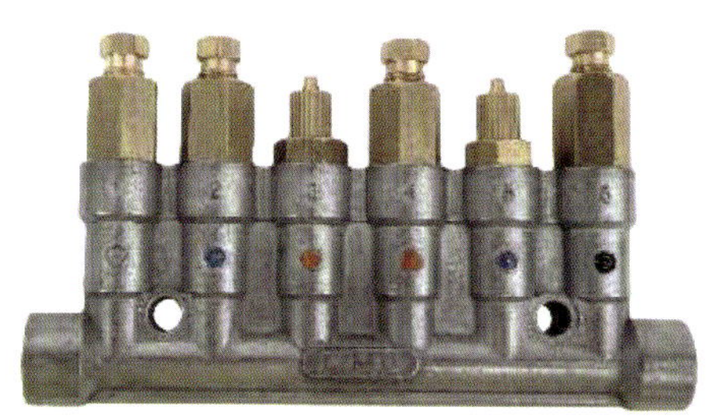

型号编制说明

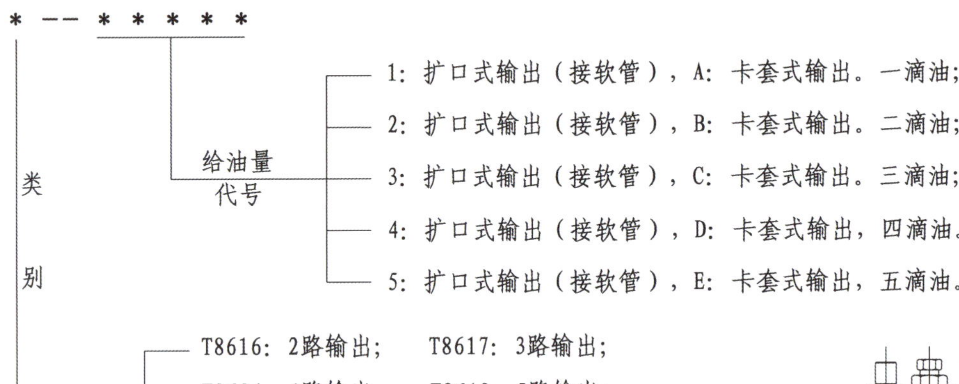

型号规格及技术参数

型号	订货号	动作压力（MPa）	回复压力（MPa）	输出孔数	A	L	N	输出油量代号	给油量（mL/mln）	着色标记
T8616－＊	221202	≥1.5	0.5≤	2		48	1	1（A）：输出一滴油	0.05	无色
T8617－＊	221203			3	17	65	2	2（B）：输出二滴油	0.10	蓝色
T8604－＊	221204			4	34	82		3（C）：输出三滴油	0.15	红色
T8605－＊	221205			5	51	99		4（D）：出书四滴油	0.20	黄色
T8606－＊	221206			6	68	116		5（E）：输出五滴油	0.25	黑色
T8607－＊	221207			7	85	133				
T8608－＊	221208			8	102	150				

工作原理

它由壳体，单向密封阀，阀芯支承座，“Y”形密封圈，阀套，返回弹簧，出油帽等组成。其中“Y”形密封圈、阀套、阀芯组成活塞，它将壳体容腔分为上下两腔室。

来自系统具有一定压力的润滑油进入壳体的主通道，推动各支路的单向密封阀上移并封闭阀芯的中心通孔（见图1）。随着油压的升高，润滑油挤压并通过单向密封阀的唇边，到达活塞的下腔。推动活塞克服弹簧力和摩擦力上移，将活塞上腔原先储存的润滑油向外挤出（见图2）。当活塞走完行程，碰到出油帽的端面时，本次排油结束（见图3）。当油泵停止供油时，系统自动卸压，活塞下腔的润滑油在返回弹簧的作用下，推动单向密封阀下移，打开阀芯的中心通孔，使活塞上下腔的油道沟通，将储存在活塞下腔的润滑油压送到活塞的上腔，完成计量储油、活塞复位的过程。为下一次工作做准备（见图4）。

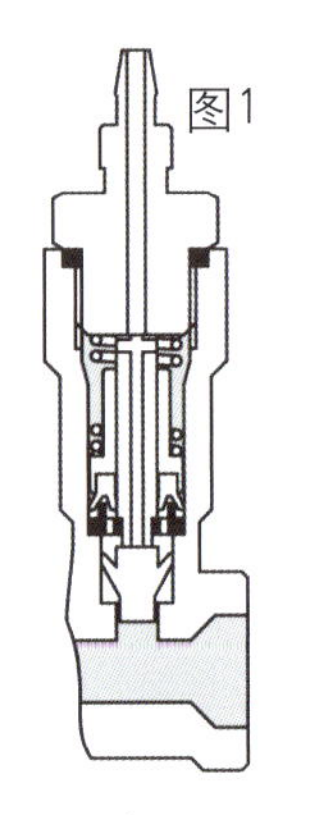

开始加压。单向顺序密封阀移动。

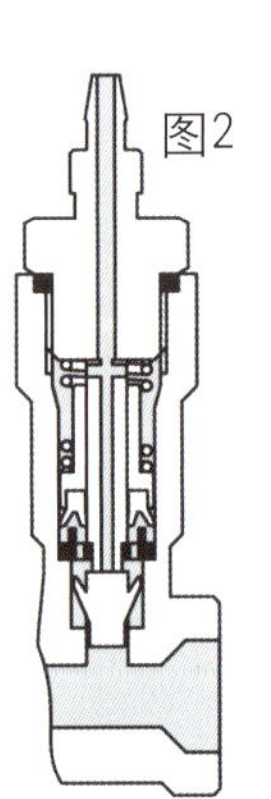

排油中，润滑油通过单向密封阀。

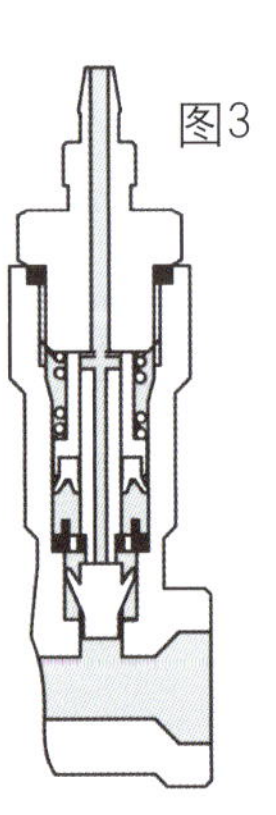

排油完毕，活塞移动到位。

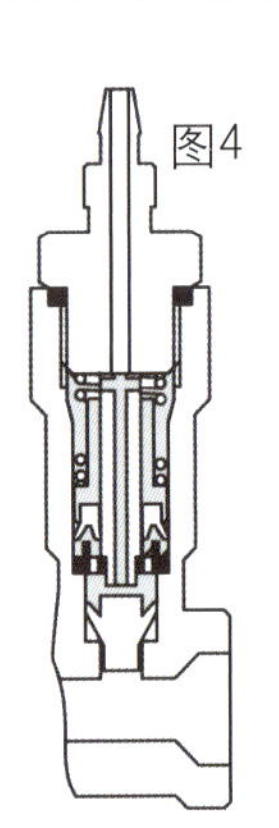

计量储油活塞回复，单向密封阀复位。

JZQ20X52减震器

液压减震器用于三菱、小森印刷机上的离合压部分。使得离合压时平稳进行，吸收震动能量。可根据用户的具体需要，制造非标液压减震器。

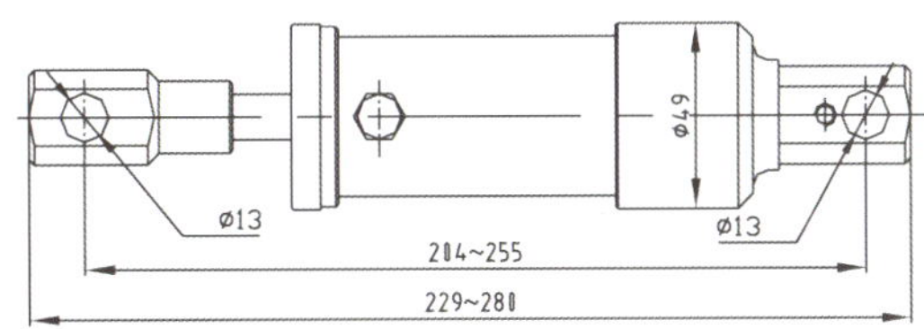

润滑附件

XW系列油位开关

用于监测稀油润滑泵站油箱的油位。当油位低于设定值时，浮子下移，油位开关闭合；处于正常油位时，油位开关开路。

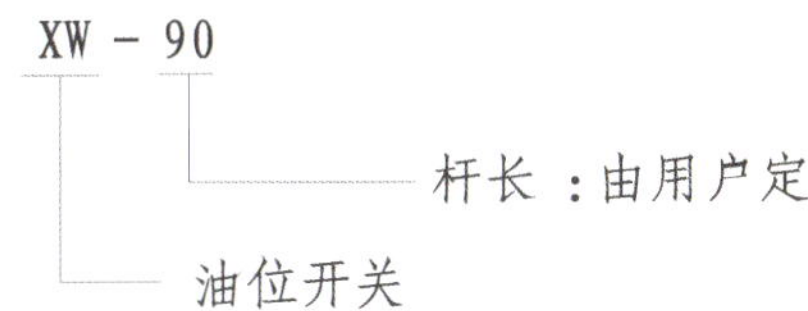

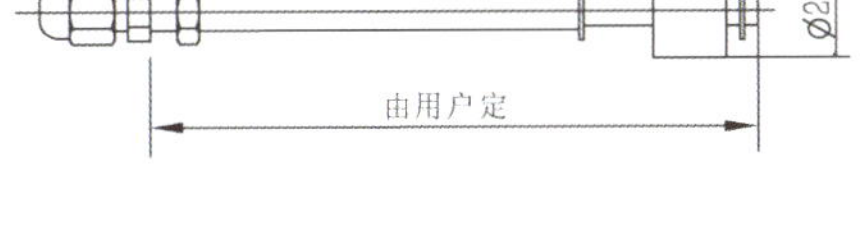

Y系列压力表

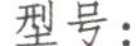

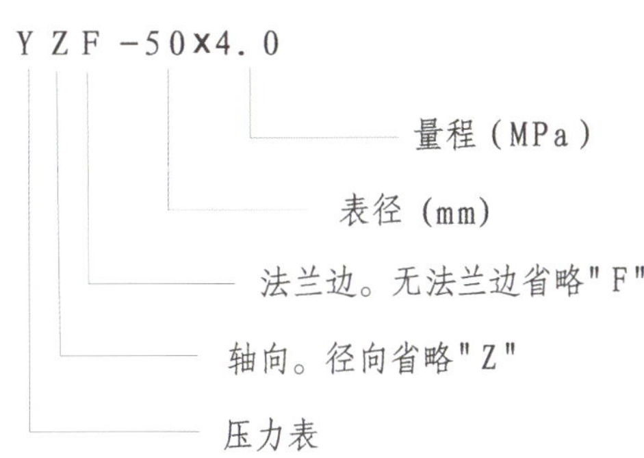

技术参数

型号	订货号	量程(MPa)	D	B	L	D1	d
Y-40×2.5	411401	2.5	Φ42	22	58	/	/
Y-40×4.0	411402	4.0	Φ42	22	58	/	/
Y-40×2.5	413401	2.5	Φ42.5	21	37	Φ60	Φ53
Y-50×4.0	413502	4.0	Φ51	29	44	Φ70	Φ62
Y-60×4.0	413602	4.0	Φ63	29	50	Φ85	Φ72

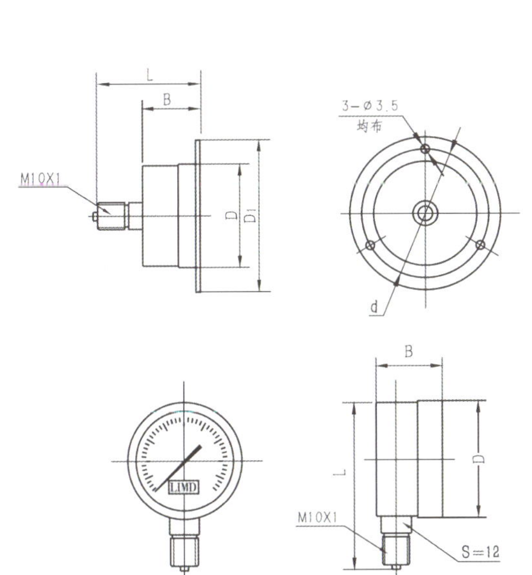

YK系列压力开关

膜片式压力控制元件，YK_0常开型（YK_1常闭型），当被测压力大于压力开关的动作压力时，压力开关闭合（断开）。当被测压力小于压力开关的复位值时，压力开关回复常态：开路（闭合）。

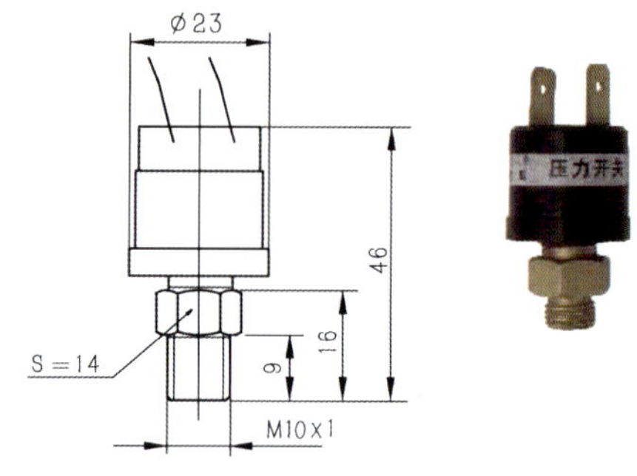

技术参数

型号	订货号	公称压力（MPa）	动作压力（MPa）	回复压力（MPa）
YK_0—0.2／0.1	421002	4.0	0.2	0.1
YK_1—0.2／0.1	421102	4.0	0.2	0.1
YK_0—1.5／0.9	421015	4.0	1.5	0.9
YK_1—1.5／0.9	421115	4.0	1.5	0.9

LYQ系列压油滤油器

LYQ型滤油器用来过滤润滑油中的杂质。安装在润滑系统的主管路上，即油泵输出的润滑油经过滤器再到分配器组。

其中："LYQ—3／＊"型过滤器的滤芯为烧结铜，其过滤精度有：10 μm、25 μm、40 μm、125 μm等，用于消耗型集中润滑系统。

"LYQ—10/＊"型过滤器采用带骨折叠滤芯，过滤面积大（0.5平方米），容污能力强（一次滤芯堵塞可带出赃物大于100克）。其过滤精度有：1 μm、5 μm、10 μm等。特别适用于循环型集中润滑系统。它设有输入输出端差压报警或输入端压力输出端压力报警。当滤芯堵塞时，可发出报警告信号。使用寿命长。

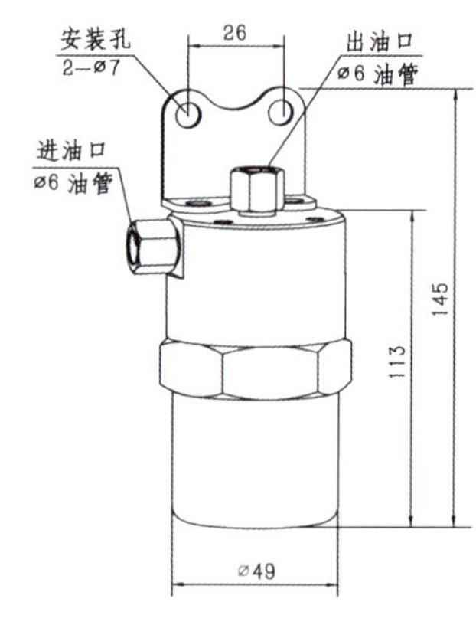

型号说明：

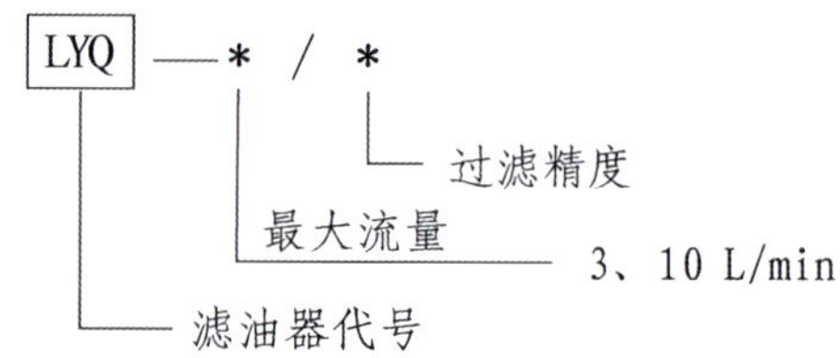

技术参数

型号	订货号	工作压力（MPa）	最大流量（L／min）	过滤精度（μm）	接管外径（mm）
LYQ—3／＊	341036	3	3	5、10	Φ6
LYQ—10／＊	341106		10	25、40、125	

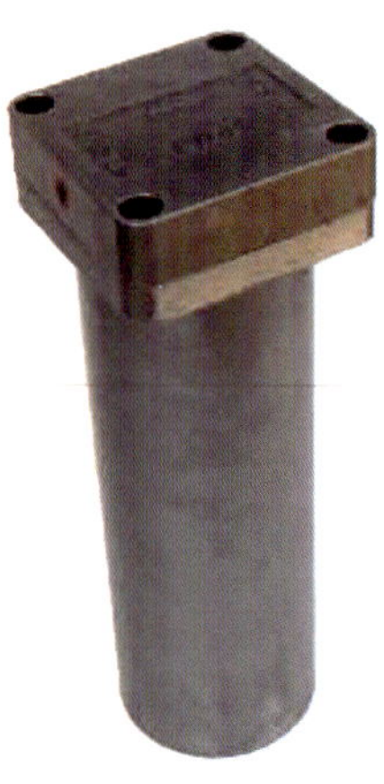

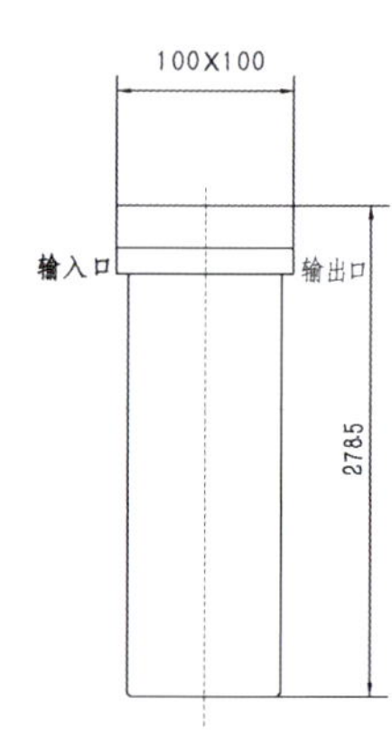

油管

润滑系统用的油管可分硬管和软管。硬管的材质可为铜管、铝管、不锈钢管等。用户联接润滑系统时应保证油管切口平整且为垂直的横截面，油管内壁应清洁。软管可根据润滑系统的工作压力选择PU**型管、NL**型管、GY**型高压软管及GYT**型弹簧护套高压软管等。

技术参数

型号	d	D	D1	L	最大压力（MPa）	最小弯曲半径（mm）	软管材质
PU4×0.75	Φ4	Φ2.5	/	按客户要求确定	1.0	20	PU
PU6×1	Φ6	Φ4	/		1.0	25	
NL4×0.75	Φ4	Φ2.5	/		3.3	20	PA11
NL6×1	Φ6	Φ4	/		2.7	25	
GY(T)9×2.5	Φ4	Φ9	ø6		20	50	复合树脂

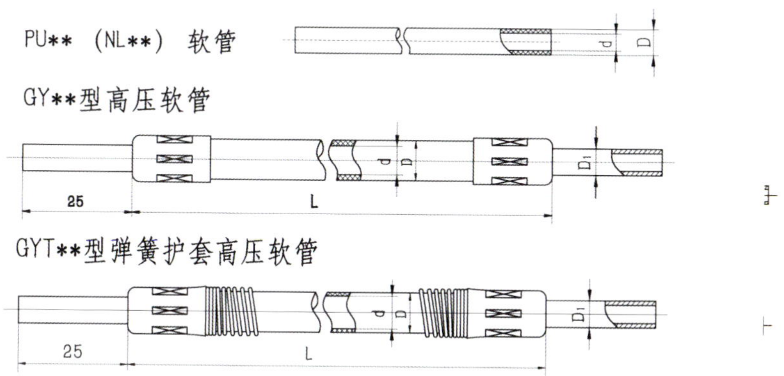

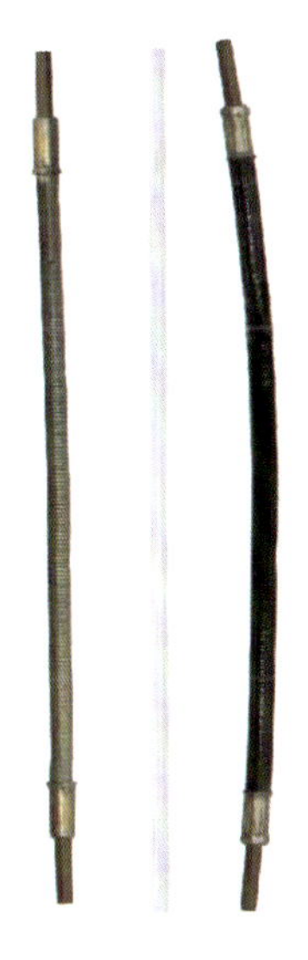

油刷

油刷将分配器供给的润滑油储存起来，涂刷在链条、凸轮等摩擦副表面、进油口螺纹M8×1，卡套式联接Φ4外径的油管。

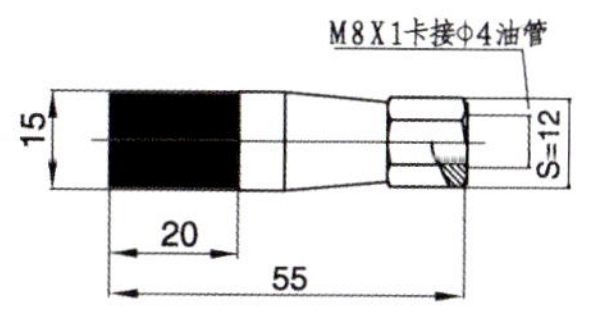

油管夹

型号	订货号	管外径×根数（mm）	固定方式	L1	L2
GJ4.1	316104	Φ4×1	单螺钉	18	/
GJ4.2	316204	Φ4×2		22	/
GJ4.3	316304	Φ4×3		26	/
GJ4.4	316404	Φ4×4	双螺钉	41	30
GJ4.5	316504	Φ4×5		45	34
GJ6.1	316106	Φ6×1	单螺钉	20	/

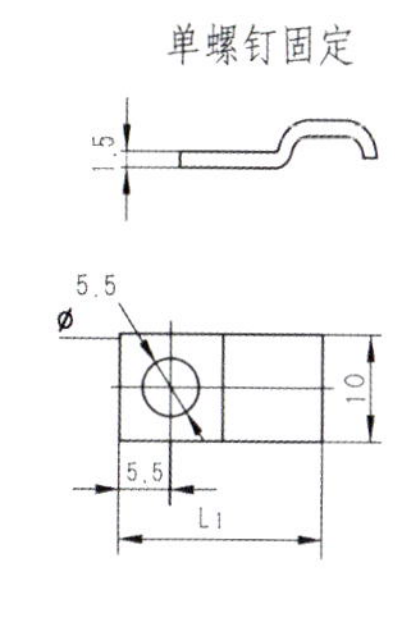

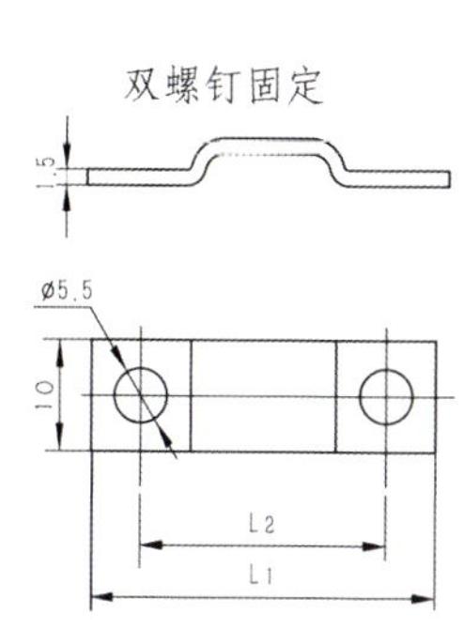

管接头

空心螺钉

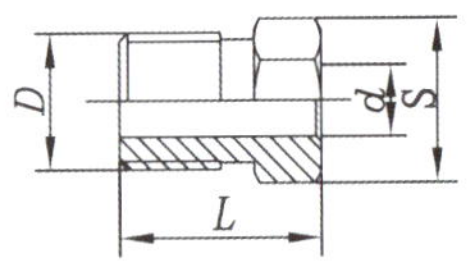

型号	订货号	D	d	L	S
KM4	312104	M8×1	4.2	12	8
KM6	312106	M10×1	6.2	13.5	10
KM8	312108	M12×1.25	8.2	14.5	12

双锥卡套

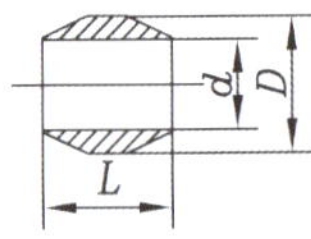

型号	订货号	D	d	L
KT4	311204	6.2	4.2	5
KT6	311206	8.2	6.2	5.5
KT8	311208	10.2	8.2	6

软管衬套

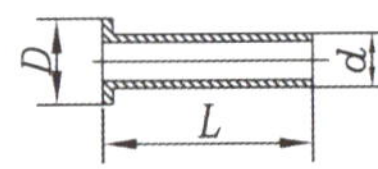

型号	订货号	D	d	L
CT4	314104	Φ3.9	Φ2.5	11
CT6	314106	Φ5.9	Φ4	14

卡式对接接头

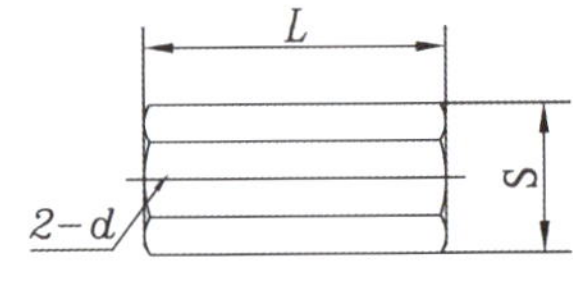

型号	订货号	D	d	S	L
ZT-6	311406	Φ6	M10×1	13	27
ZT-8	311408	Φ8	M12×1.25	16	30

Φ4卡套式锁帽

型号：SMY4
订货号：313204

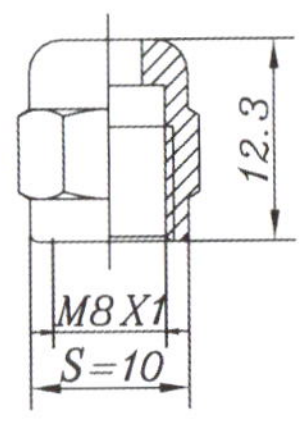

Φ4扩口式锁帽

型号：SMR4
订货号：313104

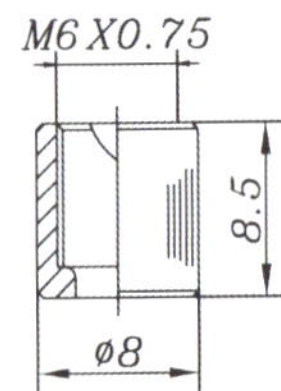

Φ6扩口式锁帽

型号：SMR6
订货号：313106

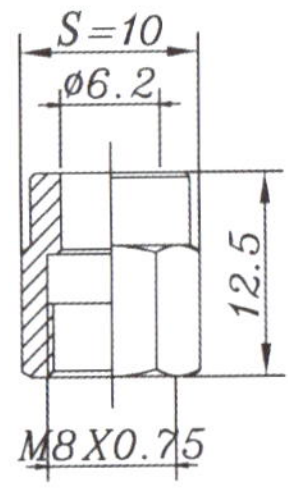

圆内接

型号：DJ-10
订货号：321310

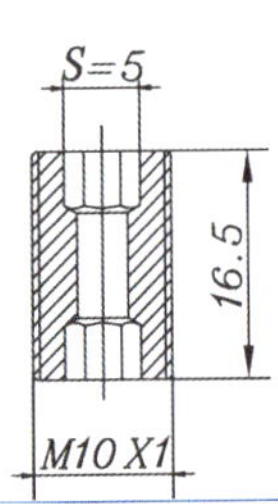

扩口式对接接头

型号：DJR66 订货号：321506

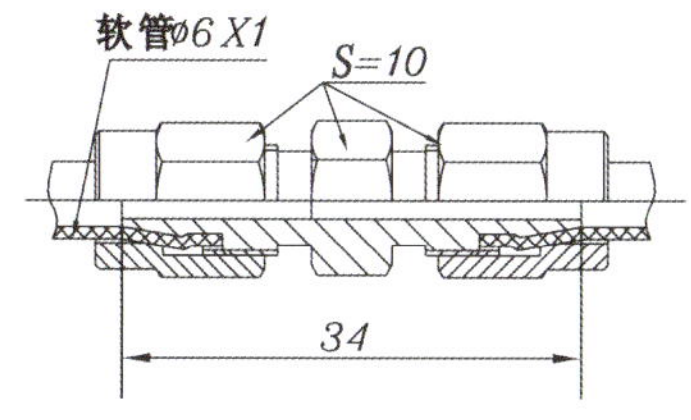

扩卡式接头

型号：KK4 订货号：326144

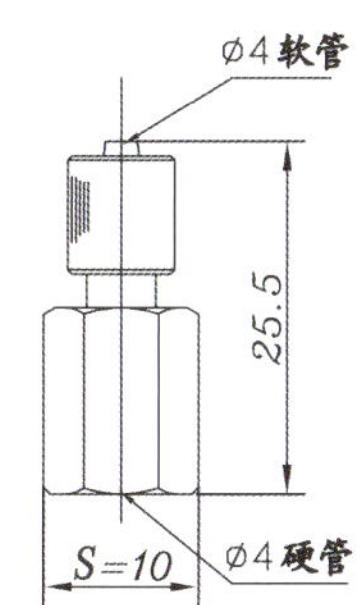

堵头

型号：DT－10 订货号：320110

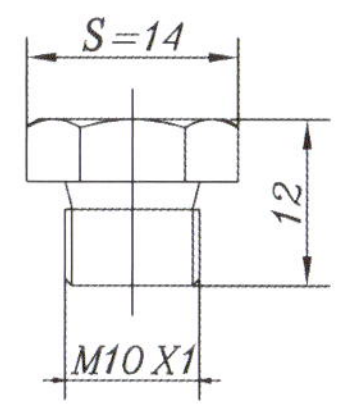

卡式堵头

型号：DTK－10 订货号：320210

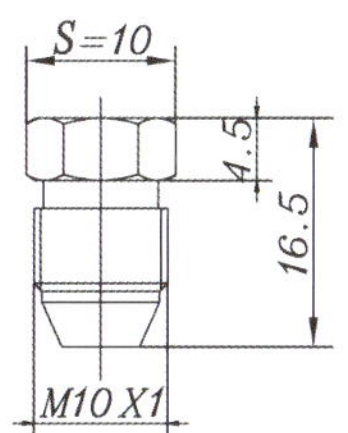

变径接头

型号：BJ6／4 订货号：327222

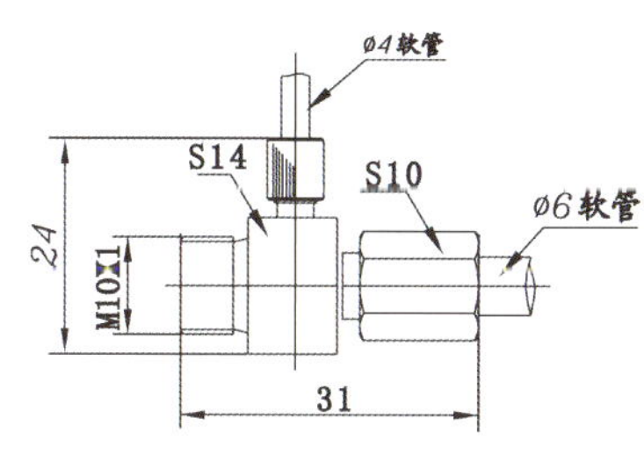

扩卡式铰接接头

型号KKW4 订货号：326244

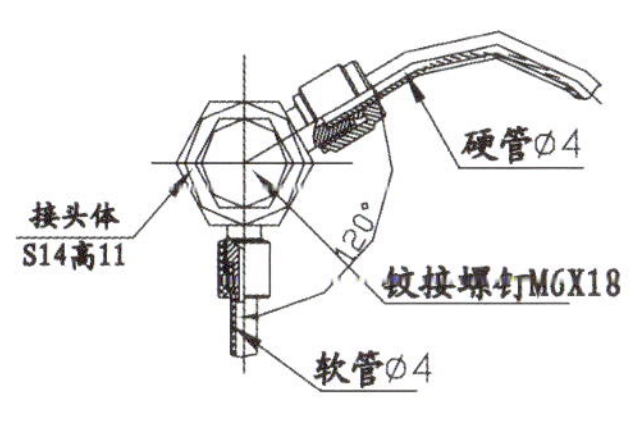

0160进油座

型号：0160 订货号：321610

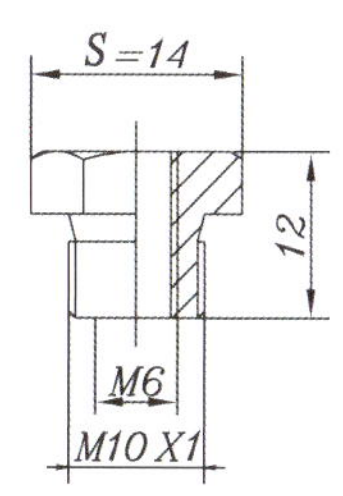

扩卡式铰接接头

型号KKW6 订货号：326266

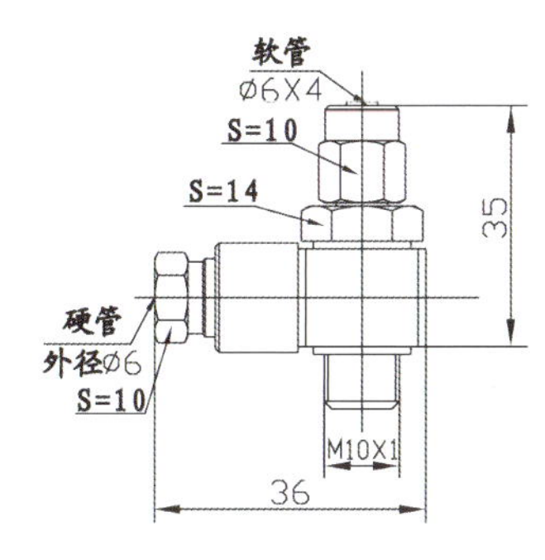

卡套式端直通

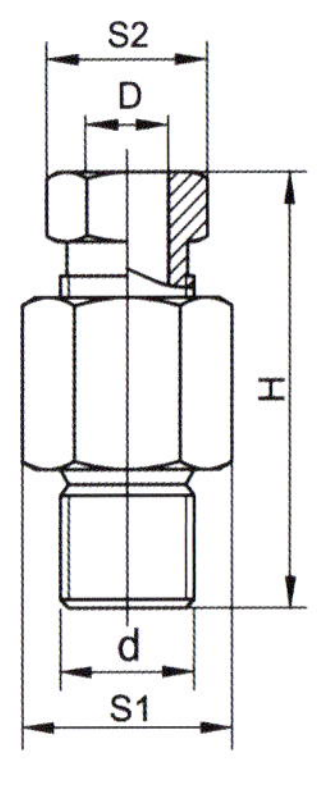

型号	订货号	接管外径D	d	S1	S2	H
PDB306	321231	Φ3	M6×1	8	8	22
PDB408	321242	Φ4	M8×1	11	8	26
PDB610	321263	Φ6	M10×1	13	10	29
PDB4R8	321245	Φ4	R1/8	10	8	26
PDB4N8	321247	Φ4	NPT1/8	10	8	26
PDB6R8	321265	Φ6	R1/8	13	10	29
PDB6N8	321267	Φ6	NPT1/8	13	10	29
PDB6R4	321266	Φ6	R1/4	14	10	28

扩口式端直通

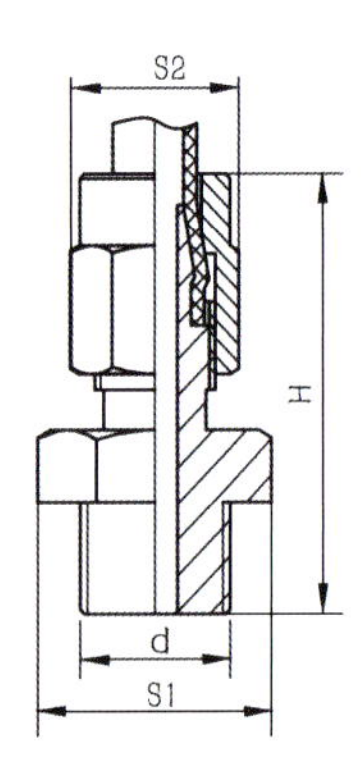

型号	订货号	软管 外径×壁厚	d	S1	S2	H
KN404	321140	Φ4×0.75	M4	5	/	13
KN406	321141	Φ4×0.75	M6×1	8	ø8	22
KN408.1	321142.1	Φ4×0.75	M8×1	8	ø8	22
KN408.2	321142.2	Φ4×0.75	M8×1	10	ø8	23
KN410K	321143K	Φ4×0.75	M10×1	10	ø8	29
KN410	321143	Φ4×0.75	M10×1	14	ø8	23
KN4R8	321145	Φ4×0.75	R1/8	10	ø8	24
KN6R8	321165	Φ6×1	R1/8	12	10	27
KN610	321163	Φ6×1	M10×1	14	10	26
KN6R4	321166	Φ6×1	R1/4	14	10	30

卡套式三通

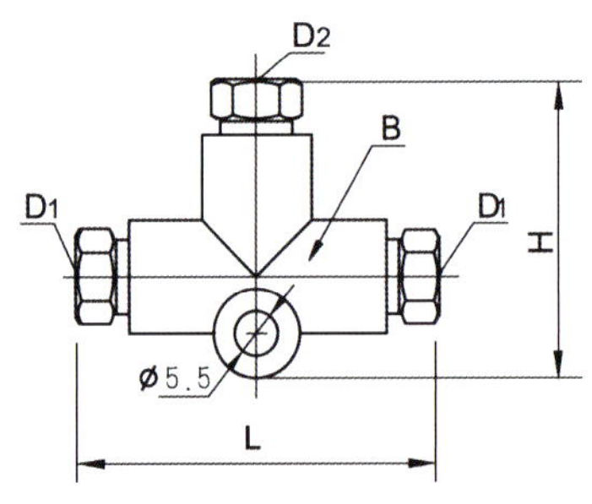

型号	订货号	接管外径		H	L	B
		D1	D2			
STY4	323204	Φ4		32	43	11
STY6	323206	Φ6		36	48	13
STY86	323286	Φ8	Φ6	38	53	15
STY8	323208	Φ8		38	53	15

扩口式三通

型号：STR6 订货号：323106

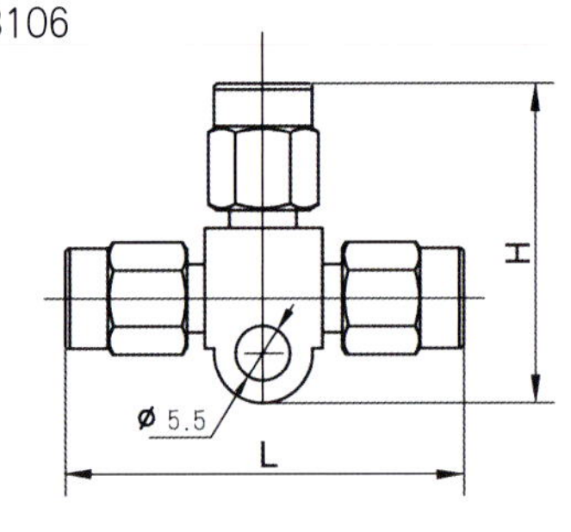

卡套式单向铰接接头

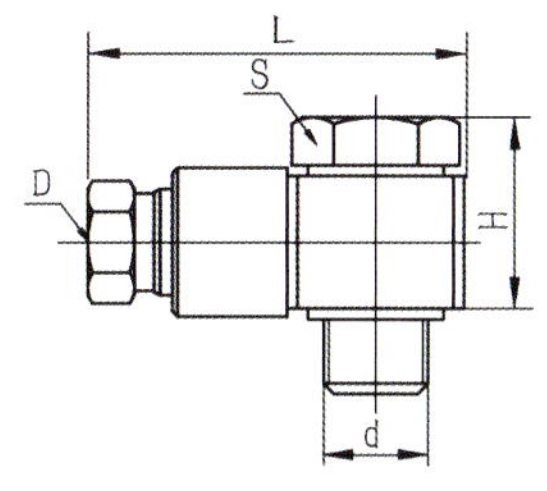

扩口式单向铰接接头

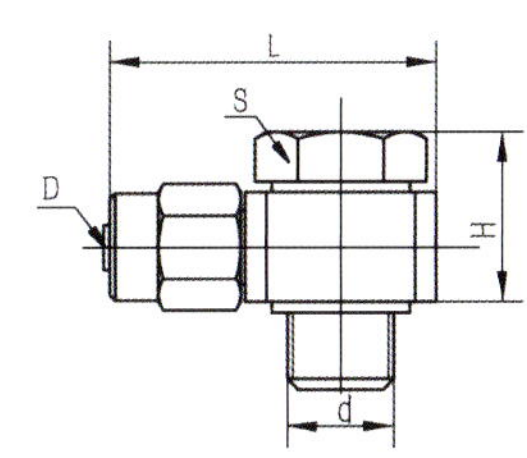

型号	订货号	接管外径 D	d	S	L	H
KWY406	324241	Φ4	M6×1	10	30	16
KWY408	324242	Φ4	M8×1	12	30	17
KWY610	324263	Φ6	M10×1	14	36	19

型号	订货号	接管外径 D	d	S	L	H
KWR406	324141	Φ4	M6×1	10	27	14
KWR408	324142	Φ4	M8×1	12	27	14
KWR610	324163	Φ6	M10×1	14	33	17

卡套式直角双通铰接接头

型号：KWYG6.2

订货号：324463

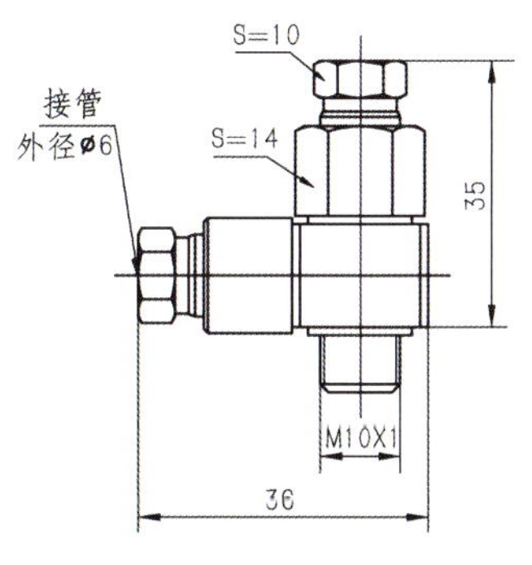

扩口式直角双通铰接接头

型号：KWRG6.2

订货号：324363

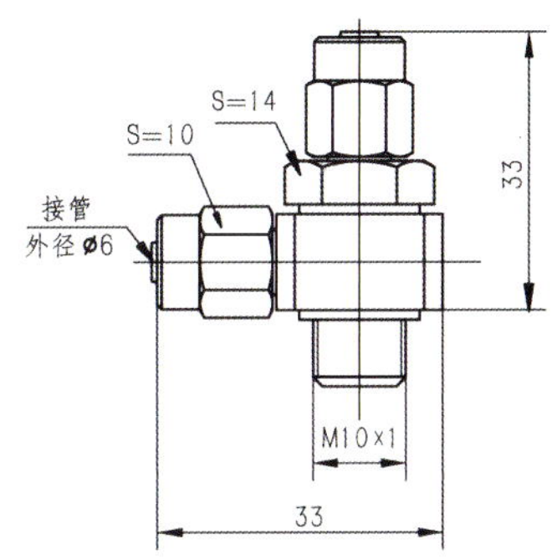

卡套式水平双通铰接接头

型号：KWY6.2

订货号：324463

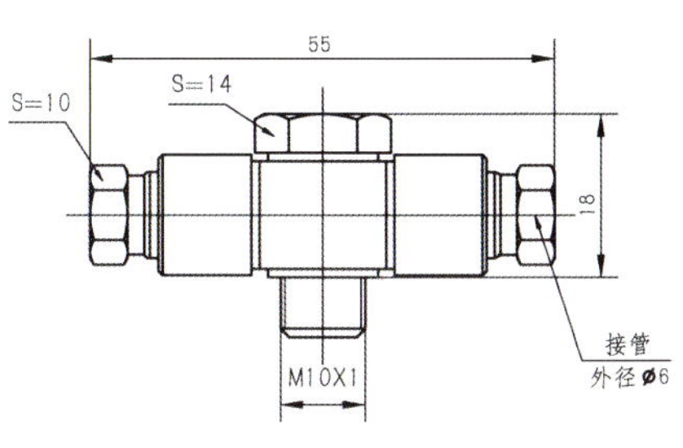

扩口式水平双通铰接接头

型号：KWR6.2

订货号：324563

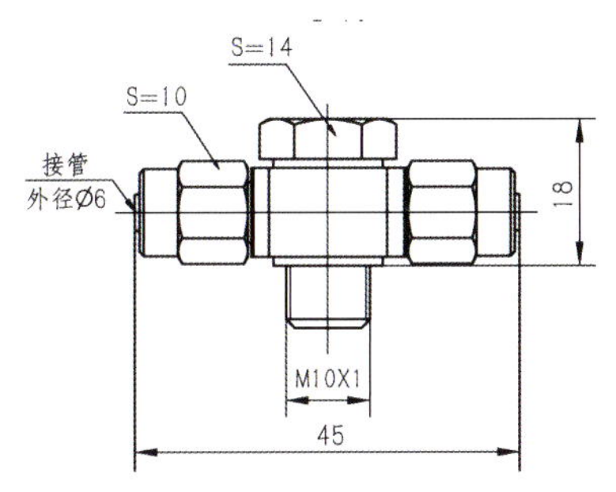

卡套式直角三通铰接接头

型号：KWY6.3
订货号：324863

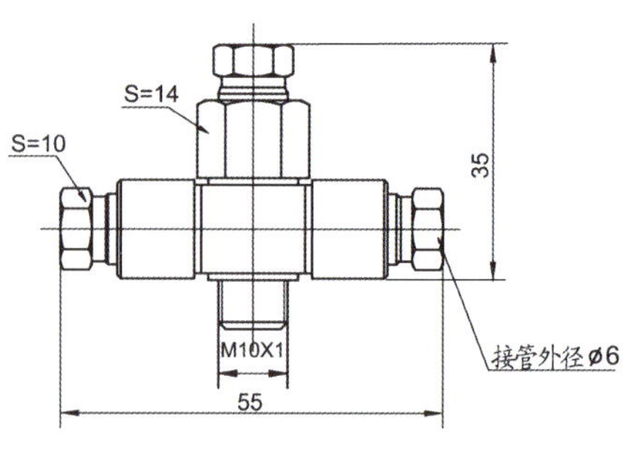

扩口式直角三通铰接接头

型号：KWR6.3
订货号：324763

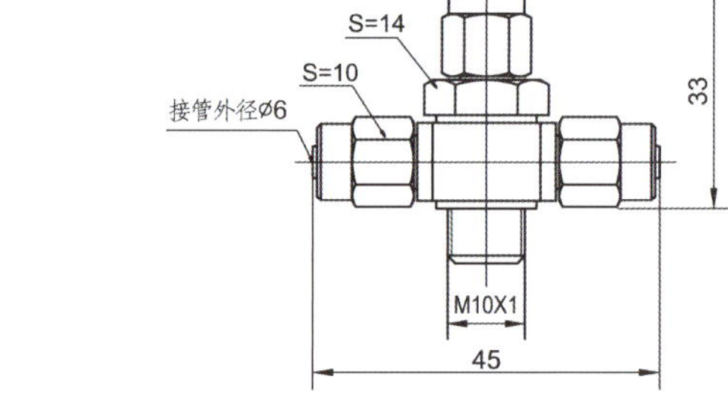

卡套式方形端直角接头

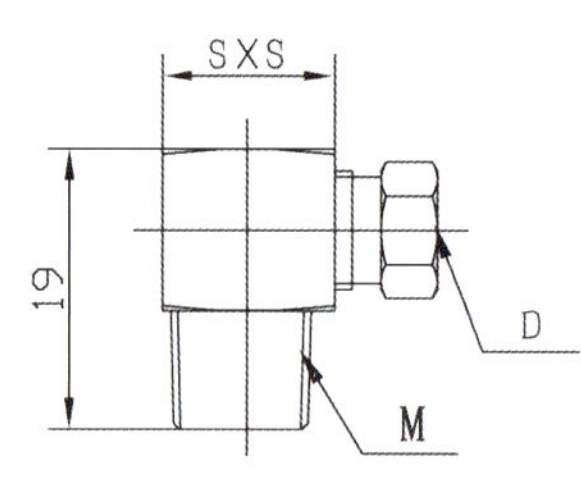

型号	订货号	接管外径D	M	S
DZJF408	322242	Φ4	M8×1	14
DZJF4R8	322245	Φ4	R1/8	14
DZJF408B	322342	Φ4	M8×1	12
DZJF4R8B	322345	Φ4	R1/8	12

卡套式端直角接头

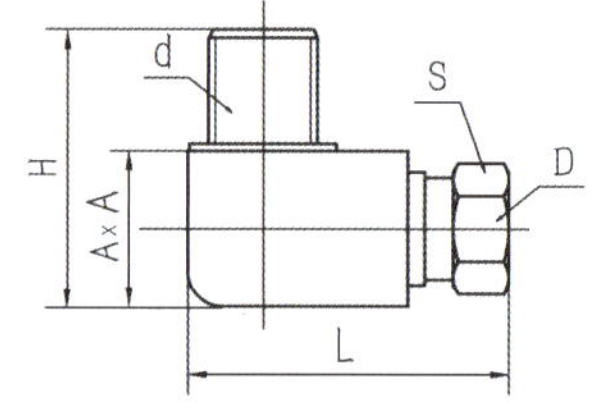

型号	订货号	接管外径D	d	A	D	H	S
DZJF408	322142	Φ4	M8×1	10	23	18	8
DZJF4R8	322145	Φ4	R1/8	10	23	18	8
DZJF4N8	322147	Φ4	NPT1/8	10	23	18	8
DZJF610	322163	Φ6	M10×1	13	27	22	10

卡套式隔壁接头

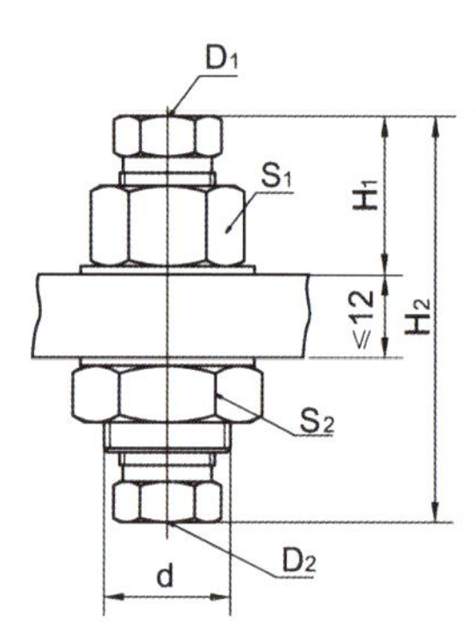

型号	订货号	接管外径D		d	S_1	S_2	H_1	H_2
		D_1	D_2					
FZB606	325266	Φ6	Φ6	M14×1.5	14	19	18	48
FZB806	325286	Φ8	Φ6	M14×1.5	17	19	20	48
FZB608	325268	Φ6	Φ8	M16×1.5	17	21	19	50
FZB808	325288	Φ8	Φ8	M16×1.5	17	21	20	50

上海晔川（帅川）机械刀片有限公司

上海晔川（帅川）机械刀片有限公司，是由从事几十年机械刀片生产经营、技术开发的优秀人才组建起来的民营企业。公司现有员工120余人，专业生产经营印刷、木工、轻工、纺织、造纸、冲剪、塑料、食品各类机械刀片及相关产品。

帅川公司积过去几十年刀片生产经验之大成，结合当今世界的先进工艺、先进技术、自力更生、自主开发、在国内率先采用进口控温仪器镶钢轧制新工艺（国内刀片生产行业唯一一家），高温电炉加热控制复合轧制工艺。使刀片内在质量更可靠、更稳定。公司本着“求真、务实”，“双优一低”（优质产品，优服务，低价位）的经营理念，为创民族品牌，积极参与市场竞争。

帅川公司热忱欢迎国内外新老客户来电、来函、来人订购产品。批量订购，来料加工均可。公司竭诚与海内外同仁携手合作，互惠互利、共展鸿图，获得双赢。

上海晔川（帅川）机械刀片有限公司
地址：上海市嘉定区外冈汇宝路623号
邮编：201806
电话：021-69575091
传真：021-69575090
网址：www.shshanchuan.com
邮箱：sales@shshanchuan.com

高速钢切纸机刀

公司生产的高速钢切纸机刀，刀刃材料是SKH2。是高精度裁切印钞纸，玻璃纸，高克数铜板纸等的理想刀片。具有高达HRC64以上的硬度，使用寿命比合金工具钢切纸机刀要长数倍。

切纸机刀片

切纸机刀用于印刷，造纸行业裁切各种纸张。公司生产的切纸机刀刀刃钢使用高速工具钢SKH2和合金工具钢二种材料。经过镶钢或复合轧制，科学的热处理，使刀片具有高强度，高耐磨性和较长的使用寿命。

公司生产的切纸机刀规格齐全，可配套用于国内外生产的各种规格的切纸机。在国内外享有很高的声誉。

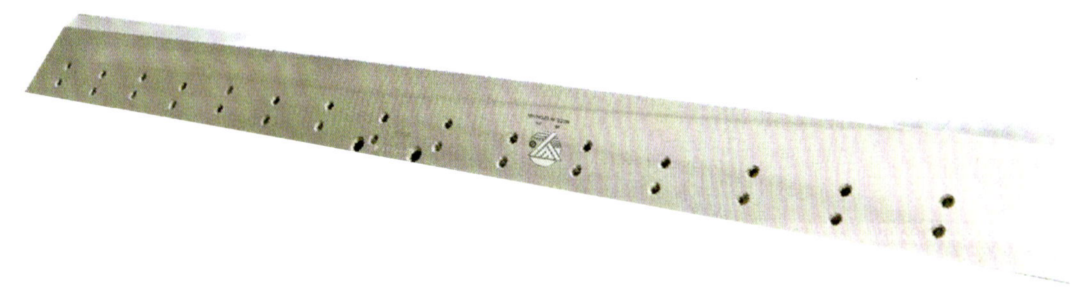

旋切机刀片

公司生产的旋切机刀，刀刃钢材料使用合金工具钢和A906钢。A906钢是进口新品种材料。采用新的轧制和热处理工艺，韧性和耐磨性比合金工具钢要提高1～2倍。旋切时碰到树节不易崩刃，不易卷刃。可旋切各种树木。

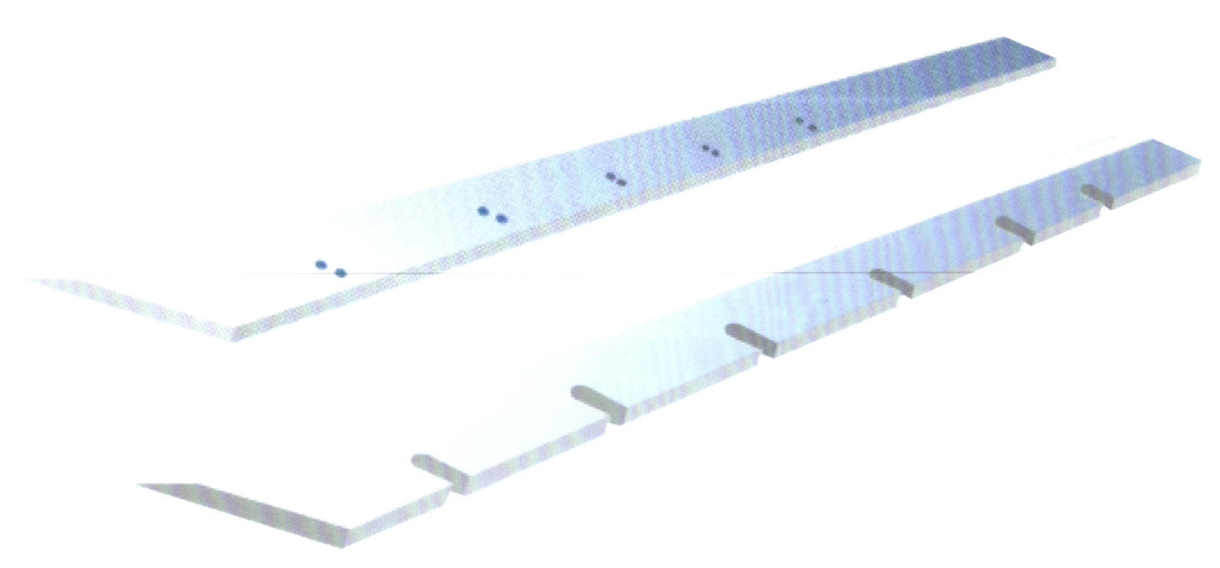

三面切书机刀片

图号 NUMBER	规格MM DIMENSIONS	刀刃材料 MATERIAL	钢宽MM BREADTH	硬度 HARDNESS
	382×127×12.7	A	58~63	60~64
	382×127×12.7	H	58~63	60~67
	475×127×12.7	A	58~63	60~64
	475×127×12.7	H	58~63	60~67
	372×127×12.7	A	58~63	60~64
	372×127×12.7	H	58~63	60~67
	494×127×12.7	A	58~63	60~64
	494×127×12.7	H	58~63	60~67

高速钢切纸机刀片

图号 NUMBER	规格MM DIMENSIONS	刀刃材料 MATERIAL	钢宽MM BREADTH	硬度 HARDNESS
QZ–001A	1065×127×127	A	58~63	60~64
QZ–001H	1065×127×12.7	H	58~63	60~67
QZ–002A	1520×127×12.7	A	58~63	60~64
QZ–002H	1520×160×12.7	H	58~63	60~67
QZ–003A	1390×160×12.7	A	70~75	60~64
QZ–003H	1390×160×12.7	H	70~75	60~67
QZ–004A	1390×160×13.7	A	70~75	60~64
QZ–004H	1390×160×13.7	H	70~75	60~67
QZ–005A	1605×160×13.7	A	70~75	60~64
QZ–005H	1605×160×13.7	H	70~75	60~67
QZ–006A	1790×160×12.7	A	70~75	60~64
QZ–006H	1790×160×12.7	H	70~75	60~67
QZ–007A	1080×127×12.7	A	58~63	60~64
QZ–007H	1080×127×12.7	H	58~63	60~67
QZ–008A	1270×127×12.7	A	58~63	60~64
QZ–008H	1270×127×12.7	H	58~63	60~67
QZ–009A	1350×127×12.7	A	58~63	60~64
QZ–009H	1350×127×12.7	H	58~63	60~67
QZ–010A	1370×127×12.7	A	58~63	60~64
QZ–010H	1370×127×12.7	H	58~63	60~67
QZ–017	1955.8×127×12.6	A	58~63	60~64
QZ–011H	1400×127×12.7	H	58~63	60~67
QZ–012A	1450×127×12.7	A	58~63	60~64
QZ–012H	1450×127×12.7	H	58~63	60~67
QZ–013A	1920×150×13.57	A	70~75	60~64

旋切、刨切机刀片

图号 NUMBER	规格MM DIMENSIONS	刀刃材料 MATERIAL	钢宽MM BREADTH	硬度 HARDNESS
XQ–001	1100×180×16	A(G)	78～82	58～62
XQ–002	1400×180×16	A(G)	78～82	58～62
XQ–003	1500×180×16	A(G)	78～82	58～62
XQ–004	2100×180×16	A(G)	78～82	58～62
XQ–005	2150×180×16	A(G)	78～82	58～62
XQ–006	2350×180×16	A(G)	78～82	58～62
XQ–008	2750×180×16	A(G)	78～82	58～62
XQ–007	2450×180×16	A(G)	78～82	58～62
XQ–008	2800×180×16	A(G)	78～82	58～62
XQ–009	2750×180×19	A(G)	75～79	58～62
XQ–010	3000×200×20	A(G)	75～79	58～62
XQ–13250	3350×200×24	A(G)	75～79	58～62
XQ–11100	1110×200×16	A(G)	75～79	58～62
XQ–11400	1400×200×16	A(G)	75～79	58～62
XQ–11524	1524×200×16	A(G)	75～79	58～62
XQ–12450	2450×200×16	A(G)	75～79	58～62
XQ–12750	2750×200×16	A(G)	75～79	58～62
XQ–12760	2760×200×16	A(G)	75～79	58～62
XQ–21100	1100×180×18	A(G)	78～82	58～62
XQ–21400	1400×180×18	A(G)	78～82	58～62
XQ–21500	2150×180×18	A(G)	78～82	58～62
XQ–22250	2350×180×18	A(G)	78～82	58～62
XQ–22350	2350×180×18	A(G)	78～82	58～62

刨切机刀

公司生产的刨切机刀，刀刃钢材料使用高速工具钢和高合金工具钢A369。是目前市场上最高档的材料。A369工具钢是国外新型工具钢，具有较高的强度和耐磨性，特别适合刨切檀木，榉木，枫木，橡木等。

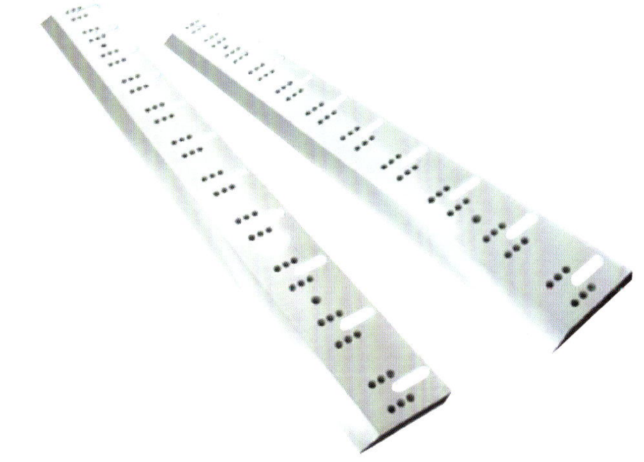

地毯刀

公司采用新设计，新工艺研发的拼装式高速地毯刀，裁切干净，拼缝严密。大大提高了工作效益，深受上海、无锡等地骨干地毯厂的欢迎。

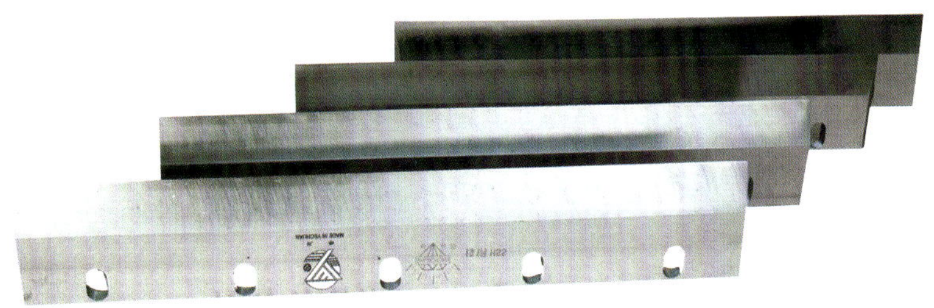

削片刀

经过探索和试验，公司开发了一种适用削片刀的新材料和新工艺。能有效防止削片刀因在恶劣使用环境中造成的高温退火，解决了该行业多年的难题。现已在广东、广西、河北等地广泛使用，以替代昂贵的进口刀。

轻工机械刀片

轻工机械刀片用于塑料粉碎、火柴切梗、橡胶刮浆、食品加工、烟草行业等。材料和品种繁多。欢迎来图加工。

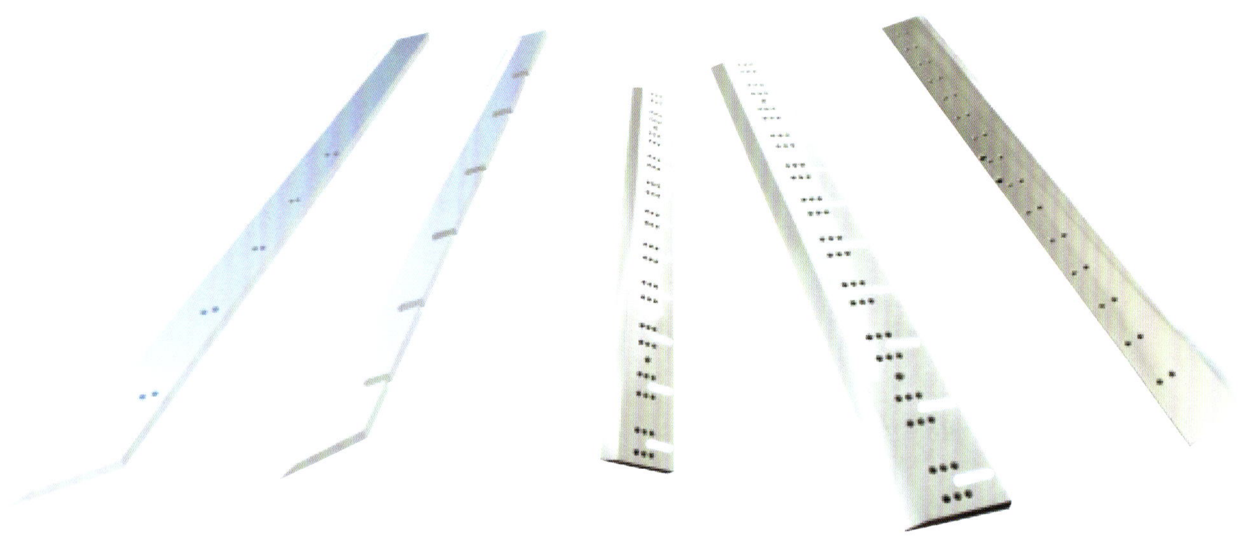

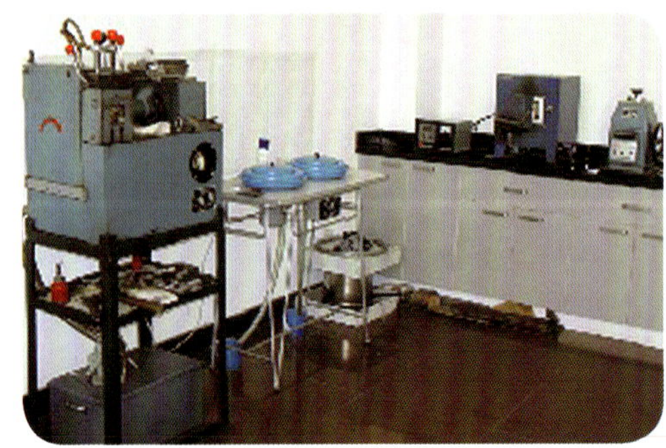

公司金相实验室

实验室一角

北京银鑫瑞福印刷设备有限公司

北京银鑫瑞福印刷设备有限公司，创建于1990年（原名：北京银鑫瑞福印刷机械配件厂）。

公司现有职工150人，其中工程技术人员及高级技师15人，曾在机械制造行业及印机行业技术工作方面起到过重要作用，工作经验十分丰富。

公司下属两个分厂，现有加工设备（车、铣、刨、磨）40余台。并配以专业的技术技能指导，综合加工能力在同行业中名列前茅。

在创业十余年中，公司严把质量关，注重服务、信誉，业绩不断提升。业务范围已发展到全国近20余个省市，产品已发展到2000余种。

地址：北京市大兴区榆垡南各庄

邮编：102602

电话：010-89263887

传真：010-89264616

邮箱：yinxinruifu@126.com

产品介绍

部装件

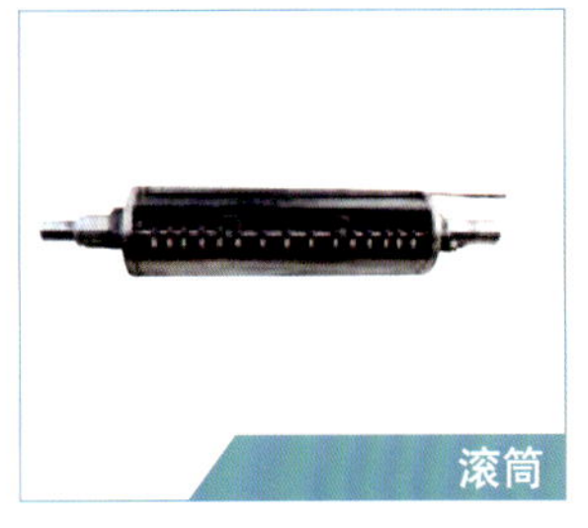
滚筒

输纸头

输纸头2

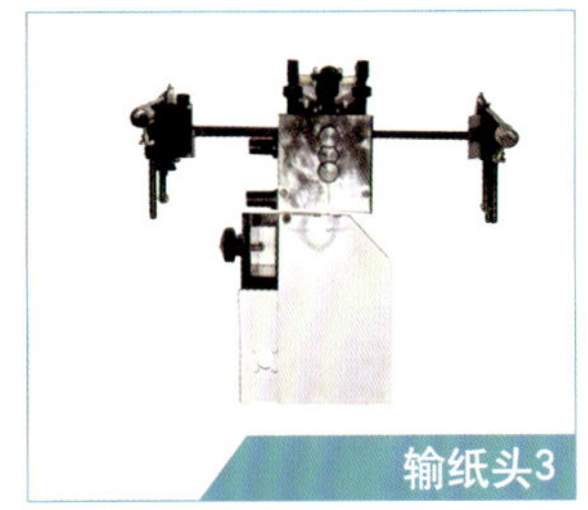
输纸头3

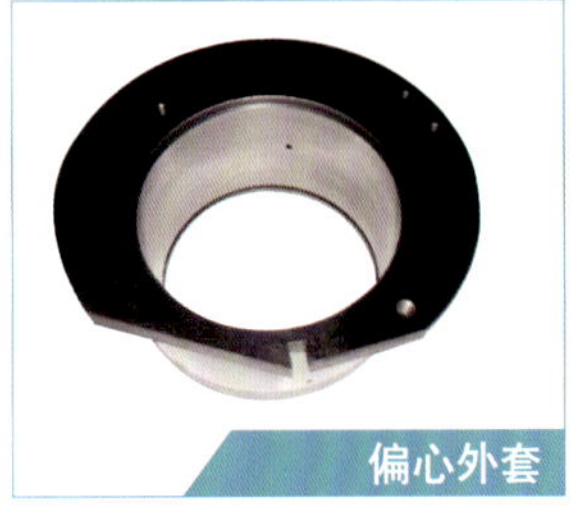
偏心外套

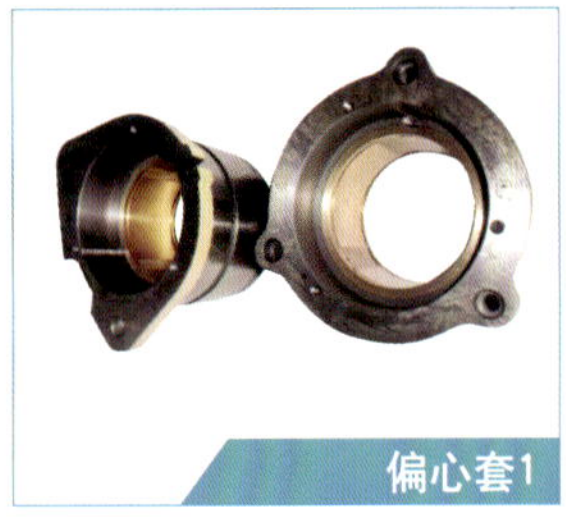
偏心套1

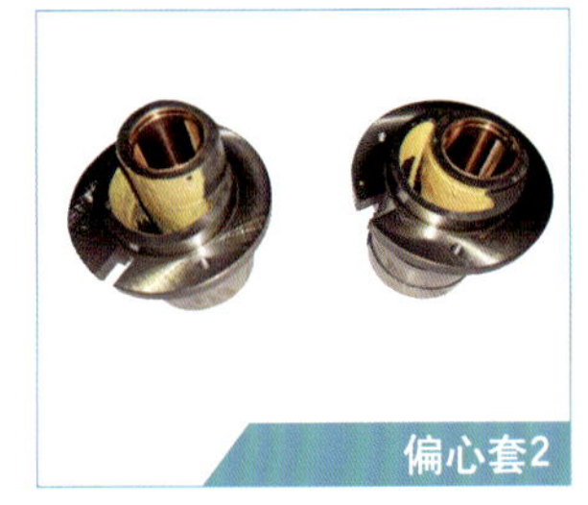
偏心套2

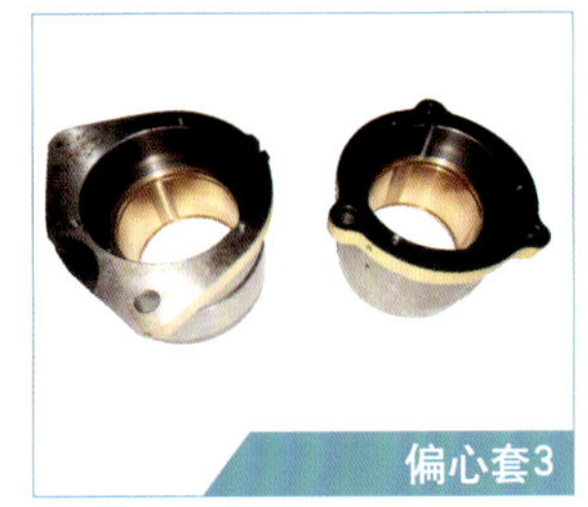
偏心套3

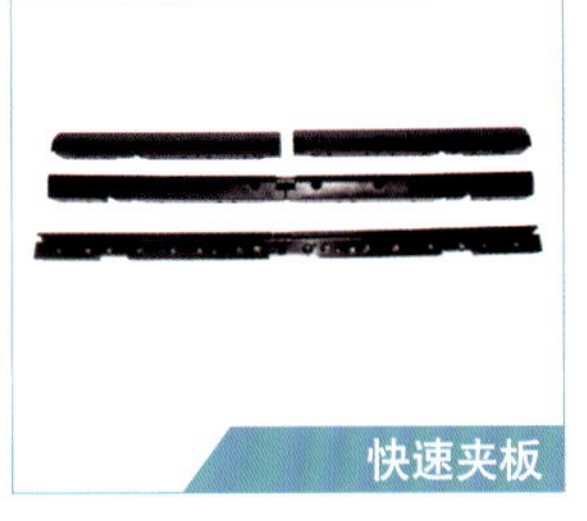
快速夹板

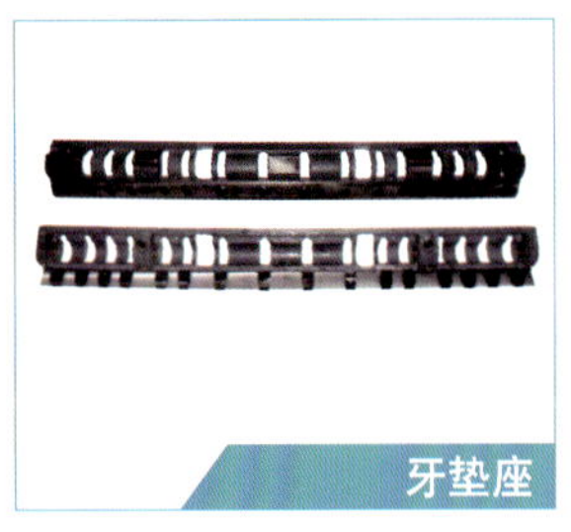
牙垫座

拉规

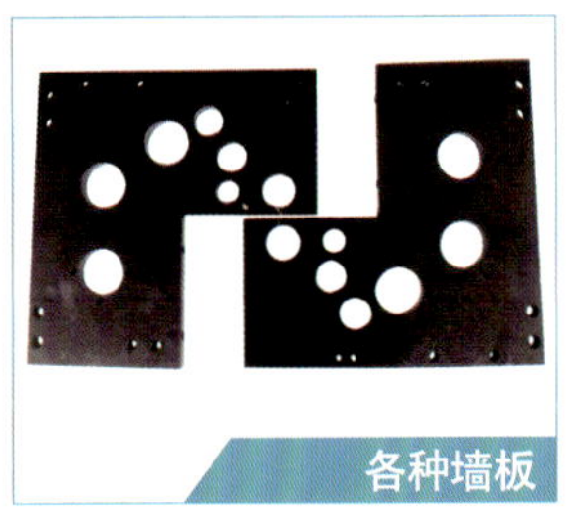
各种墙板

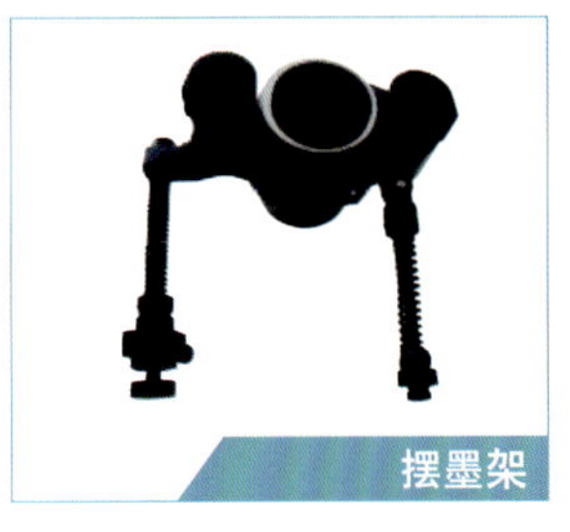
摆墨架

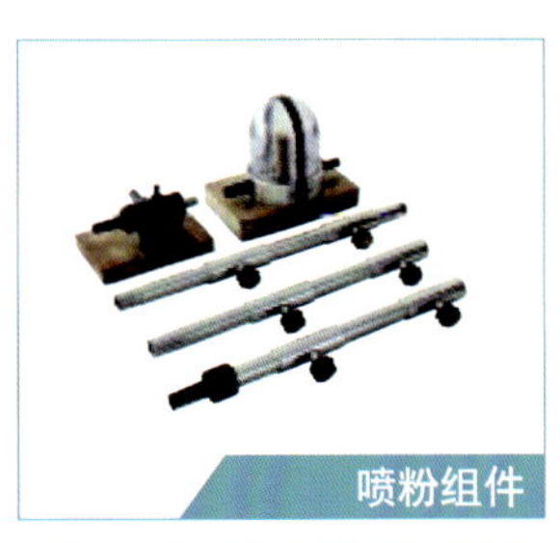
喷粉组件

夹布胶木板

给纸机

组件

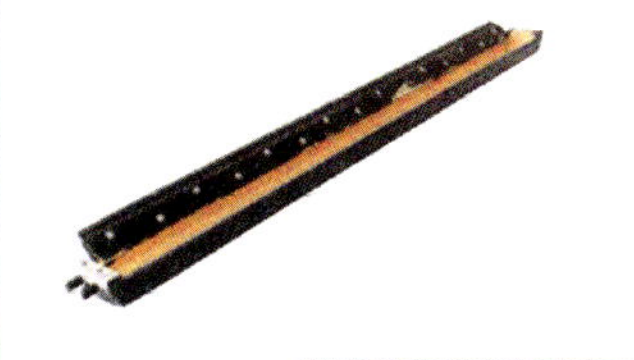
洗墨器

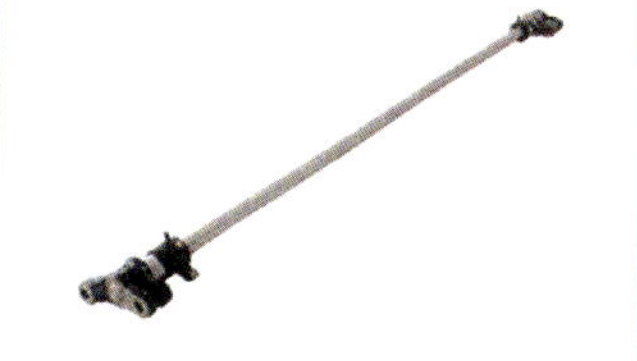
牙排总成

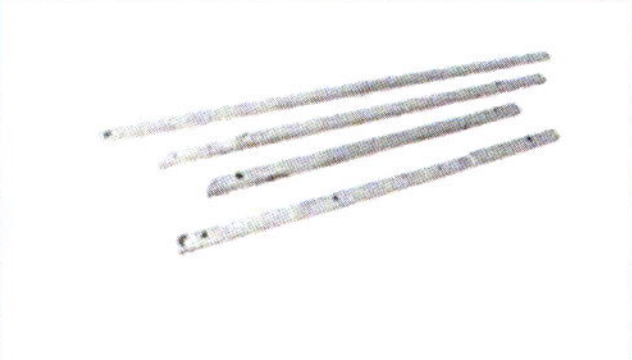
直导轨

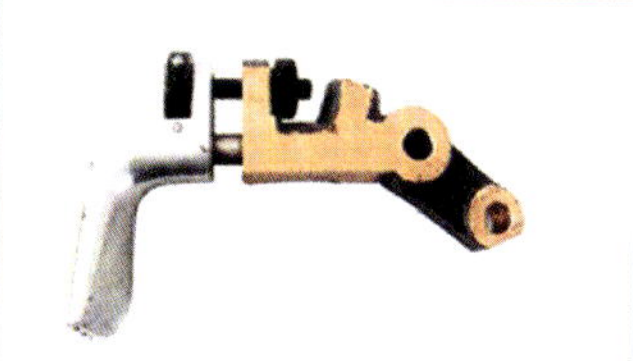
压脚组装

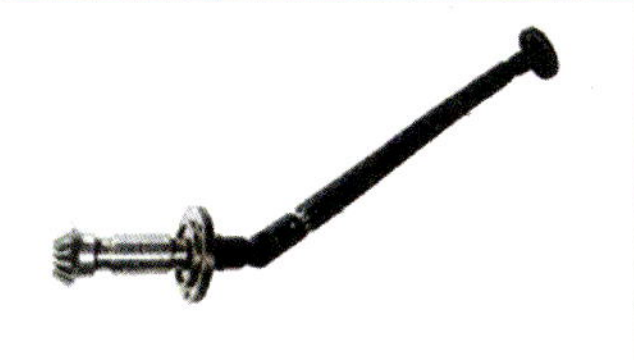
部分组装

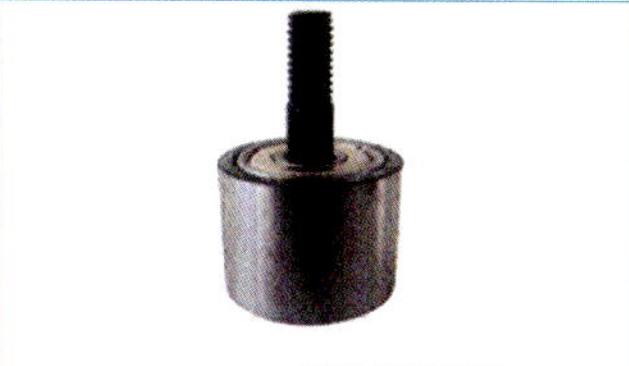
滚子组装

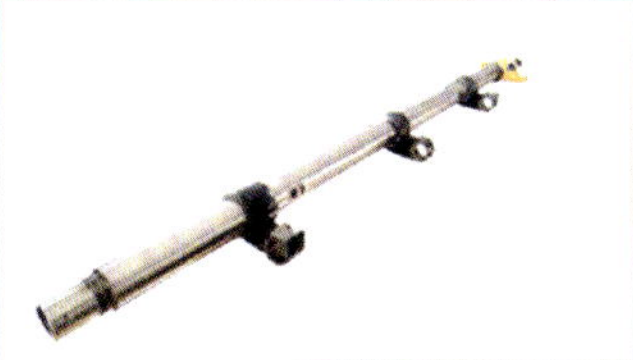
摆动轴组装

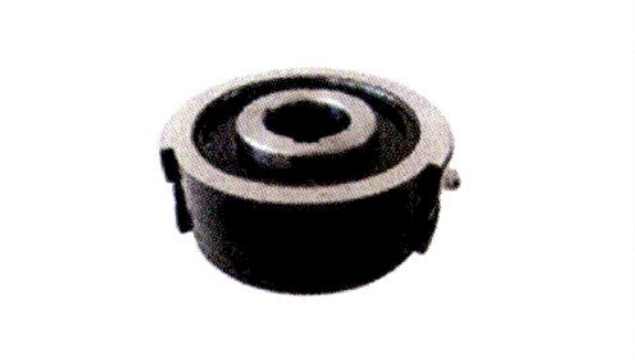
超越离合器

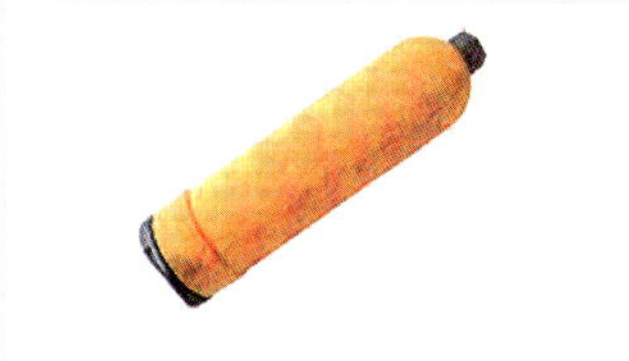
过滤器总成

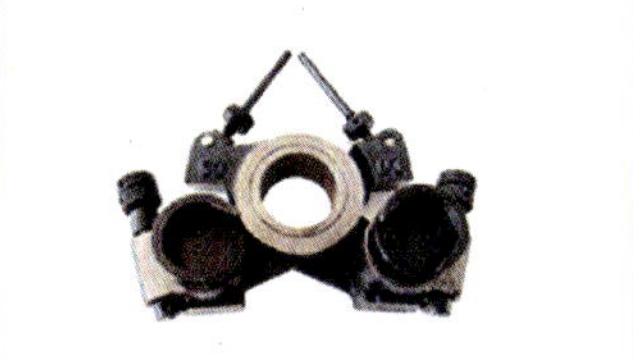
摆架总成系列

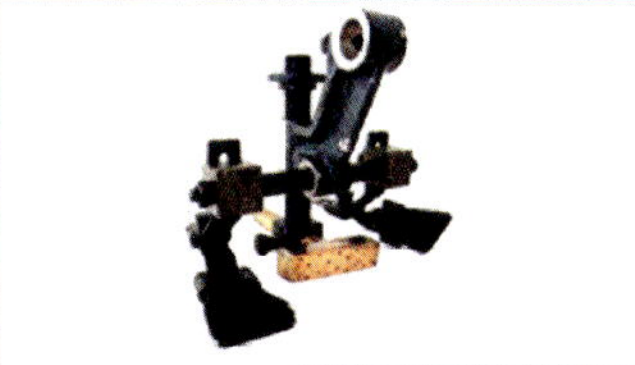
吹嘴架组装

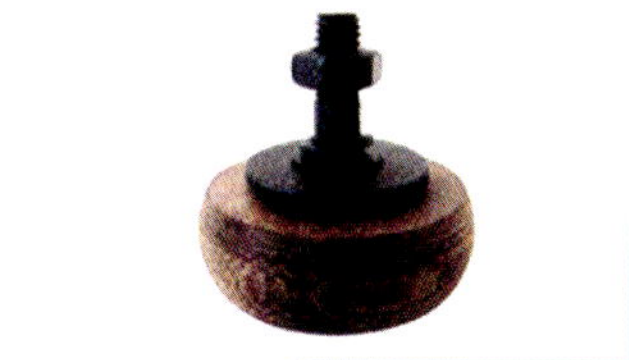
接纸轮组装

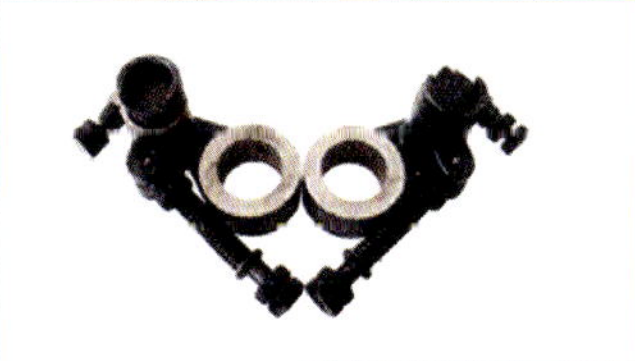
摆架总成系列A

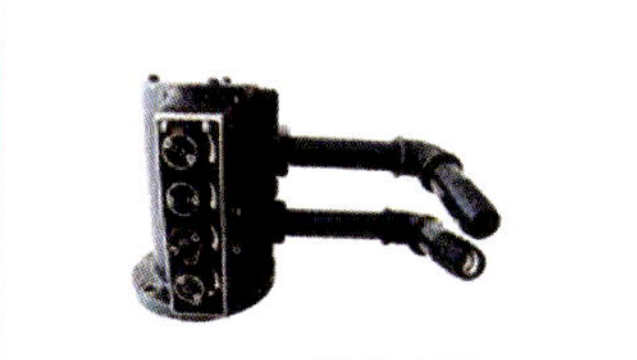
阀套总成

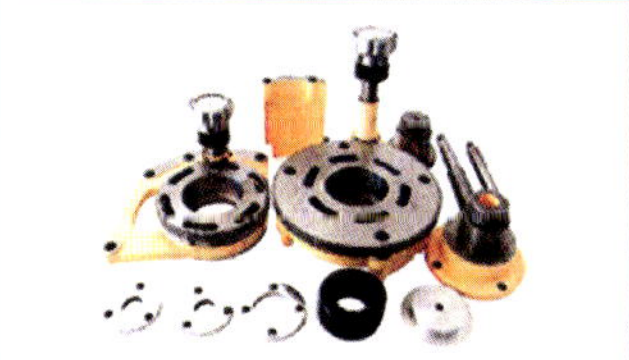
拉版机构

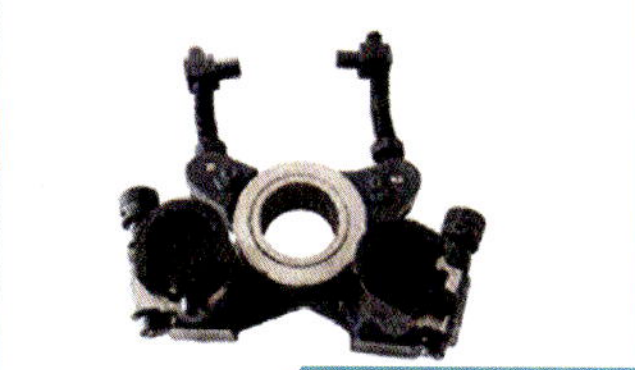
摆架总成系列B

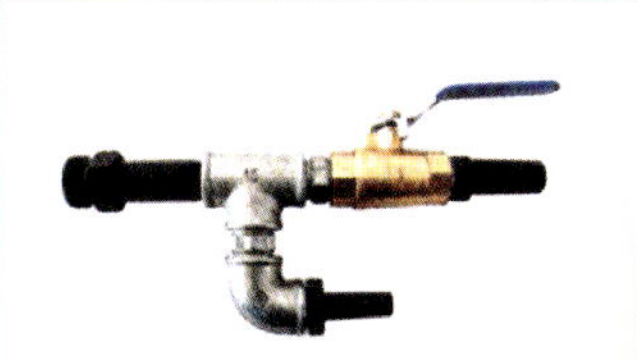
分气阀组装

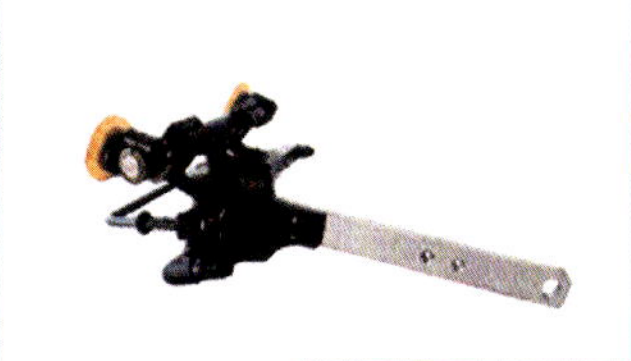
气缸大组装

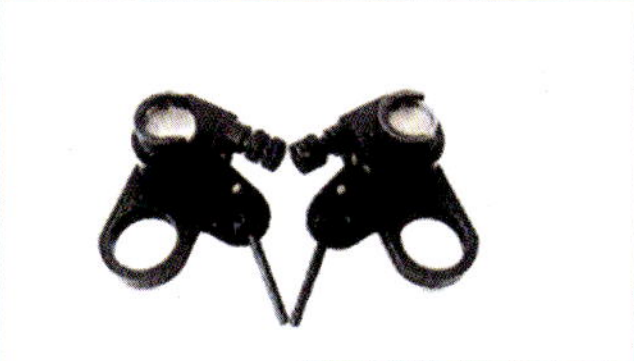
摆体总成系列

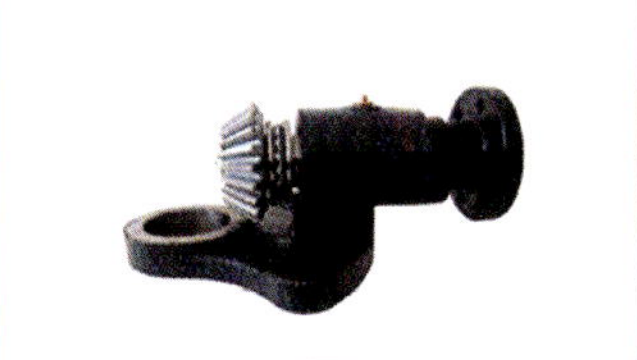
固定架组装

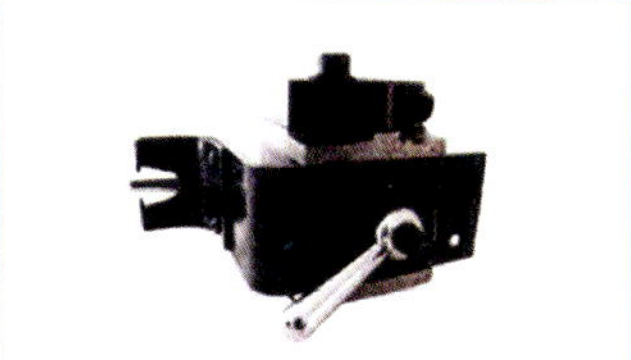
前规组装

地址：北京市大兴区榆垡南各庄　邮编：102602　电话：010-89263887
传真：010-89264616　邮箱：yinxinruifu@126.com

组件

凸轮大组装
摇把总成
开牙板B
凸轮组装
支架总成
开牙板C
压脚组装
轴总成
曲线板
牙排总成
合压凸轮
凸块A
亚洲总成A
接纸凸轮A
凸块B
亚洲总成B
接纸凸轮B
凸块C
亚洲总成C
开牙板A
凸轮

零件

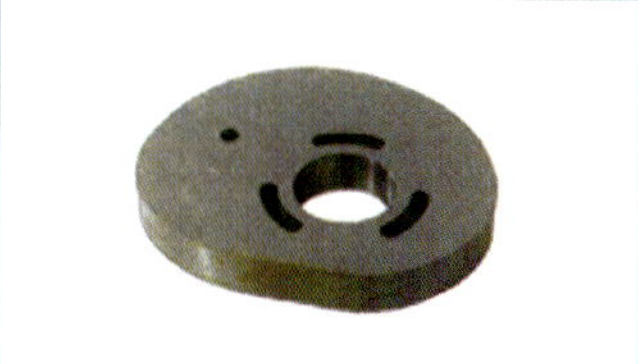
凸轮A

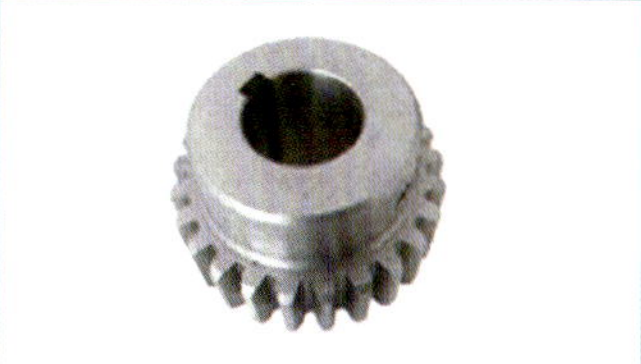
齿轮

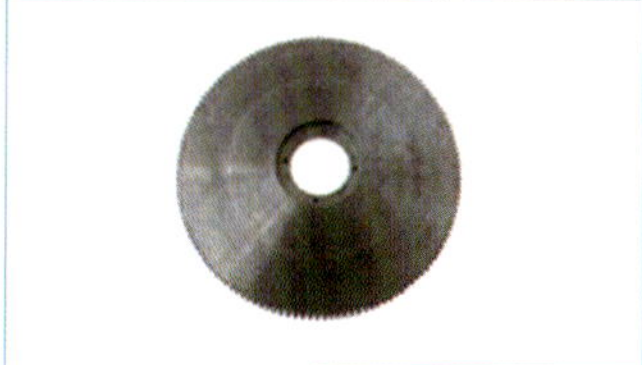
齿轮

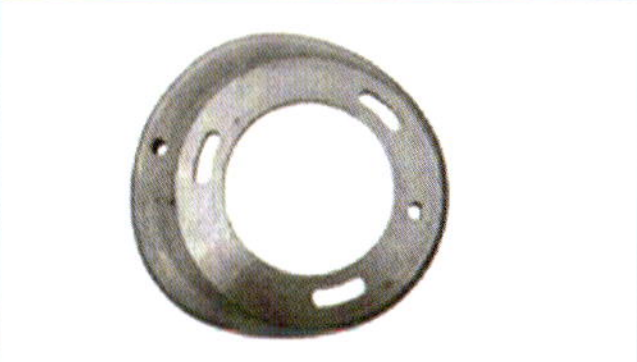
凸轮B

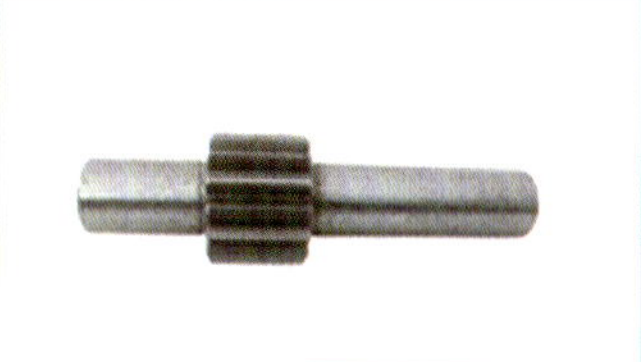
齿轮

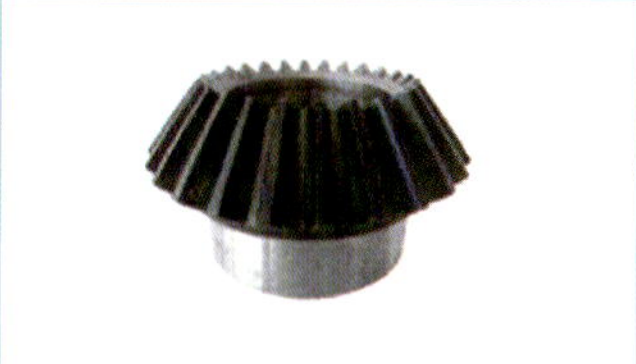
圆锥齿轮

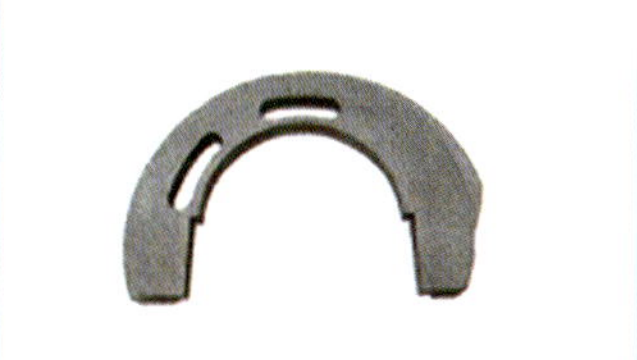
凸轮C

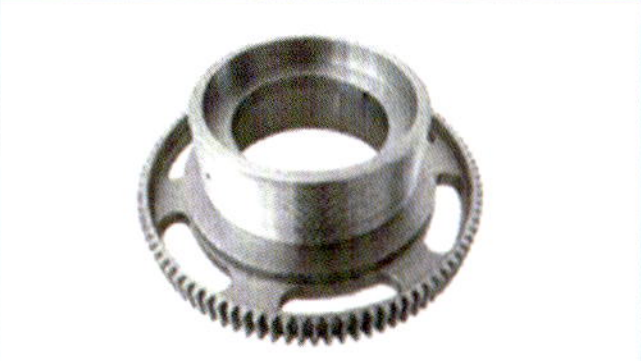
齿轮

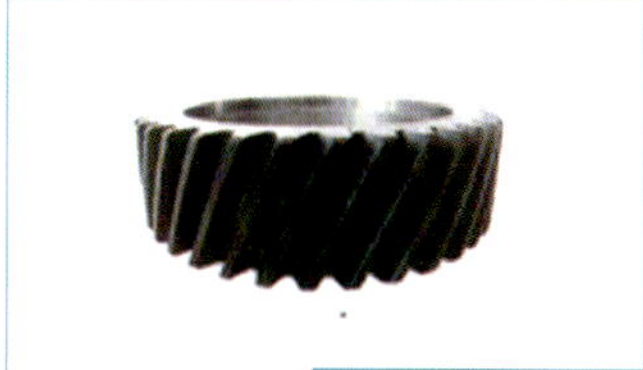
齿轮

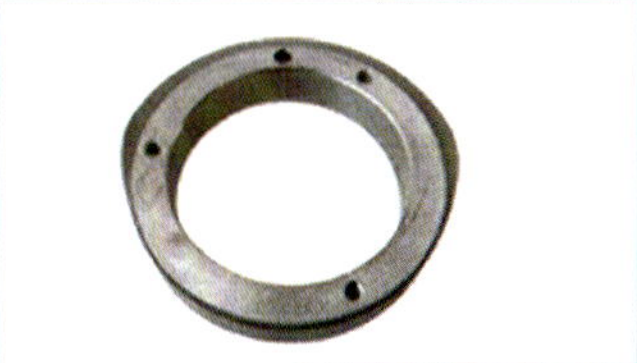
凸轮D

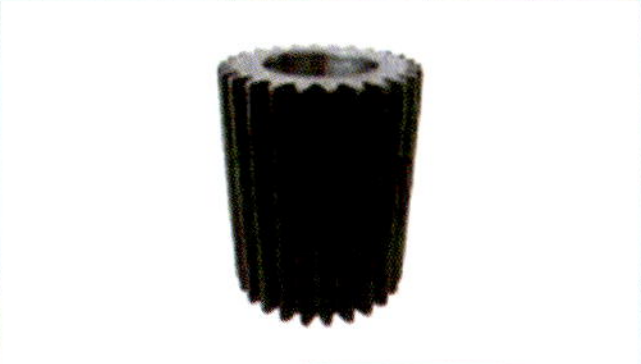
齿轮

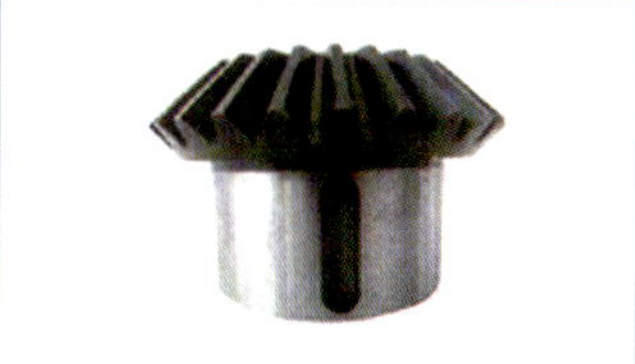
圆锥齿轮

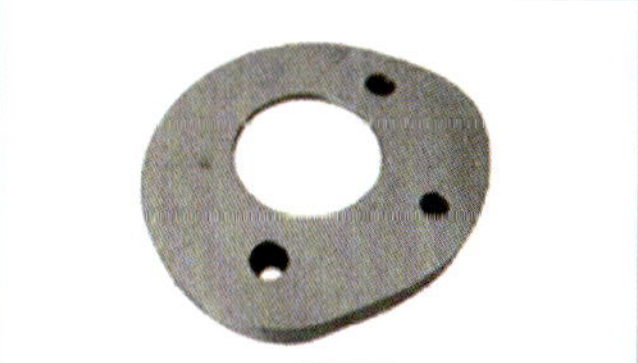
凸轮E

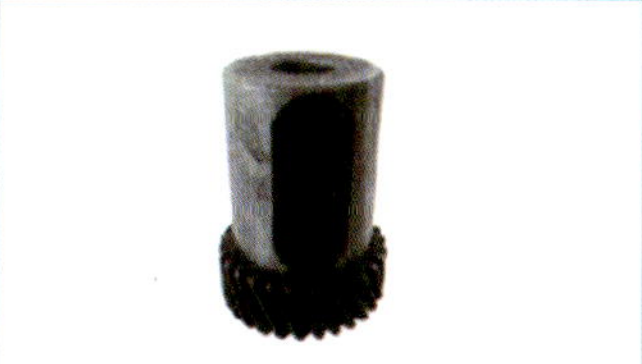
齿轮

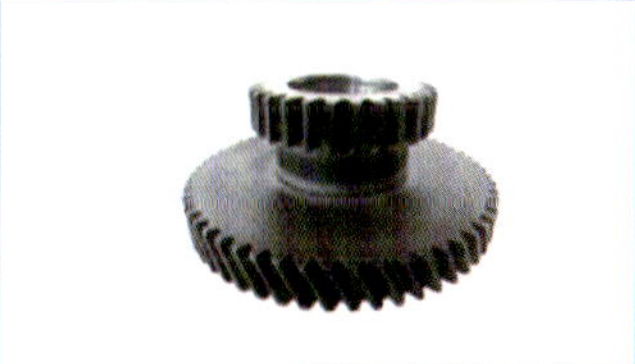
齿轮

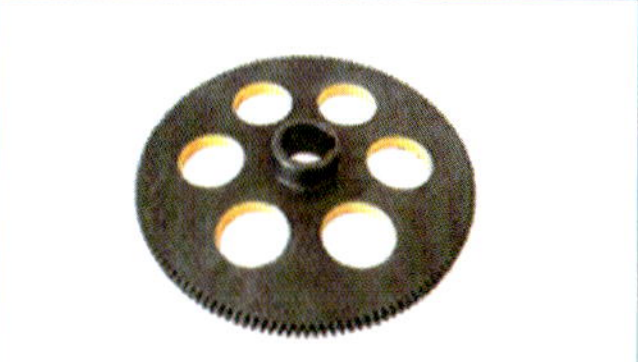
齿轮

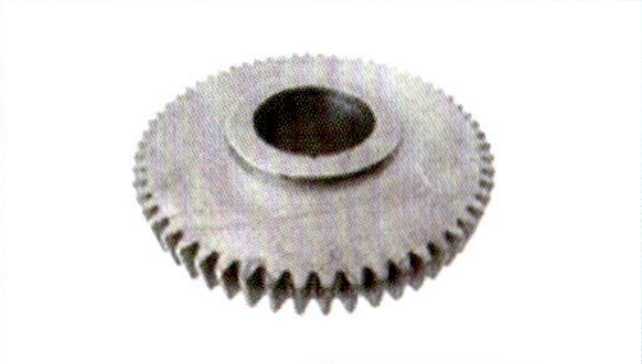
齿轮

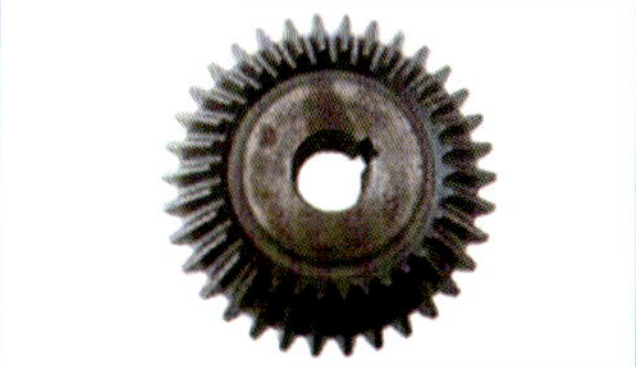
圆锥齿轮

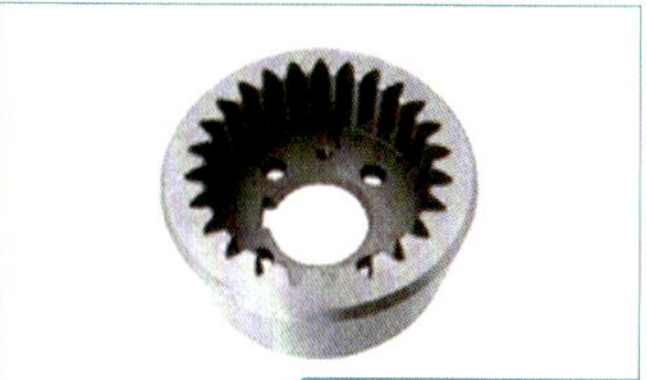
内齿轮

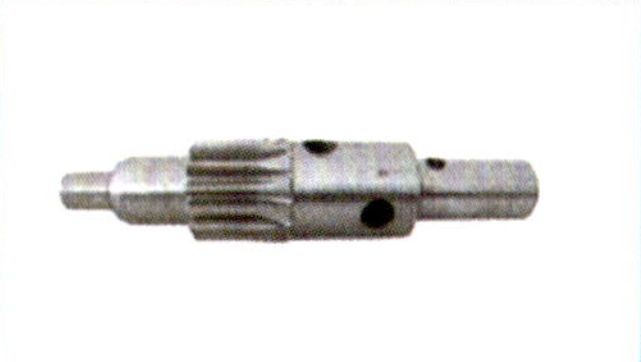
齿轮

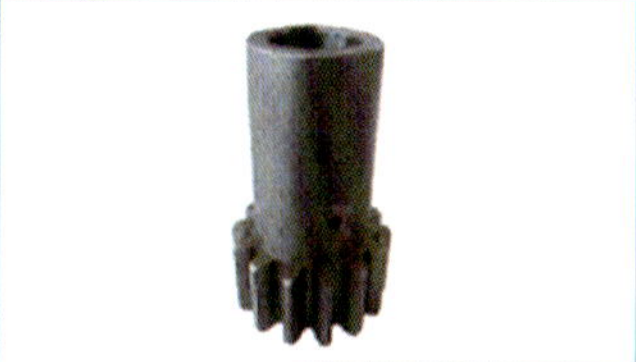
齿轮

地址：北京市大兴区榆垡南各庄　　邮编：102602　　电话：010-89263887
传真：010-89264616　　邮箱：yinxinruifu@126.com

零件

齿轮
齿块
斜齿轮B
内齿轮
斜齿轮
齿轮
齿轮
齿轮
斜齿轮
斜齿轮
齿轮
齿轮
齿轮
斜齿轮
斜齿轮
斜齿轮
花键轴
齿轮
给纸机齿轮系列
圆锥齿轮
圆锥齿轮

零件

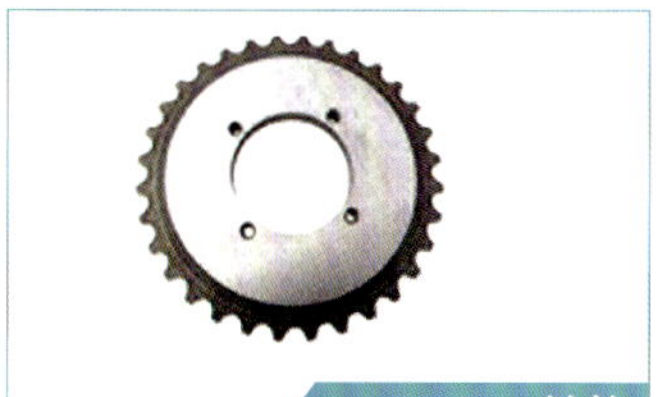
链轮

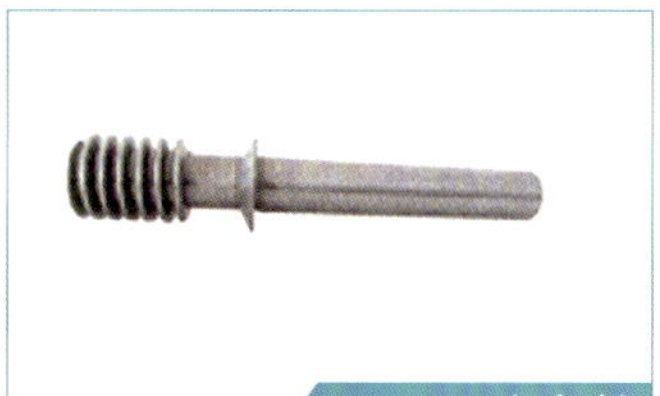
蜗杆轴

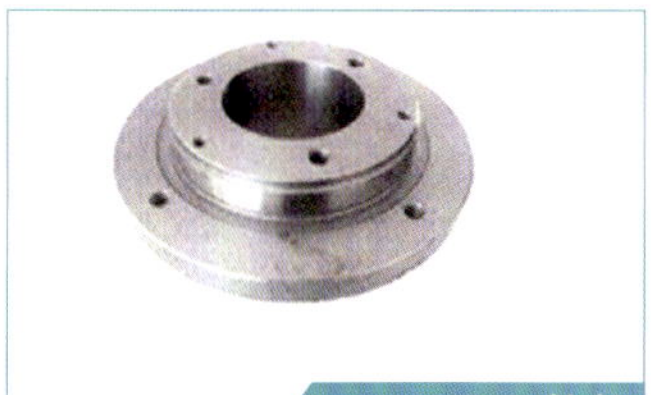
轮毂

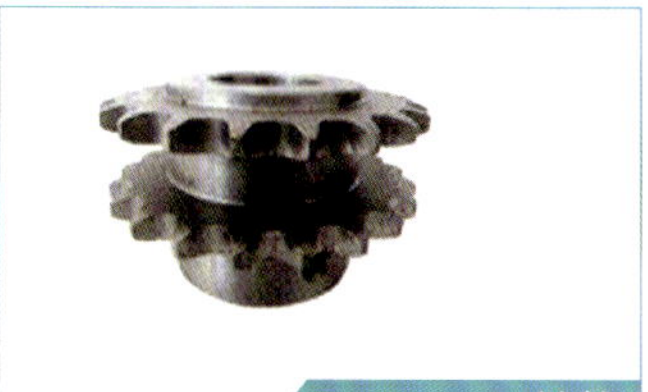
链轮

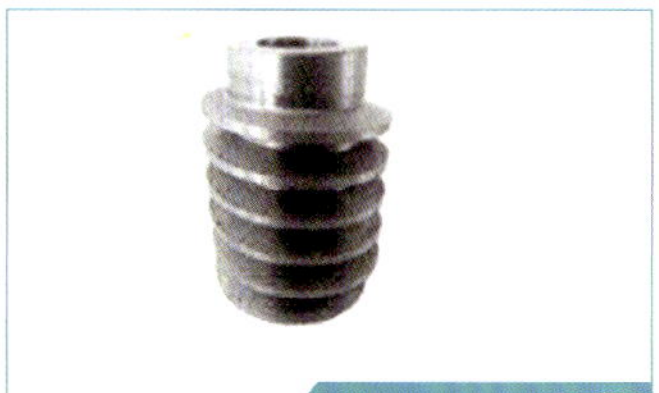
蜗杆

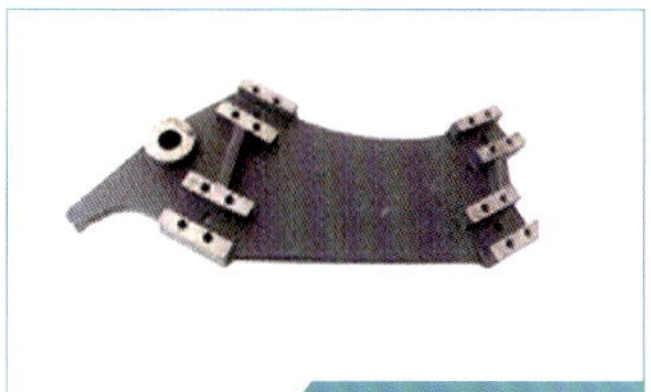
支架

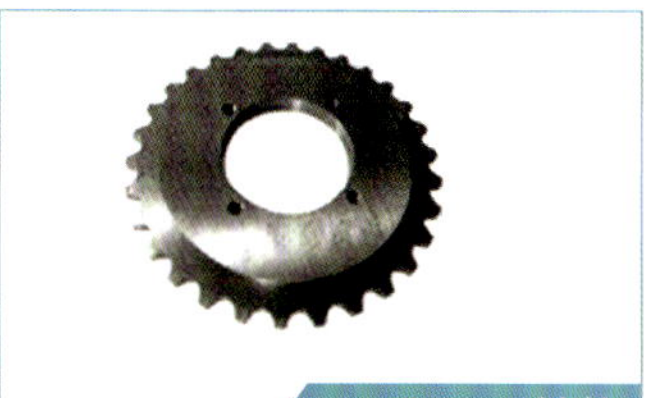
链轮

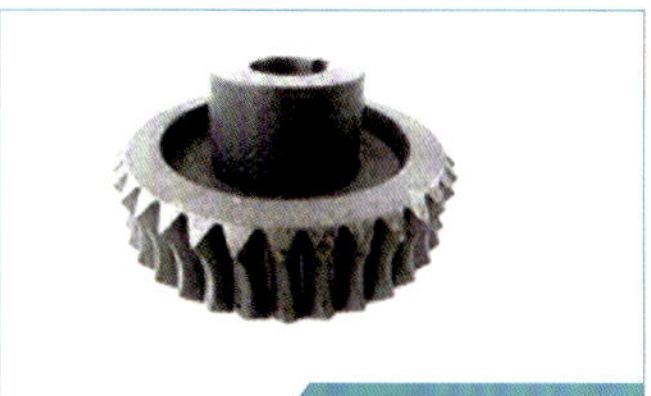
蜗轮

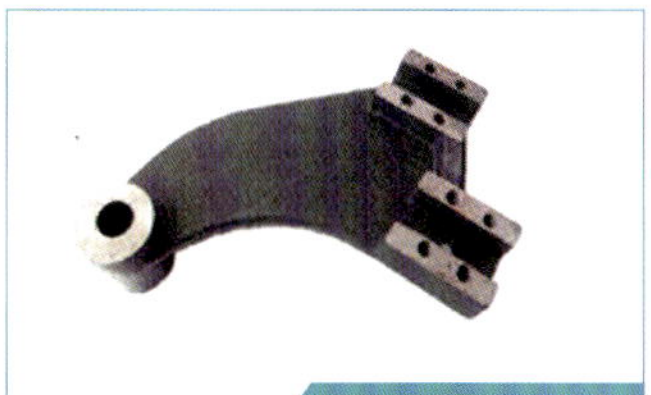
支架

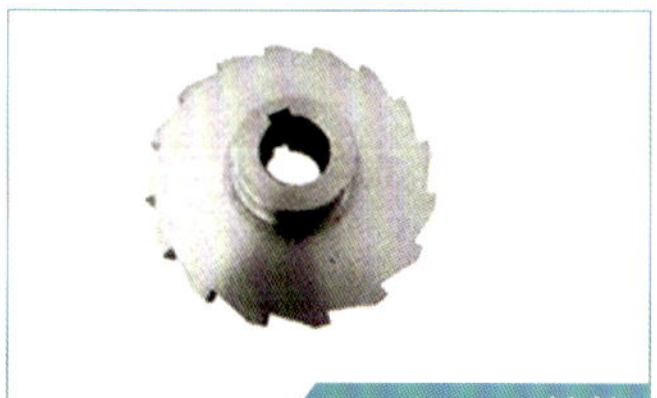
棘轮

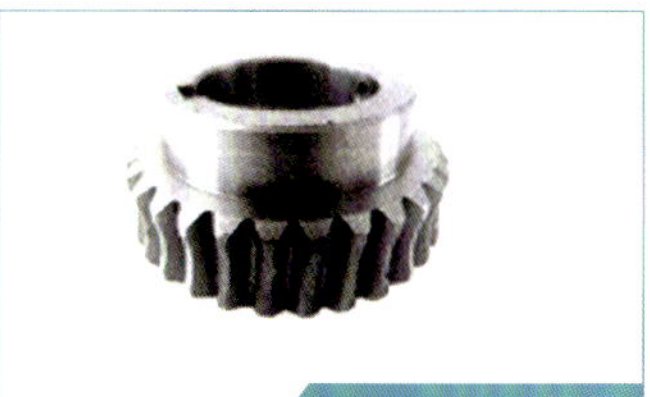
蜗轮

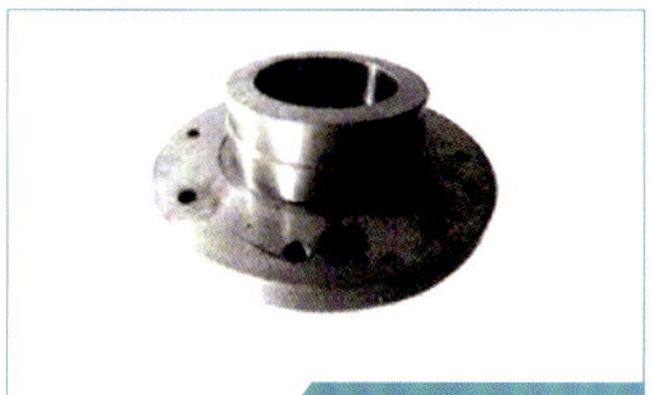
轮毂

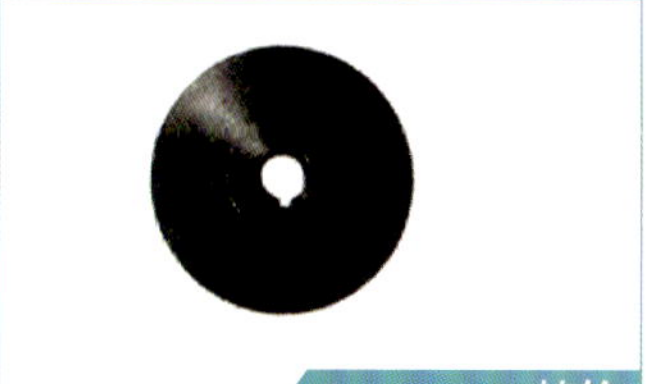
棘轮

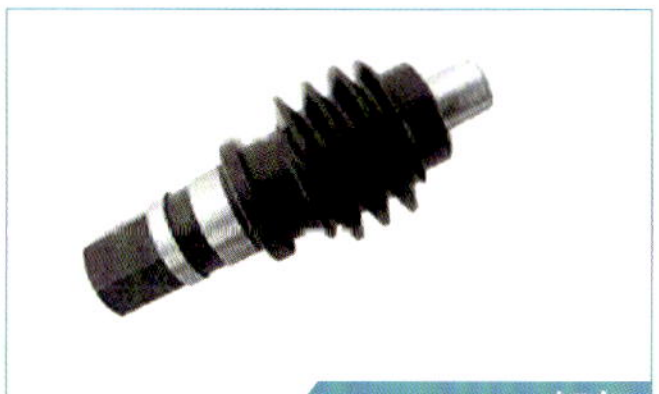
蜗杆

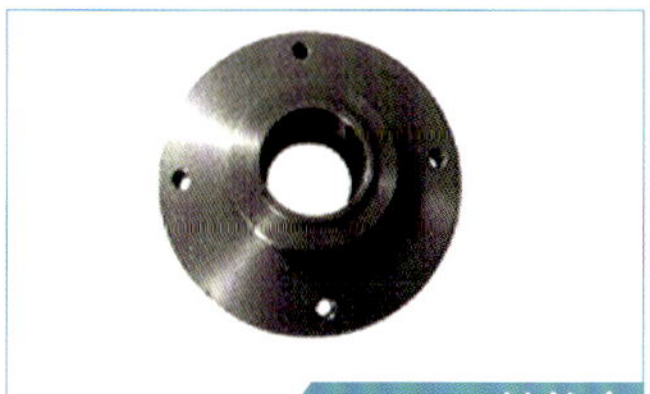
链轮座

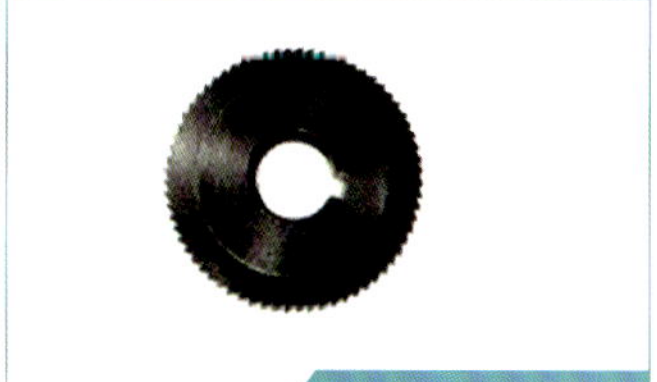
棘轮

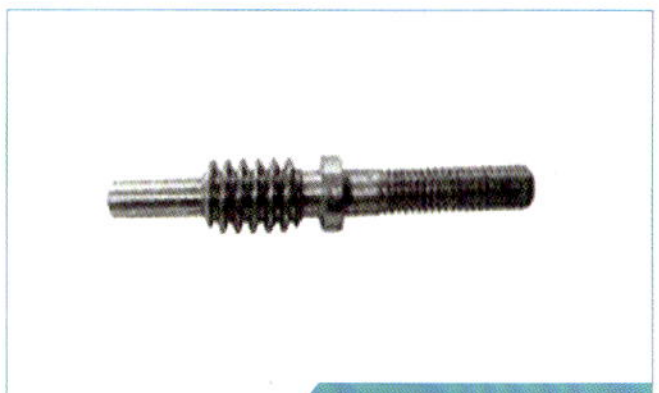
蜗杆

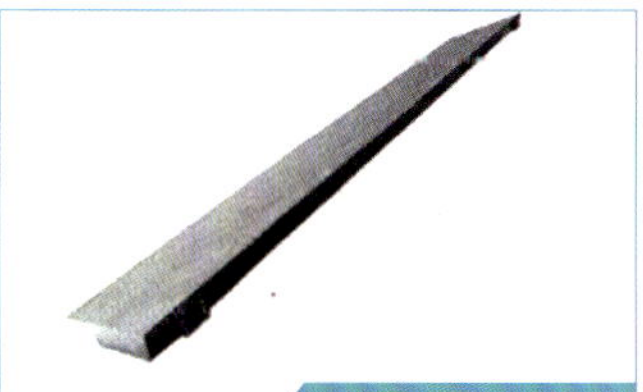
墨刀总成

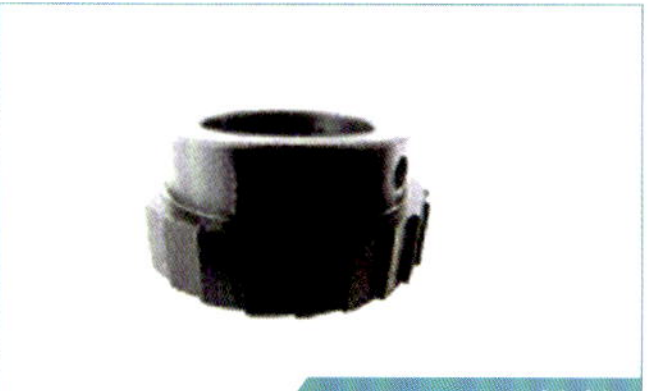
棘轮

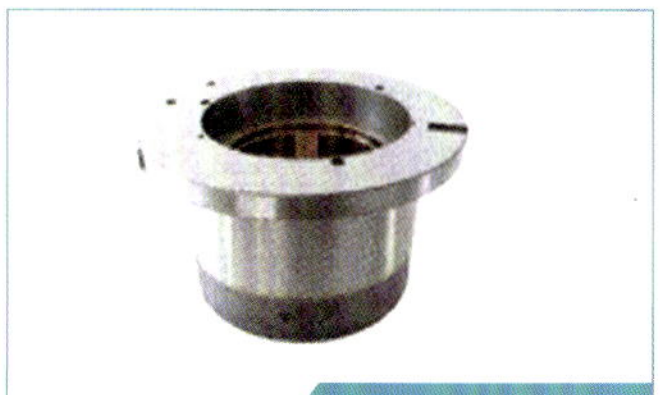
偏心套

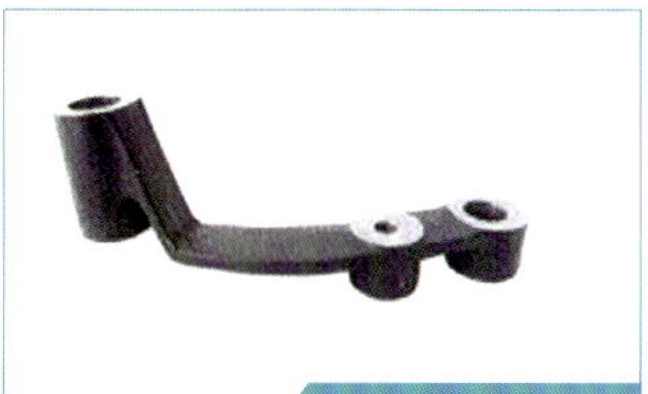
摆杆

地址：北京市大兴区榆垡南各庄　邮编：102602　电话：010-89263887
传真：010-89264616　邮箱：yinxinruifu@126.com

零件

零件

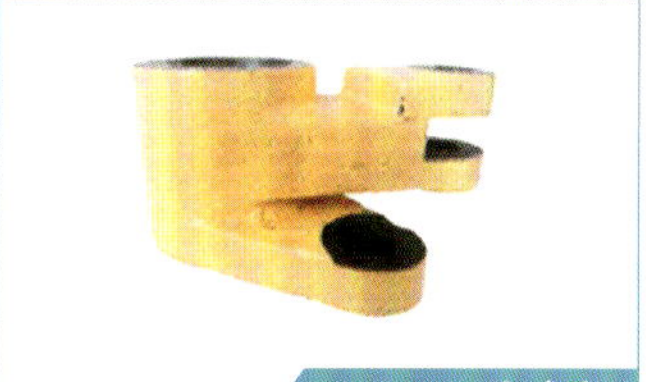
离合架

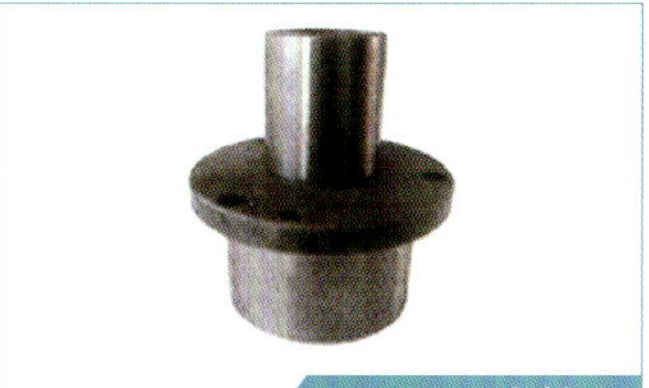
支撑套

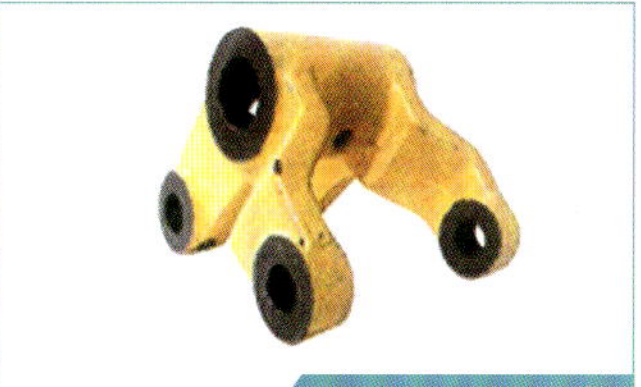
摆架

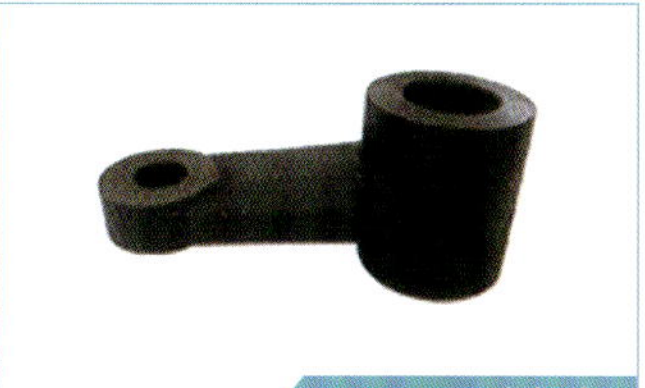
连接架

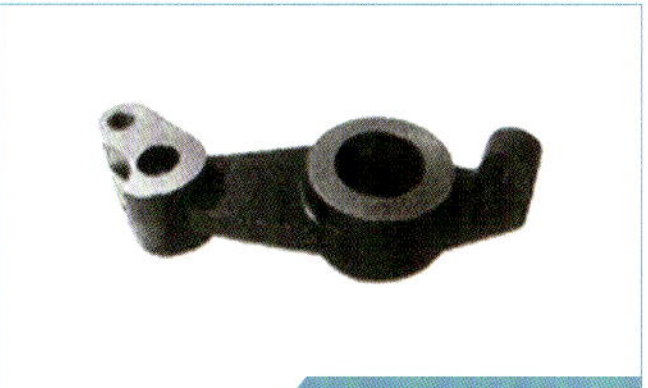
摆架

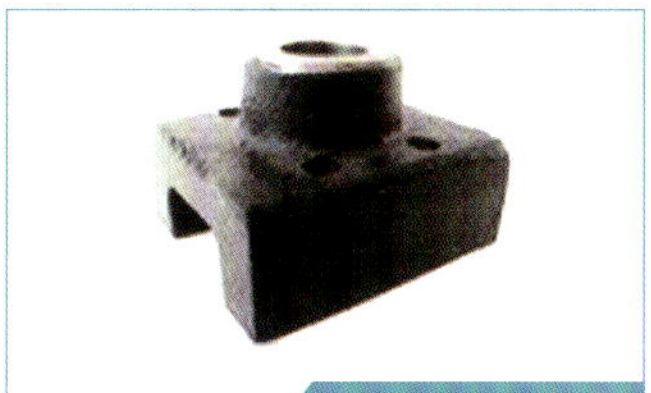
托架

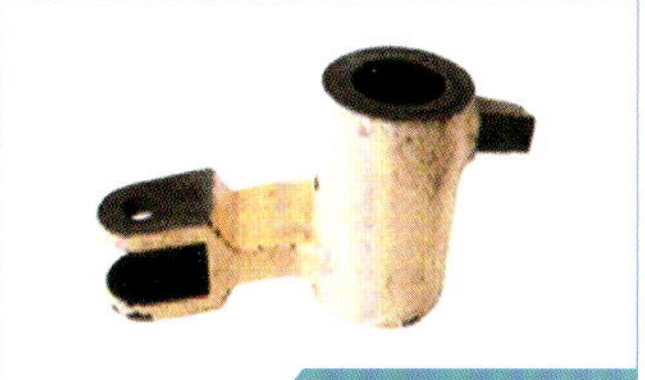
连杆

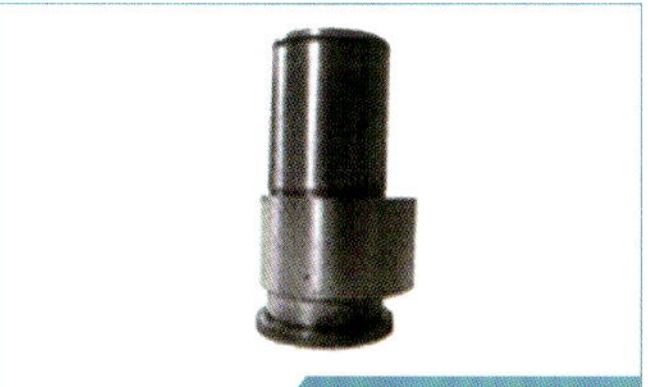
偏心套

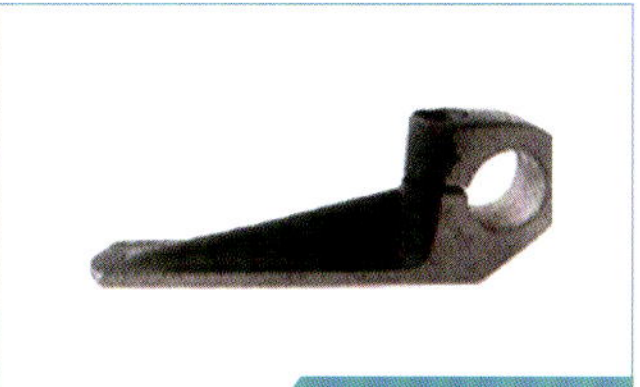
挡纸规

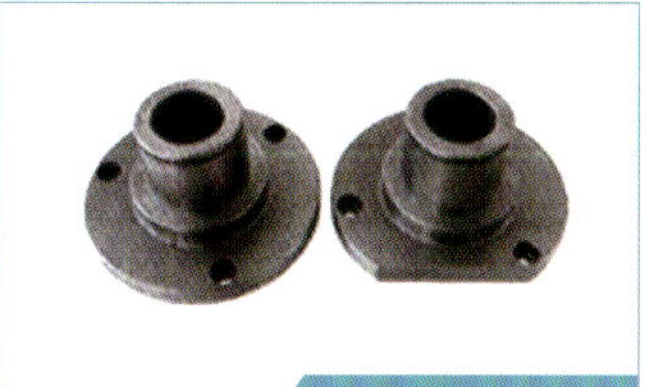
支撑套

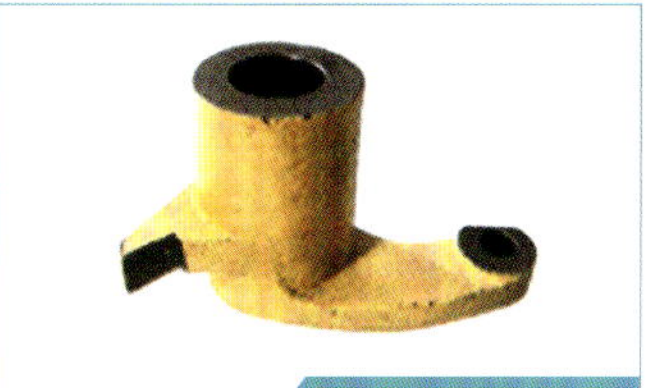
连杆

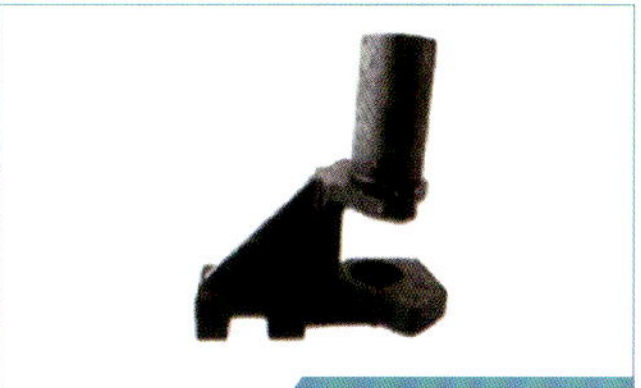
轴架

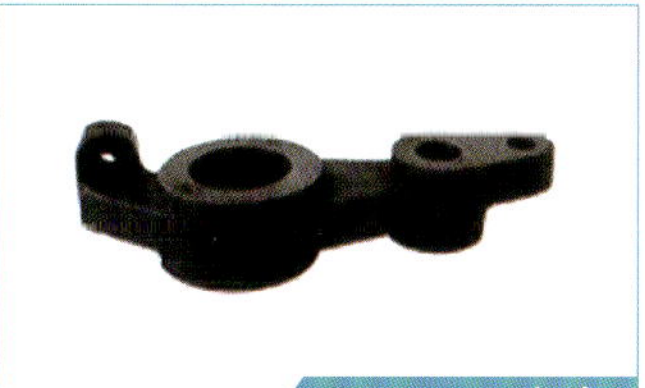
摆架

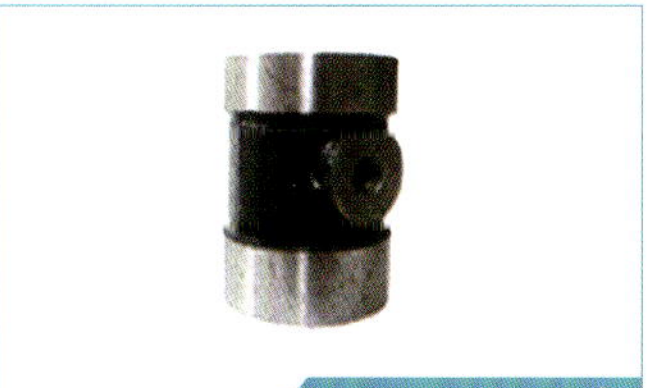
套

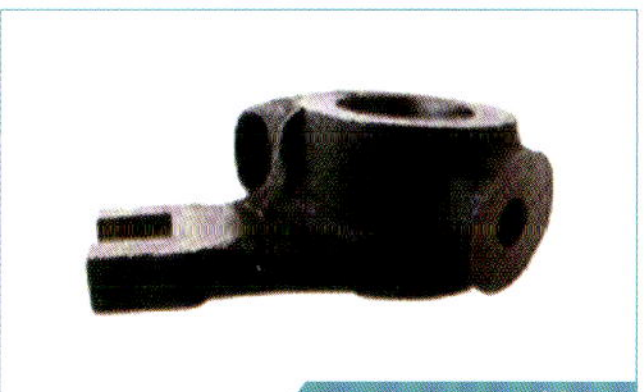
拨叉

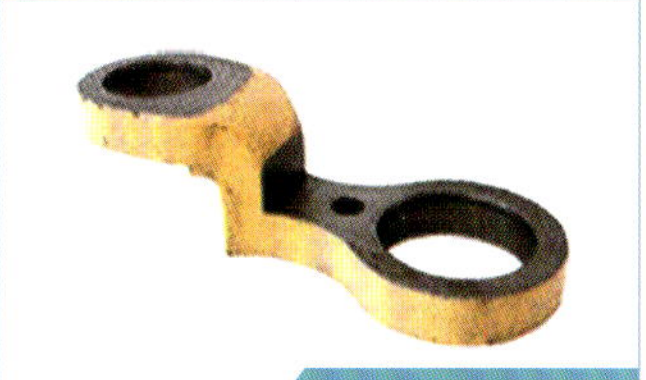
叉架

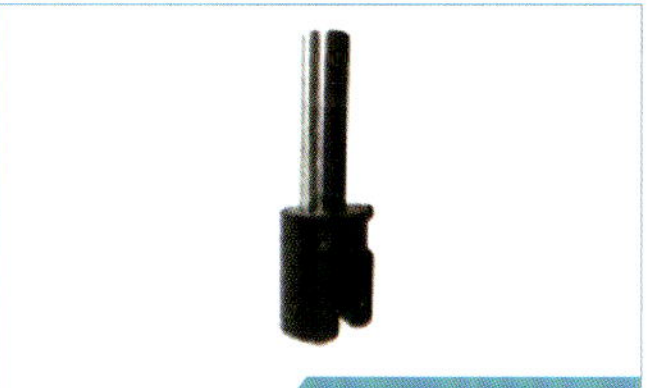
轴座

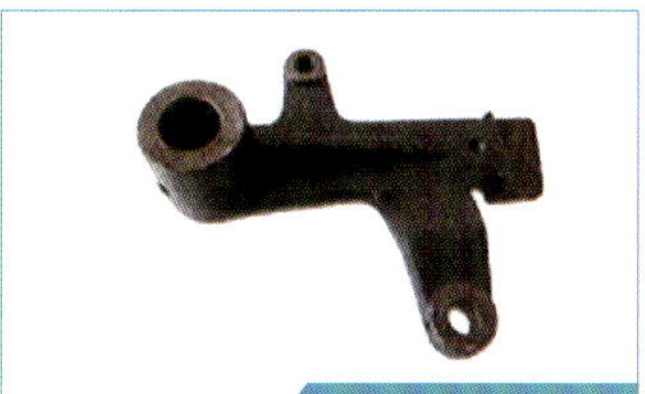
摆动块

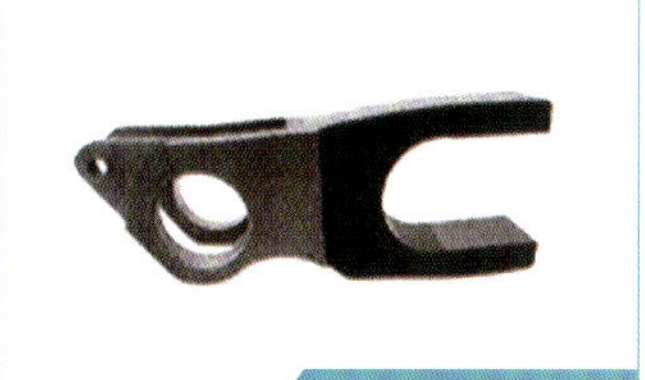
摆杆

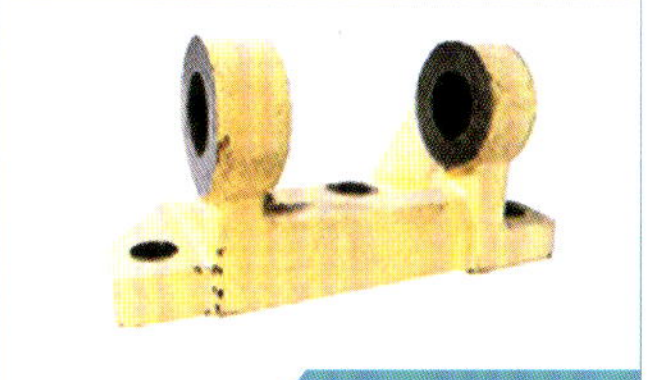
支座

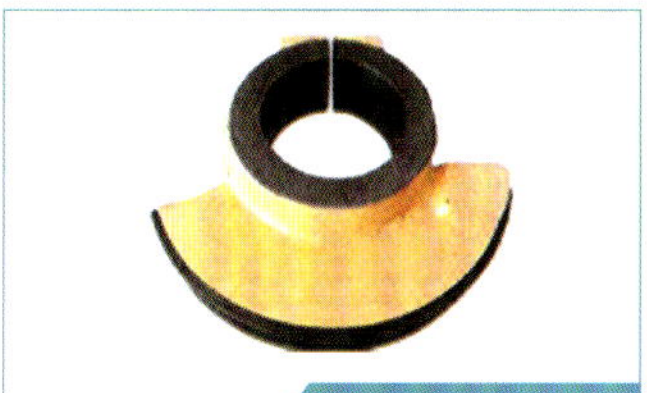
簧架

地址：北京市大兴区榆垡南各庄　　邮编：102602　　电话：010-89263887
传真：010-89264616　　邮箱：yinxinruifu@126.com

零件

零件

螺母
压板
锁紧套
挡环
轴承架
挡圈
光轮
支轴
斜齿轮
滚子
支架
连接盘
锁紧套
连接盘
花键套
滚子
手柄座
滚子
摆杆
手柄杆
滚子

零件

连板
弹簧杆
销轴
拔销器
咬纸牙
分纸嘴
轴头系列
销轴
递纸器
轴头系列
牙片
摆杆
簧杆
牙垫
洗墨器
调压杆
牙垫
轴套
弹簧杆
棘爪
花键套

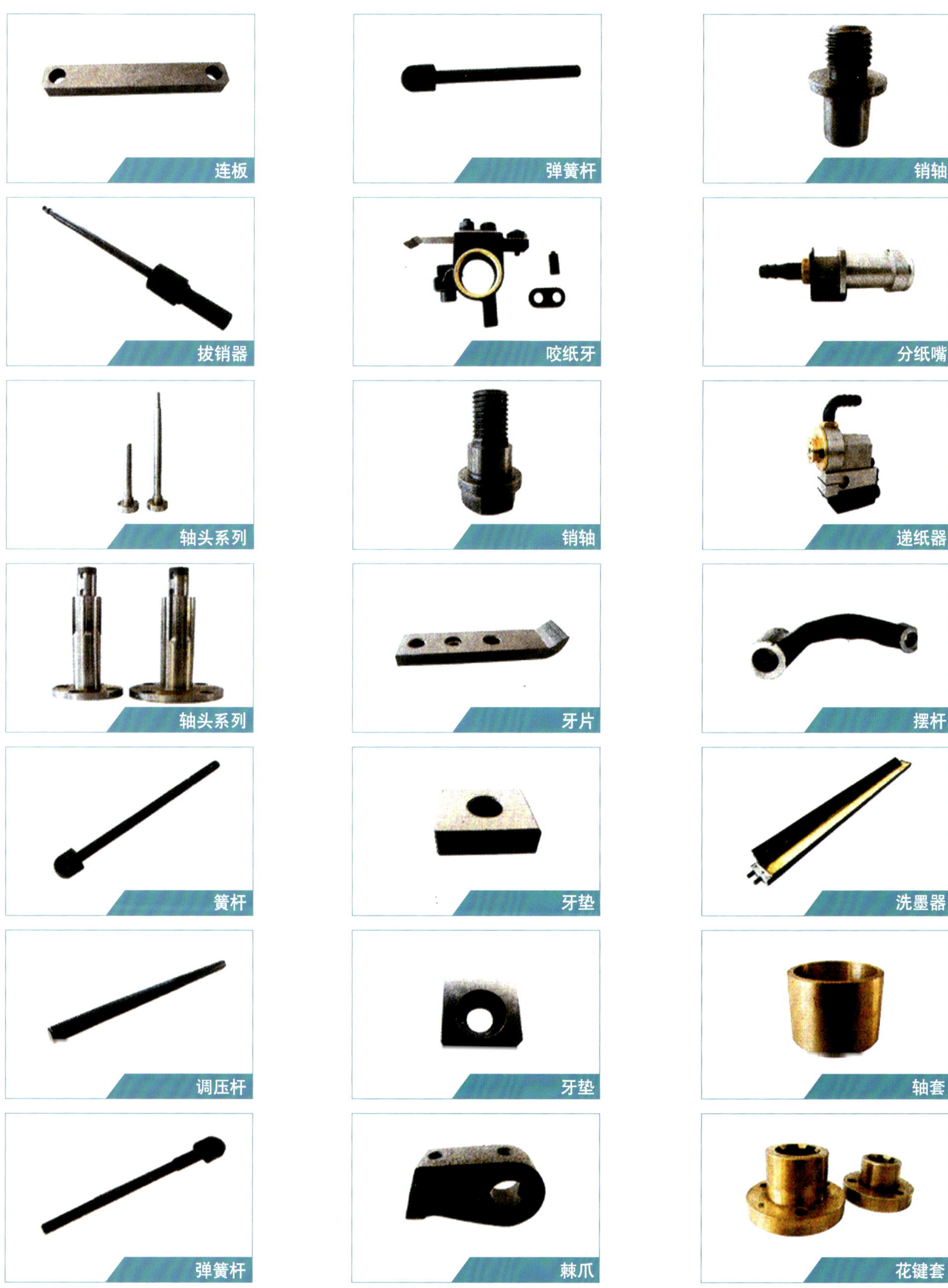

文安县联盛源机械配件有限公司

河北文安联盛源机械配件有限公司是中国最大的印刷机配件生产基地之一，也是进口机配件国产化的源头企业。公司座落在被誉为“京津走廊上的明珠之城”——河北省廊坊市，位于廊坊文安县东店工业区，地理位置优越，交通便利。

公司是一家专业生产和销售印刷机械零备件的厂家，设备齐全，技术力量雄厚，大、中、小数控机床及普通设备数台，与国内多家印刷机械厂都是友好协作单位。公司大量批发零售进口机零部件、国产机零部件及各种印刷器材，进口机有：海德堡、罗兰、三菱、小森、秋山等；国产机有：北人J2108、J2205，上海光华PZ1650、PZ4650，景德镇J4103、J4104，上人，如皋、大连等，可按客户图纸要求或原件进行生产加工。并承接大中小印刷机械维修业务，购销二手印刷机。

近几年来，在机械配件制造行业竞争激烈的形势下，联盛源有限公司树立强烈的求发展意识，以市场为导向，以改革为动力，积极调整内部结构，强化产品开发改变营销策略，适应市场需要。在巩固原有市场的基础上，实行产品定位、销售定位、市场定位、多方位、多角度拓宽销售空间，提高市场占有率；在内部管理上，严格工艺管理，成本管理和制度管理，并责任到岗，责任到人，企业的管理水平不断提高，综合实力逐步增强。呈现了良好的发展势头。

在创业数年来，联盛源人以朝气蓬勃、团结协作，锐意进取的姿态，凭借自身雄厚的技术力量，先进的生产工艺，丰富的制造经验、严格的质量控制、完善的销售服务和强劲的专业精神，使其产品在印刷机械配件行业享誉全国。

以信誉求生存、靠质量求发展是公司不变的宗旨，联盛源人希望与各界朋友和客户成为事业上的合作伙伴，携手并进、共同发展！

地址：河北省文安县大留镇东店工业区
邮编：065803
电话：0316-5391330
传真：0316-5395500
网址：www.lflsy.com

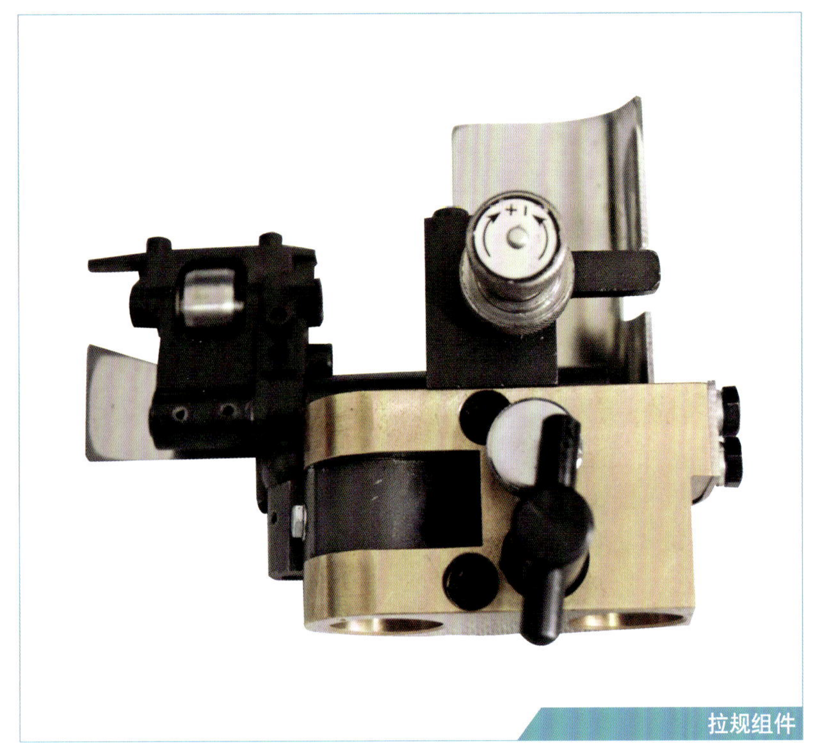

拉规组件

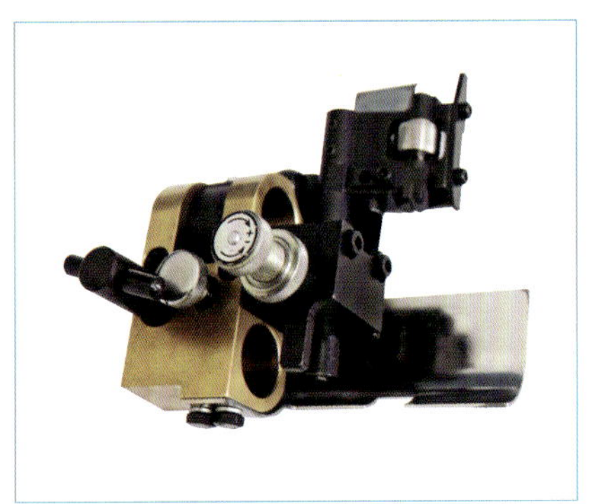

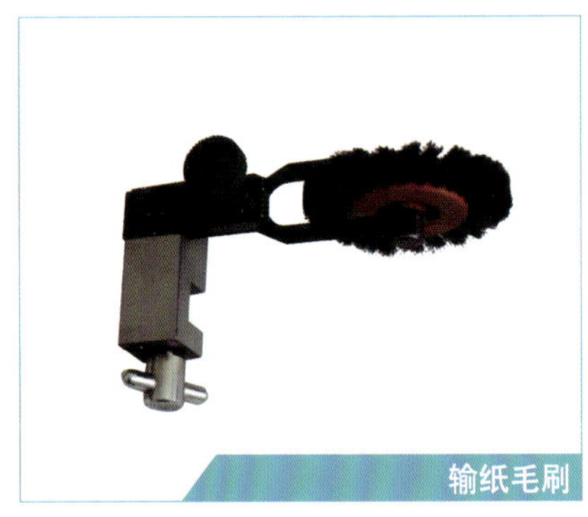

输纸毛刷

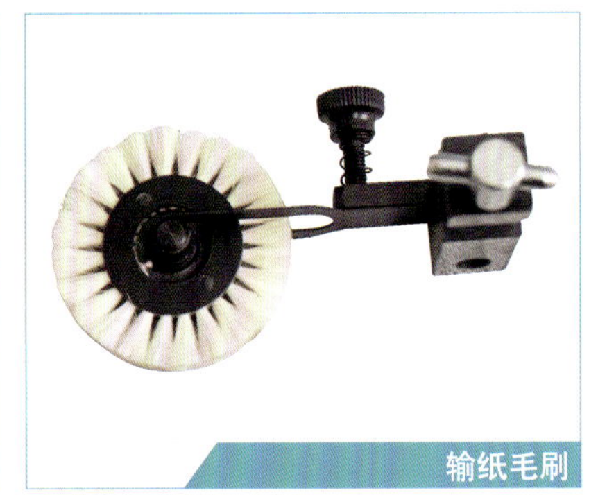

输纸毛刷

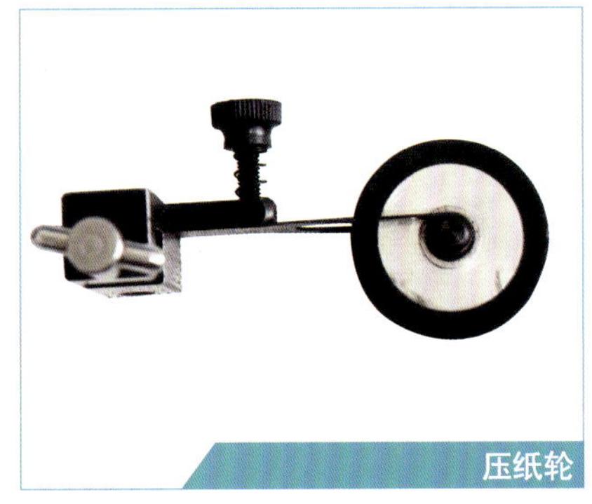

压纸轮

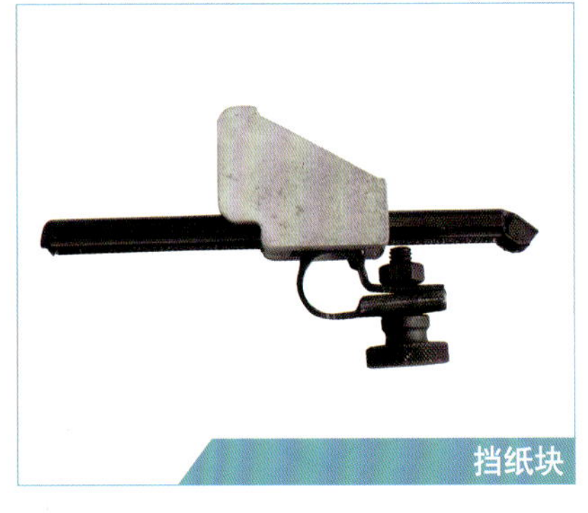

挡纸块

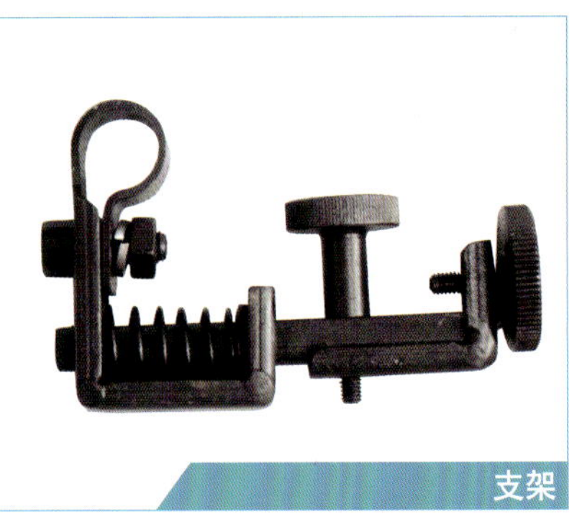

支架

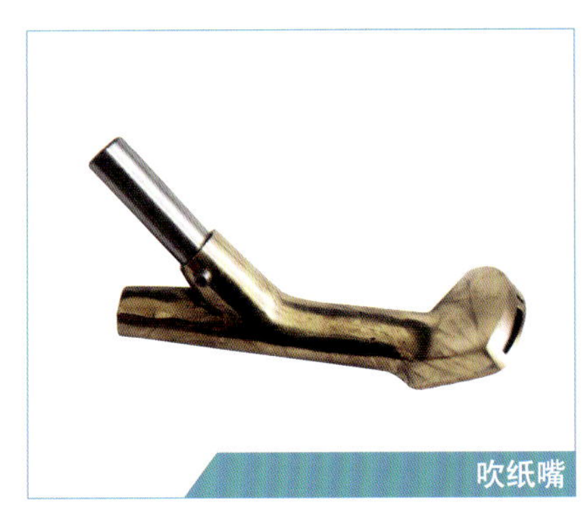

吹纸嘴

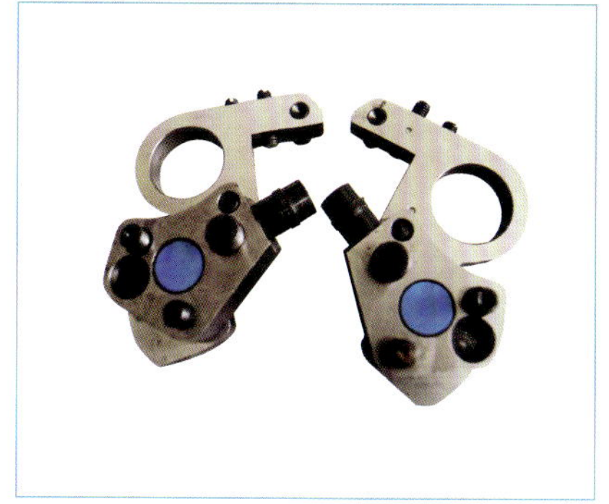

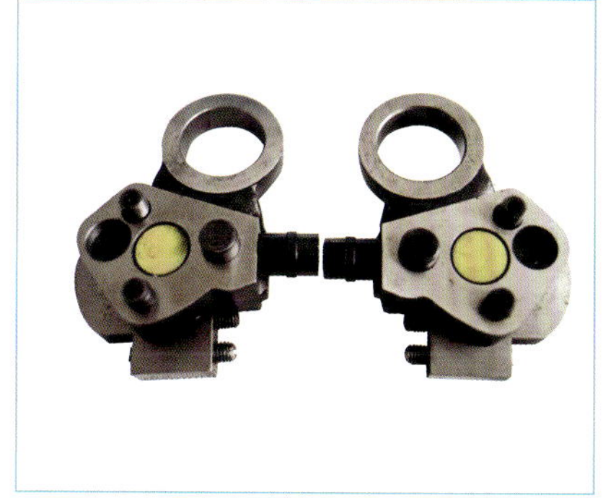

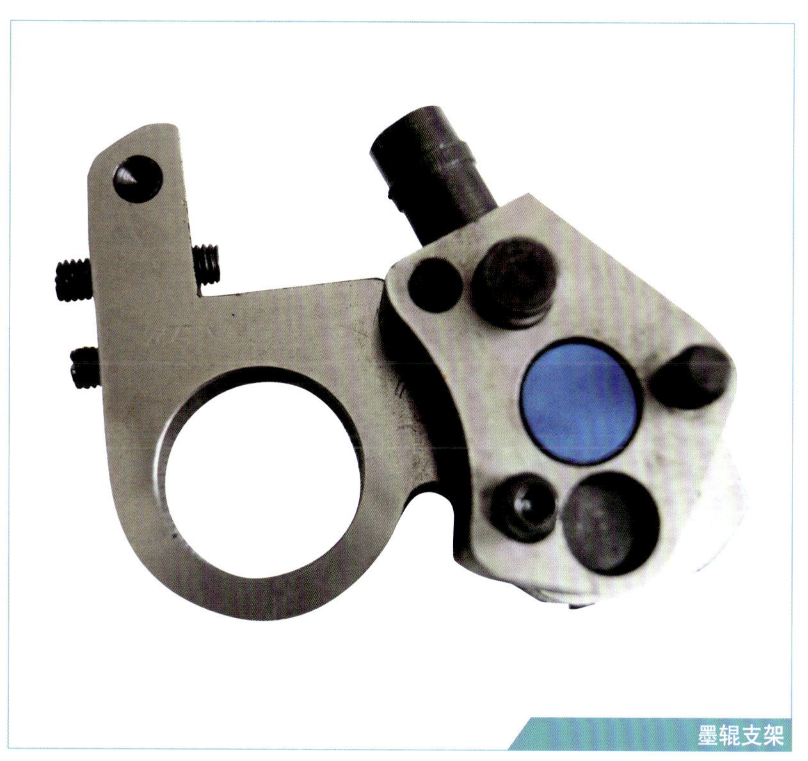

墨辊支架

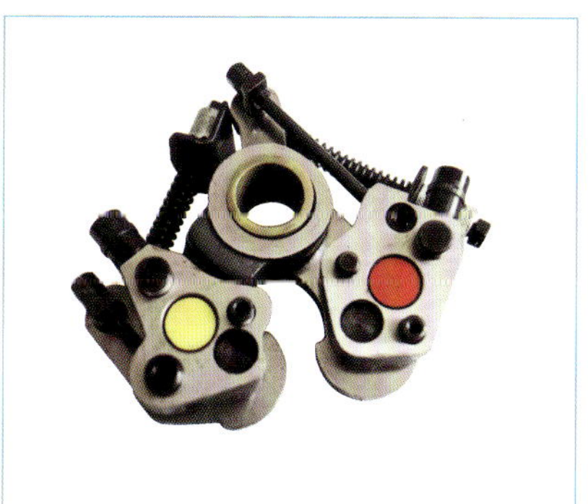

铸铝支架

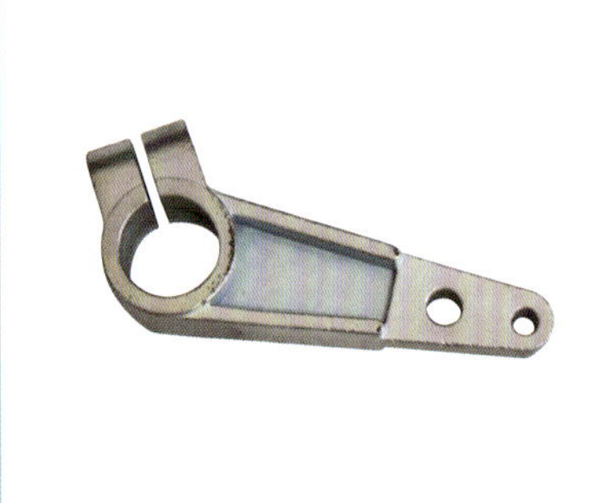

铸铁支架

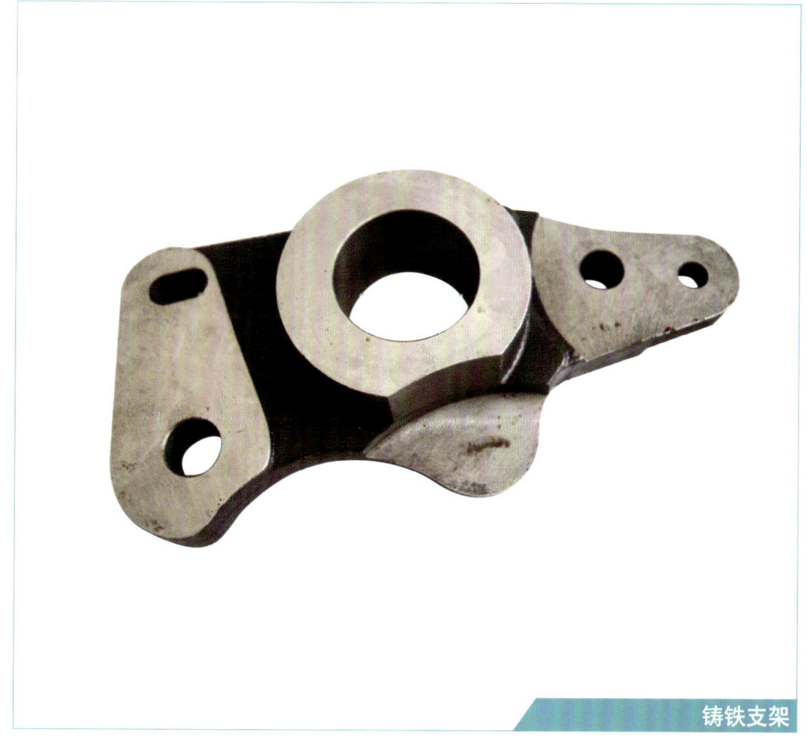

铸铁支架

输纸头阀芯

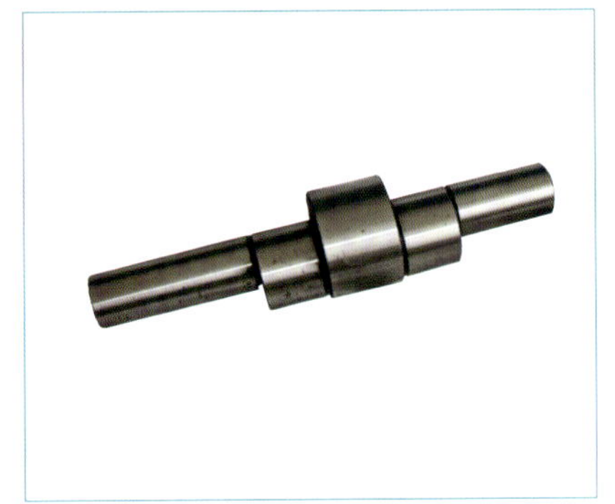

轴套

轴套

轴套

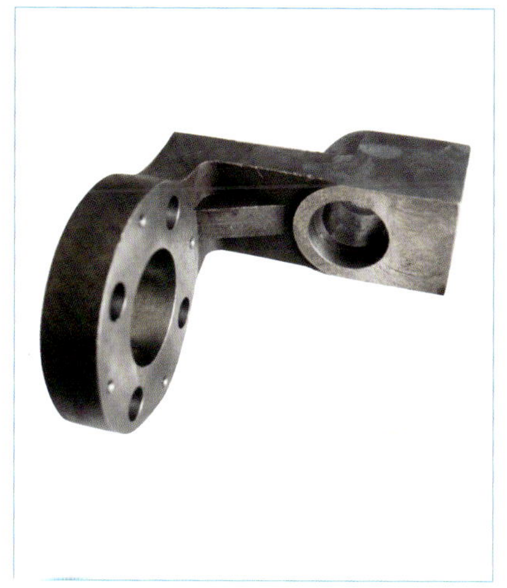

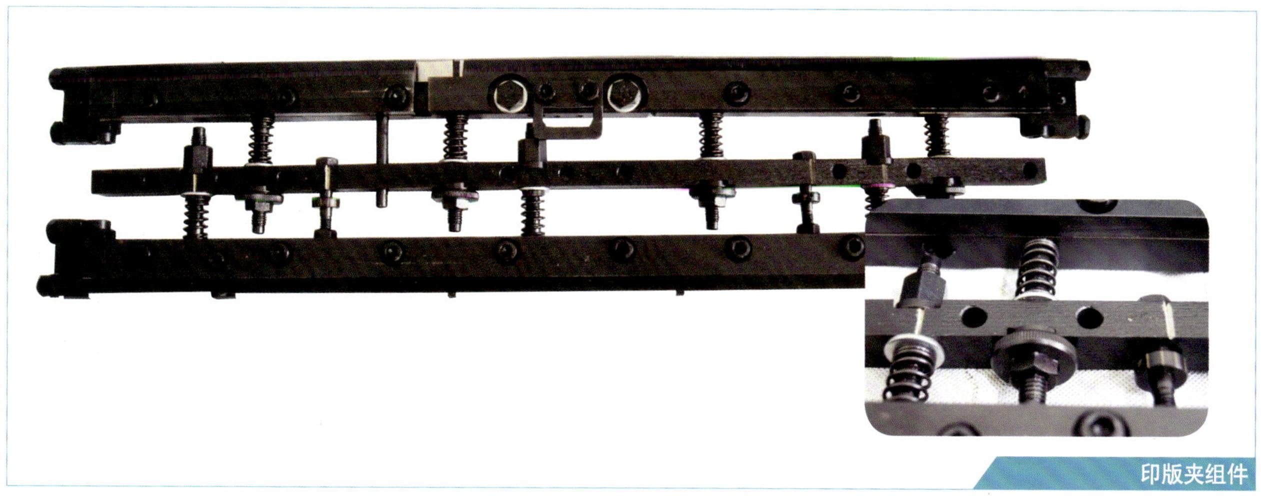
印版夹组件

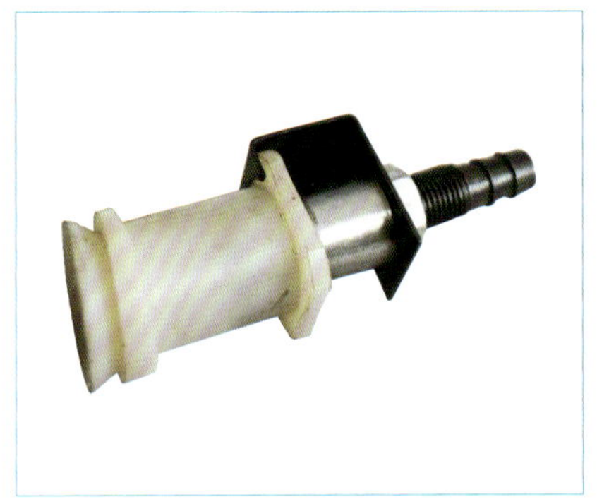

塑料件

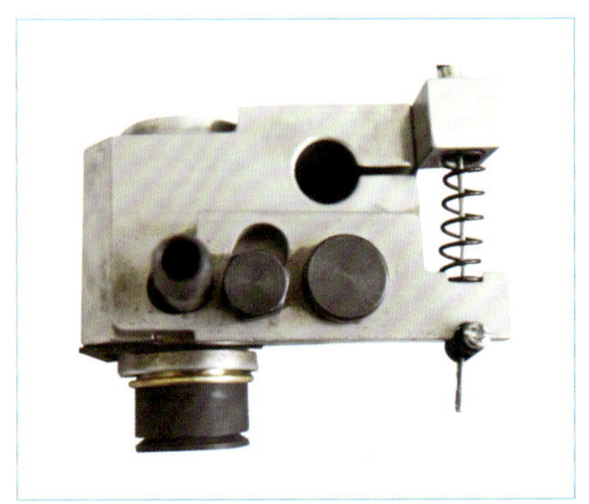
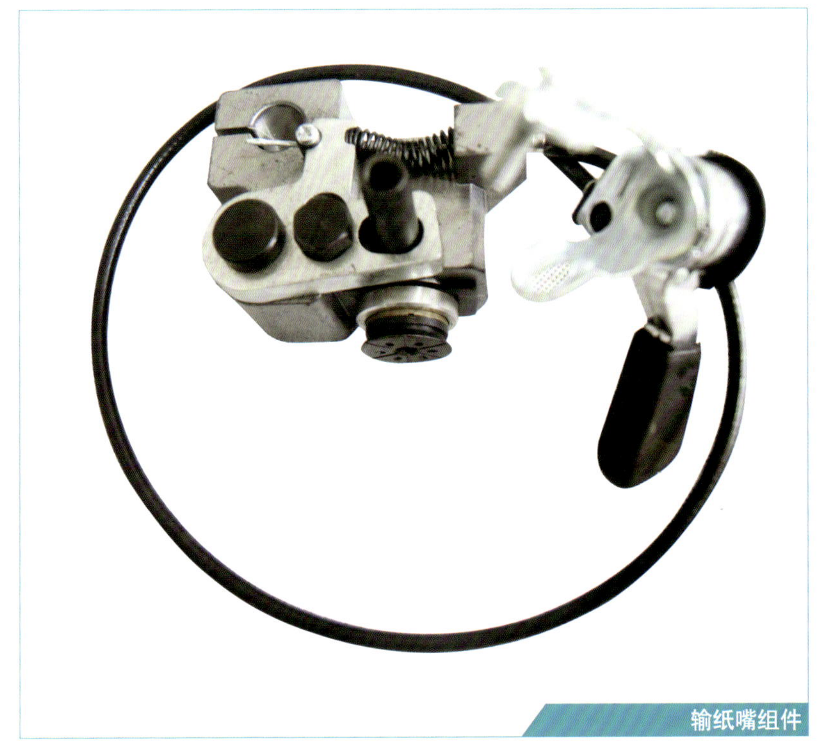

输纸嘴组件

北京莫尼自控系统有限公司

北京莫尼自控系统有限公司是北人印刷机械股份有限公司与意大利MONIGRAF公司共同成立的一家合资企业。意大利莫尼公司始建于上世纪70年代，在总结数十年在印刷工业中积累的经验的基础上为胶印机开发制造出新式墨色遥控系统。该系统采用模块化“开放式”设计，可以为用户提供多种功能接口，通过简单的设置，用户可以很方便地将各种功能与现有系统整合在一起。本公司主要为各类胶印机开发、设计、生产MDS墨色遥控系统及其他印刷机辅助自动化装置，并负责相关的安装、维护等一系列售前、售后服务工作！

MDS-II墨色遥控系统是集在印刷领域多年经验基础上开发研制的平版印刷机远程墨色遥控系统，性能优越，机械结构合理。

地址：北京市通州区新华大街12号

邮编：101149

电话：010-69544390

传真：010-69544653

邮箱：monigraf@163.com

Macchine Accessorie
da stampa
di articoli grafici

产品介绍

MDS –II墨色遥控系统

意大利MONIGRAF公司同时生产润湿系统、自动清洗装置、自动或手动套准控制系统、数据信息管理系统、自动零点设定系统等多种功能配套装置及其相关部件。目前，在世界各地印刷厂安装了近7000套MDS系统，为广大客户提供了全方位的设备服务，备受用户好评！

当今，不断地满足人们对高效、经济、便于维护、可靠性以及高质量、高精度、良好的重复精度和高分辨率的要求，一直是北京莫尼公司的使命和追求。

MDS–II墨色遥控系统，不仅能够满足人们对于降低劳动强度，提升数字化管理的要求，而且在提高生产效率、提升印品质量、降低能耗排放等方面有着突出的效果。

为了能够更好地满足印刷市场要求，莫尼公司研发并推出了一套新的数字化系统。该系统除具有MDS的各种特性之外，还具有设计结构简单、性能高、投资回报周期短等特点。该系统主体部分采用航空航天铝材制造而成，可以根据客户需要定制控墨单元数量，每个控墨单元均由高精度驱动器控制，中央控制台通过驱动每个驱动器实现整体或局部墨量大小的调整。

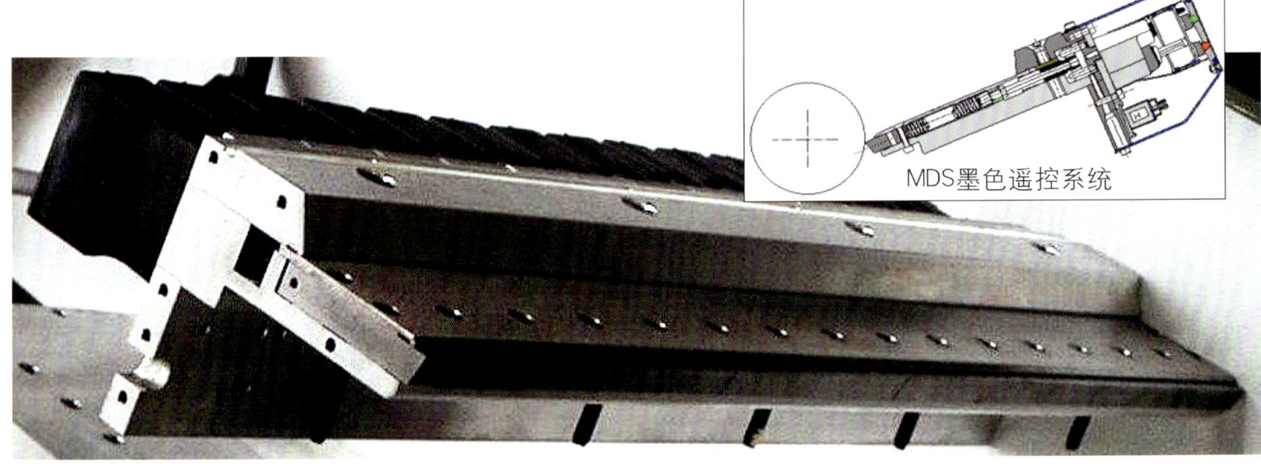

MDS墨色遥控系统

MDS –II墨色遥控系统

与市场上其它系统相比，该系统的最大优点包括它带有无支撑点的浮动墨键，这些墨键彼此完全独立，以达到更加精准的控墨；并且每个墨键经过高频淬火处理，增强硬度，延长使用寿命。

一、MDS-II系统适用范围

MDS系统-II适用于各种型号平张纸、卷筒纸胶印机等机型。不仅适用于印刷机生产厂家新机器的配套服务，而且为各印刷厂的旧型机器的升级服务提供了捷径。

二、MDS-II产品特点

1. 为用户量身订做，适用于多种型号新旧单张纸、卷筒纸胶印机；
2. 特有的机械结构和开放式模块化设计可与用户机器任意组装、集成；
3. 机械部分采用特殊润滑方式，终身免维护保养，独有的消除间隙机构精准控墨；
4. 墨斗内部装有进口密封条，防止油墨渗入；
5. 配有高速计算机、高分辨率显示器和多功能键盘，性能稳定，操作简便；
6. 采用专用软件，数字化控制整个工作流程（并支持CIP3/CIP4）；
7. 具备印样拷贝、存储、提取等多种特殊功能；
8. 可实现单机组或全机控制；
9. 直接从色组单元设置零点，在停机时墨键可以设置为自动归零或保留现有墨色曲线两种模式；
10. 系统最大精度达到0.002mm；
11. 全程监控，直观显示；
12. 通过Internet实现远程Lap Link诊断；
13. 节省印刷准备时间，提高工作效率。

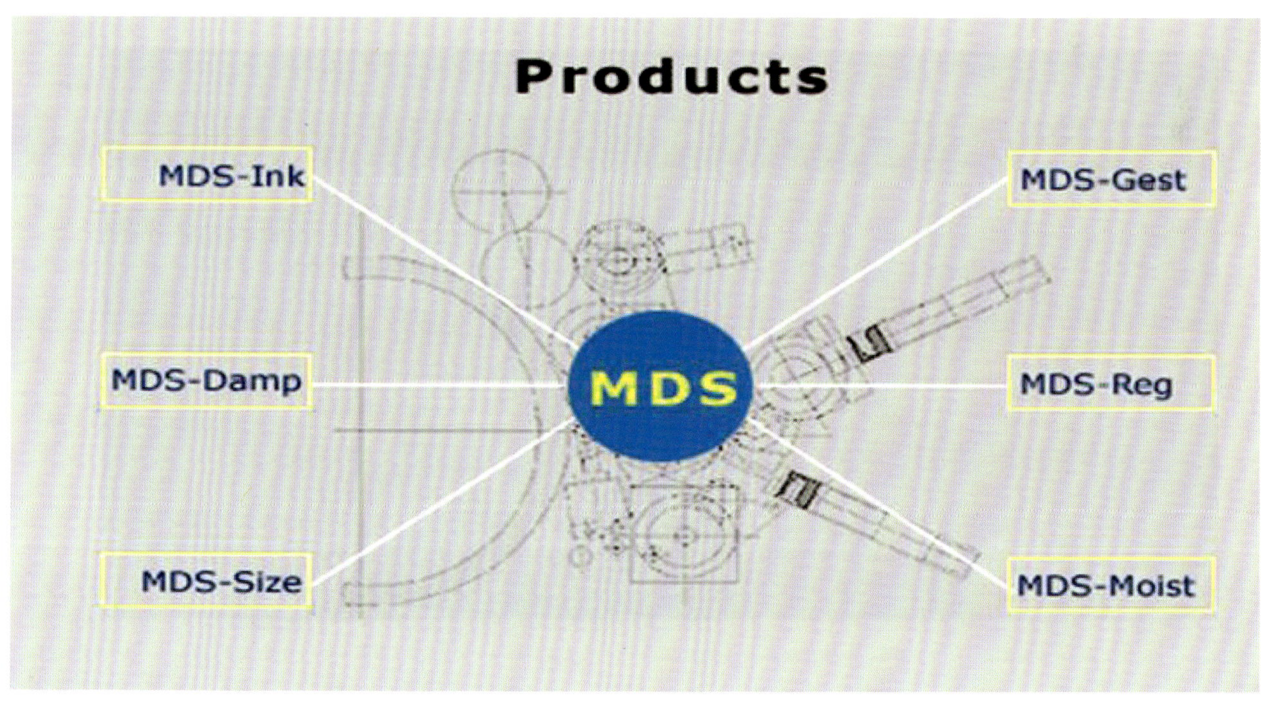

莫尼CPC上CIP3/CIP4的应用

莫尼公司是CIP3/CIP4协议的注册会员，莫尼公司墨色遥控系统可依照1位TIFF等文件设置墨键开口量，实现印件墨色的自动调整。

莫尼公司针对PPF文件开发了自己的Ink Pro分析软件，将复杂的PPF文件分析并生成仅包括Ink Pro数据的RP2文件，方便莫尼程序MDS-II的读取。

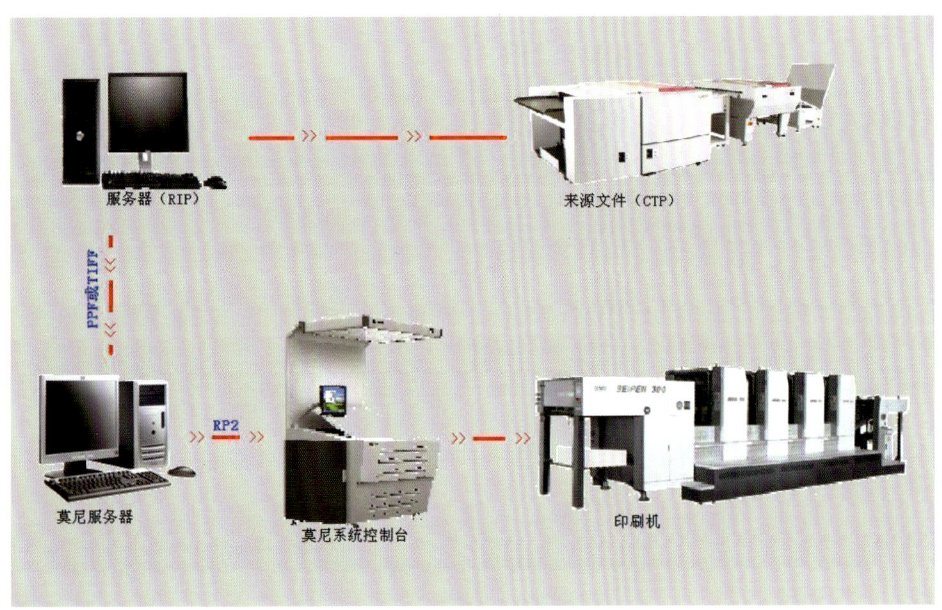

单张纸操作流程

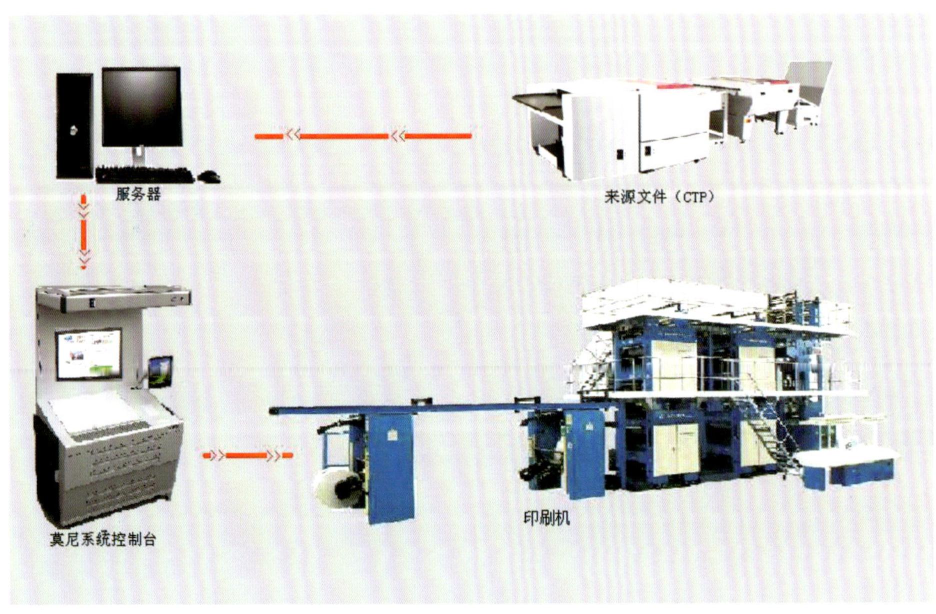

卷筒纸操作流程

服务器获取PPF或TIFF文件，运行莫尼公司分析软件，MDS-II墨色遥控系统油墨预置软件会自动生成RP2文件，通过局域网传送给设备上的MDS中央控制系统备用，MDS系统进行调用就可以自行调整所需墨量大小，印刷机生产出印品后可用离线检测设备ITP对印品进行检查，离线检测ITP通过对实际印品扫描从而控制MDS墨色遥控系统进行墨量大小的调整。

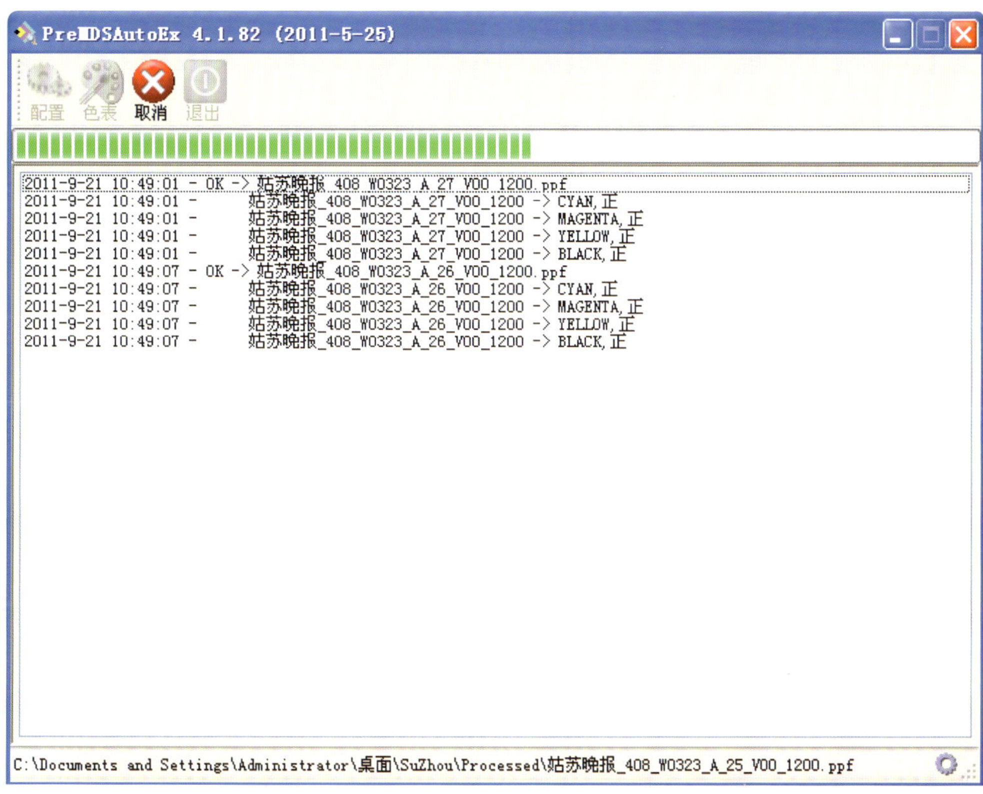

分析过程

离线检测的应用

Ionigraf Digital System 2.3.102 (2007-1-13) - 模拟电机
1蓝
2红
3黄
4黑
印件: CIP3演示文件*
打开
1蓝 - 青色
500
400
300
200
100
SET
2 208 230 207 220 257 187 273 285 304 275 239 236 231 254 221 215 204 232 183 206 224 244 237 219 234 206 217 199 2
1 2 3 4 5 6 7 8 9 10 11 12 13 14 15 16 17 18 19 20 21 22 23 24 25 26 27 28 29 30
概要
墨控
工具
增加
墨键
全部增加
全部减少

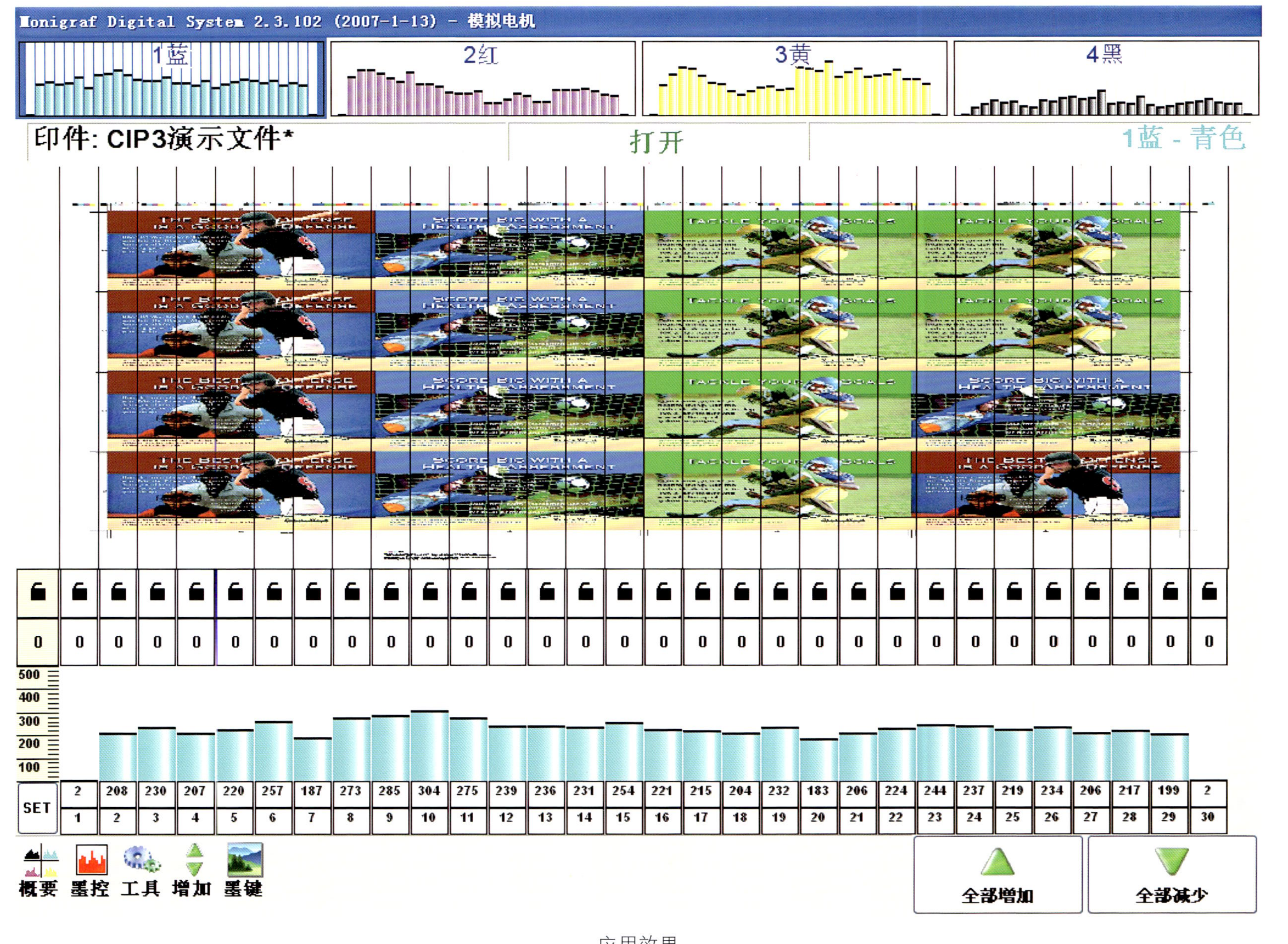

应用效果

北京思康诚机械制造有限公司

北京思康诚机械制造有限公司的前身是北人集团公司关主件加工基地，是原北人集团公司专门从事冷切削加工为主的专业分公司。主要承担着原北人集团内胶印机、模切机、切纸机、彩色喷绘机、订书联动线、胶包机等产品关主件的加工任务。现北京思康诚机械制造有限公司在完成原北人集团的产品配套外，还承接社会上的高精度零件加工业务。

公司内的智能设备有龙门式加工中心、卧式加工中心，立式加工中心、数控立式圆磨床、高精度对刀仪等。通用设备主要有龙门磨床、龙门铣床、龙门刨床和各种型号的车、铣、刨、磨、钻机床。其加工能力全面、加工精度高。加工中心程序管理采用联网的集中控制系统，通过该系统管理使得加工程序传输速度快，传输量大、数据传输准确，安全性和可靠性非常高。由于实行集中管理，还提高了用户加工程序的保密性。使用高精度智能型对刀仪为加工中心提供高精度的加工刀具，确保了刀具的准确性。高精度的立式圆磨机其加工精度可以达到0.002 mm，提供了高精度套类加工。

北京思康诚机械制造有限公司还具备独立采购的能力，与多家声誉好、信用高、能力强的专业厂家具有长期的战略合作联盟，保证了从钢材采购、数控切割、锻造、灰铁有色金属铸造、精铸、热处理、专业加工、喷漆、发蓝、电镀、非晶镀等一条龙服务。

北京思康诚机械制造有限公司从事加工行业多年。良好的信誉，高效率的工作，高质量的服务得到了用户的一致好评。企业遵循市场经济原则，尊重用户、信守承诺，以能为用户创造最大价值和优质的服务为最大的光荣，以达到用户满意为最终目的。

地址：北京市丰台区卢沟桥南里5号

邮编：100165

电话：010-83893910

传真：010-83211769

网址：www.bj-skc.com

产品介绍

小加工中心及立磨加工零件

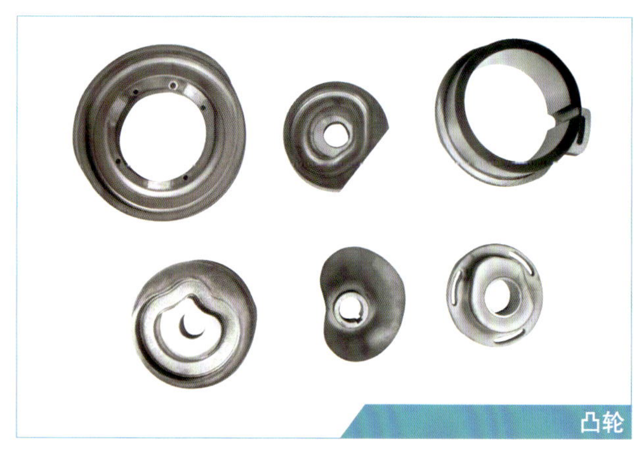
凸轮

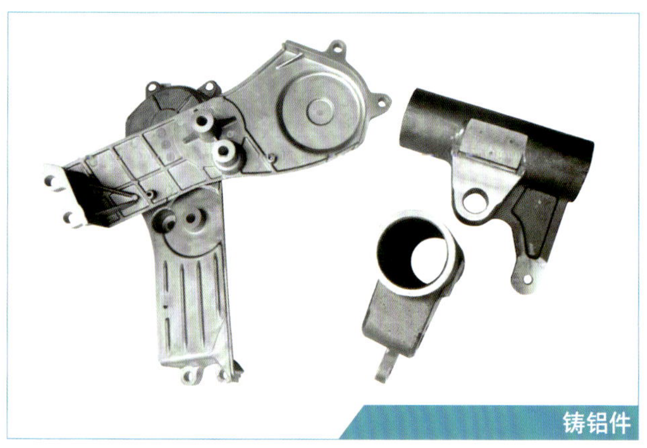
铸铝件

公司现有小型加工中心2台、数控铣床1台。其中1台为4轴加工中心。可以进行各种凸轮的加工。现为北人集团提供所有产品凸轮及异型关主件的加工成套。并为地铁车辆的制作厂商北京博得轨道交通设备公司提供关主件的加工配套服务。

偏心轴套

公司具有北京市唯一的一台日本数控立式双头磨床，具有一次装卡，同时加工里孔、外圆、平面的加工能力。最高精度可达到0.002mm。可有效地保证套类的加工精度及形位公差。现北人集团及北人富士的关主套类零件都在该公司加工。

箱体

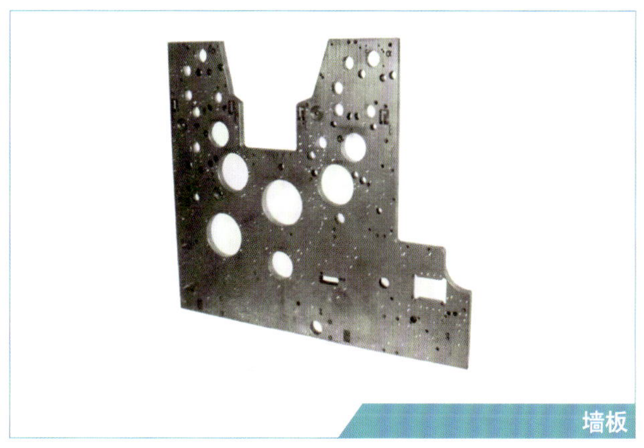

墙板

公司具有大型加工智能设备。龙门刨3台、60刀位龙门式加工中心2台及瑞士单坐标测量仪1台。主要从事印刷机、商用表格机的墙板及底盘加工。现长期为北人集团胶印机分公司、北人装订机分公司、北人富士公司提供墙板、底盘的加工服务。公司多年从事印刷机关主件的加工，具备为用户提供从加工方案设计、毛坯铸造到精密加工的全过程制作，墙板加工精度可达到0.01mm。有效地保证了印刷机的主要精度。

滚筒

公司现有各种大型外圆磨床4台、60刀位德国双工作台大型卧式加工中心1台。进行印刷机各种滚筒的加工。现主要给北人胶印机进行滚筒的加工配套。最大滚筒加工至直径600mm。由于高精度卧式加工中心的采用，回转精度得到了保证。双倍径、三倍径滚筒两侧的孔对称度、同轴度可达到0.02mm。圆周跳动可达0.005mm。有效地保证了胶印机的印刷精度。

加工设备

设备简介

公司内的智能设备有龙门式加工中心、卧式加工中心，立式加工中心、数控立式圆磨床、高精度对刀仪等。通用设备主要有龙门磨床、龙门铣床、龙门刨床和各种型号的车、铣、刨、磨、钻机床。其加工能力全面、加工精度高。

加工中心程序管理采用联网的集中控制系统，通过该系统管理使得加工程序传输速度快，传输量大、数据传输准确，安全性和可靠性非常高。由于实行集中管理，还提高了用户加工程序的保密性。

使用高精度智能型对刀仪为加工中心提供高精度的加工刀具、确保了刀具的准确性。

高精度的立式圆磨机其加工精度可以达到0.002 mm，提供了高精度套类加工。

固安县秋强印刷机械有限公司

固安县秋强印刷机械有限公司具有二十多年的印刷机零配件加工历史，是中国较大的印刷配件企业之一，现已通过ISO9002国际质量体系认证。公司拥有职工300余人，具有现代化的大型机加工车间10000多平方米，大中小型加工机械设备180余套，拥有固定资产5000多万元，是具有雄厚的技术力量和经济实力的加工企业。

主要生产印刷机配件、部件组装，印刷机整机弹簧，匀墨胶辊。串墨塑辊，产品质量过硬，销往全国各地，并在广州、顺德设有办事处。欢迎印刷界的朋友前去参观、指导、洽谈合作。

地址：河北省固安县牛驼镇（106国道距北京市25公里）
邮编：065501
电话：0316-6122159
传真：0316-6122969
手机：13803223595　13832652655
邮箱：qiuqiang3595@163.com

产品展示

收纸机

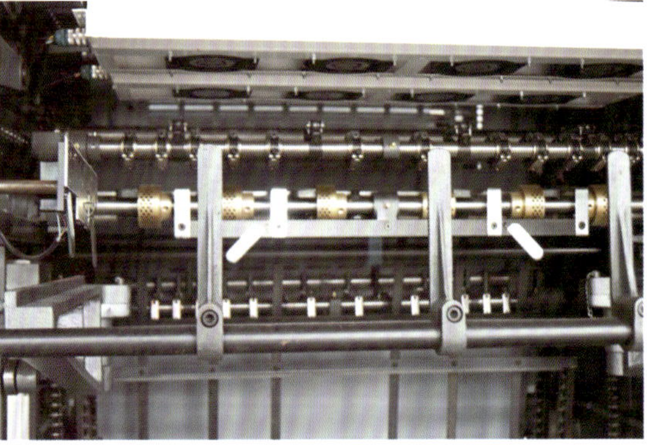

印刷机部件、零件

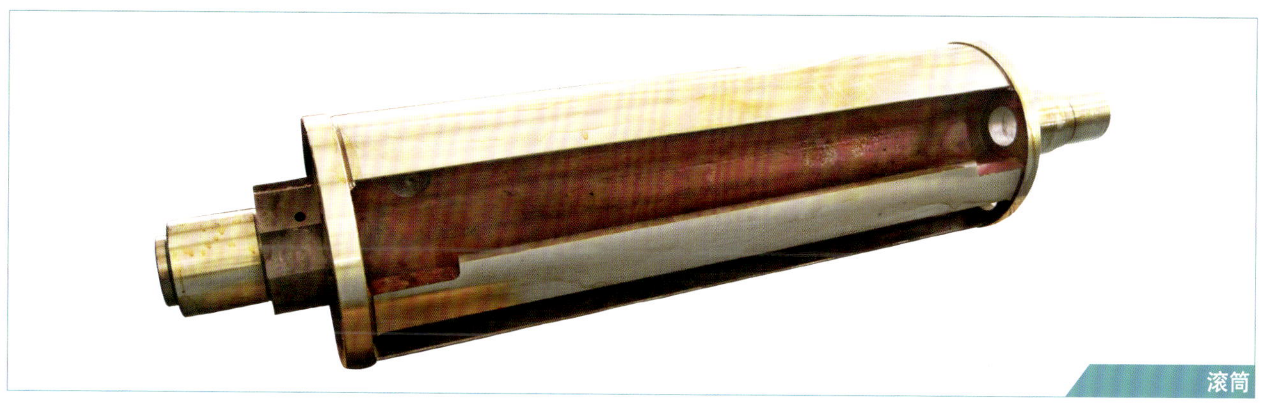
滚筒

齐纸规矩(轴架)

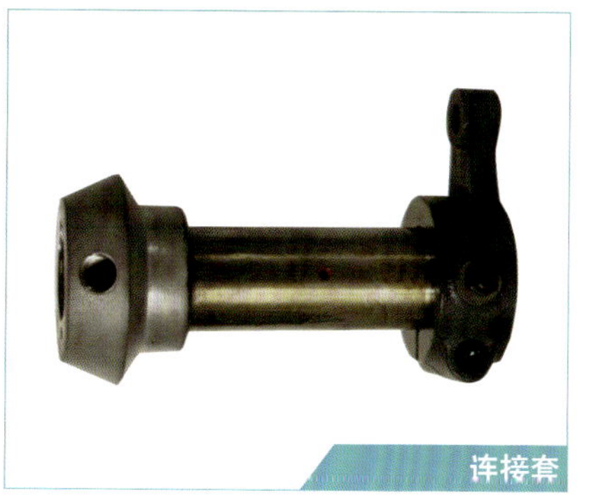
连接套

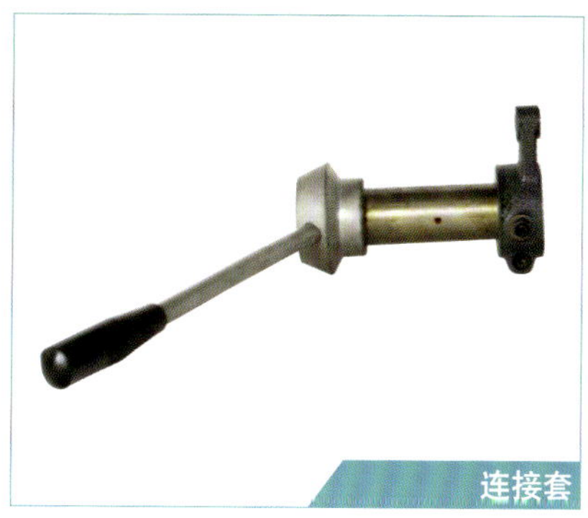
连接套

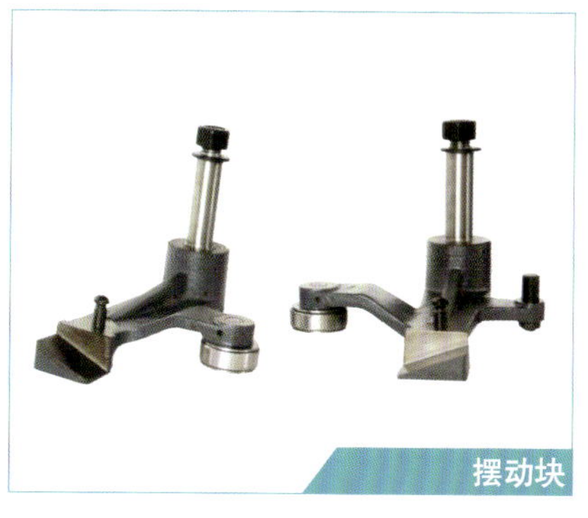
摆动块

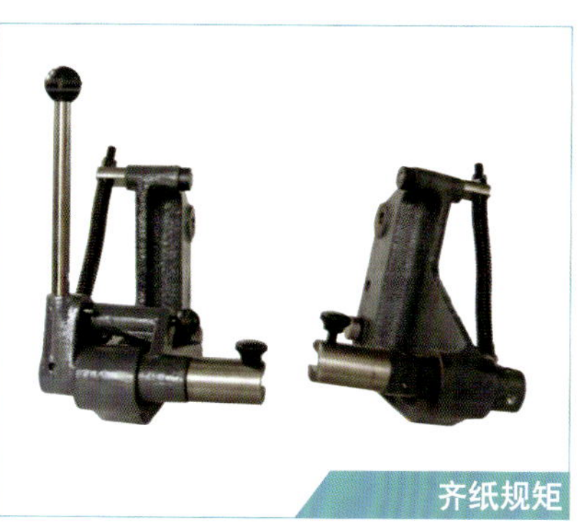
齐纸规矩

上离水杆

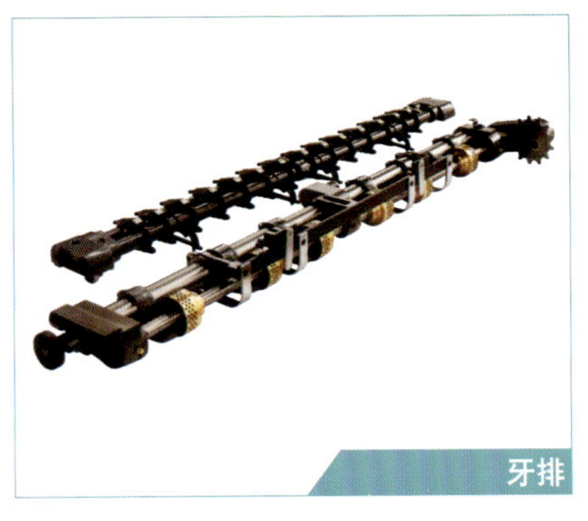
牙排

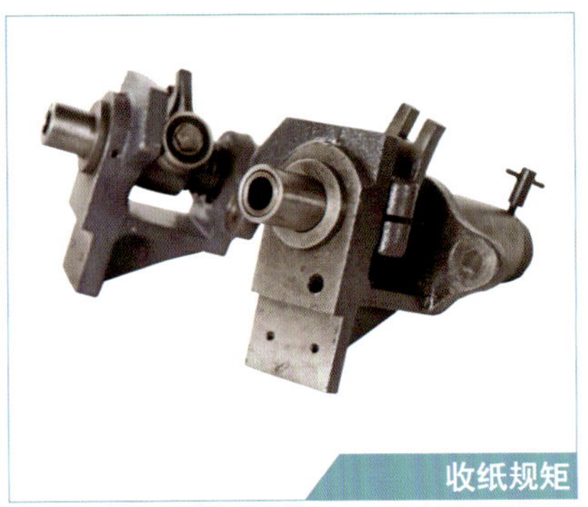
收纸规矩

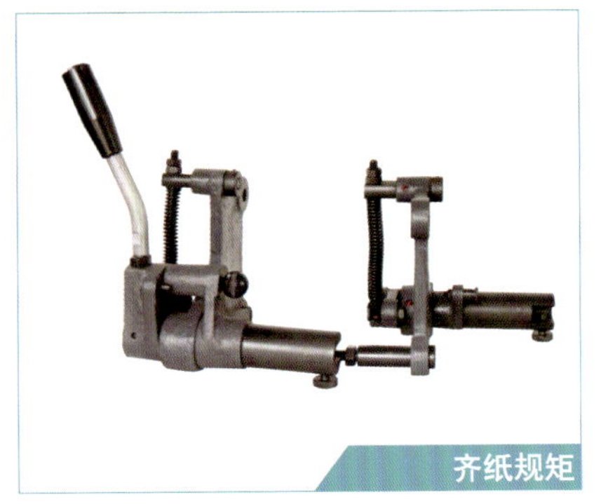
齐纸规矩

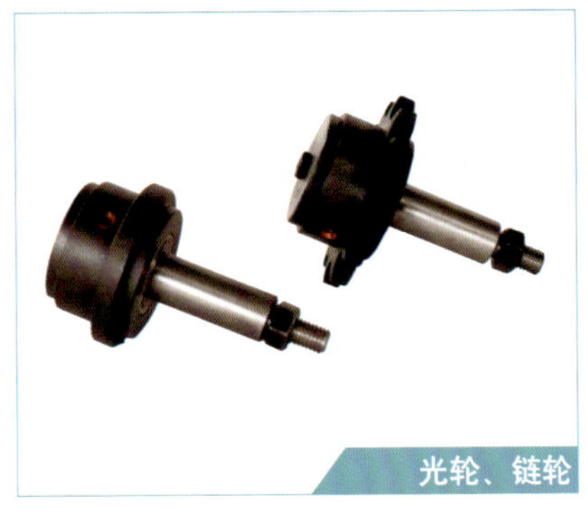
光轮、链轮

下离墨杆

上离墨杆

杠杆

摆架

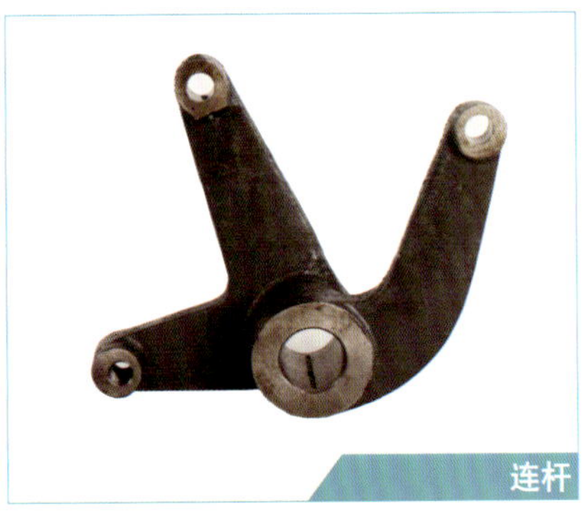
连杆

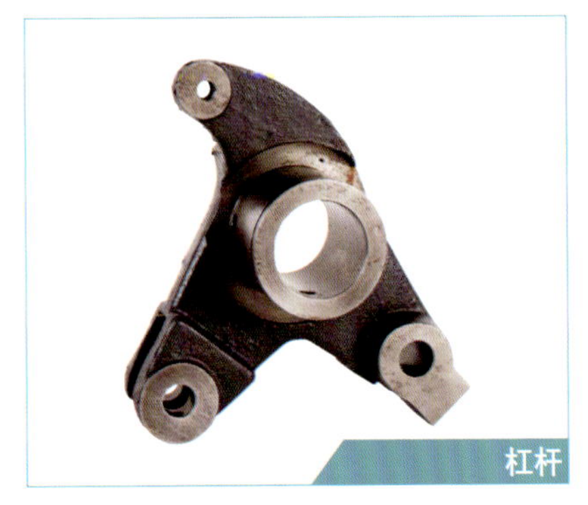
杠杆

弯导轨

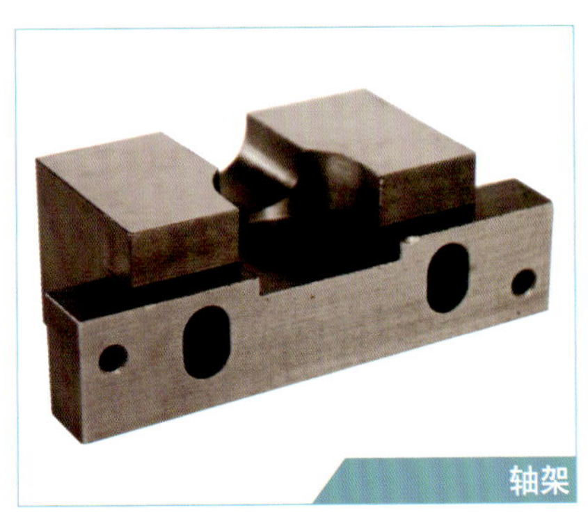
轴架

套

套

套

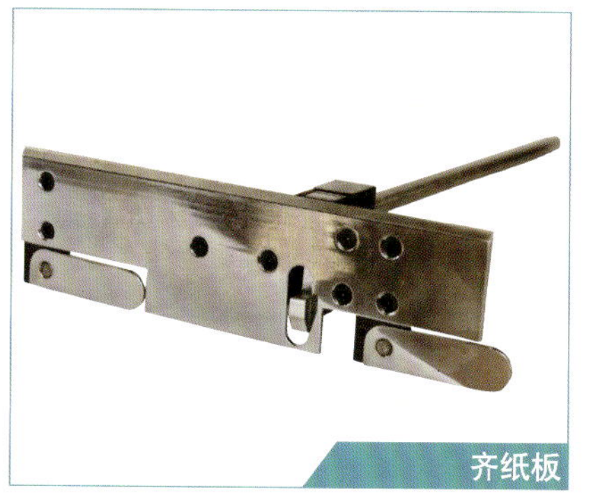
齐纸板

滑道支架

上离水杆

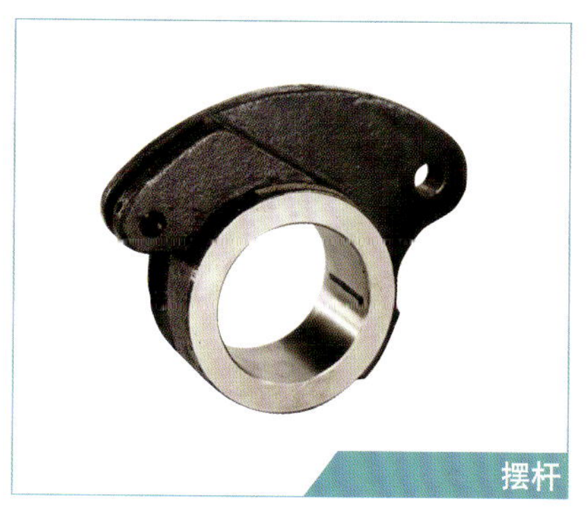
摆杆

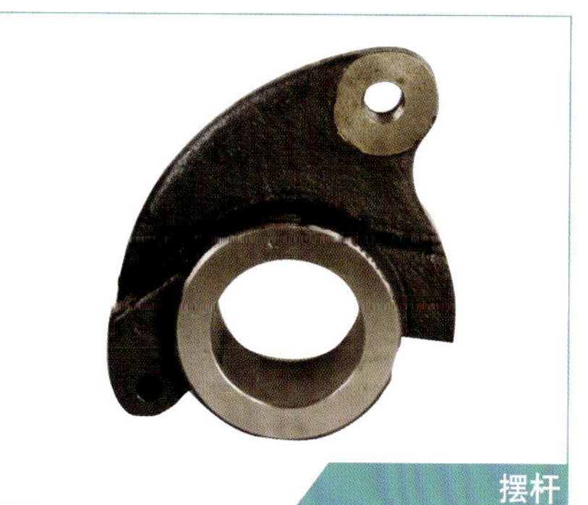
摆杆

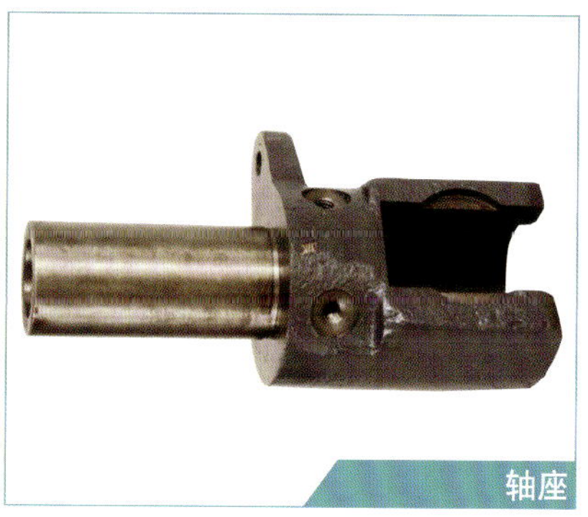
轴座

轴架

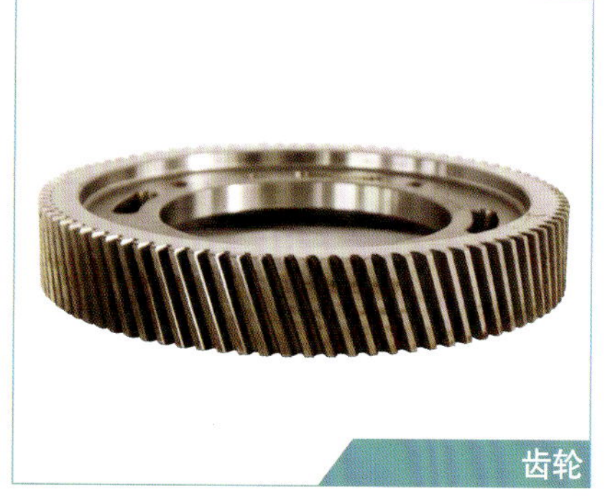
齿轮

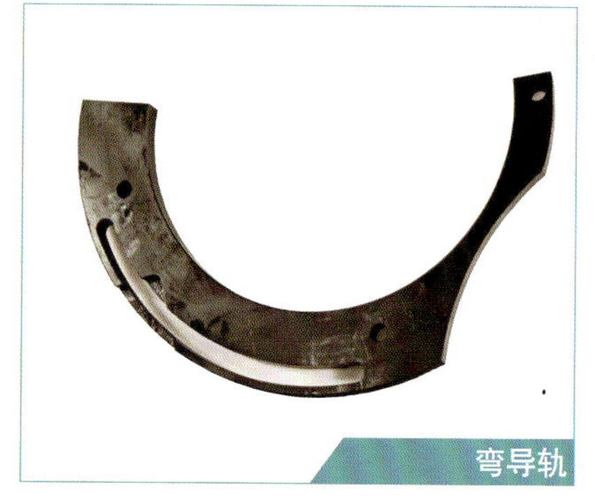
弯导轨

地址：河北省固安县牛驼镇（106国道距北京市25公里） 邮编：065501 电话：0316-6122159 传真：0316-6122969
手机：13803223595 13832652655 邮箱：qiuqiang3595@163.com

收纸台

墙板

数控加工机床

型号：台湾亚威4021

型号：台湾亚威1200

诸暨市非标链条厂

诸暨市非标链条厂是研究、设计、制造非标、特种链条的专业厂家。经过十几年的发展已具备丰富的特种、非标链条生产经验，几千种的链条模具，产品规格齐全,质量可靠。

主要产品广泛应用于叉车、冶金、日化、农机、食品包装、涂装机械、印刷机械、烟草机械等机械传动、输送装置中。并为进口输送设备提供国产化服务。

快速优质制造是该厂的特点；“质量至上，用户至尊”是该厂一直以来的宗旨！

地址：浙江省诸暨市牌头工业区

邮编：311825

电话：0575—87050858 0575—87058138

手机：13506853052

传真：0575—87056358

网址：www.fb-chains.com

邮箱：dawei@fb-chains.com

板式链

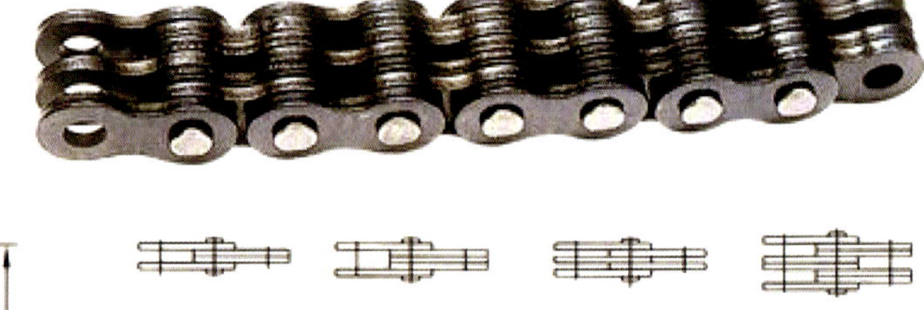

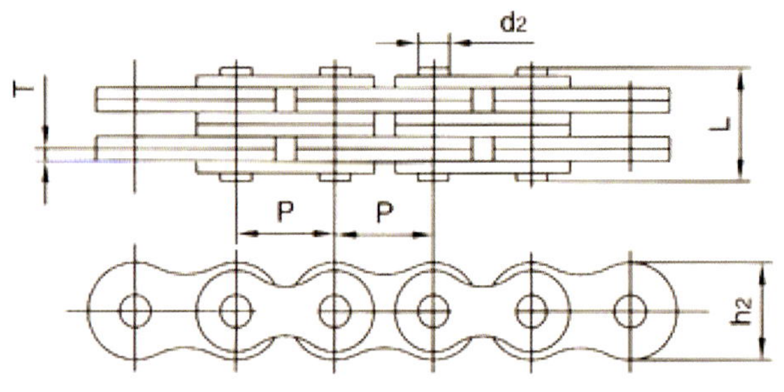

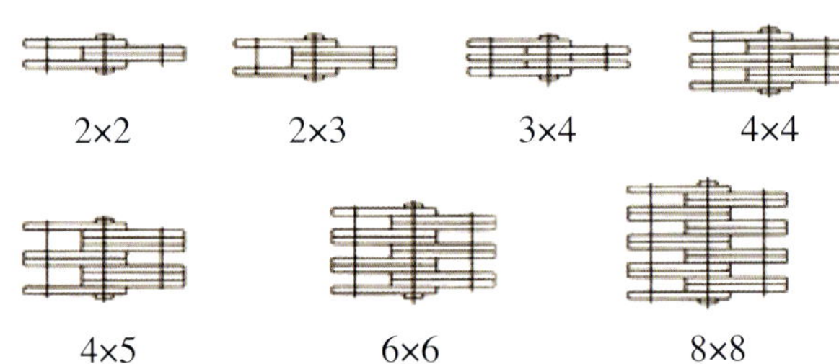

DINISO 链号 DINISO Chain No.	ANSI 链号 ANSI Chain No.	节距 Pinch	链板组合 Chain Lacing	链板高度 Plate depth	链板厚度 Plate thickness	销轴直径 Pin diameter	销轴长度 Pin length	极限拉伸载荷 U ltimate tensite strength	平均拉伸载荷 Average tensite strength	每米长重 Weight per meter
		P		h2 max	T max	d2 max	L max	Q min	Q0	q
		mm		mm	mm	mm	mm	KN	KN	kg/m
LH0822	BL422		2×2				11.05	22.2	27.6	0.64
LH0823	BL423		2×3				13.16	22.2	27.6	0.80
LH0834	BL434		3×4				17.40	33.4	41.4	1.12
LH0844	BL444	12.7	4×4	12.07	2.08	5.09	19.51	44.5	56.0	1.28
LH0846	BL446		4×6				23.75	44.5	56.0	1.60
LH0866	BL466		6×6				27.99	66.7	81.7	1.92
LH0888	BL488		8×8				36.45	89.0	109.4	2.56
LH1022	BL522		2×2				12.09	33.4	43.1	0.88
LH1023	BL523		2×3				15.37	33.4	43.1	1.10
LH1034	BL534		3×4				20.32	48.9	65.6	1.50
LH1044	BL544	15.875	4×4	15.09	2.44	5.96	22.78	66.7	84.5	1.80
LH1046	BL546		4×6				27.74	66.7	84.5	2.20
LH1066	BL566		6×6				32.69	100.1	125.1	2.65
LH1088	BL588		8×8				42.57	133.4	169.5	3.50
LH1222	BL622		2×2				17.37	48.9	63.6	1.45
LH1223	BL623		2×3				20.73	48.9	63.6	1.45
LH1234	BL634		3×4				27.43	75.6	102.8	2.50
LH1244	BL644	19.05	4×4	18.11	3.3	7.94	30.78	97.9	120.9	2.90
LH1246	BL646		4×6				37.49	97.9	120.9	3.60
LH1266	BL666		6×6				44.2	146.8	190.8	4.30
LH1288	BL688		8×8				57.61	195.7	238.8	5.80
LH1622	BL822		2×2				21.34	84.5	108.2	2.20
LH1623	BL823		2×3				25.48	84.5	108.2	2.70
LH1634	BL834		3×4				33.76	129.0	170.0	3.80
LH1644	BL844	25.4	4×4	24.13	4.09	9.54	37.90	169.0	214.6	4.30
LH1646	BL846		4×6				46.18	169.0	214.6	5.40
LH1666	BL866		6×6				54.46	253.6	324.5	6.50
LH1688	BL888		8×8				71.02	338.1	432.7	8.60

倍速链

塑料滚子型

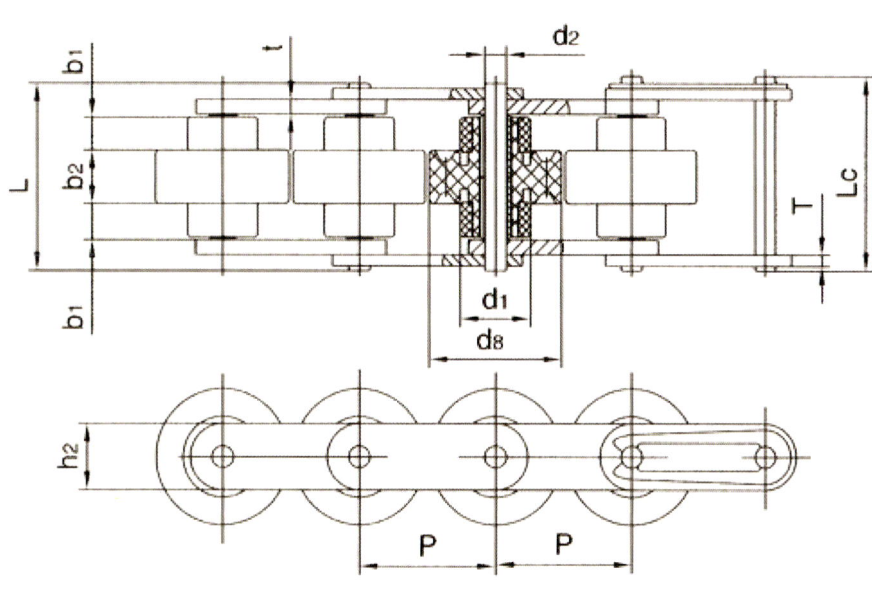

Chains No.	节距 Pitch	滚子尺寸 Roller dimensions				销轴尺寸 Plate Dimensions			链板尺寸 Plate dimensions			每米长重 Weight per meter
	p	d1 max	d8 max	b1 min	b8 min	d2 min	L max	LC max	h2 max	T max	t max	q
	mm	mm	mm	mm	mm	mm	mm	mm	mm	mm	mm	kg/m
BS25-C206B	19.05	11.91	18.3	4.00	8.00	3.28	24.0	25.6	8.20	1.30	1.50	0.52
BS25-C208A	25.4	15.88	24.6	5.70	10.3	3.96	31.0	32.8	11.7	1.50	1.50	0.79
BS25-C210A	31.75	19.05	30.6	7.10	13.0	5.08	39.5	41.2	15.0	2.03	2.03	1.36
BS25-C212A	38.1	22.23	36.6	8.50	15.5	5.94	48.8	50.5	18.0	3.25	3.25	2.19
BS25-C216A	50.8	28.58	49.0	11.0	21.5	7.92	66.2	70.0	24.0	4.00	5.00	4.09
BS25-C206B	19.05	9.00	18.3	4.50	9.10	3.28	26.3	29.6	7.28	1.30	1.50	0.50
BS25-C208A	25.4	11.91	24.6	6.10	12.5	3.96	35.6	39.5	9.60	1.50	2.00	0.83
BS25-C210A	31.75	14.80	30.6	7.50	15.0	5.08	43.0	47.1	12.2	2.00	2.40	1.27
BS25-C212A	38.1	18.00	37.0	9.75	20.0	5.94	58.1	62.7	15.0	3.00	4.00	2.14
BS25-C216A	50.8	22.23	49.0	12.0	25.2	7.92	71.9	77.3	18.6	4.00	5.00	3.55

齿形链

外接触齿形链

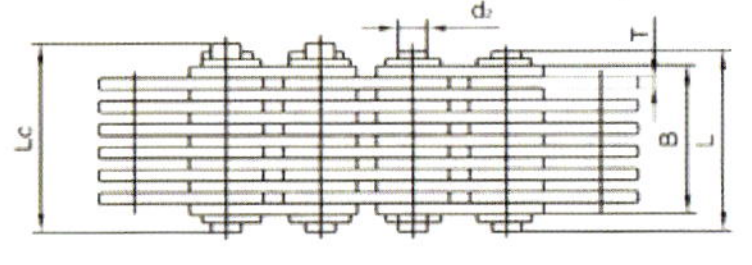

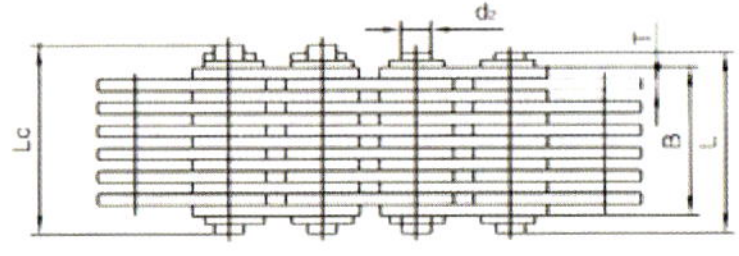

内导式

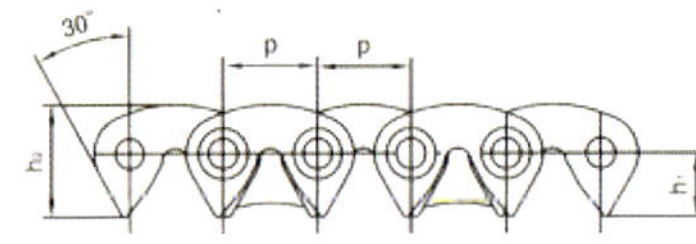

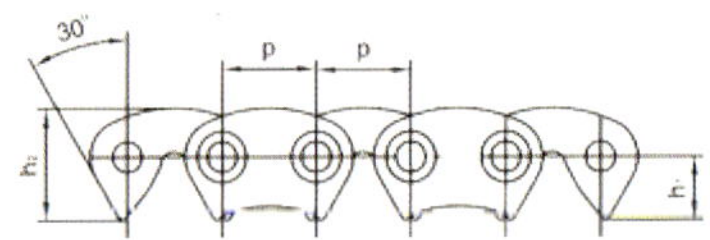

GB链号 GB China No.	节链 Pinch	链宽 China wiclth	销轴直径 Pin diarmeter	销轴长度 Pin length		孔间到齿尖距离 Distance from hole centre to tooth	链板高度 Plate depth	链板厚度 Plate thickness	导向形式 Guide form	片数 Number of plates	极限拉伸载荷 Ultimate tensile strength	平均拉伸载荷 Average tensile strength	每米长重 Weight per meter
	P	B min	d2 max	L max	Lc max	h1	h2 max	T max		max	Q min	Q0	q
	mm	mm	mm	mm	mm	mm	mm	mm		n	KN	KN	kg/m
CL20	31.75	57.0	10.84	66.6	69.6	17.5	33.4	3.0	内(inside)	19	165.0	183.1	8.42
		69.0		78.6	81.6				内(inside)	23	201.0	223.1	10.19
		81.0		90.6	93.6				内(inside)	27	237.0	263.2	11.96
		93.0		102.6	105.8				内(inside)	31	273.0	303.0	13.73
		105.0		114.6	117.6				内(inside)	35	310.0	341.0	15.50
		117.0		126.6	129.6				内(inside)	39	346.0	380.6	17.27

外接触齿形链

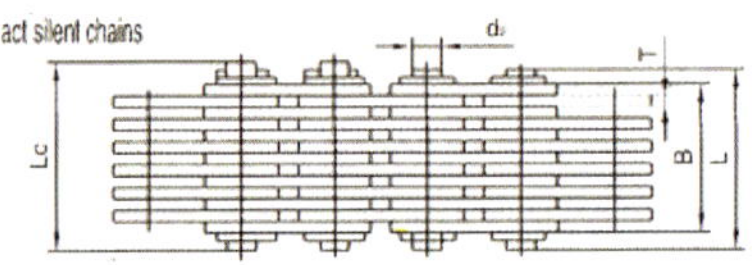

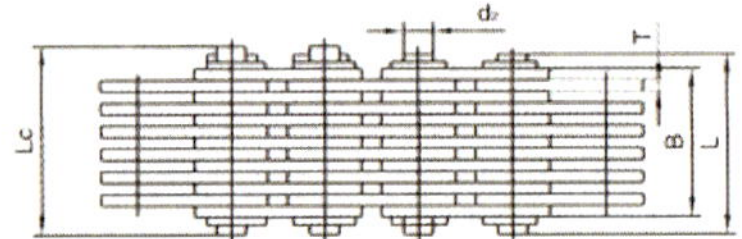

内导式

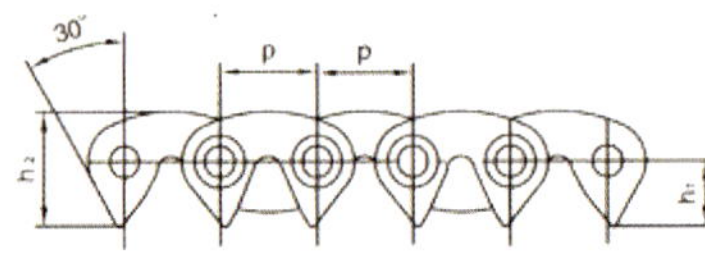

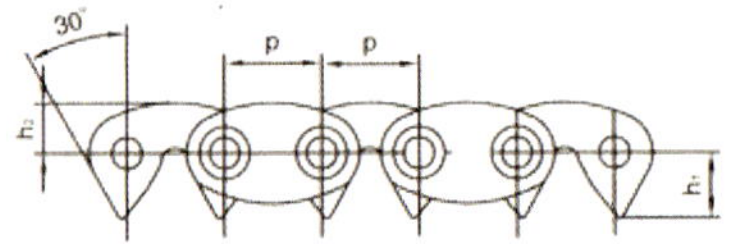

ANSI链号 ANSI China No.	节链 Pinch	链宽 China wiclth	销轴直径 Pin diarmeter	销轴长度 Pin length		孔间到齿尖距离 Distance from hole centre to tooth	链板高度 Plate depth	链板厚度 Plate thickness	导向形式 Guide form	片数 Number of plates	极限拉伸载荷 Ultimate tensile strength	平均拉伸载荷 Average tensile strength	每米长重 Weight per meter
	P	B min	d2 max	L max	Lc max	h1	h2 max	T max		max	Q min	Q0	q
	mm	mm	mm	mm	mm	mm	mm	mm		n	KN	KN	kg/m
C4-120	12.7	19.5	5.08	24.5	26.0	6.62	12.1	1.5	内(inside)	13	20.0	22.2	1.20
C4-123		22.5		27.5	29.0				内(inside)	15	23.0	25.5	1.37
C4-129		28.5		33.5	35.0				内(inside)	19	28.5	31.6	1.72
C4-132		31.5		36.5	38.0				内(inside)	21	31.5	34.9	1.89
C4-138		37.5		42.5	44.0				内(inside)	25	38.0	42.1	2.22
C4-150		49.5		54.5	56.0				内(inside)	33	50.0	55.5	2.90
C4-320		19.5		24.5	26.0				外(Outside)	13	20.0	22.2	1.20
C4-323		22.5		27.5	29.0				外(Outside)	15	23.0	25.5	1.37
C4-329		28.5		33.5	35.0				外(Outside)	19	28.5	31.6	1.72
C4-332		31.5		36.5	38.0				外(Outside)	21	31.5	34.9	1.89
C4-338		37.5		42.5	44.0				外(Outside)	25	38.5	42.1	2.22

短节距输送链附件

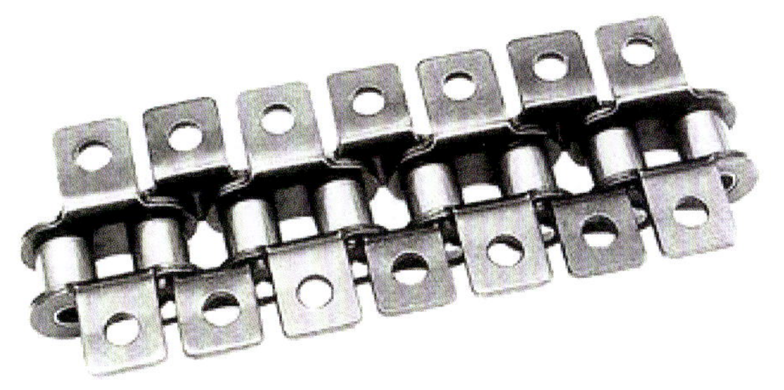

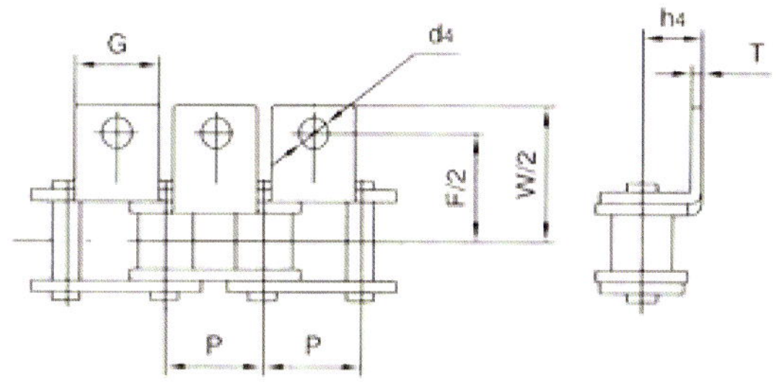

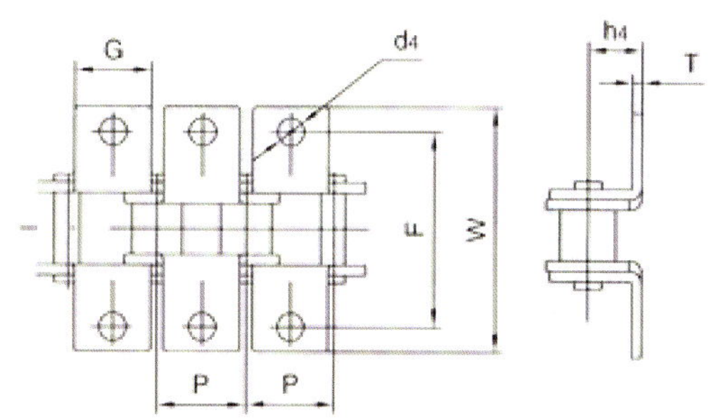

DIN ISO 链号 DIN ISO China No.	ANSI 链号 ANSI China No.	P	G	F	W	T	h4	d4
		mm	mm	mm	mm	mm	mm	mm
08A	40	12.7	9.5	25.4	35.2	1.50	7.90	3.4
10A	50	15.875	12.7	31.8	46.2	2.03	10.30	5.5
12A	60	19.05	15.9	38.1	55.6	2.42	11.90	5.5
16A	80	25.4	19.1	50.8	64.8	3.25	15.90	6.8
20A	100	31.75	25.4	63.5	87.3	4.00	19.80	9.2
24A	120	38.1	28.6	76.2	108.5	4.80	23.00	9.8
28A	140	44.45	34.9	88.9	123.0	5.60	28.60	11.4
32A	160	50.8	38.1	101.6	142.8	6.40	31.80	13.1
08B		12.70	9.5	25.4	36.4	1.60	8.90	4.5
10B		15.975	14.3	31.8	44.6	1.70	10.31	5.3
12B		19.05	16.0	38.1	52.4	1.85	13.46	6.4
16B		25.4	19.1	50.8	72.6	3.10	15.88	6.4

尖齿链

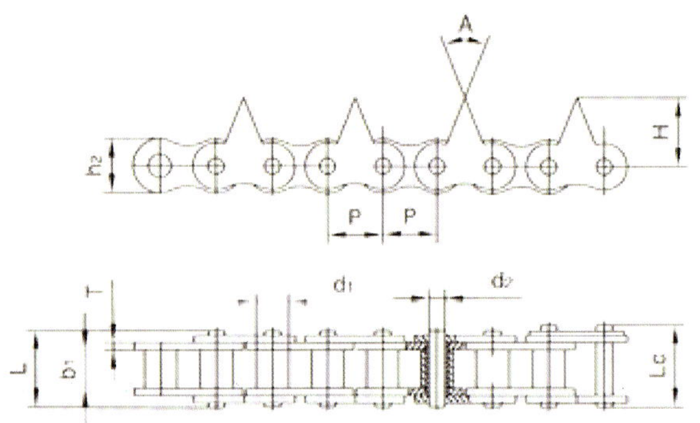

Chains NO.	节距 Pinch	内节内宽 Width between inner plaies	滚子尺寸 Roller dimensions	附件尺寸 Attachment dimensions		销轴尺寸 Pin dimensions			链板尺寸 Plate dimensions		极限拉伸载荷 Ultmate tensile strength
	P	b1 min	d1 max	A	H	d2 min	L max	L0 max	h2 max	T max	Q min
	mm	mm	mm	0	mm	mm	mm	mm	mm	mm	KN
08BJZL	12.70	7.75	8.51	45	15	4.45	16.7	18.2	11.8	1.60	19.4
08BJZLF1	12.70	7.75	8.51	30	15	4.45	16.7	18.2	11.8	1.60	19.4
08BJZL−2	12.7	7.75	8.51	45	15	4.45	31.2	32.2	11.8	1.60	32.0
08BJZLF1−2	12.70	7.75	8.51	30	15	4.45	31.2	32.2	11.8	1.60	32.0

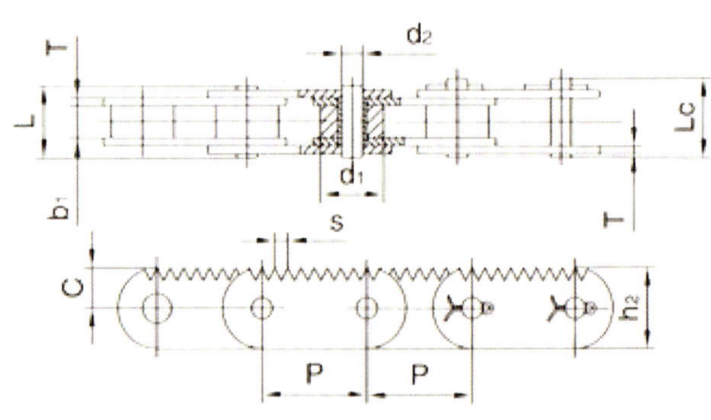

Chains NO.	节距 Pinch	内节内宽 Width between inner plaies	滚子尺寸 Roller dimensions	附件尺寸 Attachment dimensions		销轴尺寸 Pin dimensions			链板尺寸 Plate dimensions		极限拉伸载荷 Ultmate tensile strength
	P	b1 min	d1 max	S	C	d2 min	L max	L0 max	h2 max	T max	Q min
	mm	mm	mm	mm	mm	mm	mm	mm	mm	mm	KN
C16AF1	25.4	15.75	15.88	12.20	17.50	7.92	32.7	35.0	29.5	3.25	56.7
P80F1	80	24	42	10	30	16	54	58.5	60	6.0	256

空心链

A型号

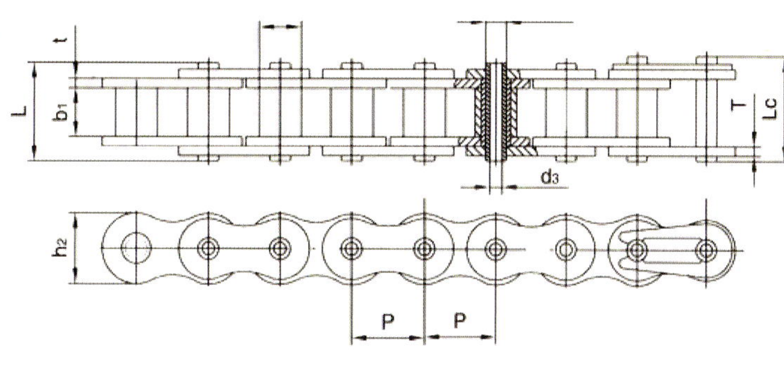

B型号

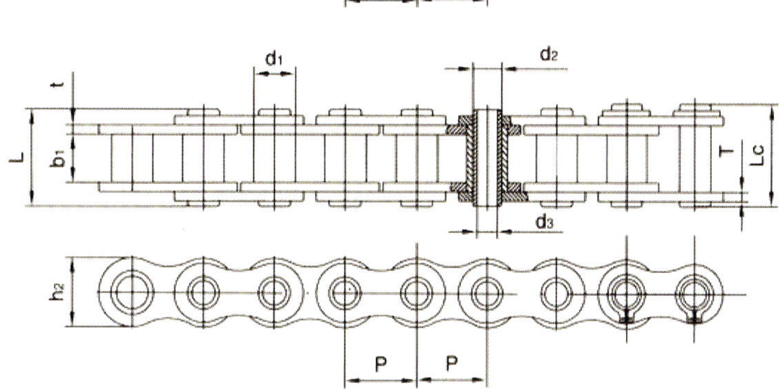

Chains NO.	节距 Pinch	内节内宽 Width between inner plaies	滚子尺寸 Roller dimensions	销轴尺寸 Pin dimensions				链板尺寸 Plate dimensions		极限拉伸载荷 Ultimate tensile strength	型号
	P	b1 min	d1 max	d2 min	d4 min	L max	Lc max	h2 max	t/T max	Q min	
	mm	mm	mm	mm	mm	mm	mm	mm	mm	KN	
10BHP	15.875	9.65	10.16	5.94	4.04	19.3	20.6	14.7	1.70	17.0	A
12BHP	19.05	11.68	12.07	6.50	4.00	21.6	22.8	15.9	1.85	23.6	A
12AHPF1	19.05	12.70	11.91	7.00	5.01	25.5	26.6	18.0	2.42	20.0	A
08BHP	12.7	7.75	8.51	6.55	4.50	16.4	17.6	11.8	1.6/1.3	11.1	B
08AHP	12.7	7.85	7.95	5.63	4.00	16.5	17.6	12.0	1.50	11.1	B
10AHP	15.875	10.16	10.16	7.03	5.13	20.7	21.9	15.09	2.03	20.0	B
12AHP	19.05	12.70	11.91	8.31	6.00	25.8	26.8	18.00	2.42	24.0	B
16AHP	25.4	15.75	15.88	11.40	8.05	32.5	33.8	24.00	3.25	50.0	B

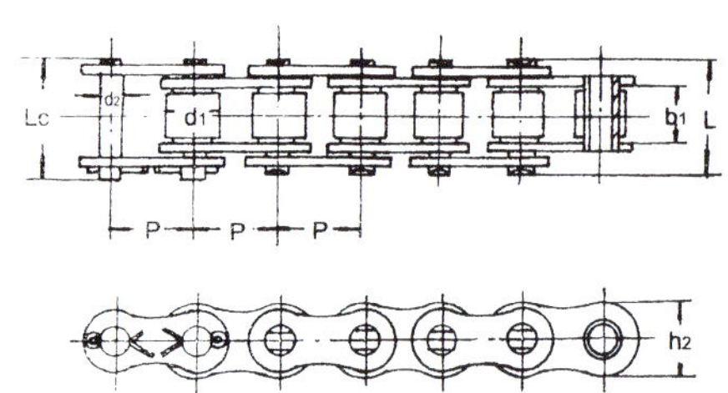

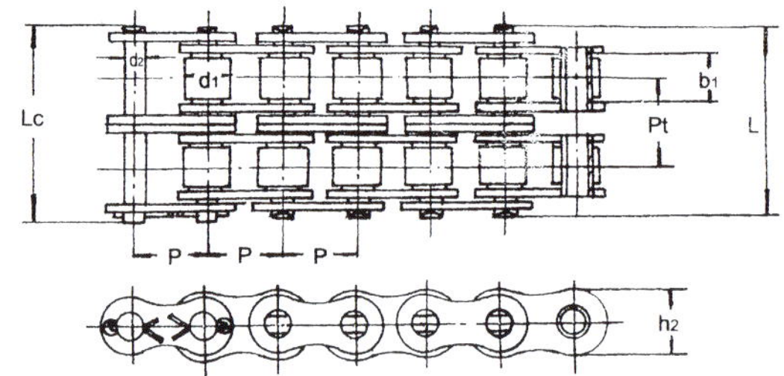

单排滚子链、套筒链

ISO链号 ISO chain No.	ANSI链号 ANSI chain No.	节距 Pich	滚子直径 Roller diameter	内节内宽 Width between inner plates	销轴直径 Bearing pin body bearing pins	销轴长度 Width over bearing pins	连接销轴长度 Width over connecting pins	内链板高度 Inner plate depth	排距 Transverse pitch	极限拉伸载荷 Ultimate tensile strength	每米长重 Weight per meter
		p	d_1 max	b_1 min	d_2 max	L max	Lc(Lc) max	h_2 max	Pt	Q min	q ≈
		mm	mm	mm	mm	mm	mm	mm	mm	N	kg/m
*04C-1	25	6.35	3.3	3.1	2.31	7.9	8.4	6.02	/	3.50	0.14
*06C-1	35	9.525	5.08	4.68	3.58	13.75	15.0	9.91	/	7.90	0.33
085-1	41	12.7	7.77	6.25	3.58	13.75	15.0	9.91	/	6.67	0.41
08A-1	40	12.7	7.95	7.85	3.96	16.6	17.8	12.00	/	13.8	0.62
10A-1	50	15.875	10.16	9.40	5.08	20.9	22.2	15.09	/	21.8	1.02
12A-1	60	19.05	11.91	12.57	5.94	25.9	28.3	18.08	/	31.1	1.50
16A-1	80	25.4	15.88	15.75	7.92	32.7	36.5	24.1	/	55.6	2.60
20A-1	100	31.75	19.05	18.90	9.53	40.4	44.7	30.1	/	86.7	3.91
24A-1	120	38.1	22.23	25.22	11.1	50.3	54.3	36.2	/	124.6	5.62
28A-1	140	44.45	25.40	25.22	12.71	54.4	59.0	42.2	/	169.0	7.50
32A-1	160	50.8	28.58	31.55	14.27	64.8	69.6	47.8	/	222.4	10.10
36A-1	180	57.15	35.71	35.48	17.46	73.9	83.0	54.3	/	280.2	13.45
40A-1	200	63.5	39.68	37.85	19.85	80.3	90.5	60.3	/	347	16.15
48A-1	240	76.2	47.63	47.35	23.81	95.5	105.5	72.4	/	500.4	23.20

双排滚子链、套筒链

ISO链号 ISO chain No.	ANSI链号 ANSI chain No.	节距 Pich	滚子直径 Roller diameter	内节内宽 Width between inner plates	销轴直径 Bearing pin body bearing pins	销轴长度 Width over bearing pins	连接销轴长度 Width over connecting pins	内链板高度 Inner plate depth	排距 Transverse pitch	极限拉伸载荷 Ultimate tensile strength	每米长重 Weight per meter
		p	d_1 max	b_1 min	d_2 max	L max	Lc(Lc) max	h_2 max	Pt	Q min	q ≈
		mm	mm	mm	mm	mm	mm	mm	mm	N	kg/m
*04C-2	25-2	6.35	3.3	3.1	2.31	14.5	15	6.02	6.40	7.0	0.28
*06C-2	35-2	9.525	5.08	4.68	3.58	22.5	23.3	8.70	10.13	15.8	0.6
08A-2	40-2	12.7	7.95	7.85	3.96	32.3	32.2	12.00	14.38	27.6	1.12
10A-2	50-2	15.875	10.16	9.40	5.08	39.9	40.4	15.09	18.11	43.6	2.00
12A-2	60-2	19.05	11.91	12.57	5.94	49.8	51.1	18.00	22.78	62.3	2.92
16A-2	80-2	25.4	15.88	15.75	7.92	62.7	65.8	24.0	29.29	111.2	5.15
20A-2	100-2	31.75	19.05	18.90	9.53	76.4	80.5	30.0	35.76	173.5	7.80
24A-2	120-2	38.2	22.23	25.22	11.1	96.3	99.7	35.7	45.44	249.1	11.70
28A-2	140-2	44.45	25.40	25.22	12.71	103.6	107.9	40	48.87	338.1	15.14
32A-2	160-2	50.8	28.58	31.55	14.27	124.2	128.1	47.8	58.55	444.8	20.14
36A-2	160-2	57.15	35.71	35.48	17.46	140	149.1	54.31	65.84	560.5	29.22
40A-2	200-2	63.5	39.68	37.65	19.85	151.9	162.1	60.33	71.55	639.9	32.24
48A-2	240-2	76.2	47.63	47.35	23.81	183.4	193.8	72.39	87.83	1000.8	45.23

河北省阜城县北方印刷机械配件厂

阜城县北方印刷机械配件厂成立于2003年5月，是具有独立法人资格的民营企业。占地面积50亩，固定资产投资3000万元。阜城县北方印刷机械配件厂位于河北省阜城县码头镇，东邻京沪铁路、京沪高速和104国道，交通十分便捷。

企业拥有木型、铸造、机械加工、热处理、油漆等全套工艺装备生产线，机加工年生产能力30余万小时，铸件年生产能力5000吨。公司现有职工200余人，技术力量雄厚，专业工程技术人员30名。

企业现拥有树脂砂流水线一条，5T冲天炉两个，3T电炉一个，木型制作车间一个；现有大型车床、铣床、刨床、磨床、镗床、钻床等大、中、小型设备百余台。可满足铸造加工的需要。

地址：河北省阜城县码头镇驻地

邮编：053701

电话：0318-4868087

手机：15713286976

传真：0318-4869866

邮箱：fcbfyj@126.com

产品介绍

大型印刷机械铸件

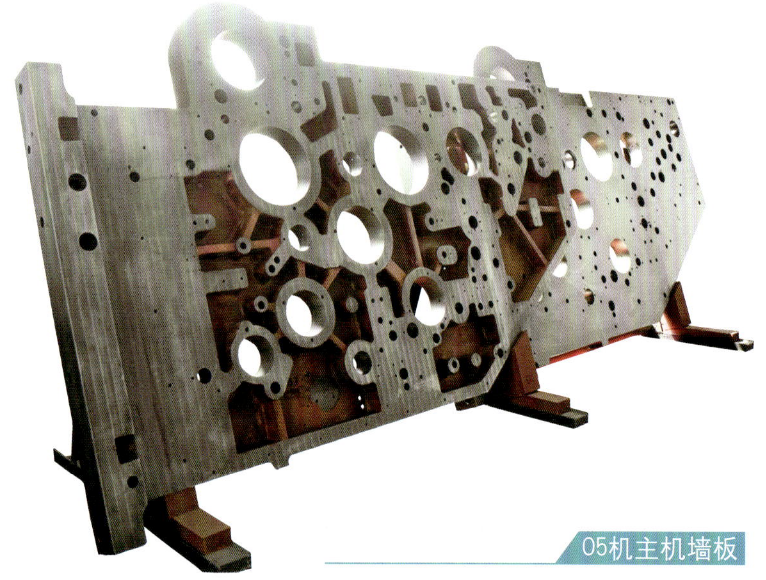

05机主机墙板

四开机主机墙板

双倍径、05机及四开机滚筒

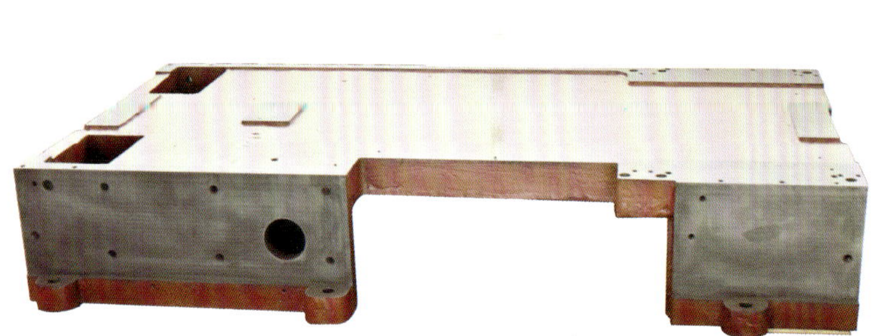

表格机底座

装订机三面切箱体

出口美国风机铸件

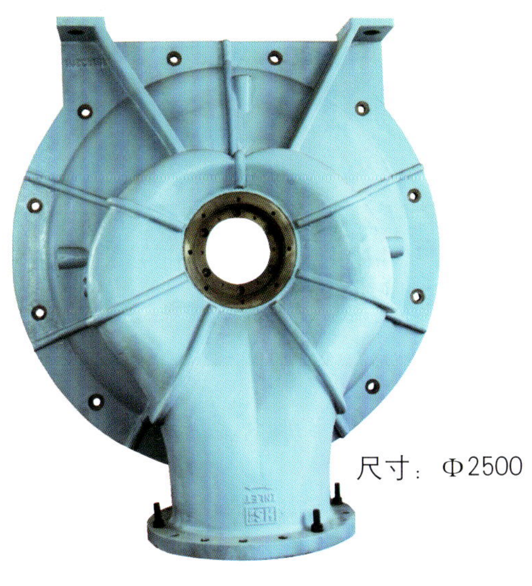

尺寸：Φ2500

风机进风

尺寸：Φ2500

风机中段

装订机连接板

模切机肘杆

05机连杆

印刷机支架

装订机支架

开牙凸块架

模切机支架

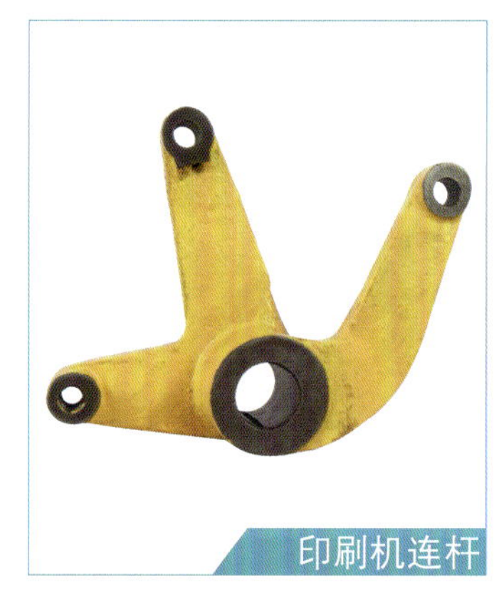
印刷机连杆

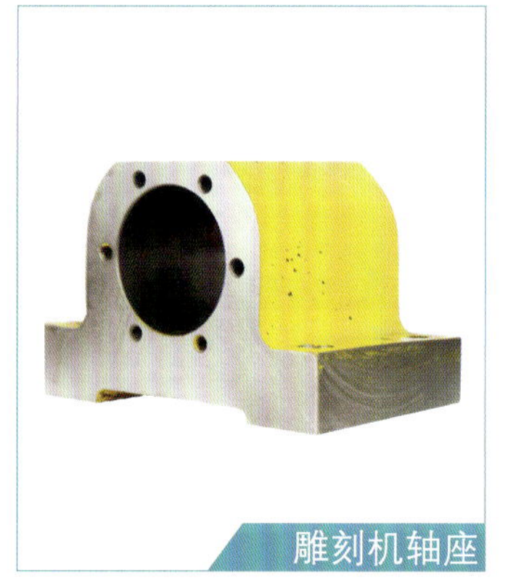
雕刻机轴座

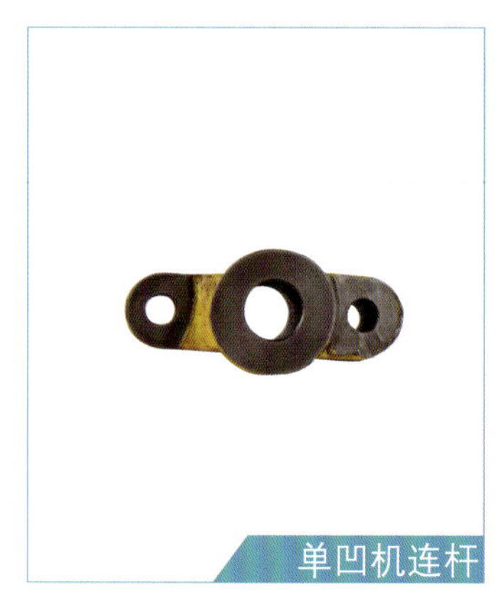
单凹机连杆

挡纸规

05机牙排

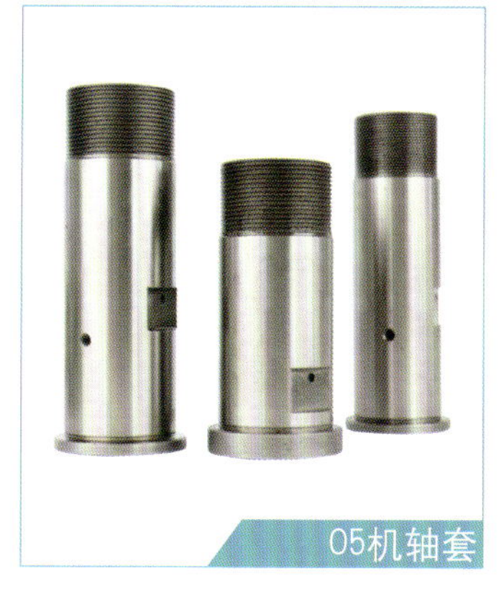
05机轴套

顶块、座及撞块

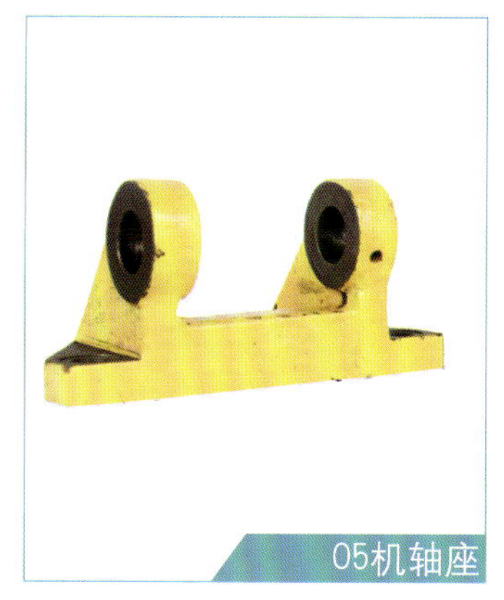
05机轴座

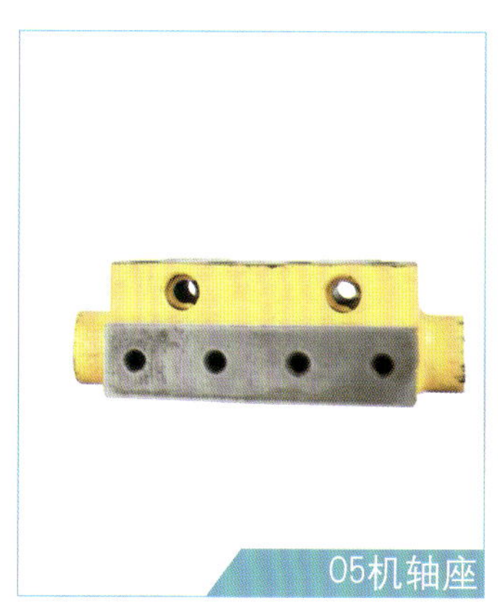
05机轴座

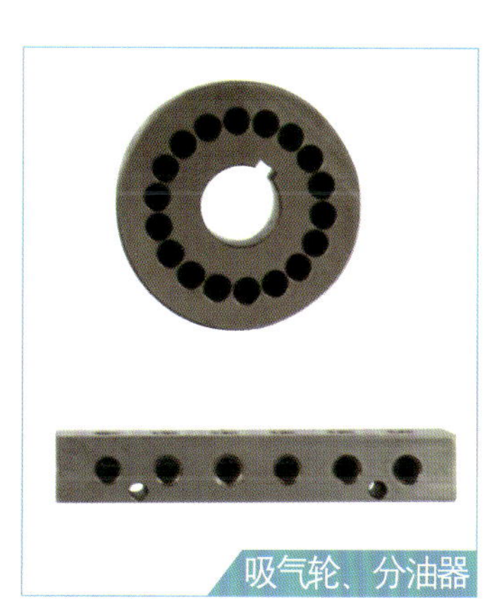
吸气轮、分油器

装订机支板

铸造设备

3吨电炉

树脂砂造型流水线

5吨冲天炉

地址：河北省阜城县码头镇驻地　邮编：053701　电话：0318-4868087　手机：15713286976
传真：0318-4869866　邮箱：fcbfyj@126.com

机械加工设备

B2020A/1型6米龙门刨床

SR1000X5000型普通车床

AH130数控镗床

C5225立式车床

西安滨田特型机械有限公司

西安滨田特型机械有限公司是一家集设计、生产为一体的技术型制造企业，专业生产各种空间曲线及平面曲线凸轮。主导产品凸轮被广泛应用于纺织、印刷、包装机械等行业，尤其在纺织行业更是有近10年的技术经验积累。同时又引进日本先进的凸轮加工工艺技术及编程软件，使得凸轮曲线生成更加准确、容易，更能满足不同行业的使用要求。公司工艺设备精良，检测手段先进，质量体系完善，管理科学严谨。

公司自2002年7月成立以来，先后研发生产了BP系列凸轮即毕加诺、丰田、津田驹喷气织机积极式开口凸轮（适用于史陶比尔凸轮箱）、VP系列凸轮产品即苏美特、丰田、津田驹喷气织机积极式开口凸轮（适用于费姆凸轮箱）、F系列产品即丰田喷气织机消极式开口凸轮、J系列凸轮即津田驹喷气织机ZA205/ZA209/ZAX消极式开口凸轮等在纺织机械领域，为各种新型织机配套使用相继取得了各项重大突破，为中国纺织行业的技术进步做出了贡献。

“BT系列积极式开口装置”的开发，引起许多织机主机厂家和纺织厂家的注意和重视，受到了好评。目前该项目已经过中小批生产，推向市场后引起国内纺织行业的极大关注，许多媒体，如中国纺织报、中国纱线网、中华纺织网等纷纷进行报道，给予高度评价。目前该产品正在为批量生产及产业化做准备。

本项目以西安滨田特型机械有限公司为主体，以西安工程大学“新型纺织机械开发研究”科技创新团队为主要技术支撑的产学研合作开发。厂校联合，各自发挥优势，一定能开发出具有自主知识产权的新产品，为我国纺织工业的科技进步做出贡献。

地址：陕西泾阳工业密集区

电话：029-38957001

手机：13909204139

传真：029－38957011

网址：www.bintiancam.com

邮箱：bintian@bintiancam.com

产品介绍

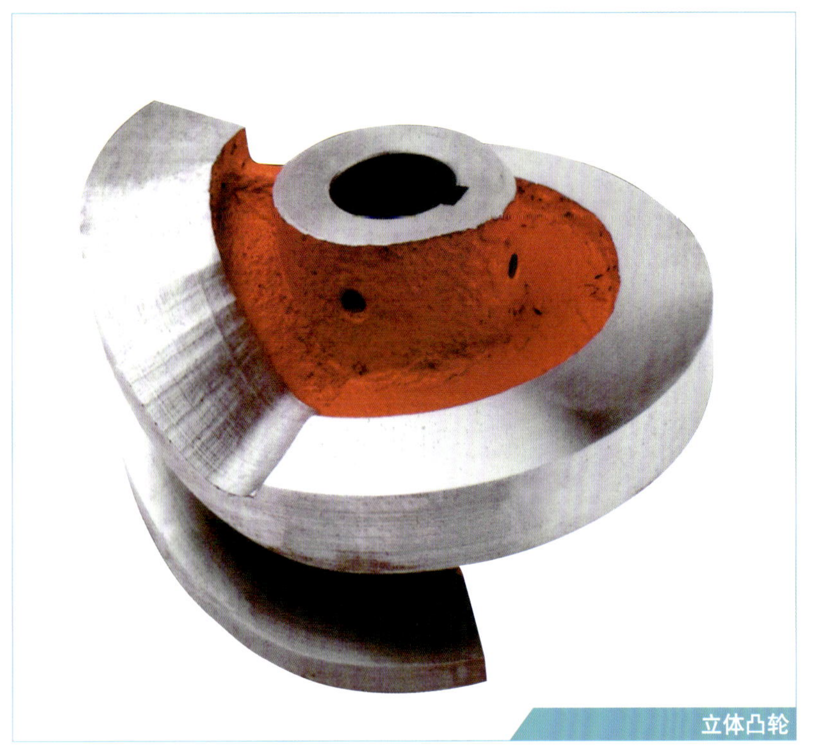
立体凸轮

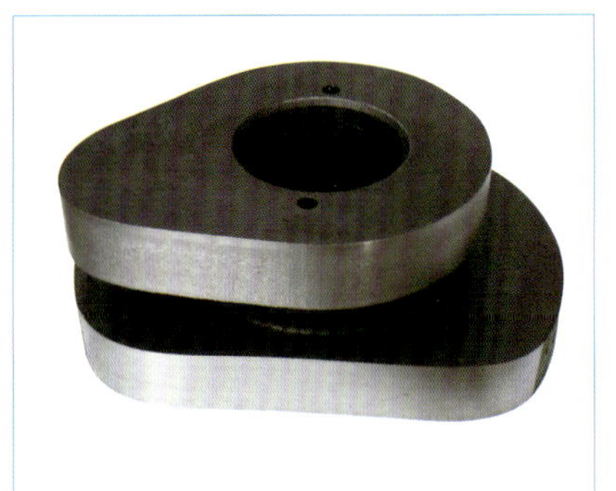

平面凸轮

凸轮产品

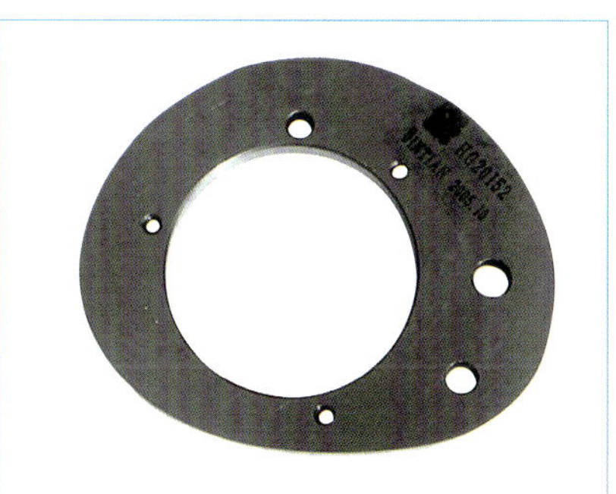

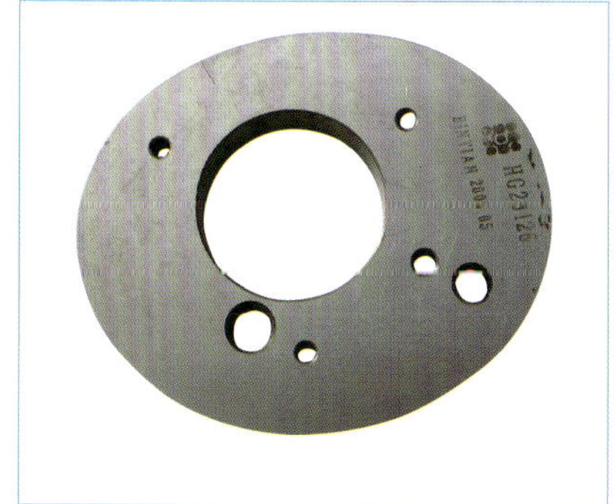
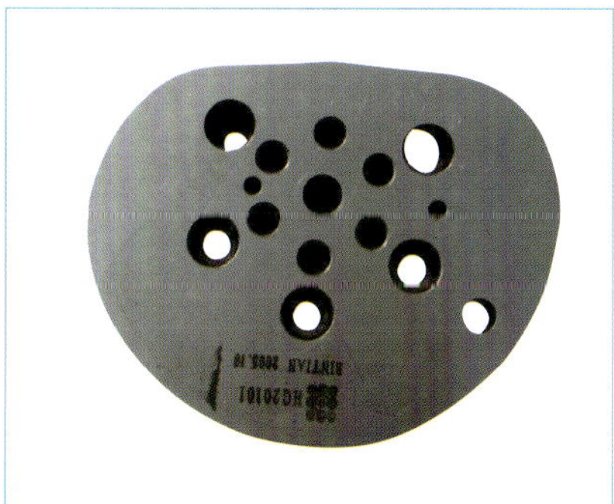

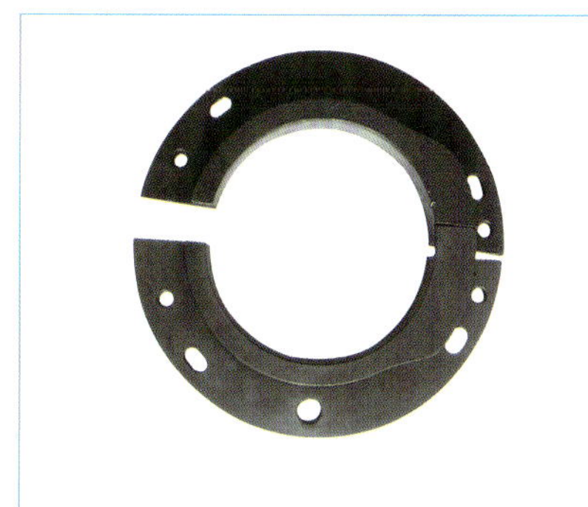

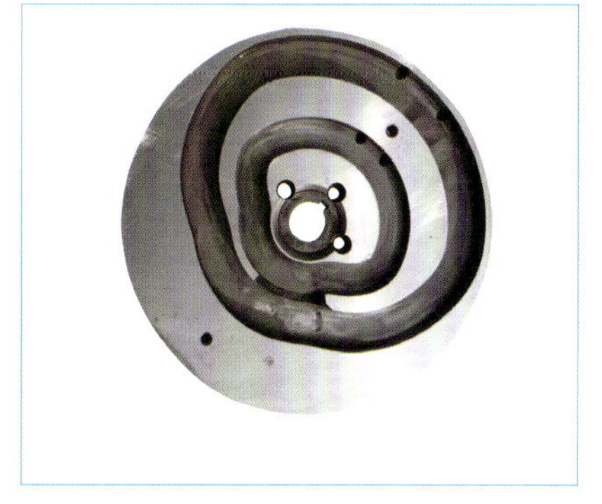

地址：陕西泾阳工业密集区　电话：029－38957001　手机：13909204139　传真：029－38957011
网址：www.bintiancam.com　邮箱：bintian@bintiancam.com

主要设备

姜堰市嘉诚粉末制品有限公司

姜堰市嘉诚粉末制品有限公司（姜堰市粉末冶金厂）创建于1978年，位于古城泰州东侧，省级——姜堰市经济技术开发区中心，西临盐靖高速（距出口一公里），南濒京沪高速及国家一类港口泰州港，北依328国道，水陆交通十分便利。

企业现有职工200余人，其中专业技术人员40余人，是专业从事粉末冶金制品研发、设计、制造企业，是行业骨干企业之一。厂区占地面积11000平方米，建筑面积4250平方米，固定资产1500万元。拥有粉末冶金专用生产线两条，热处理及后处理设备12台套，主要生产设备150余台套，质量检测设备、模具加工设备齐全，具有从模具设计到交付成品的研制及生产制造能力。主要生产以下产品：汽车发动机粉末冶金零件；变速箱粉末冶金结构零件、摇窗机齿轮；摩托车发动机零件；印刷机各种含油衬套及异形结构件；压缩机填料系列、连衬套系列；发动机零件；纺机钢令系列以及其它机械粉末冶金铁、铜基零件；工程塑料零件。现企业已为国内五十多家国有大中型企业配套，并被多家大型企业列为免检产品。

企业本着竭诚为用户服务，以生产优质价廉产品为目标，力求做最佳配角，为粉末冶金技术得推广和应用，为客户得发展作出最大努力，热忱欢迎各界朋友光临惠顾，携手合作，共图发展。

地址：江苏姜堰市罗塘西路29号
邮编：225500
电话：0523-82078369
传真：0523-82078869
网址：www.jiachengchina.com

印刷机用粉末冶金零件系列

该系列产品主要有偏心轴套、吸纸滚轮，各种规格的铁基、铜基含油轴承，主要应用于对开单色胶印机，对开双面胶印机，四开单色平版印刷机，对开双面平版印刷机，机组式柔版印刷机等各种型号的印刷机械，该系列产品质量好、精度高、自润滑性能好、耐磨性能高。

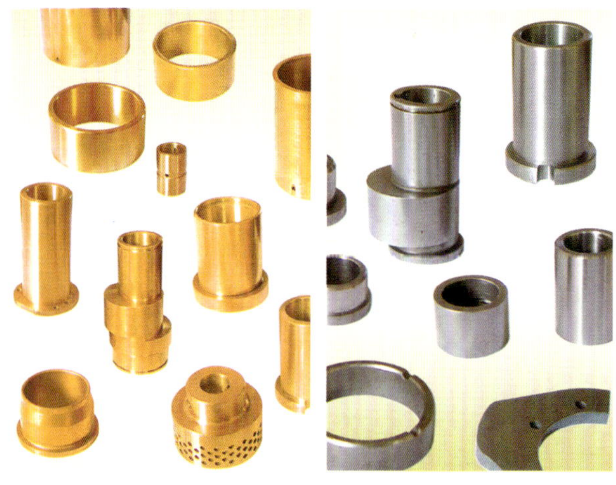

压缩机用粉末冶金零件系列

该系列产品主要有铜基、铁基活塞杆填料环、阻流环、刮油环、各种连杆衬套及F4密封元件。适用于往复活塞空气压缩机、螺杆空压机、各种规格的特种气体压缩机、无油空气压缩机等。本产品特征：耐磨性高、密封性能好、自润滑性能好，其中密封填料阻流环、刮油环1995年国家行业年检第一名，生产的无油空气压缩机用F4密封元件是以聚四氟乙烯为基本材料，用各种配方设计来满足不同需要，产品耐高温、耐高压、耐冷流性能优异，公司生产的压缩机用系列粉末冶金零件性能稳定，品质优异，已成功地广泛应用于进口压缩机密封件国产化领域中。在国产配套领域中得到越来越多的应用。

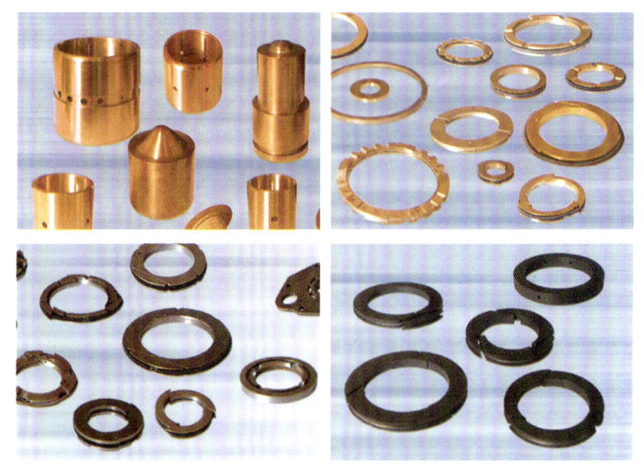

汽车粉末冶金零件系列

该系列产品已开发了汽车发动机、变速箱、摇窗机、后桥、ABS系统内所用的粉末冶金零件。主要产品有拔叉、锁块、互锁板、限位块、同步器、ABS齿圈、齿轮、轴套等汽车关键零件，现已与一汽集团、山东临工、上汽集团、杭州依维柯、重庆长安等配套供货；该系列产品经国家权威机构检测，各项性能指标均达到或超过标准及图纸要求，得到用户的一致好评。该系列产品抗拉强度高、耐磨性好、使用寿命长，是江苏省高新技术产品，国际级星火计划开发产品。

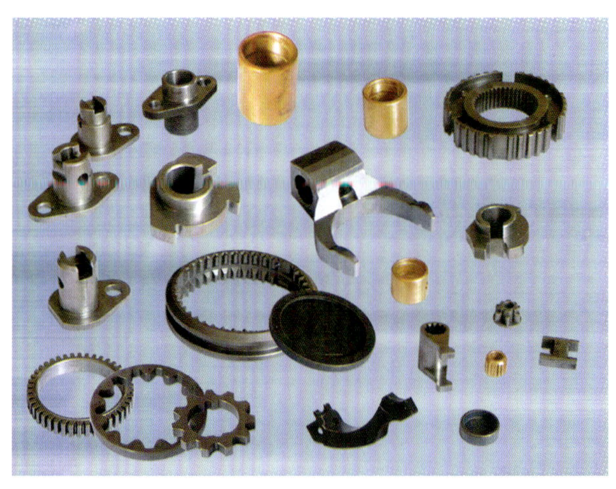

印刷机用粉末冶金零件系列

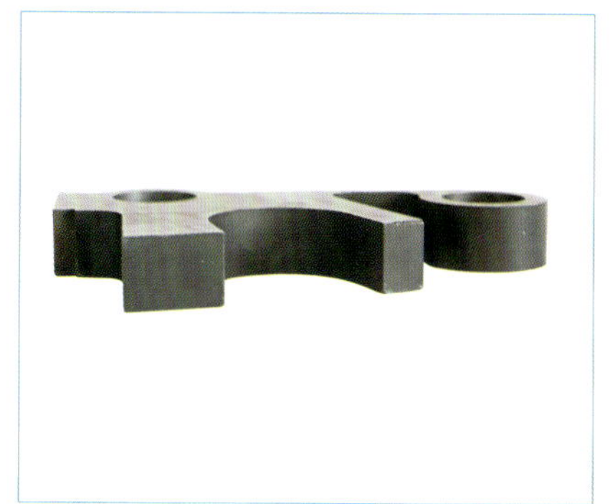

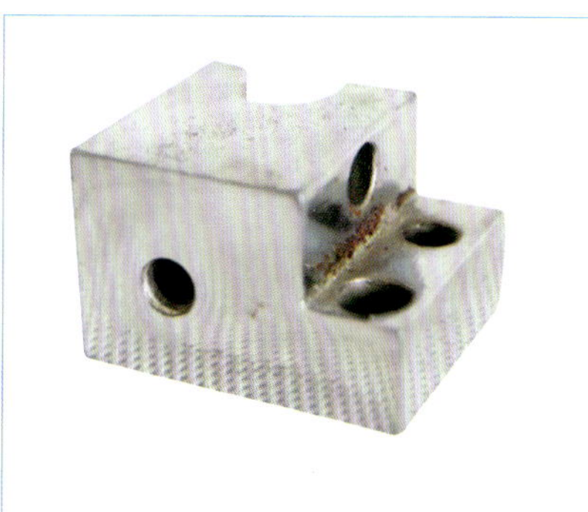

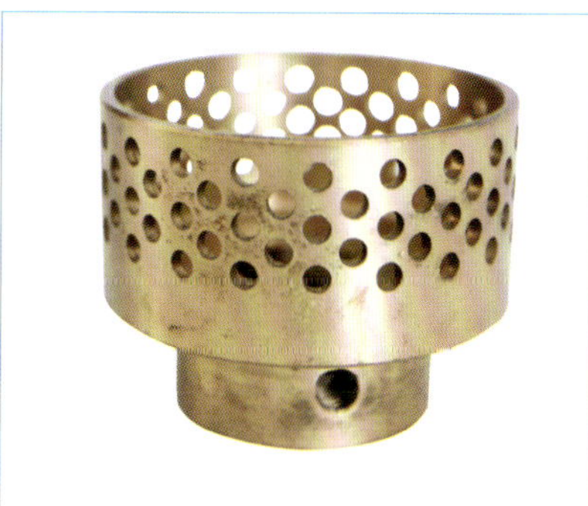

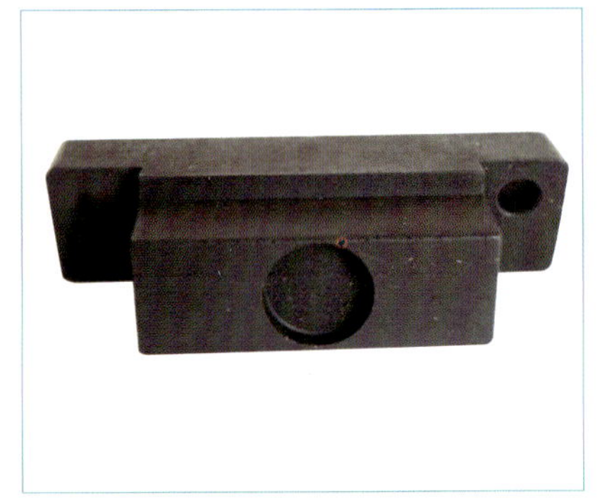

应用于其它机械的粉末冶金零件系列

该系列产品主要有传送齿轮、农机零件、纺机钢令、翻针器、发电机零件、收割机零件、电动跑车零件、摩托车发动机零件等，其中电动跑车传送齿轮随整车出口欧、美等国家。该类别产品结构复杂，性能稳定，精度高，耐磨性好，抗拉强度高，使用寿命长。

淮南市耀华机械厂

淮南市耀华机械厂是专业生产装订机械设备的企业。

该厂传承了原淮南市印刷机械厂的人才优势、技术优势、资源优势，常年坚持与大专院校、科研院所的技术合作，坚持科技创新和技术进步，形成完善的技术开发体系。

十多年来先后研发了DT4多头铁丝订书机系列、DQB404多头骑马铁丝订书机系列等装订机械，同时还生产装订厚度为0.2-4mm、0.2-8mm、0.2-15mm，钉脚宽度为6mm、9mm、12.7mm的JT系列装订机头。其中0.2-8mm、0.2-15mm、0.2-4mm圆环挂钩机头，钉脚宽度为6mm、9mm的装订机头均为国内首创，填补了国内在装订厚度及钉脚宽度方面的空白。其中，DT4-15多头铁丝订书机系列和JT-15装订机头分别获得了国家实用新型专利和国家发明专利。

实用新型专利证号：ZL 2009 2 0142713.6。

发明专利证号： ZL 2009 1 0116065.1。

该厂奉行“质量第一、精益求精、诚信服务”的宗旨，坚持抓住加快发展这个中心，针对制造行业对机械品质和功能要求的不断提高，通过人才资源的有效整合和技术能力的集中优化，致力于新的功能性机械的研发与生产，生产资源得到充分利用，产品结构得到优化升级。装订机械系列产品以其质量好、价格合理、服务周到等优势远销长三角、珠三角、环渤海以及东北地区等，形成了遍及全国各地的完善的销售网络。

至建厂以来，该厂已陆续研发出数十种新产品，平均每年都有一到两种新产品上市，其中四种完成了系列化。由于多种产品无论在款式上、性能上和配置方面均属国内前茅，而销售价远低于国外同类产品，因此，在解决了市场需求的同时也取得了良好的社会效益和经济效益。

随着中国印刷业的高速崛起，装订机械也随之迅猛发展，作为印刷后处理工段所需要的设备是现代工业化生产所必需的。因此，该厂正在拟定其它新产品在未来几年中的研发计划。

地址：安徽省淮南市大通区工业新区15号

邮编：232033

电话：0544-2671313

传真：0544-2511625

产品介绍

钉书机头

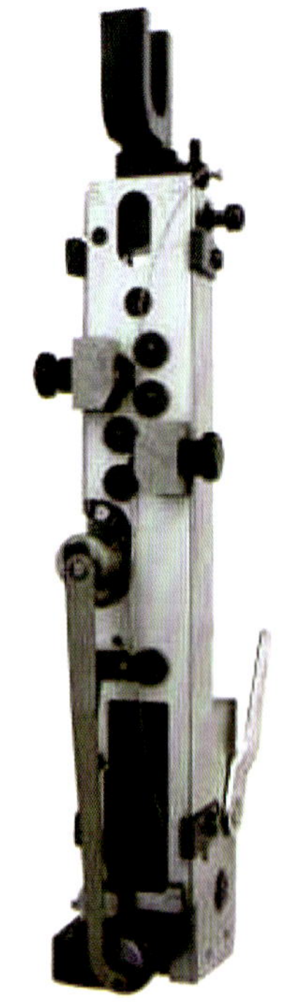
JT—8机头
装订厚度：0.2～8mm

JT—4机头
装订厚度：0.2～4mm

JTY—4圆环挂钩机头
装订厚度：0.2～4mm

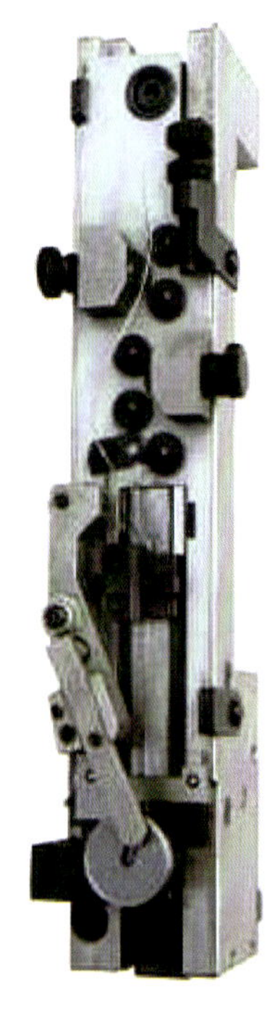
JT—15机头
装订厚度：0.2～15mm

JT系列装订机头技术参数

产品型号	产品名称	装订厚度	钉脚宽度	铁丝型号	成形形状
JT—4	装订机头	0.2～4mm	12.7mm	25 ＃	
JT—8	装订机头	0.2～8mm	12.7mm	23 ＃、25 ＃、	
JT—15	装订机头	0.2～15mm	12.7mm	23 ＃、25 ＃、	
JTY—4	圆环挂钩装订机头	0.2～4mm	12.7mm	25 ＃	圆弧形书钉
JT—4—6	装订机头	0.2～4mm	6mm	25 ＃	
JT—4—9	装订机头	0.2～4mm	9mm	25 ＃	

DQB604–A半自动骑马钉书机

DQB604–A半自动骑马钉书机是该厂应客户要求自行设计的产品，该机可同时安装6个机头，适用于各类书刊、杂志薄本、说明书等印刷品的单联、双联和三联本装订。该机采用变频调速，同时设有光电开关，有空订检测保护，可实现无书本机头不订。该机经人工搭页后，即可自动送书、自动装订、自动收书，因此具有操作简单、可靠性强、装订范围大、生产效率高等优点。

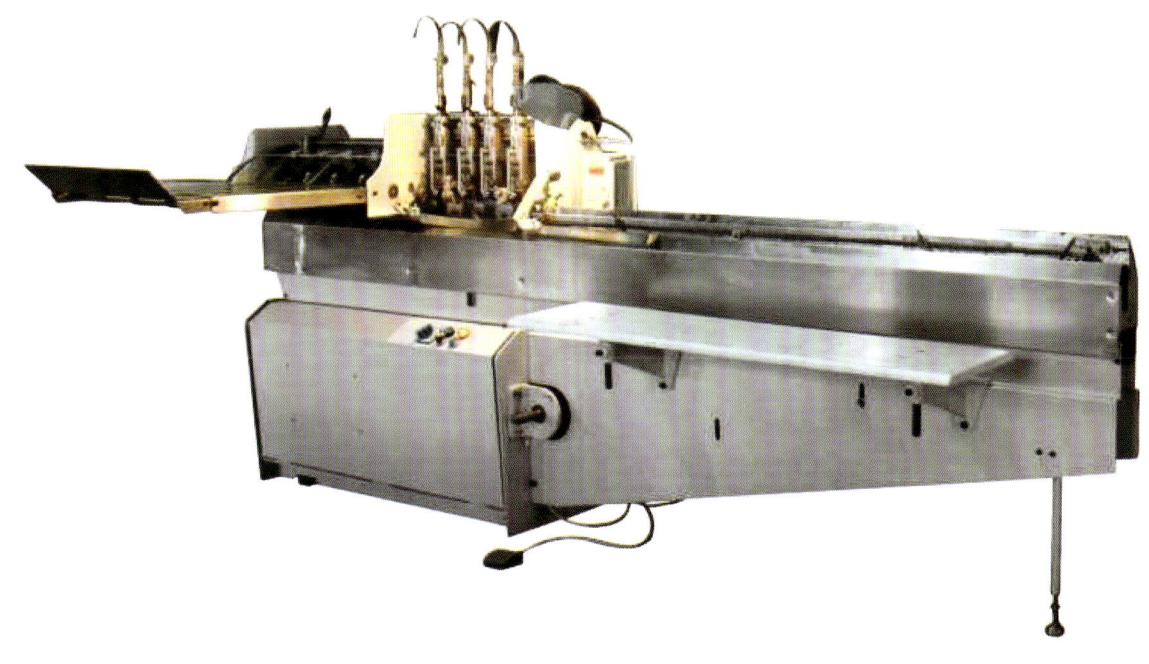

最大装订尺寸	590～350mm	装订速度	30–100本/分
最小装订尺寸	127～89mm	铁丝规格	25#、26#镀锌铁丝
钉脚宽度	13mm	电机功率	0.75KW
装订厚度	0.2～4mm	机器重量	420kg
外型尺寸	2900×1320×1350	两钉中心距	45～270

地址：安徽省淮南市大通区工业新区15号　邮编：232033　电话：0544–2671313　传真：0544–2511625

DT4–15多头铁丝钉书机

DT4–15多头钉书机是该厂自行设计生产的专利产品。用于64、32、16开单、双联本书籍、杂志和薄本的平订和骑马装订。广泛适用于各类型的印刷厂和装订厂。该机装订厚度可达15mm，亦可多头同时使用，具有操作简单，装订整齐，可靠性强等特点。该机还采用变频无级调速和电磁离合器，机器离合时无撞击。

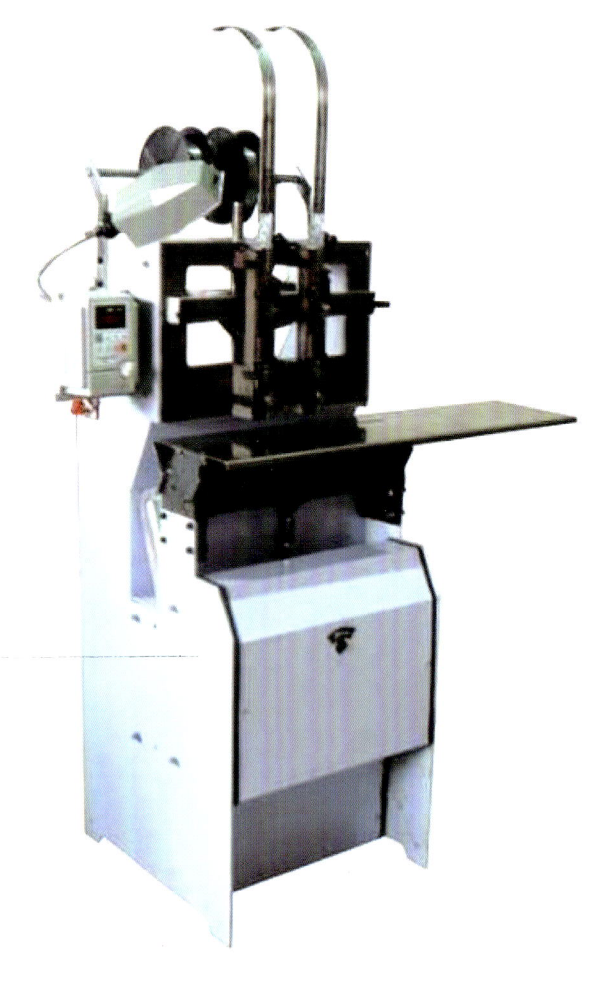

装订厚度	0.2～15mm
装订效率	80～120次/分
装订方式	平订、骑马订
订脚宽度	13mm
使用铁丝	25号镀锌铁丝（订0.2～4mm） 23号镀锌铁丝（订4～15mm）
电机	0.55KW 220V 50HZ

北京市平谷昌盛机械附件厂

昌盛福利机械附件厂，是北人集团公司指定的印刷机零部件生产、加工制造企业；被北京市工商局评为重合同守信用单位；并通过ISO9001质量体系认证。企业产品是印刷机辅机、零部件生产制造，具有自行开发、设计制造成套机械设备能力。现主要生产平板式模切机、输纸机、为北人集团生产配套多种印刷机部件及上千种零件。配做进口印刷机零部件及其它机械设备。被北京企业局认证为技术力量较为雄厚，加工手段先进，加工能力较强的中型机械加工制造企业。企业现有职工200余人，工程技术人员15人，高级工程师2人，工程师5人，助理工程师8人。全面实行计算机管理，设计实行CAD绘图。企业固定资产3000多万元，拥有立式加工中心、数控车床、数控铣床、卧式镗床、龙门刨床、线切割、电火花及车、铣、刨、磨、钣金加工等生产制造设备200多台。

地址：北京市平谷马昌营镇马昌营村
邮编：101214
电话：010-61982643
传真：010-61981430
网址：www.pgcsjx.com
邮箱：pgcsjx@sohu.com

产品介绍

部装件、零件

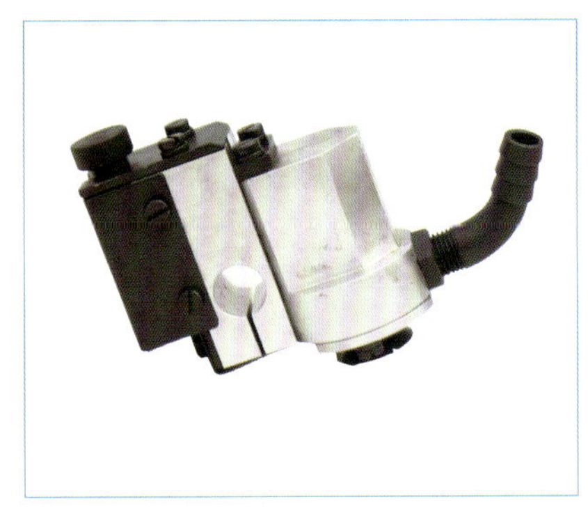

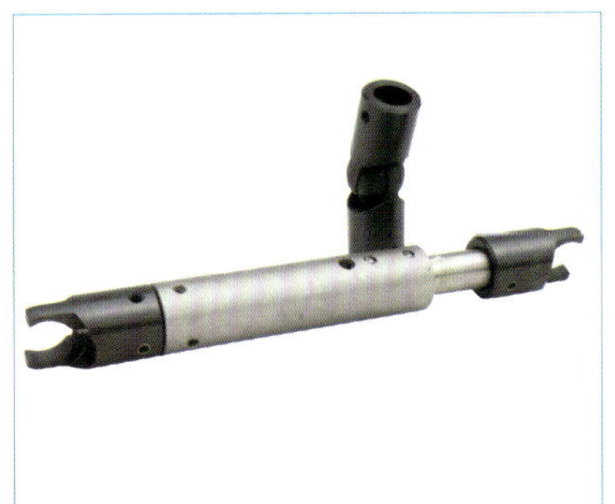
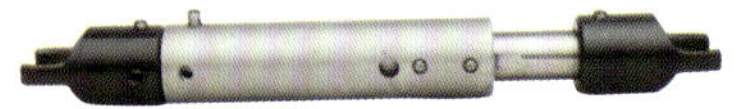

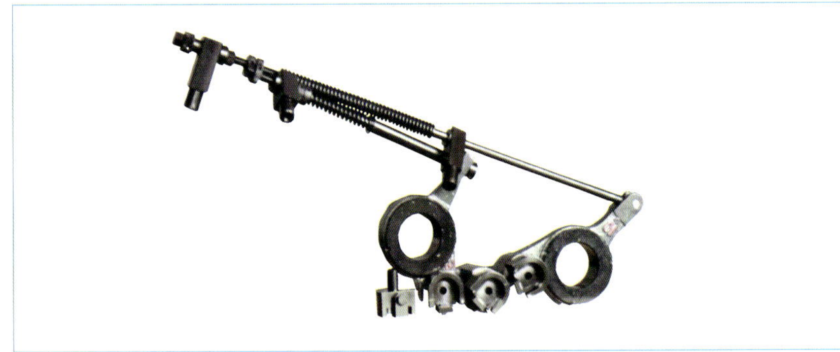
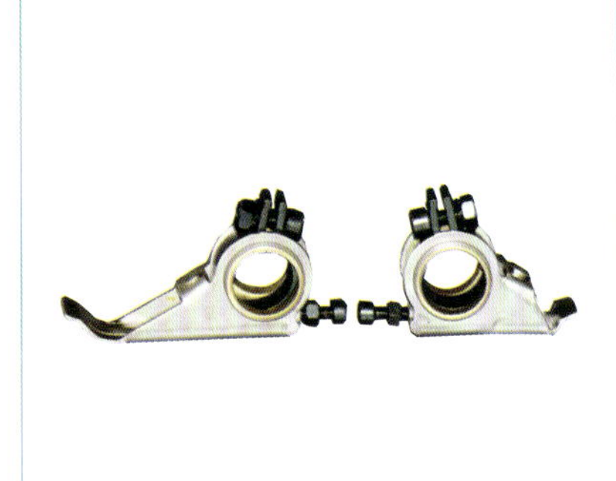
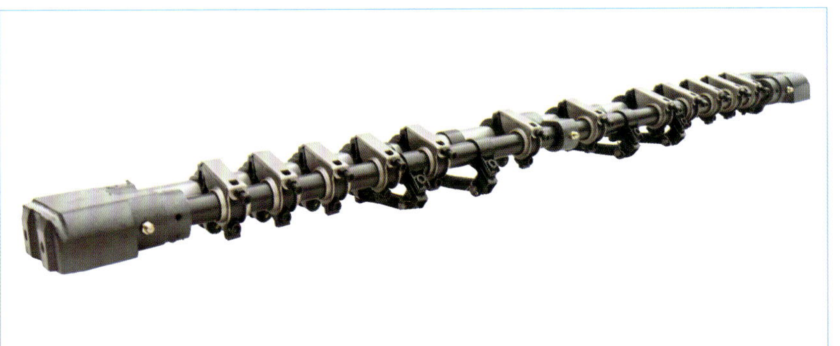

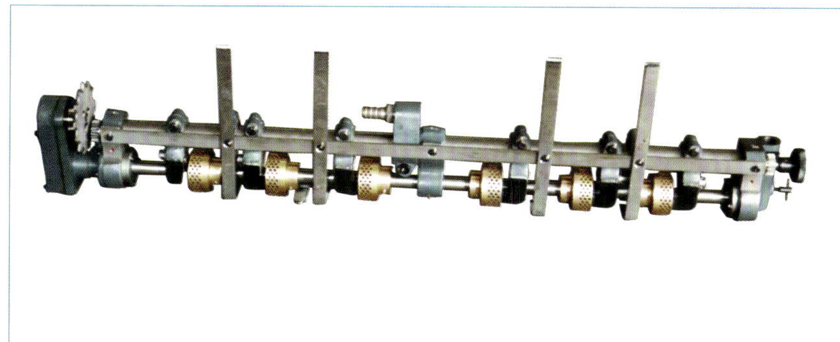

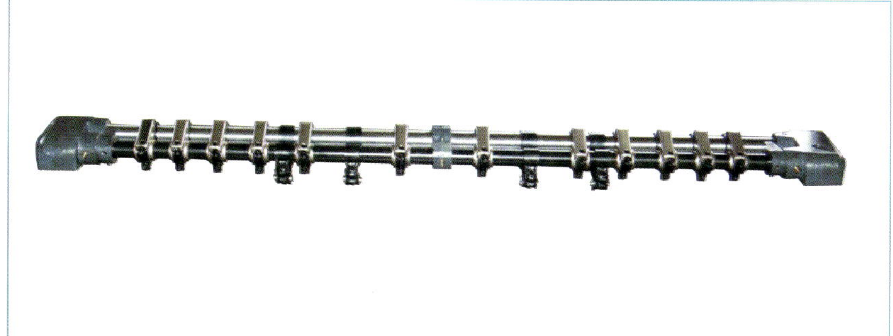

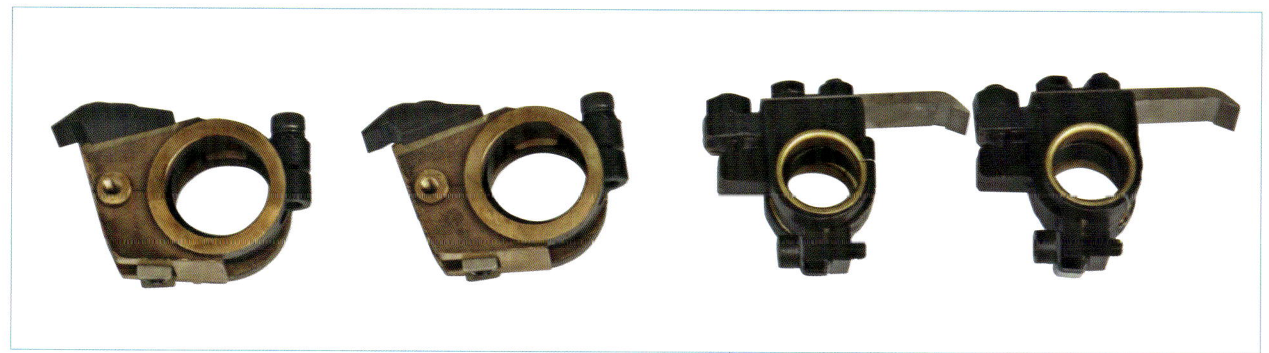

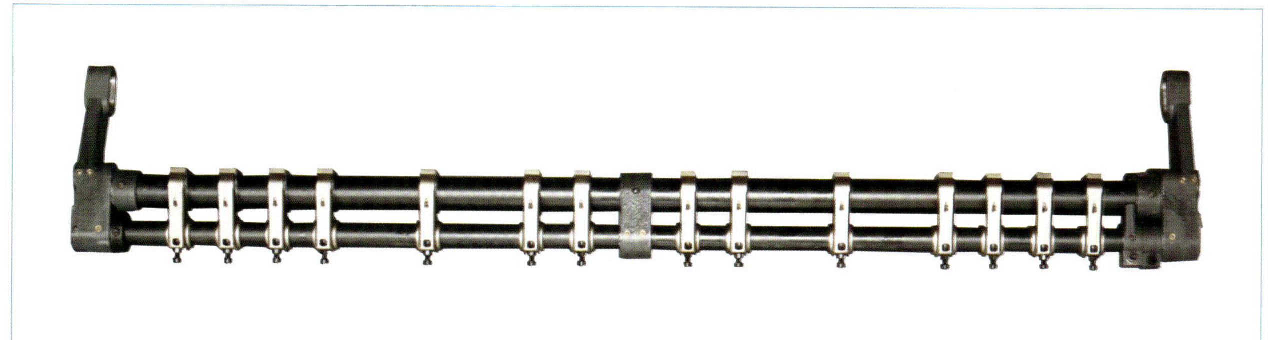

地址：北京市平谷马昌营镇马昌营村　邮编：101214　电话：010-61982643　传真：010-61981430
网址：www.pgcsjx.com　邮箱：pgcsjx@sohu.com

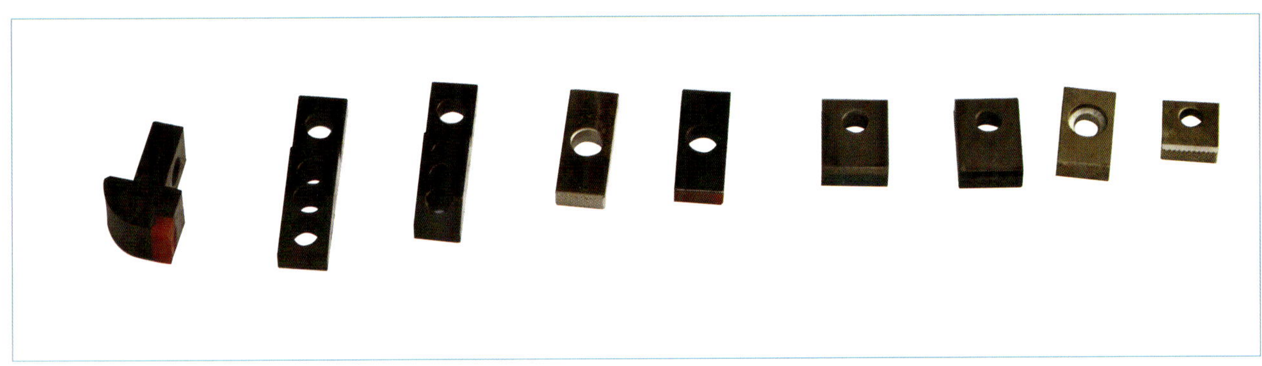

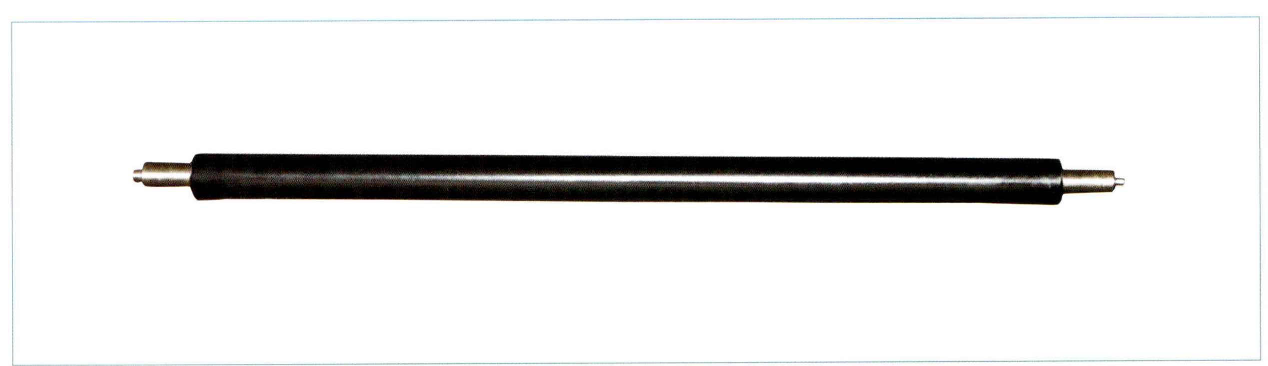

输纸机

地址：北京市平谷马昌营镇马昌营村　邮编：101214　电话：010-61982643　传真：010-61981430
网址：www.pgcsjx.com　邮箱：pgcsjx@sohu.com

加工设备

厦门微控科技有限公司

厦门微控科技有限公司位于风景秀丽的“海上花园”——厦门市珍珠湾，公司于2005年成立，专业研发、生产MCT系列同步、套准、飞剪、停剪、追剪等各类运动控制器，提供各种运动控制解决方案，提供具有完全自主知识产权，在国内外技术领先的，具有过程张力控制功能的无轴同步套准控制系统；可广泛应用于横切、单多工位圆压圆模切、间歇式轮转印刷、圆网印花、柔版印刷、凹版印刷等行业。

公司本着“互惠共赢”的宗旨，与设备制造商和终端用户合作，致力于提升设备的技术水准，提升设备的生产效率和材料的利用率，降低设备的使用和维护成本，提升用户的市场竞争力。

公司产品现有的应用领域：机组式柔印机带张力控制的无轴套准系统；圆网印花机械同步控制系统；模切机同步控制系统；横切机跟标裁切控制系统和飞剪及停剪控制系统；联线包本机同步控制系统；烫金机跳步烫印控制系统；间歇式轮转（全轮转）印刷控制系统。

地址：福建省厦门市曾厝垵厦门软件园科讯楼4F-A

邮编：213162

电话：0592-2577718　2577716　2577717-817

传真：0592-2577715

网址：www.xmmct.com

产品介绍

同步控制器

如图1所示，主电机的指令由外部输入，从电机完全由MCT同步控制器（如MCT126）按设定的模式进行控制。MCT同步控制器通过输出-10V～+10V模拟电压岛到电机驱动器，并接收主从电机光电编码器脉冲反馈信号，对从电机进行全闭环速度和位置控制，从而实现主从电机的绝对同步。一般编码器相位误差约为±5个脉冲，因此MCT同步控制器的同步误差可达±5个编码器脉冲以内。

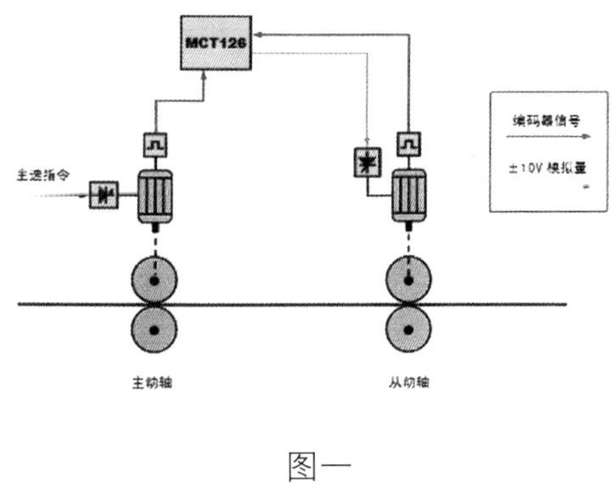

图一

实际应用中，通常主从轴的辊径、减速比并不相等，因此主从电机的速比不一定是1。通过调整参数，MCT同步控制器可以实现任意速比的同步控制。

在运行过程中，如果没有出现错误，主从电机的同步相位会一直保持。若对MCT同步控制器施加外部控制信号（脉冲、电平或模拟电压），可实时调整从电机的同步相位。利用该功能，MCT同步控制器能与MCT套准控制器（如MCT205）配合应用于需对相位角度、位置进行实时跟踪纠正的场合，如无轴套色印刷、对标裁切等；亦可与摆辊等张力反馈装置配合实现过程恒张力控制。

张力控制

MCT同步控制器（如MCT126）能方便地应用于需要对过程张力进行控制的同步应用场合。MCT126独有模拟量相位修整模式，能接收张力反馈信号，自行控制物料的张力，无需增加额外的张力控制器对同步后的张力进行控制。

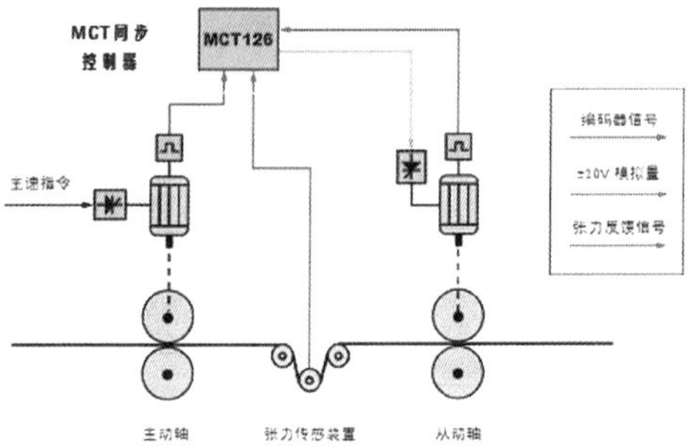

在该模式应用时，需用张力反馈装置（如摆辊、压力传感器等）将物料的张力信号（模拟电压）反馈给MCT126。如图2所示。

图二

MCT运动控制器广泛应用于裁切控制场合，这里以常见的圆刀横切机为例说明几种典型应用。用MCT126同步控制器可以实现高精度长裁切控制；用MCT126同步控制器和MCT205套准控制器配合可以实现高精度对标裁切控制；用MCT150飞剪控制器可以实现长度更长或长度变化范围更大的裁切控制。

MCT运动控制器同样适用于圆刀模切机，控制原理与圆刀横切机相通。

定裁切控制

如图3所示，以送料辊为主轴，由外部控制；以刀辊为从轴，由MCT126进行同步控制。送料辊和刀辊的编码器信号均接入MCT126。根据需要可用触摸屏或PLC与MCT126进行通讯操作。

只要刀辊和送料辊保持一定比例的同步，便可以实现任意比例的精准同步控制，如果要改变裁切长度，仅需改变MCT126的同步比例参数。在实际应用中，用简单的宏指令将裁切长度与MCT126同步比例参数做好算式对应，便可在触摸屏上直接输入所需的裁切长度。

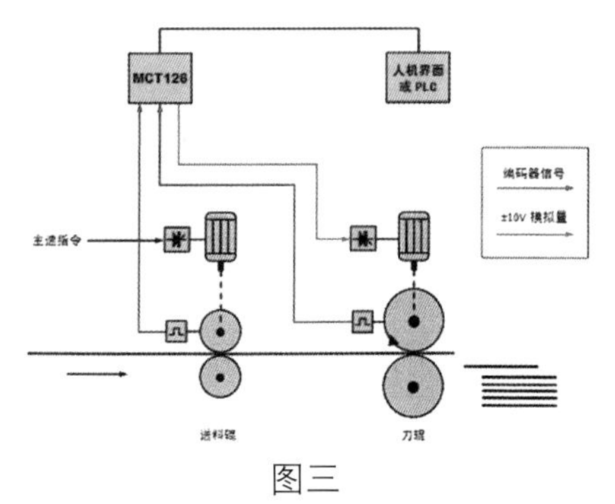

图三

对标裁切控制

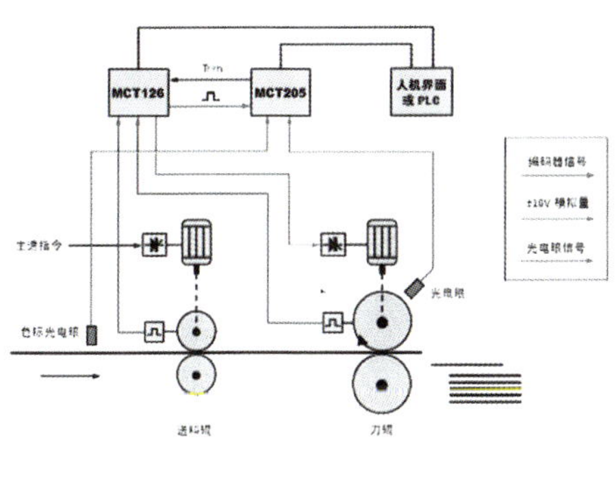

图四

在MCT126定长裁切应用的基础上，增加MCT205套准控制器与之配合，可以实现高精度对标裁切控制。如图4所示，MCT205接入了三路信号：（1）送料辊编码器信号。直接从MCT126引入（MCT126备有编码信号书出口）。（2）物料的色标信号。由色标光电眼检出。（3）刀辊的位置信号。在刀辊上设置一个信号标记，由光电眼检出。

MCT205通过以上三路信号连续检测对标裁切误差，同时向MCT126发出脉冲修整信号，MCT126按修整信号实时调整刀辊的同步相位，从而实现自动对标裁切控制。

确定好工作参数后，整个裁切过程不用人工干预。即使发生断料重接、色标错误（漏印或错印）、更换料卷等状况，MCT205都能自动快速重新对标。

MCT205可以储存多组套准工作参数。各种产品的套准参数在第一次生产时确定好，储存在MCT205中，以后再生产时可以方便地直接调用。

超长裁切控制

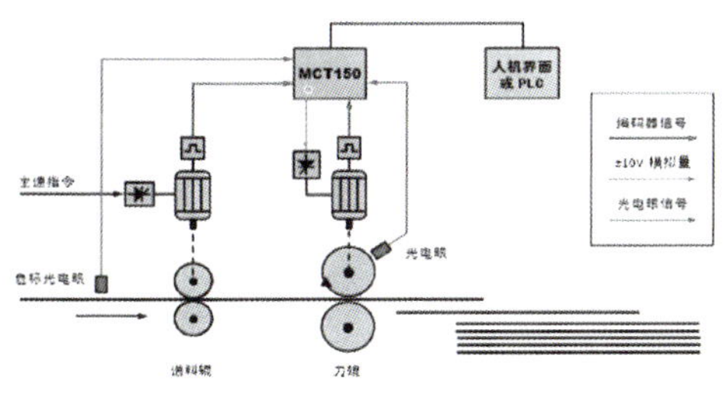

图五

一般情况下，裁切工艺要求再裁切瞬间刀辊的线速度不能低于物料速度，因此MCT126通常用于裁切长度不超过刀辊周长的场合。如果裁切长度或长度变化范围更大，可以使用MCT150飞剪控制器进行定长或对标裁切控制，如图5所示。

MCT150控制刀辊按计算的曲线运动。刀辊每旋转一圈分为同步裁切区域和非同步区域，再同步裁切区域，刀辊再裁切前及裁切后指定的角度内和物料速度保持同步，同时进行裁切；再同步裁切区域以外，为非同步区域，刀辊以控制器计算的最小加减速曲线（Sin2曲线）运动。若裁切长度小于刀辊周长，非同步区域的速度会高于同步裁切区域的速度；若裁切长度大于刀辊周长，非同步区域的速度会低于同步裁切区域的速度，有可能降到零。两种典型的速度曲线如图6所示。

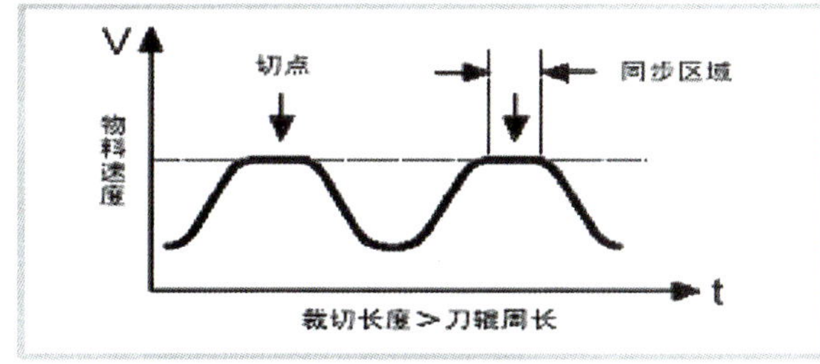

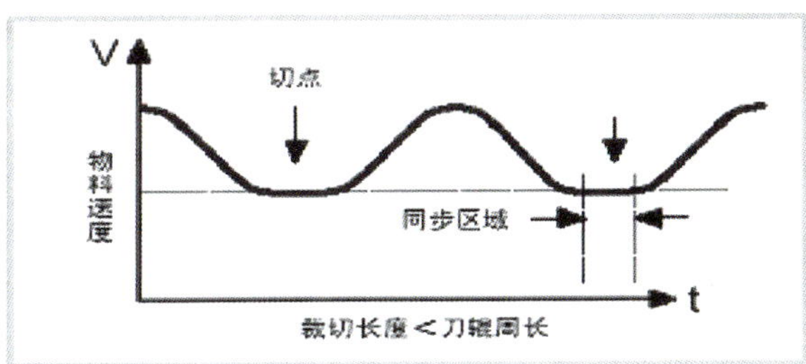

图六

间歇轮转印刷机控制系统说明

设备结构简图：

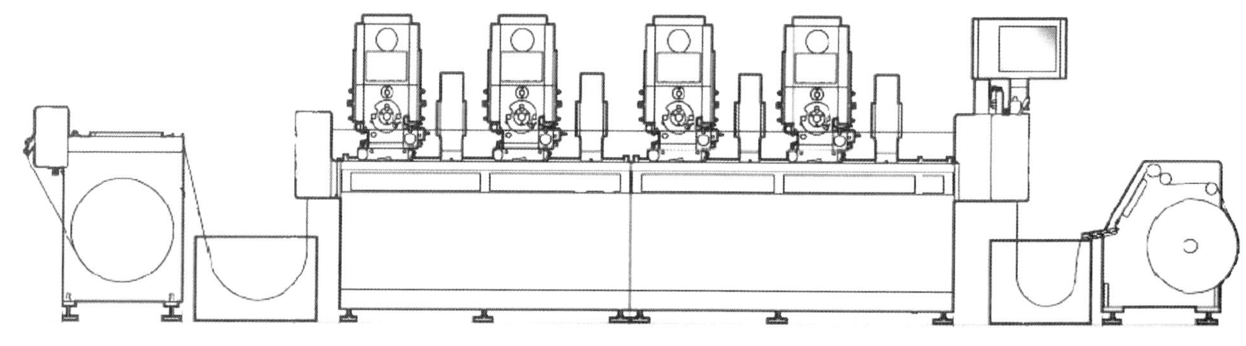

四色间歇式轮转印刷机

控制系统框图：

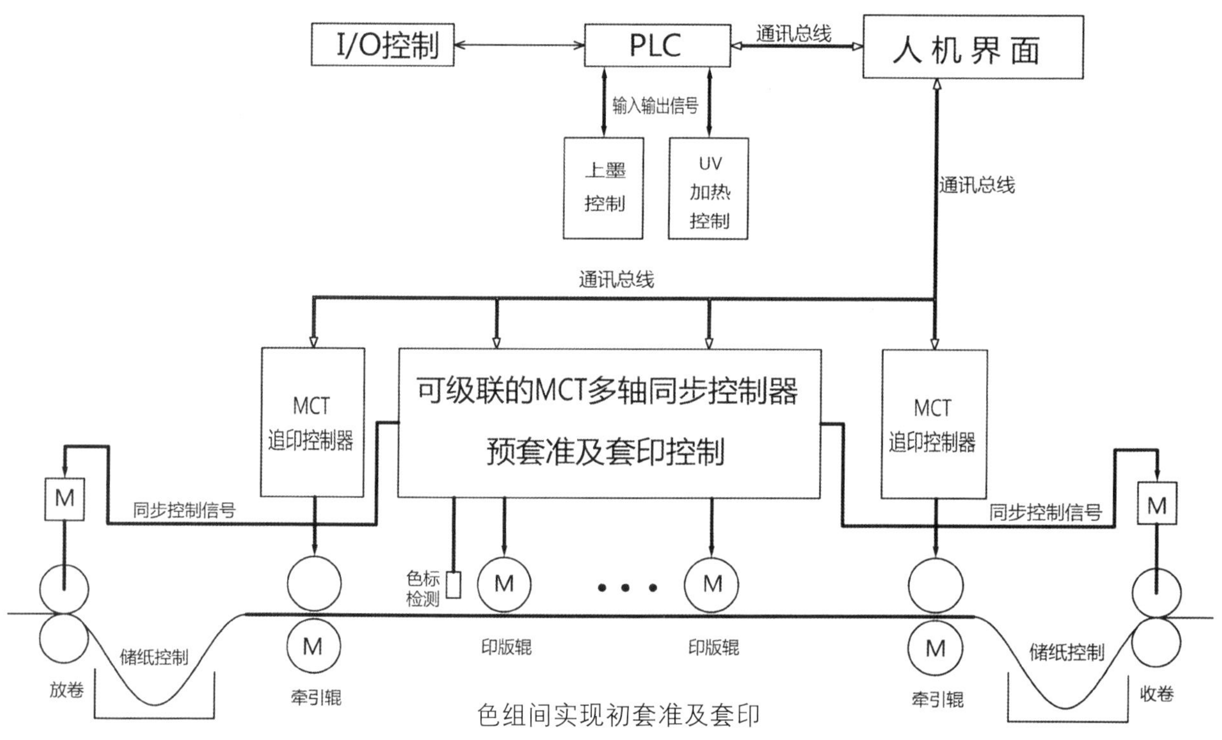

色组间实现初套准及套印

本控制系统以MCT系列同步、追印控制器为核心，可实现整机的速度同步、各色组间的同步。并可实现色组的无限扩展，前／后牵引辊按工艺要求实现快速正／反转。

操作人员可根据印刷物的尺寸大小，在人机界面中进行设定。然后按下对版按钮，机械可根据所设定的印刷尺寸，自动计算每个色组版辊的初始位置，实现色组间的初套准。在机械启动后，操作人员可根据实际印刷效果，通过手动方式来对印刷座进行微调， 从而达到最佳印刷效果。系统在前牵引辊后装有色标检测装置，可以方便地实现二次追印功能。

本系统中，收卷电机可根据印刷速度自动调整复卷速度和转矩，整齐的复卷。

控制系统功能说明

1. 速度同步及追印控制

按间歇轮转印刷机生产工艺要求，上墨辊电机与版辊电机同步同速运行。版辊可变速，但在运转过程中不改变方向。前／后牵引按要求是需要实现快速正／反转的。而且两个牵引辊的速度和位置必须严格同步。本系统中使用“虚拟主轴”功能，主速在人机界面中设定。

2. 印刷尺寸控制

按间歇轮转印刷机生产工艺要求，印刷版长可在一个较大的范围内变化。所以前／后牵引辊与印版辊的速度曲线配合关系如下：

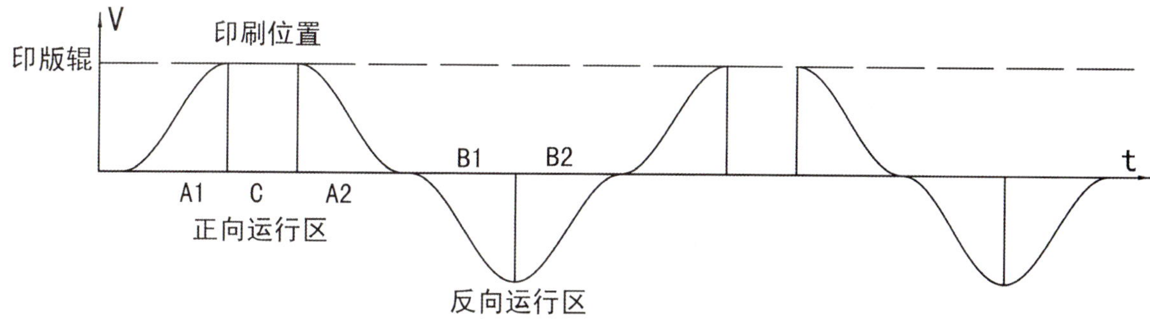

如上图所示，C区是印刷区，C区的面积即为实际印版长。A1为正向加速区；A2为正向减速区；B1为反向加速区；B2为反向减速区；按照要求，A1+A2=B1+B2。根据所设定的印刷长度和速度，MCT追印（追剪）控制器自动计算出牵引辊的速度曲线。如果有需要，也可以将间歇印刷的生产模式改为全轮转模式。这时前／后牵引辊不再正／反转，而是与各版辊一起同向、同速运行。

控制系统特点

所需印版长度在人机界面中直接设置，操作简单、直观。
根据实际印版长度，自动计算各色组版辊的初始位置，实现预套准。
在印刷过程中，可以对每个版辊的相位进行实时微调。
具备二次追印功能。
简便的储纸控制模式，收、放卷与整机速度同步。
高精度的同步控制，事时性好，响应快。可实现停、开机、 加、减速不跑位。
可保存生产用的系统参数，方便调用。实现再生产几乎无浪费。

跳步烫金机控制系统说明

设备结构简图

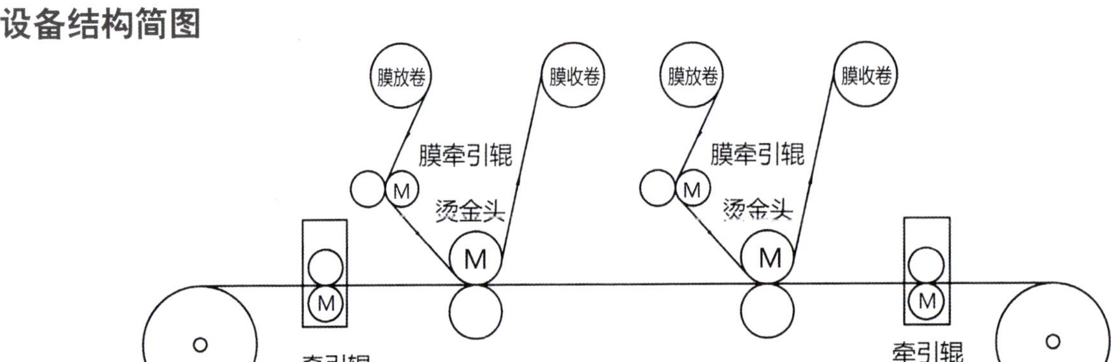

控制系统框图：

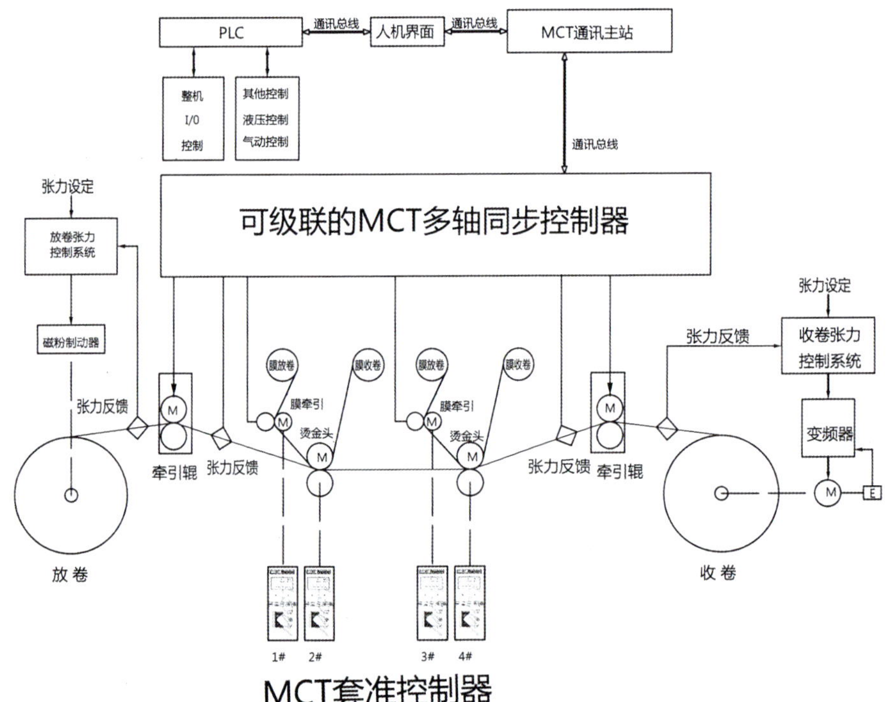

本系统以PLC控制整机的运行和动作，以MCT通讯主站、操作面版、同步控制器、张力控制器构成MODBUS总线网络。触摸屏通过通讯总站与同步控制器及张力控制器进行通讯。

MCT同步控制器接收烫金机主轴编码器的信号作为整机主速信号，控制着膜牵引和烫金机同步，是整个系统中同步控制的核心。采用套准控制器对底纸和烫金膜进行套准，使纸与膜形成交错而达到跳烫的功能。每套烫金机组配置了独立的张力控制器，根据主速和收卷实时卷径自动调整收卷电机的速度，同时根据放卷的实时卷径调整收放卷张力。

在需要膜跳烫的机组上都装有一个套准控制器，对相应的膜牵引电机进行启停操作及相位调整。人机界面主要是对系统运行的各种参数进行显示，包括烫金机车速、总产量、当班产量以及故障显示等，人机界面也用作输入设备，可以对系统的参数进行修改。

控制系统功能说明

1. 跳步烫的实现

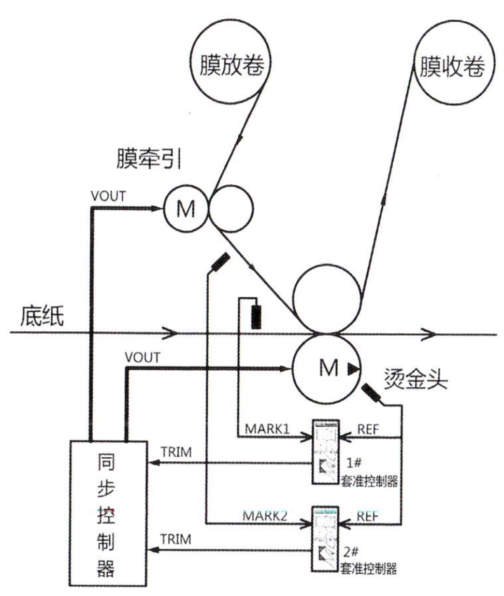

为提高烫金膜原材料的生产利用效率．要求对烫金膜上位于同~横向位置上的未烫膜部分，进行二次及三次再利用。跳步烫的实现原理如右图所示。本系统使用了一个同步控制器控制器和两个套准控制器来实现一组烫金膜的跳步烫。首先由同步控制器控制烫金头和膜牵引辊的速度与走纸速度同步。烫金头实时的角度位置由接近开关检测，并将此信号作为套准控制器的参考信号分别送到1#和2#套准控制器。1#套准控制器检测纸上的色标信号，通过同步控制器控制烫金头电机的速度，实现纸上烫金图案的套烫；2#套准控制器则利用已印过的烫金膜上的检测信号，输出偏差修正信号，通过同步控制器控制膜牵引电机的速度，使得膜与烫金头的位置对准实现对膜的跳步烫。

2. 位置同步控制

由于烫金工艺的要求，烫金辊与每组膜牵引辊必须严格保持速度与位置的同步。所以在本系统中选用7MCT316同步控制器。

3、过程张力控制

由于前／后牵引与每一组烫金辊之间的纸张的张力无法保持恒定，所以采用MCT316E控制器实现整机的过程张力控制。所需要的张力值可通过参数任意设置，并可在人机界面实时地进行监控。同时还保证了牵引辊的线速度与烫金辊一致。

4. 套准控制

本系统中，对于每一组烫金头，采用两个高性能的MCT205套准控制器，对烫金膜和底纸分别进行套准控制。

5. 膜的收放卷

每组烫金膜分别采用独立的张力控制器和张力检测元件来完成烫金膜的收／放卷。并可根据工艺上的要求，设定成以恒张力控制或锥度张力控制。

控制系统特点

实现高精度的跳步烫，大大提高原材料的利用效率。
速度、位置同步控制的速度快、精度高。
过程张力控制调试简便，运行稳定。
烫金膜收／放卷张力控制精度高，收卷速度与张力同时可调。
通讯网络稳定可靠，抗干扰能力强。

机组式柔印机控制系统说明

设备结构简图

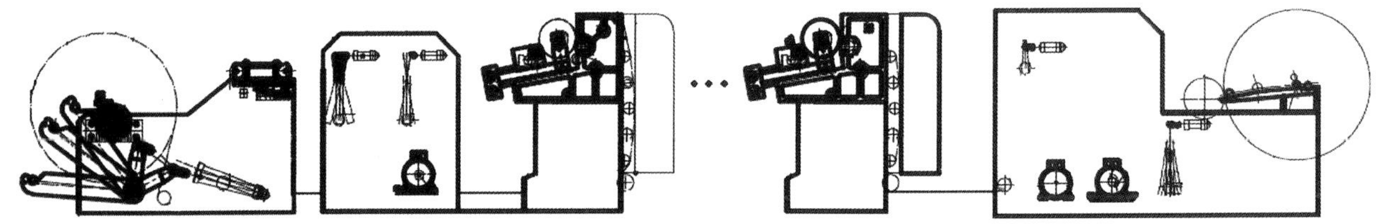

控制系统框图

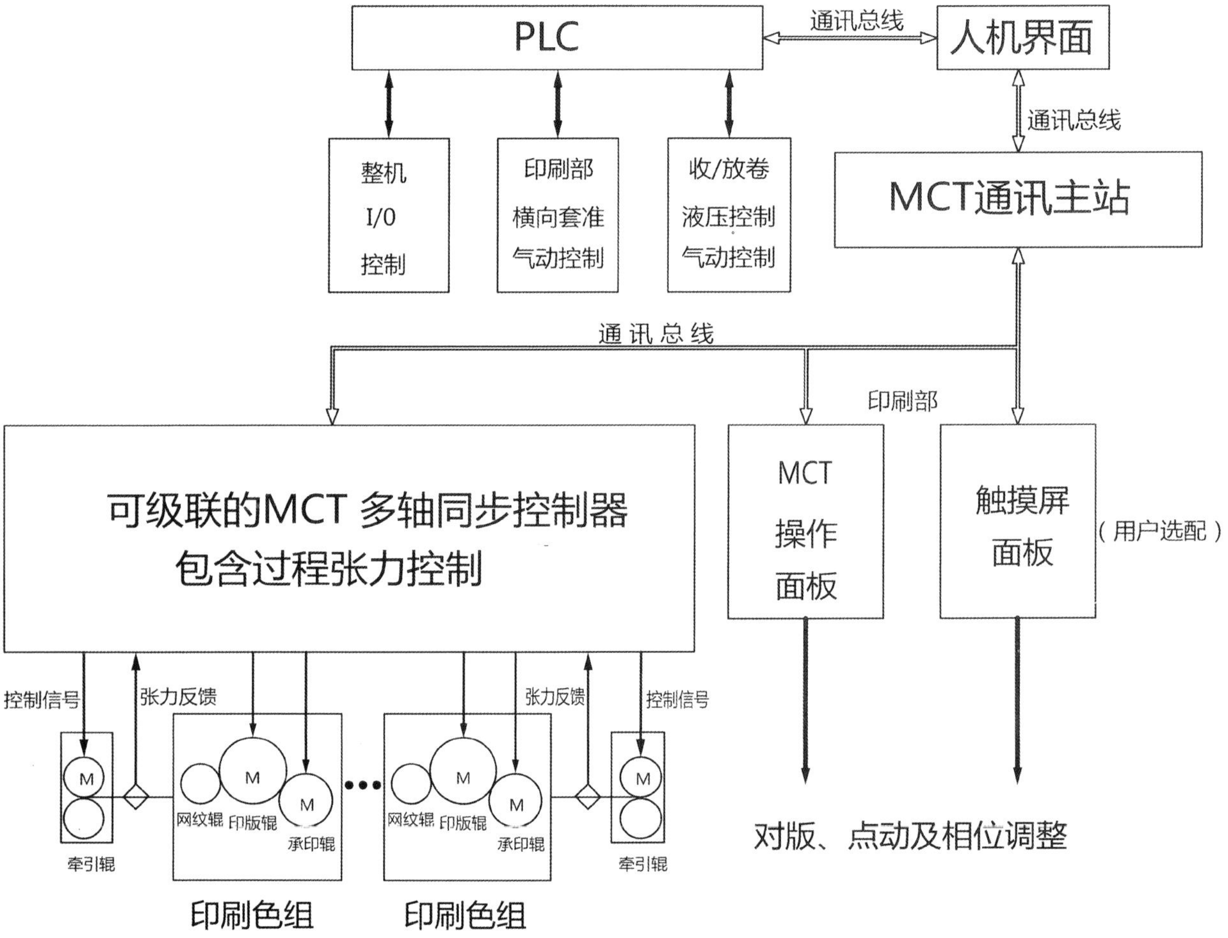

PLC
通讯总线
人机界面
通讯总线
整机 I/0 控制
印刷部 横向套准 气动控制
收/放卷 液压控制 气动控制
MCT通讯主站
通 讯 总 线
印刷部
可级联的MCT 多轴同步控制器
包含过程张力控制
MCT 操作 面板
触摸屏 面板
（用户选配）
控制信号
张力反馈
张力反馈
控制信号
M
M
M
M
M
M
牵引辊
网纹辊 印版辊
承印辊
网纹辊 印版辊
承印辊
牵引辊
印刷色组
印刷色组
对版、点动及相位调整

两辊纠偏系统、热风控制系统、静止影像系统等子系统未包括在本控制系统框图内。这些子系统均可由用户自行选配。

控制系统功能说明

1. 速度同步控制

1)整机的速度在人机界面中进行设置，速度同步控制采用了“虚拟主轴”技术。

2)以同步控制器MCT316R为核心部件的同步控制系统，可以做到：版辊与承印辊的速度同步及各色组间的速度同步；印刷部与前后牵引部的速度同步；整机同启动、同停止、同加速、同减速的同步运行。

2. 四段张力控制

1)根据柔印机的生产工艺要求，需要对放卷、进料、出料、收卷四个单元进行张力控制。

2)收／放卷张力控制：使用独立的张力控制器，通过浮辊或压辊进行张力检测，构成闭环进行自动控制，实现恒张力收／放卷。

3)进料、出料过程张力控制：以浮辊或压辊传感器检测张力变化信号，反馈到MCT316R控制器，利用其内置的过程张力控制功能，将输出的张力控制信号，叠加到牵引辊传动伺服电机的速度命令上。调节入料牵引、出料牵引部的张力，实现过程张力的恒定。

3. 自动套印及预套准(预对版)

1)为每个色组的版辊安装检测装置，用来检测人为设定好的版辊的参考零位。

2)实际生产时，贴好的版辊是以任意角度装入印刷单元的。当整机空转运行时，MCT316R控制器将根据预先的计算值及检测到的版辊参考零位标记，快速计算出每个版辊应该到达的初始位置，并驱动伺服电机，将版辊转动至所需要的位置上，设备通过电机空运转即可实现预对版操作。

3)当生产不同的产品时，这些参数都是可以通过人机界面自由设置，并可实现配方生产功能，将生产所需参数保存在控制系统中，方便调用和修改。

4. 单元操作面板

本系统为每个色组配置一个MCT操作面板或知名品牌触摸屏(由用户选配)，并通过MCT600主站与同步控制器进行数据与控制命令的交换。面板采用MODBUS或CANBUS网络通讯。使用该面板可以完成版辊的启／停、点动、预套准、相位调整等功能。

5. 其他

整机的I／O点的信息采集与控制、液压、气动系统的控制等，均由P LC来完成。

控制系统的特点

基于MCT600为主站，同步控制器MCT316R与操作面板MCT616作为从站，与人机界面构成总线网络。所有接入网络的控制设备的运行状态，均可实时反映至人机界面。控制系统性能特点如下：

适宜高速生产，整机速度由“虚拟主轴”设定，运行稳定可靠、抗干扰能力强。

整机传动系统采用闭环同步控制，在运行中能实时控制偏差。即使升降速过程中，也可以实现高精度、长时间同步运行。

网络化控制，配线大大简化，提高了系统可靠性与丰富的实时信息反映在触摸式人机界面上的信息有各色组运行状态、车速、产量、工艺参数及故障记录等。

圆压圆模切机控制系统说明

设备结构简图

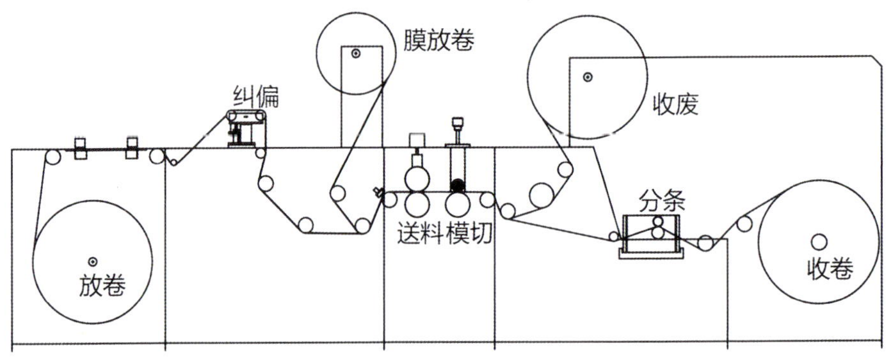

控制系统框图

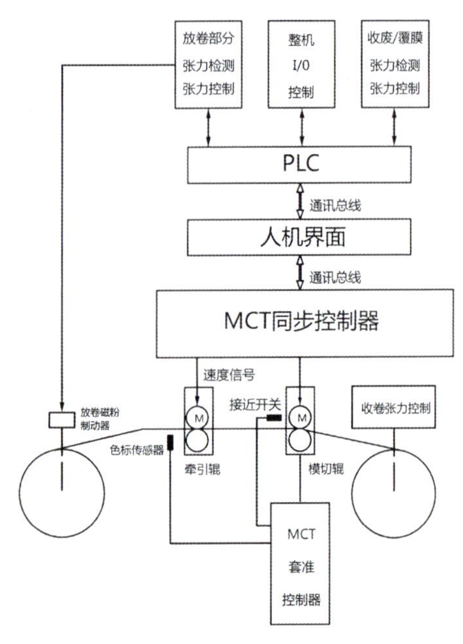

如左图所示，本控制系统中以PLC作为整个系统的启／停及收废／覆膜工位的张力控制。以MCT同步控制器作为核心部件，对各个单元的执行机构进行严格速度、位置同步控制。放卷采用磁粉制动器，并在张力检测系统的控制下，实时改变磁粉制动器的输出扭力。 从而保证材料在张力运行中的平稳，确保模切精度。

控制系统功能说明

1. 速度同步控制

此方案我们在此选用由FPGA和高性能处理器架构设计的MCT316高性能运动同步控制器，可以实现模切及牵引伺服单元跟随虚拟主轴运行，达到高精度的主轴运行。

2. 套准控制

采用MCT专用型套准控制器。外部只要由一个与模版（如版辊、刀辊、压辊等）相对固定的传感器提供一个参考信号，再从待加工产品（材料）采集一个能实时反映产品相对位置的色标信号。经过套准控制器内部计算输出一组校正用的时间脉冲或频率脉冲信号给套准执行机构（如同步电机、步进电机、行星差速齿轮箱、同步控制器等）实现套色或套准的功能。套准控制系统式套色或套准控制的核心，它实时地比较误差，并根据所设置的参数值输出校正信号给相关的校正机构。

控制系统特点

适宜高速生产，整机速度由“虚拟主轴”设定，运行稳定可靠、抗干扰能力强。
在正常运行及启停过程中牵引、模切、及收卷的速度都严格保持同步。
在正常运行当中放卷、牵引、模切、收卷之间的张力保持稳定的设定值。
采用了套准控制器，可以消除材料在印刷的过程当中产生的误差。
加、减速模切不 “跑位”，实现高速、高精度模切加工。

北京北化久印科技有限公司

北京北化久印科技有限公司是一家集科研、生产、制造高档印刷胶辊为一体的高新技术企业。公司以北京化工大学材料学国家重点学科为依托，科研技术力量雄厚，在胶辊的相关技术方面填补了多项国内空白，2004年10月被北京市科委授予北京市科技进步二等奖；2008年公司在浙江建立了新的生产基地；2010年公司被评为乐凯华光杯；2011年被评为印刷行业十大买家最满意印刷器材品牌。

公司生产工艺及设备与国外先进水平同步，生产18～99度各类胶辊，产品质量稳定可靠。公司产品广泛应用于：海德堡、罗兰、高宝、三菱、小森、良明、高斯等各类进口商务平板印刷机，轮转平板印刷机上；印后方面：覆膜辊、折页机辊、冲版机辊、涂布辊等；工业辊方面：PS版生产线、造纸生产线、钢铁生产线等。

公司将在科研上投入更大的资金，在生产管理上严格执行ISO9001国际质量体系，在产品的性能、质量上保持并继续领先是该公司一贯坚持并努力的方向。

地址：北京市朝阳区北三环东路15号

邮编：100029

电话：010-64442239　010-64449421/2925

传真：010-64435458

网址：www.zgjgmh.com

邮箱：SJ-Buct@VIP.163.com

浙江北化久印胶辊有限公司

地址：浙江省武义县白洋工业区

邮编：321300

电话：0579-87963165/3166/3167

传真：0579-87963168

网址：www.chinabuct.com

www.zgjgmh.en.alibaba.com

胶辊

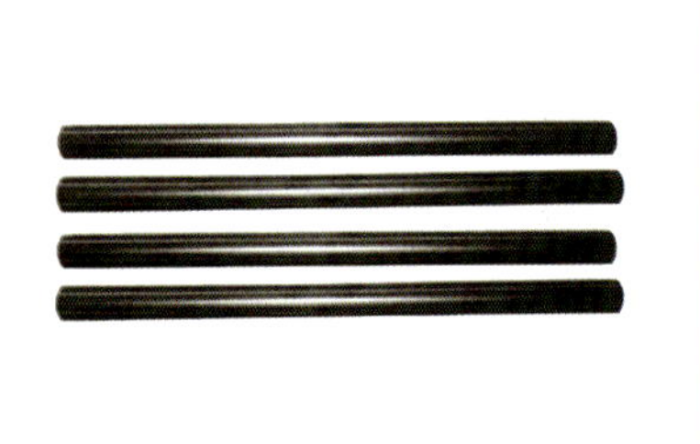

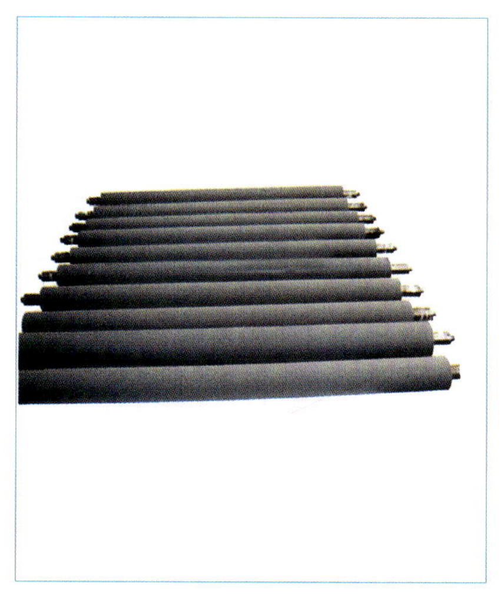

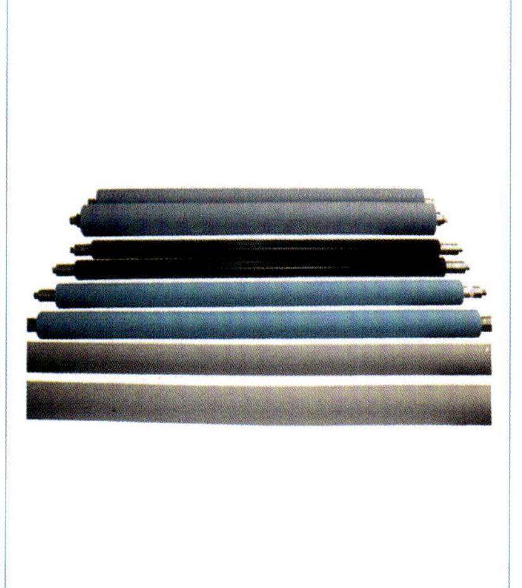

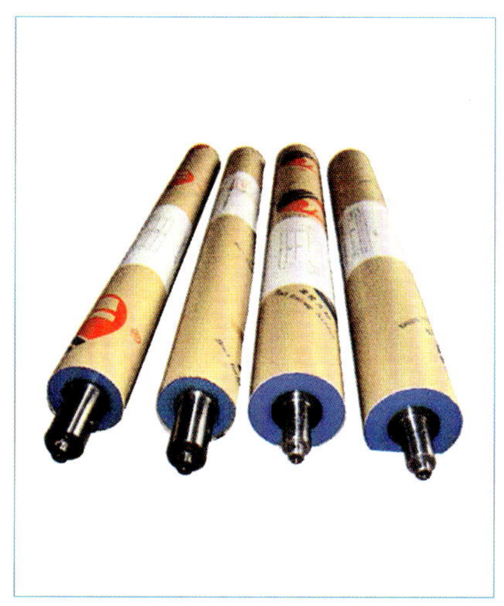

研发、检测仪器

孟山都流变仪

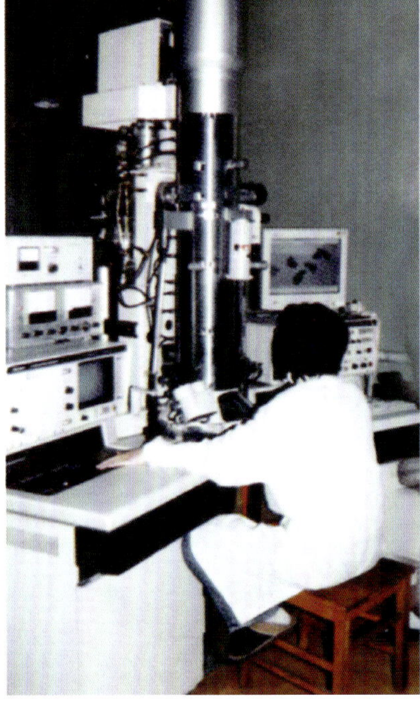

透射电镜

电子拉力机

生产设备

北京市京控仪器仪表厂

北京市京控仪器仪表厂，是以产品研发、生产为主的综合高科技企业；自1992年以来为北人集团公司和北人股份公司提供成套电气控制配套产品，如北人集团的骑马装订机电气系统、胶订机及胶订联动线电气系统、数字化折页机控制系统。该厂在机械和自动化控制领域有一支研发团队。在机械方面是北京工业大学科研成果转化推广基地；自动化控制方面是中科院自动化所数字印刷项目合作伙伴。同时该厂是LS公司产品在印刷制造业应用推广指定代理商。目前北人集团公司折页机业务全部转到该企业生产，由配套企业转为整机制造企业。

地址：北京市顺义区后沙峪镇铁匠营铁十字2号
电话：010-80495370
传真：010-80485637
邮箱：beijingjingkong@sina.com

UIDS系列遥控墨斗

该产品是北京工业大学科研成果推广项目。产品结构紧凑、合理可靠、体积小。定位精度和回零精度高，重复定位精度达到0.002mm以内；电控系统作用CAN总线控制方式，PC机和操作面板可以同时或单独控制墨斗。设有CIP接口，可以对油墨进行预制，减少印刷机调整时间。

UIDS系列遥控墨斗计算机界面

中科院自动化所研发产品

一、监管码、药品及票据打印系统

1. CA系列电子监管码及票据印刷系统是由中国科学院自动化研究所基于HP热发泡及其它工业压电喷头技术开发的、适用于监管码及票据印刷领域的工业高速印刷系统。

2. 系统主要采用高分辨率、高速度精密喷嘴与高速数据处理模块。可精准打印各种文字、一维条码、二维条码及图形等可变信息；全中文软件可接受外部大型数据库文件(如TXT、CSV等)，排版灵活组合，方便用户编辑要求；拥有完善的软件缝合功能，确保在不同纸张上的高质量喷印；可架设于各种印刷机械装置；广泛应用于各种涂层纸张和非涂层纸张及PVC、PET材质上的高速印刷。

3. 国内独立研发，系统使用维护和升级无后顾之忧；为客户提供定制化服务，免费升级。

4. 水性最高速度可达120米/分。

5．UV最高速度可达70米/分。

二、无轴传动控制系统

已成功应用于精密舰船对接的网络化实时多轴运动控制系统。
该系统可在印刷机无轴传动等高端应用上发挥作用。
最多可控制64轴的交流伺服系统。
多达2000个I/O控制点。

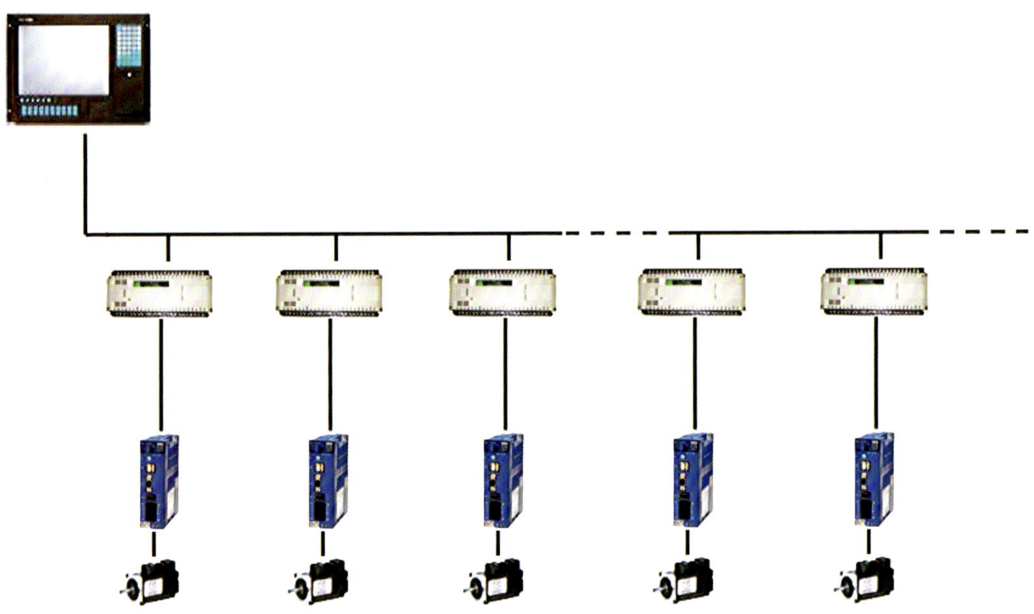

电器控制产品

IG5系列（0.4–1.5kw 1相　0.4–4.0kw 3相）

结构紧凑变频器
单相200V 0.4～1.5kW / 3相200/400V 0.4～3.7kW
空间矢量控制
CE、UL、CUL等国际规格认证
最佳的加减速功能
在0.5Hz时150% 转矩
内置制动单元
8段速运行
内置ModBus-RTU / RS485接口
内置PID控制
手动/自动转矩补偿功能
多功能输入3，多功能输出1（输入：20功能，输出：16功能）
防护等级：IP20
PNP和NPN输入型号选择
DIN导轨安装

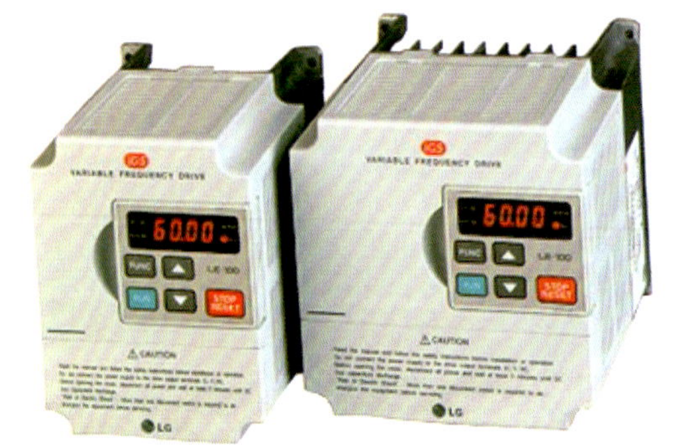

北京市京控仪器仪表厂

IS5系列（0.75kw—75kw）

精确高转矩全矢量控制变频器
无传感器和传感器矢量控制
载波频率（1kHz-15kHz）
CE、UL、CUL认证
可选的通讯板：RS232C/RS485，DeviceNet,ModBus,ProfiBus-DP
可选的扩展I/O子板：SUB-A、SUB-B、SUB-C、SUB-D
电机参数自整定
内置过程PID控制
32字符LCD和7段码显示键盘；
参数组上传和下载
智能加速/减速
可选择多电机控制（可达到4台）
内置IGBT制动单元（7.5kw）
使用32位DSP限制高速电流

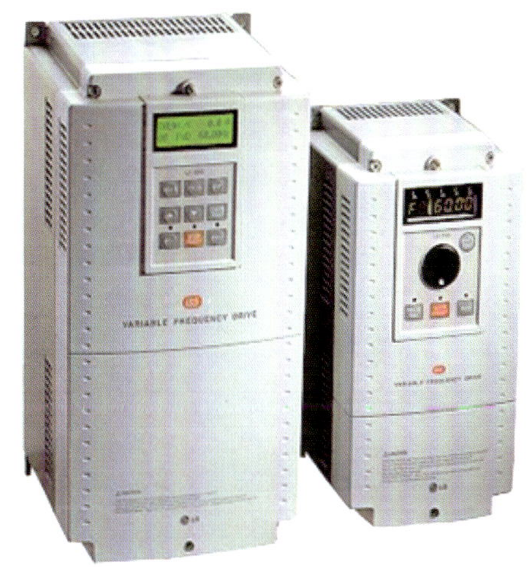

数字化控制在印刷机上的应用

现状

目前国内印刷机控制系统采用工业可编程控制系统（简称PLC），控制系统主要控制部件由市场直接采购，成本高，无法对程序进行技术保密，使自身的研发成果轻易被他人盗用。目前设计工作就是选购不同厂商生产的PLC产品，根据PLC产品编辑相应程序。因此使印刷机的控制系统在低水平上发展，限制印刷机的发展。

国外印刷机控制采用数字总线控制技术，数字化、智能化水平高；技术成果的保密性强。控制系统的硬件成本低。

印刷机电气控制系统

系统采用CAN总线控制方式：通过CAN总线将传感器、控制器和执行器由串行数据线连接起来。它不仅仅是将电缆按树形结构连接起来，其通信协议相当于ISO/OSI参考模型中的数据链路层，网络可根据协议探测和纠正数据传输过程中因电磁干扰而产生的数据错误。CAN网络的配制比较容易，允许任何站之间直接进行通信，而无需将所有数据全部汇总到主计算机后再行处理。四色印刷机上设8个分站，收纸分站、一色组分站、二色组分站、三色组分站、四色组分站、 纸分站、主控分站和墨控分站。全机器运行控制按钮信号和色组护罩汇总信号采用计算机数据线形式的硬线连接方式，确保运行安全等级，同时减少走线数量。

1.收纸分站

设触摸屏，参数显示和调整采用触摸屏控制，收纸操作面板上和触摸屏上同时设有功能相同选择控制按钮，在保持原有操作风格同时，又符合目前机器设计风格。选择按钮信号、输出指示信号和模拟量，给定信号全部进入收纸CAN分站，通过CAN总线与其他控制分站连接。

2. 色组分站

机组上设有两级分线盒，初级分线盒采用印刷线路分线方式，分线板与开关信号和模拟量传感器信号连接，采用插接件连接方式，这样既减少分线接线时间，又提高接线质量，同时将上护罩开关安全信号串接起来。初级分线盒和色组分线盒连接采用数据线连接方式。在色组分线盒内将护罩开关信号和模拟量信号进行汇总，各开关信号和模拟量信号分别进入CAN分站进行处理，通过CAN总线与其他控制分站连接；护罩开关汇总输出信号和运行按钮信号与外界采用数据线连接方式。色组分线盒为执行元件提供指令和电源。

3.给纸分站

设触摸屏，参数显示和调整采用触摸屏控制，传感器和开关信号进入CAN分站，其他形式与收纸分站相同。

4.主控分站

主控分站设有CAN总线分站和运行控制站，运行控制初期采用PLC控制，可靠性高是公认的事实。主控CAN分站除与各CAN分站和PLC保持通讯联系外，同时具备印刷参数存储和提取功能。存储方式采用USB外界移动硬盘方式；参数存储和提取通过触摸屏来实现。

5.墨控分站:

墨控分站与各色组墨斗控制也是采用CAN总线控制方式，分站的上位机在进行墨色控制同时，可以对机器运行状态显示，对印刷相关参数进行储存和提取。通过上位机的网络接口进行远程诊断和维护。

综上所述，新电气系统结合目前自动化总线控制方式和传统控制方式，使系统达到可靠性高、成本低廉、整机走线简单、控制单元增加或减少十分便捷。具有较高的推广价值。

电气系统框图如下图所示：

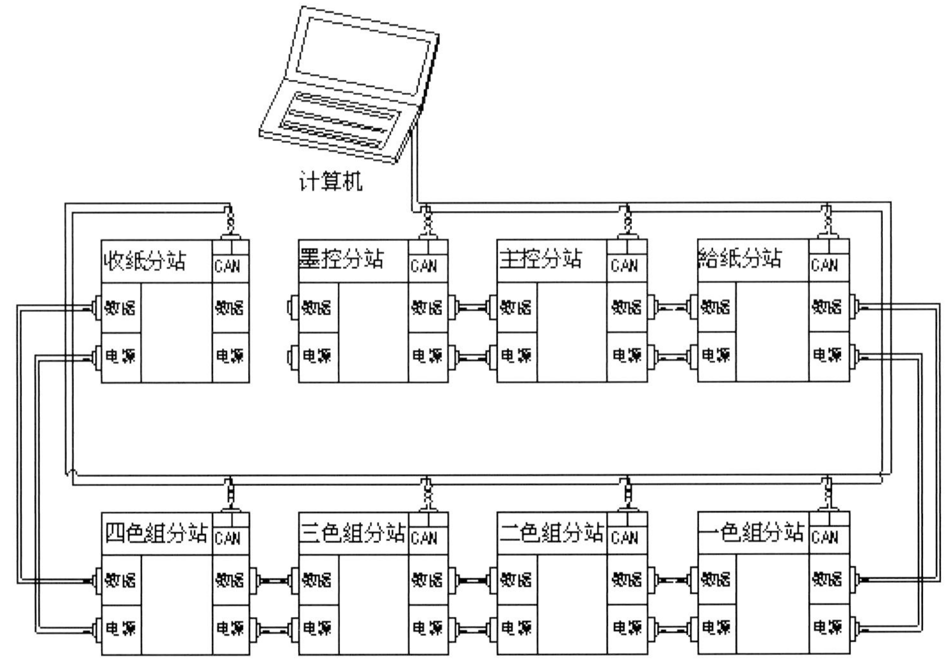

北京市京控仪器仪表厂愿与各企业真诚合作，为中国高端印刷装备制造提供技术支持。

北京赛捷图文设备有限公司

北京赛捷图文设备有限公司是一家致力于喷墨数字印刷设备研究、开发及制造的高科技公司。赛捷公司与喷墨核心技术研发的引领者英国赛尔公司在中国组成技术研发的战略合作伙伴，共同研发适合中国市场及国际市场的喷墨数字印刷系统。赛捷公司是在电子监管码解决方案方面的唯一与赛尔公司进行战略合作的设备供应商。

赛捷公司经英国赛尔公司授权使用“XAAR”商标，面向国内及国际市场。赛捷公司的系列产品主要是：单张纸及卷筒纸系列、各种规格的高档数码喷墨印刷设备及数码彩色标签设备。赛捷公司的系列产品涵盖了单色，彩色，印后处理及各种特殊印刷要求的喷墨数字印刷设备。公司承诺无论在技术升级、设备服务、人员培训还是各类易耗品、备件等都保证用户能真正体验到使用一流设备、一流技术、享受一流服务的好处，此外更换新喷头、软件安装等，可免费为用户进行技术升级，可直接享受英国赛尔公司新的科研成果，免除用户的后顾之忧。

北京赛捷图文设备有限公司还先后参加了2009年在北京举办的CHINA PRINT 国际印刷技术展览会，2010年在上海举办的国际印刷展览会，2011年在广东东莞举办的国际印刷技术展览会，均有新产品参展，并受邀参加了2010年在北京举办的第十二届国际信息交流大会，在会上做了关于公司新产品新技术的交流演讲。2010年还受到中国中医药管理局的邀请，在上海为中医药系统讲解二维码的工作原理及应用的具体建议。

公司目前拥有从事数码喷墨印刷机设计的高级机械工程师，电器工程师，软件工程师，以及工程技术人员多名，具备较丰富的设计及工艺工程方面的经验和能力。

地址：北京市通州区潞城镇宝佳路6号

邮编：101107

电话：010-52119972

传真：010-61529775

网址：www.saijet.cn

邮箱：syangsaijet@gmail.com

产品介绍

设备概述

产品名称：SJ-SC1040单张纸数码喷墨印刷机——医药监管码解决方案的首选设备

赛捷公司的SJ-SC1040单张纸数码喷墨印刷机最高运行速度高达75米/分钟，即喷印对开张纸达到每小时5000张以上，用70米/分钟的速度打印的条码A级品率达到95%以上。以高速印刷机为例，打印速度一般为11000张/小时以上，每张纸都需要赋码，只需购买两台即可满足印刷机的全负荷喷码作业。如果赋码的印刷品规格为360×720毫米，赛捷的喷码设备的喷印速度可达每小时10000张以上（目前有用户在应用），赛捷的高速度、高质量优势在这里完全体现出来。尤论是人工费用、维护费用、耗材还是用电都是非常经济实惠的。

产品特点：

1. 高质量的打印效果——分辨率高达360dpi，满足了多种印刷和工业应用的需求。高品质的墨滴成型、精确定位以及出众的操作耐久性，使Xaar 1001 FB成为真正意义的高生产率单程喷头。
2. 生产效率高：XAAR 1001 FB 高速喷头的宽幅为70.5mm，意味着，条形码可以任意的横、竖及各种组合排列，可一次性打印完成。
3. 使用寿命长：正常工作环境下（温度24℃±2℃、湿度60%RH±10RH）喷头可喷次数为上百亿次，可稳定使用数年。
4. 可靠性强：新颖独特的串流专利技术通过喷头内部循环流动的液体，快速将已形成或将要进入喷嘴的气泡或颗粒从喷头内排出，Xaar 1001 FB最具特色的设计在于自洁功能，显著地降低了维修频率。其他传统喷头，这些颗粒和气泡都只能通过喷嘴排出，容易引起喷嘴堵塞，并且有可能导致空气从喷嘴进入到喷头内部，导致打印停顿，从而影响工作进程，甚至致使印刷作业停止。

单张纸UV喷墨印刷机-电子监管码首选产品

产品参数	单张纸系列SJ–SC1040
设备尺寸（长宽高 单位：毫米）	13600×1200×1800
喷头类型	XAAR 1001 FB高速喷头
供墨系统	全自动循环供墨，2级墨盒，集中供墨。
幅宽（单位：毫米）	1040×1040
最高喷印速度（米/分）	75米
喷印分辨率	360dpi
喷头数量（个）	6个
介质类型	纸张（包括铜版纸、胶版纸等各种包装用纸）、PET、PVC、PE、PP、不干胶、金属箔等；
走纸方式	胶印机给纸飞达
打印单元	采用导纸托板，确保走纸平稳，有1–2排喷头支架，每排可装1–4个喷头，可整体上下移动，以便于清理。采用高性能编码器和高灵敏度光电传感器，确保喷印位置准确。在打印时，软件中的条形码可任意摆放、设置条码长度、类型等。
UV干燥单元	该系统稳定、安全、节能。风冷降温，灯管用石英玻璃隔热。
打印软件	计算机操作系统平台为Windows XP，本机为4核心处理器，可充分利用它们来提高性能。拥有简单直观的操作界面，包括排版和图形、图像编辑功能，对齐，旋转，背景设置，字体设置等操作，同时配有自动序列号生成器，自动绑定日期、时间等。本机软件为支持XAAR 1001 FB高速喷头的软件，是目前国内支持XAAR 1001系列喷头唯一的高速软件。 支持批量打印和批量打印预览，能够在打印前预览所有数据的打印效果，逐页可变版面的预览。
支持条形码类型及字体	系统支持所有普通的线性条码类型及二维数据矩阵码。Windows TureType字体。

喷墨打印系统

技术特点

高性能的喷墨打印系统

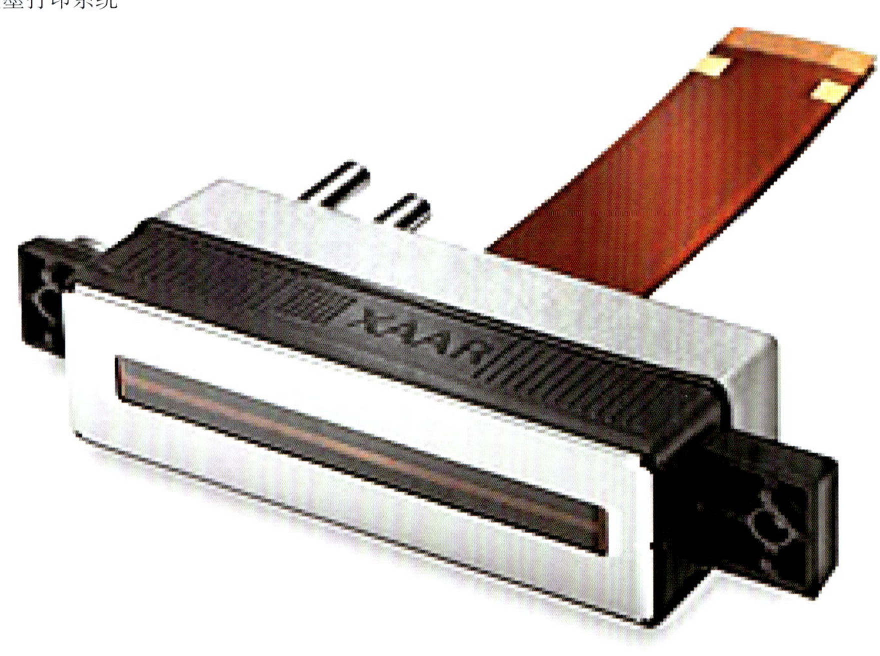

最先进的喷墨打印头—Xaar1001FB

赛捷喷墨印刷机所采用的Xaar 1001 FB喷头是专为中国监管码市场量身定做的一款高速度，高质量喷墨打印头。其结合先进的喷头设计和制造工艺展现了赛尔最新的喷墨技术平台，革命性的大幅提升了喷印质量，可靠性和灵活性，分辨率高达360dpi（任何打印速度，分辨率不会降低），满足了多种印刷和工业应用的需求。高品质的墨滴成型、精确定位以及出众的操作耐久性。其独到的TF技术，是当今喷墨打印头中绝无仅有的，是压电喷头中的翘楚。

赛尔特有的TF技术是喷墨打印头设计与制造的革命，其与传统方式大不相同：

传统喷头供墨方式：流动中的气泡和杂质会使工作中断，影响工作效率。

赛尔循环供墨方式：能够实现喷头的自我清洁，自我恢复和温度控制，提高工作效率。

循环流动的墨水会将墨水中残留的杂质带回到墨箱中，并被过滤器过滤掉。杂质就不会停留在喷嘴处，造成喷孔堵塞，大大降低废品率。由于不用停下来进行维护，提高了工作效率。

设备在工作中难免纸张在运行中会蹭到喷孔，或者不可预见的事情引起喷头的震动。由于所有压电喷头工作原理决定的，在喷孔的表面会有负压存在，避免不打印的墨滴流下来。所以，纸张刮蹭和震动会在喷孔表面产生气泡，从而使其不能喷射墨滴，造成断线，影响喷印质量。操作人员不得不停止工作，手动压墨水，使流出的墨水把气泡带出，再重新工作。既浪费墨水，又耽误生产。而循环的墨水可以实时带走产生的气泡，即使是受到剧烈震荡，产生大量气泡，喷头也会在很短的时间里恢复到良好状态。节约了人力，物力。

喷头在工作中，压电晶体会高频振荡，必然会产生大量的热量。特别是在印刷厂每天三班倒的高强度工作状态下，使压电晶体保持正常温度很重要。赛尔的循环供墨使墨水在墨腔中循环，凉的墨水经过热的压电晶体，将其产生的热量带走，使压电晶体恒温工作，这样可以大大提高压电晶体的使用寿命。同时，墨腔中的墨水也能保持恒温，使墨水粘度不变，从而获得稳定的打印质量。

软件设计的功能特点

软件功能：本设备为实现高速度、高质量、高效率的喷印，特别配备了高配置的工业级电脑，主核心数为4核，主频2.8GHz，320G硬盘（7200转），内存4G，19寸液晶显示器。主要由设计软件及打印引擎组成。是一款集对条形码的设计、编辑、排版等功能于一体的软件，并可以在自定义的文件模板中高速自动合成海量的可变数据，主要包括文本，数字、条形码等。拥有简单直观的人性化操作界面，包括选择条码类型、字体大小、导入数据库等功能，也支持条码对齐，旋转，背景设置，字体设置、图形图象合并、剪切等操作，等高级操作，同时配有自动序列号生成器，自动绑定日期、时间、图片路径等。

打印引擎是基于XUSB电子驱动单元之上开发的，而且是专门针对XAAR 1001 FB高速喷头而开发的软件，功能异常强大，可以按喷头类型及安装的喷头数量等所需配置进行设定，在数码印刷生产流程中实现数据信息的输入、转换、和输出，易于扩展升级的可变数据打印输出软件。可变数据打印软件将客户数据库与各种数码印刷设备相连，将可变数据信息输出于纸张等承印物上，并在打印设备上进行高速输出。并且拥有记忆功能，随时保存着操作者的使用记录，包括打印的条码数量日期，时间及具体内容等。

速度优化

可变数据印刷对计算机的处理速度要求极高。 赛捷可变数据印刷软件的出发点就是高速。它充分运用最新的多核微处理器技术，实现对印刷数据的高速处理。该公司的“光圈”技术能确保只是图像中有变化的部分才需要处理。

生产系统中的可变数据

数据可以由计算机内部产生（用于条码生成、序列号和批次代码等），或从外部文件读取（CSV 文件）。另外，可变数据也可以通过网络连接，使用TCP/IP 从另一台计算机导入。便于用户将自己的管理信息系统与现有的生产控制系统连为一体。

墨量可以控制

软件中可调整条码喷印的墨量，以适应不同的承印材料

像素消减

软件可调节所喷墨滴的多少，以便适应短尺寸条码的喷印

赛捷公司的技术来源及设计加工制造能力：赛捷公司是喷墨核心技术研发的引领者英国赛尔公司共同投资组建，并且是共同投资的实体。为此，在中国组成技术研发的战略合作伙伴，共同研发适合中国市场及国际市场的喷墨数字印刷系统，赛捷公司是在电子监管码解决方案方面的唯一与赛尔公司进行战略合作的设备供应商，为中国及国际市场的印刷设备使用者提供可靠的喷墨数字印刷设备。

选择赛捷公司的产品，公司承诺无论在技术升级、设备服务、人员培训还是各类易耗品、备件都保证使用户能真正体验到使用一流设备、一流技术、享受一流服务的好处。此外更换新喷头、软件安装等，都免费为用户进行技术升级，可直接享受到赛尔公司新的科研成果，免除用户的后顾之忧。

地址：北京市通州区潞城镇宝佳路6号　邮编：101107　电话：010-52119972　传真：010-61529775
网址：www.saijet.cn　邮箱：syangsaijet@gmail.com

国家印刷装备

重点实验室
研发机构
质检中心

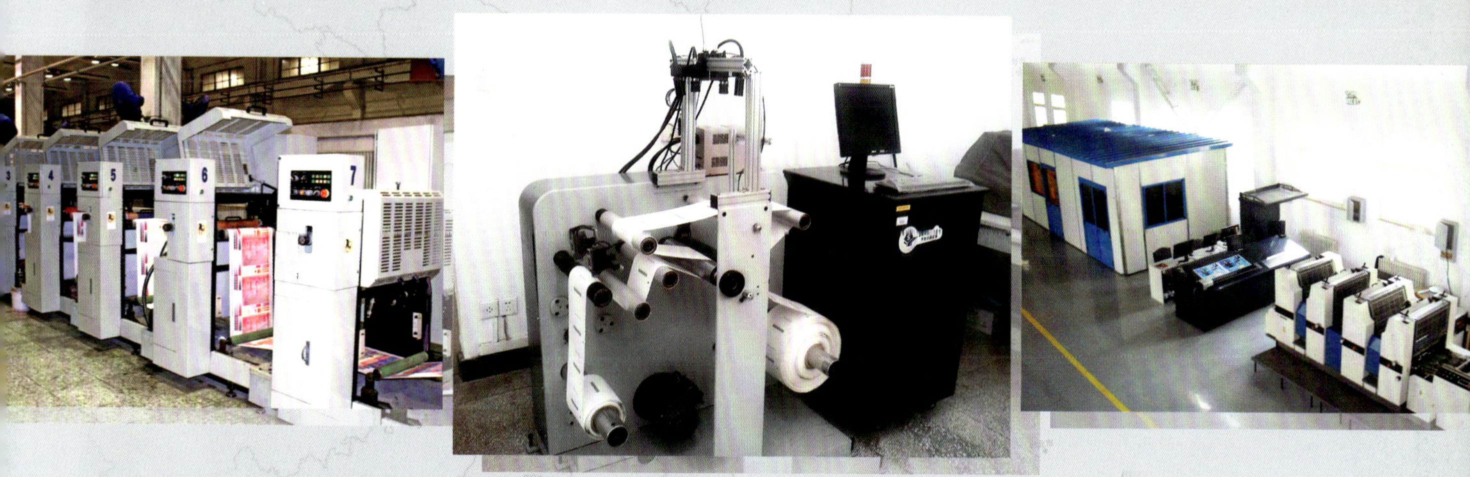

GUOJIA YINSHUA ZHUANGBEI ZHONGDIAN SHIYANSHI
YANFA JIGOU ZHIJIAN ZHONGXIN

北京印刷学院数字化印刷装备北京市重点实验室

数字化印刷装备北京市重点实验室2011年获得北京市科学技术委员会认定，是北京绿色印刷包装产业技术研究院的重要科研基地之一，同时也是北京印刷学院机械工程一级学科硕士授权点的支撑平台。

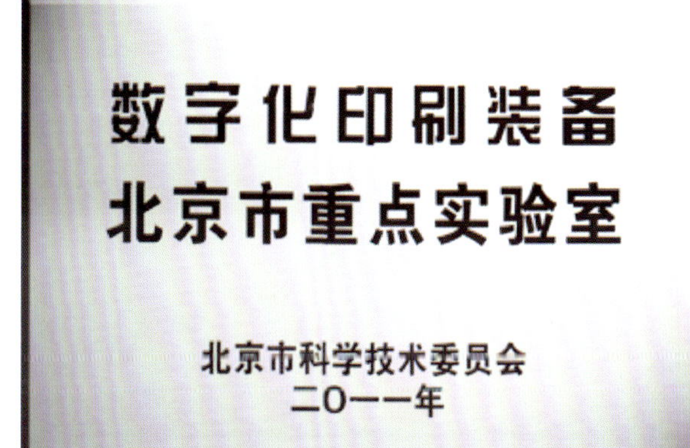

实验室现有教授6名，副教授18名，其中博士6名。拥有北京市高等学校学术创新团队1个，学术创新人才1人，全国印刷行业百名科技创新标兵2人。聘请长江学者、西安交通大学梅雪松教授为实验室主任。

实验室拥有设备、仪器总数达到800余台套，设备总值1000多万元。共承担各类科研项目50余项，包括国家科技支撑计划重点项目、北京市重大科技成果转化及产业统筹项目、北京市自然科学基金项目、横向课题等。在《中国科学》、《机械工程学报》等刊物发表论文150余篇，出版专著14部。获得授权发明专利5件，实用新型专利20件。获得军队科技进步二等奖1项。

地　址：北京印刷学院信息与机电工程学院
电　话：010-60261448 13621060612　60261487
联系人：李艳　白建军

主要研究方向：

实验室长期以来在印刷机械设计、印刷机测试技术、机电一体化技术、数字化制造技术等领域开展理论研究及开发，解决印刷机械设计及制造过程中的关键共性技术问题。分为四个研究室

（1）印刷机械检测技术研究室

针对国产印刷机械稳定性、可靠性等方面的问题，通过开展高速印刷机机械性能、印刷性能测试及可靠性实验研究，为印刷机检测、结构优化及故障诊断提供依据。

（2）印刷包装机械设计研究室

以数字印刷及印刷数字化印刷装备、绿色印刷装备为研究对象，通过对印刷机关键机构的系统设计及创新设计研究，构建基于创新设计理论及系统工程的数字化设计平台。

（3）数字化制造技术研究室

开展基于知识发现的故障诊断方法、虚拟维修技术研究，研究印刷机故障的动力学特征及行为过程。研究计算机辅助智能设计、工程分析、设计制造过程仿真、计算机辅助工艺过程设计、产品数据及全生命周期管理、制造执行系统以及集成制造技术。以虚拟样机为基础，开展印刷机零件建模、CAE、整机装配研究。

（4）机电系统及自动化研究室

针对印刷行业设备繁杂、生产效率低、劳动力成本高等特点，以印后设备为对象，通过开展印刷机自动控制执行机构和印刷物流系统进行研究，提高印刷机械自动化水平。

实验室自主研制了高速递纸系统实验台、单张纸分离头扭矩测试实验台、真空输纸实验装置等8台套。

科研成果：

印刷机综合测试系统及动态设计辅助软件

针对印刷装备制造中的稳定性及可靠性问题，构建了印刷机动态特性综合测试系统。包括印刷机振动测试、噪声测试、印刷压力测试、印刷滚筒非接触跳动测试、墙板动态应力测试、动态扭矩测试、载荷测试等8个子系统，以及印刷机动态设计辅助软件。印刷机动态设计辅助软件包括测点图像信息采集、时域分析、频域分析、阶次分析、比较分析、测点描述及数据导入等功能。

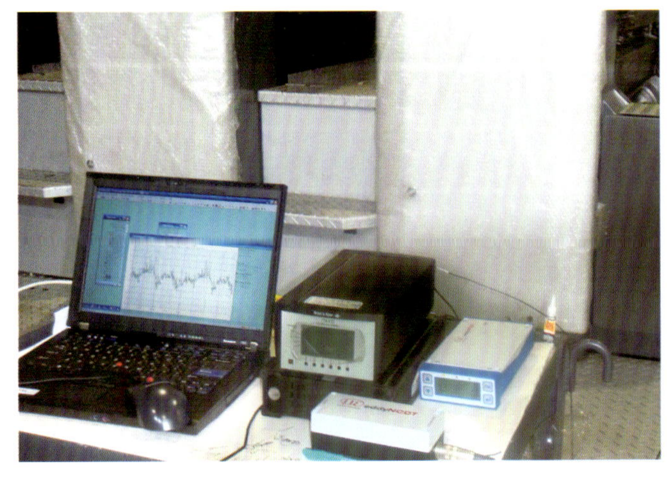

成果可以为新型印刷机械的研制提供载荷等基础设计数据；对研制的样机进行机械性能及印刷性能参数测试，定量评价样机性能；建立系列产品的机械性能参数数据库，研究不同批次生产的印刷机的印刷质量差异，对同类型的印刷机相同的测点振动情况进行监测并进行比较分析，为机构及结构优化提供依据；为印刷机的故障诊断提供动态特性参数，提高故障诊断效率。

北京工业大学印刷装备数字化技术重点实验室

北京工业大学机械工业印刷装备数字化技术重点实验室成立于2007年，实验室管理部门为中国机械工业联合会。是目前国内首家专门从事数字化印刷技术研究的行业实验室。实验室先后承担了北京市科委数字化印刷重大科技创新工程项目，国家“十一五”科技支撑技术项目，国家“十二五”印刷机械数控化项目，以及若干项国家基金，北京基金，北京市教委科研计划项目，并得到了北京市教委科技创新平台的支持。

联系地址：北京工业大学 机电学院

电话：010－67396990；13910668069

联系人：张跃明

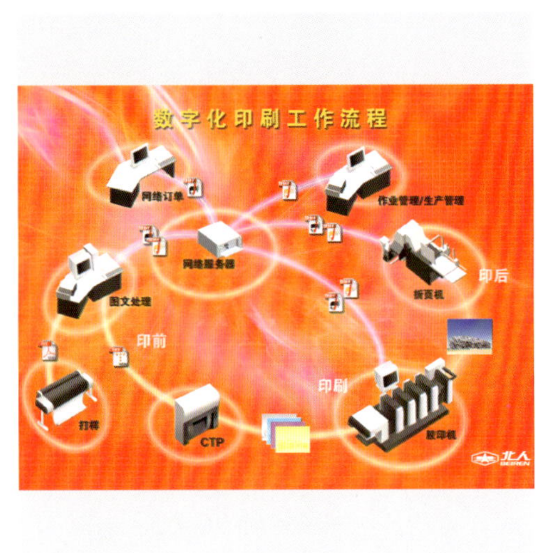

通过几年的发展，实验室在印刷机无轴传动与同步控制技术，整机控制技术，墨斗数字化控制技术，油墨快速预置技术，墨膜特性建模与分析技术，色彩检测与控制技术，套准检测与控制技术，基于JDF的印刷流程技术，复杂机构数字化建模与分析技术等方面形成特色与优势。设计开发的数字化控制墨斗机械结构先进，系统精度、稳定性方面达到了国外先进水平；形成了首套国产化无轴传动表格印刷机样机，该样机在走纸速度、套准精度、裁单张误差等各项技术指标方面均达到了很高的水平；套准检测系统能输出高精度的套准检测数据，并根据检测数据自动调整套准机构，极大提高了套准调整的自动化程度；色彩检测与控制系统，能实现对印品上质量控制条的自动快速检测，根据检测到的偏差自动计算墨键开度调整数据，并将其传递给胶印机进行调整，以实现色彩的自动控制；已形成完整的包括印前图文处理，印刷工作流程管理与监控，胶印机套准检测与控制，油墨预置，色彩检测与控制，数字化墨色控制，以及折页机折页模式数字化控制等一套印刷数字化工作流程。

实验室主要科研人员及产品介绍

杨建武，教授，博士生导师，现任中国机械工业联合会《机械工业印刷机械数字化技术重点实验室》主任。作为负责人先后承担《数字化智能化印刷机械关键技术与设备》，《印刷设备的无轴传动系统的研究》等国家科技支撑和北京市重大科技项目，与印刷相关的主要研究方向包括：用于印刷机无轴传动的伺服控制技术与设备，高速、高分辨率位移传感器与细分技术；用于数控与伺服的高速实时现场总线通信技术；印刷机的套准、折页与收卷的自动控制技术等。曾带领科研团队完成了国内首台采用国产伺服电机、伺服驱动器、数控系统及现场总线模块的无轴传动表格印刷机的研制工作。图为开发的无轴传动表格印刷机。

蔡力钢，工学博士，北京市特聘教授，博士生导师，北京市先进制造技术重点实验室主任，北京工业大学精密超精密加工国家工程中心主任，机械工业重型机床数字化设计与测试评价重点实验室主任。长期从事印刷装备数字化技术，数字化设计与制造，先进制造装备等方面研究。获国家科技进步二等奖一项，省部级科技进步一等奖三项。承担包括国家重大科技专项、国家支撑计划项目、国家863计划、自然科学基金、北京市科委重大项目课题、北京市教委专项等40多项课题。是国家“十一五”、“十二五”“数字化、自动化印刷关键技术与装备”科技项目核心课题负责人。

右图为科技部、中国机械工业联合会、中国工协以及国内印刷机械制造企业的有关领导和专家在北京工业大学机械工业印刷装备数字化技术重点实验室参观指导。

张跃明，博士后。1965年2月生，清华大学精密仪器与机械学系博士毕业，北京工业大学机械设计及理论博士后，现在北京工业大学任教。长期从事机械理论、机械数字化设计、机电一体化等领域的研究工作，完成国家级和省部级科研项目多项，如国家重大科技专项、科技部科技支撑计划项目、国家863计划、北京市科委重大科研项目等，发表学术论文几十篇，长期与国有大型企业合作，为企业攻克各种技术难题。左图为张跃明博士介绍他设计的弧面凸轮换刀机构。

研究项目及产品

1．机构研究领域

在机构设计和机械设计方面有深入研究，研究机床、印刷机、纺织机等各种凸轮机构、连杆机构、齿轮机构、间歇运动机构等，与众多企业合作，为企业解决技术难题，如北京第一机床厂、北人集团、上海力顺、呼和浩特众环集团等，尤其在凸轮机构设计与制造方面，如数控机床的机械手弧面凸轮换刀机构、胶印机叼纸凸轮机构（共轭凸轮）、平板模切机的间歇运动机构（平行分度凸轮）、全自动老虎嘴式模切机、配页机、胶包机等凸轮机构的设计、制造工艺研究等。

用于加工中心的弧面凸轮

平行分度凸轮机构

2．机电一体化研究领域

承担科技部科技支撑计划和北京市科委重大科研项目——“数字化印刷关键技术与装备”，开发了印刷机数字化墨色控制系统和折页机数字化控制系统，并均已产业化，其中的墨色控制系统目前有国内多家印刷机制造企业正在使用。该墨色遥控系统为滑块结构，总线控制，精度高，稳定性好，具有CIP3和CIP4接口，色彩质量检测与控制技术以及水墨平衡技术等。现已在营口冠华、北人海门、威海滨田、威海印机、青岛瑞普、潍坊华光等多家四色胶印机上使用，得到了印刷行业的认可。

陕西省印刷包装工程重点实验室

一、实验室发展简介

西安理工大学印刷包装工程学院实验室创建于1974年，是我国最早成立的印刷包装类高等教育专业实验室，当时建有印刷机械实验室、印刷工艺实验室、印刷电子技术实验室，服务于我国最早建立的西安理工大学印刷机械专业。三十多年来为我国印刷行业培养了大量优秀人才，被行业誉为“印刷包装人才的摇篮”，在业界享有较高的声誉。经过三十多年的发展，本实验室在2007年作为陕西省印刷包装工程重点实验室批准建设并在2010年建设验收。目前本重点实验室的主要学科与支撑体系包括1个博士学科，4个硕士学科，4个主要学术方向，9个专业实验室，已发展成为西北地区学科和支撑条件最完善、特色鲜明的印刷包装专业实验室。

二、实验室主任简介

周世生，男，1963年2月生于山东省临朐县，汉族，中共党员，教授，博士研究生导师。1985年本科毕业于陕西机械学院印刷机械专业；1996年获西安交通大学生物医学工程专业博士学位。曾在日本、德国斯图加特媒介大学从事访问研究，现任西安理工大学印刷包装工程学院院长。

周世生教授长期从事颜色视觉理论、颜色测量技术、颜色复制技术、印刷呈色材料、印刷质量检测等方向研究。先后完成科研项目20余项，出版《高等色彩学》等学术著作10余部，参编国家十 五规划教材1部，发表学术论文70余篇。先后指导博士研究生10余名，硕士研究生60余名，已毕业40余名。研究成果曾获国家机械工业局科技进步二等奖。主要社会兼职有全国高校印刷工程教学指导委员会委员、《中国印刷》编委会编委、《中国印刷年鉴》编委会编委、《印刷世界》特邀专家、曲阜师范大学兼职教授、深圳劲嘉彩印集团股份有限公司独立董事、科印传媒有限公司专家团专家、西安煤航印刷材料有限公司科技顾问、数码测绘独立董事等。

地址：陕西省西安市金花南路5号
邮编：710048
电话：029–82312321

三、人员结构基本条件和学科建设情况

重点实验室的主要学术带头人和科研骨干学术水平高，创新能力强，研究队伍的知识结构和年龄结构合理，现有固定人员65人，其中教授13人，副教授和高级工程师16人，博士16，在读博士12人，全部人员均为中青年，学术活力较强，科研开发能力较好。

目前本重点实验室以印刷包装技术与设备博士学科为龙头，包括印刷工程、包装工程、信号与信息，轻工技术与工程4个硕士学科，使其成为国内颇具影响的高水平印刷包装工程专业博士和硕士培养基地。博士和硕士研究生培养规模达到130人/年。

近3年来，获陕西省科技奖励成果3项，承接各类项目90余项，其中国家自然基金项目4项，实现科研到款900万元，获国家发明专利授权11项，发表研究论文400余篇，其中被SCI、EI、ISTP收录70余篇，出版学术专著、国家规划教材、专业统编教材以及其它教材20余部。同时“印刷工程导论”、“印刷机原理与结构”两门课程获得国家“精品课程”称号，依托本实验室的“陕西省印刷包装工程技术研究中心”被列入陕西省“13115”科技创新工程。

四、实验室基本条件

本重点实验室依托“印刷工程”省级名牌专业和“印刷包装技术与设备”博士学科进行建设，现有实验及研究场地面积2580平方米，各类仪器设备728台(套)，设备总值2100余万元。其中，专用科研仪器设备和检测设备近210台（套）。实验设备精良，核心设备都达到了国际先进水平，整体水平居国内同类院校前茅，在所支撑的各个研究方向上形成了初具规模和较先进的研究开发平台。实验室按功能类别分成9个分室来管理，分别支撑4个主要研究方向，如表所示：

同时，实验室具有完善的管理制度和灵活的开放服务机制。具备了面向我省相关行业开展相关的创新性和开拓性研究工作的技术手段支撑能力。

另外，本实验室有二十多年的对外交流与合作历史，视野较开阔，成果丰硕，为实验室展开与国际水平接轨的技术研究与工程开发提供了很好的条件。

<table>
<tr><th>重点实验室研究方向</th><th>主要支撑实验室</th></tr>
<tr><td rowspan="3">印刷设备及其自动化技术研究方向</td><td>印刷设备及工艺实验室</td></tr>
<tr><td>印后机械设备及工艺实验室</td></tr>
<tr><td>印机测控实验室</td></tr>
<tr><td rowspan="3">印刷工艺技术研究方向</td><td>颜色科学实验室</td></tr>
<tr><td>印刷材料检测实验室</td></tr>
<tr><td>数字化印前与制版实验室</td></tr>
<tr><td>运输包装与新材料技术研究方向</td><td>包装工程实验室</td></tr>
<tr><td rowspan="2">图文信息处理与数字媒体技术研究方向</td><td>媒体处理实验室</td></tr>
<tr><td>数字媒体技术与系统实验室</td></tr>
</table>

五、实验室主要研究方向和目标

1、印刷设备及自动化技术研究方向

本方向主要是由印刷包装技术与设备博士学科（机械工程一级博士学科下自主设立的二级学科之一）和印刷工程学科硕士学科支撑，目前主要的研究子方向包括：

（1）印刷包装设备设计理论

（2）印刷机械设备结构参数化优化及可靠性设计

（3）印刷包装设备现代设计理论与系统仿真

（4）印刷机械故障诊断及性能优化

（5）印刷设备测控技术与应用

（6）印刷设备控制系统关键技术开发与应用

（g）印刷设备与生产线管控一体信息化技术与应用

本方向整体研究目标是为我省和国内印刷设备制造行业提供先进制造、控制与信息化等方面的技术创新和应用驱动，为印刷装备制造业的产业升级服务。

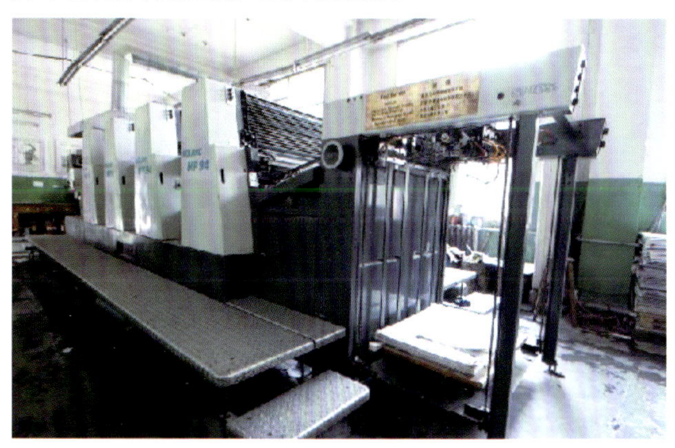

曼・罗兰MP94四色胶印机

全胜800Ⅱ计算机直接制版机

2、印刷工艺技术研究方向

本方向也是由主要是由印刷包装技术与设备博士学科和印刷工程学科硕士学科支撑，目前主要的研究子方向包括：

（1）印刷包装材料与印刷适性

（2）颜色与图文信息处理与印刷复制技术

（3）信息复制技术与印刷质量控制

（4）数字化工作流程工艺与系统开发

（5）色彩管理与数字印刷技术

（6）印刷系统工程

本方向整体研究目标是为我省和国内印刷行业提供先进工艺技术与系统方面的技术创新和应用驱动，为扩展印品种类、提高印品质量和行业效益服务。

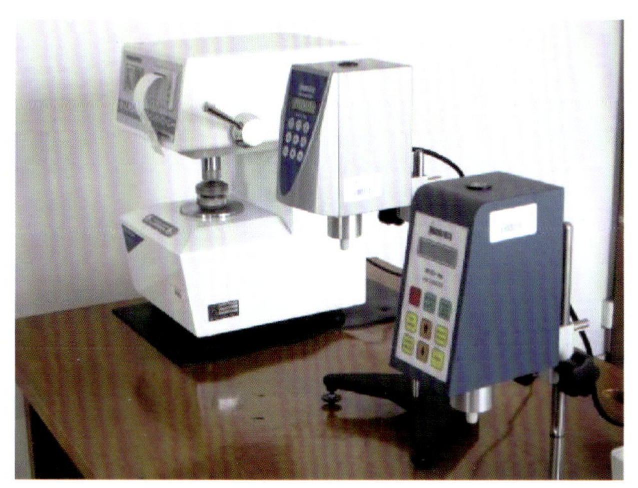

各类油墨和颜色测量仪器

3、运输包装与新材料技术研究方向

本方向也是由主要是由包装工程硕士学科支撑，目前主要的研究子方向包括：

（1）运输包装系统与状态分析方面的研究与应用

（2）包装印刷材料及工艺方面的研究与应用

（3）包装结构及包装CAD/CAM

（4）印刷包装材料印刷适性的研究

本方向整体研究目标是为我省和国内包装工业的包装设计、包装材料、包装工艺和运输包装等方面提供先进技术创新和应用驱动，为解决产品或商品的形象化、功能化及绿色化包装设计，解决产品或商品的保护、储存运输及促进销售等流通过程中的综合问题服务。

Clarus 600型气质联用仪

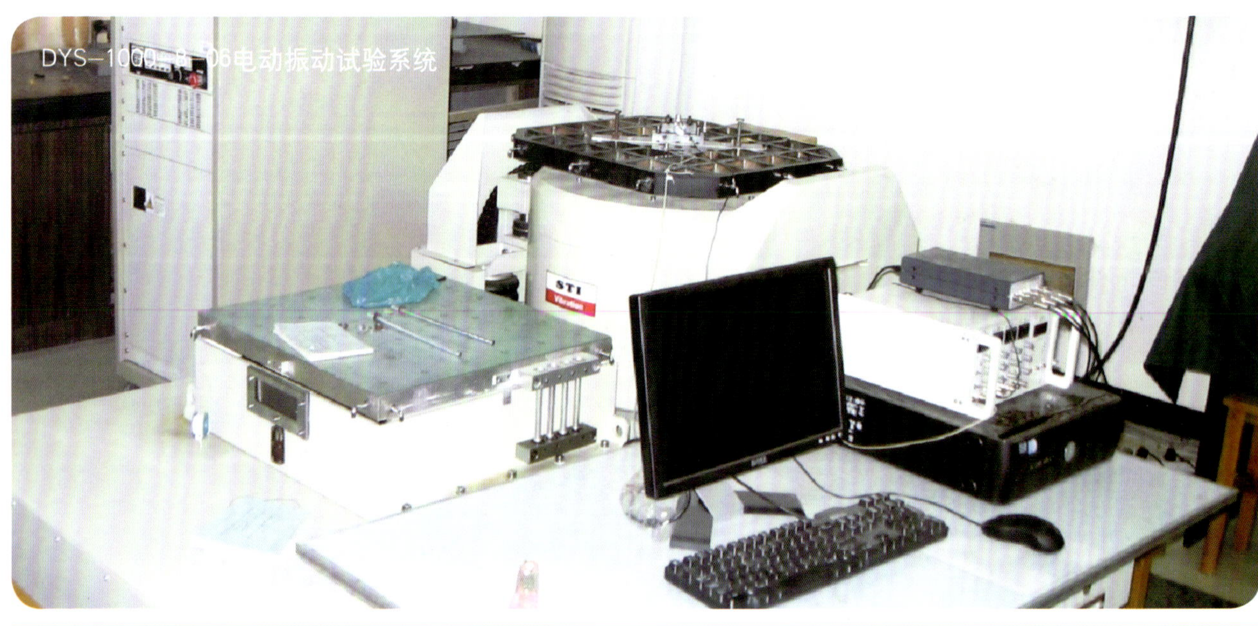
DYS-1000-8-06电动振动试验系统

4、图文信息处理与数字媒体技术研究方向

本方向也是由主要是由信号与信息处理学科（信息与通讯工程一级学科下设的二级学科）支撑，目前主要的研究子方向包括：

（1）彩色图像处理及应用

（2）计算机视觉与智能系统

（3）嵌入式测控与信息系统

（4）图形图像处理及三维可视化

（5）数字多媒体与系统

本方向整体研究目标是为我省和国内印刷行业提供先进的系统与算法级别的图文信息与数字多媒体处理、各类信息系统（颜色控制、印刷图像识别、流程管理、多媒体与移动媒体等）的软硬件开发方面的技术创新和应用驱动，为数字新媒体、传统媒体及系统的信息化和智能化提供开发和推广服务。

机器视觉系统综合测试平台

六、产学研合作与国际交流

为了更好地发挥印刷包装重点实验室在服务我省学科和产业创新的作用，印包学院领导和各个学科方向的研究人员积极搭建各种科研开发和开放服务的平台，以重点实验室为依托积极开展科研合作和学术交流。包括上海电气、北人集团、西安煤航、西安印钞厂等。

1985年开始本实验室就与德国斯图加特媒介大学开始进行学术交流和科研合作，斯图加特媒介大学先后向本实验室提供包括罗兰四色胶印机在内的各类印刷包装设备共计近700万人民币的30多套设备。目前，每年都互派教授进行学术交流、讲学。2006年中德印刷工程双学历学士专业获得德国质量保证证书，2008年开始中德共同培养硕士研究生，目前每年互派派硕士和本科留学生15人。

校企产学研合作签约仪式

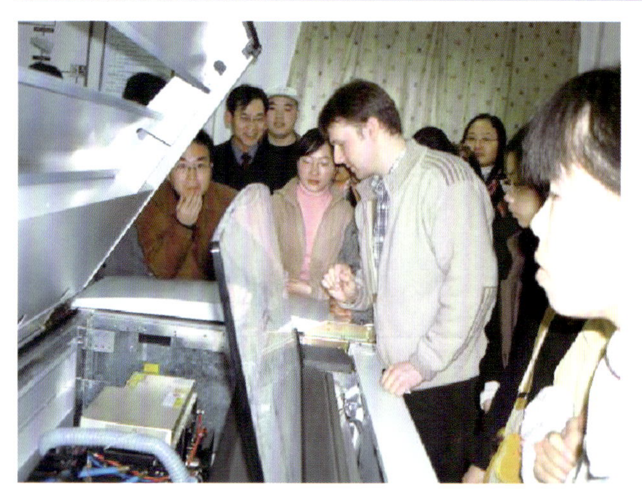

学术交流和国际合作

七、实验室开放服务

（1）面向实验室研究人员及其各个研究方向的博士硕士研究生的全面开发

（2）面向学院主持或协助的各类实验室开发基金研究课题及其研究人员全面开放

（3）面向具有紧密合作协议的产学研平台企业及其科研项目和团队全面开放

（4）面向我省相关行业的各类开放性服务

国家印刷机械质量监督检验中心

国家印刷机械质量监督检验中心（以下简称印机质检中心）隶属国家质量监督检验检疫总局，是经中国实验室国家认可委员会认可、中国国家认证认可监督管理委员会授权，面向国内外印刷机械专业领域的质量检验机构。该中心自1993年国家授权建立以来，多次承担国家技术监督局下达的印刷机械产品质量监督抽查任务；多次承担原机械工业部委托的印刷机械产品“国优”、“部优”、“名牌产品”、“明星企业”等多项评定检验工作和新产品检验、省部级科研新产品检测鉴定以及受各级人民法院、中国国际经济贸易仲裁委员会、海关缉私局委托，对国内外印刷机械产品进行质量仲裁、检验等工作。

印机质检中心宗旨是为社会提供具有法律效力的权威性的检验报告。承担国内外印前、印刷、印后机械以及其他辅助设备的检验工作，参与国家标准、行业标准的制修订。

地址：北京市大兴区兴华北路25号

邮 编：102600

电话：010-60261578　60261579 60261580

传真：010-60261578

邮箱：gjyjjc@163.com

联系人：王仪明　刘浩红

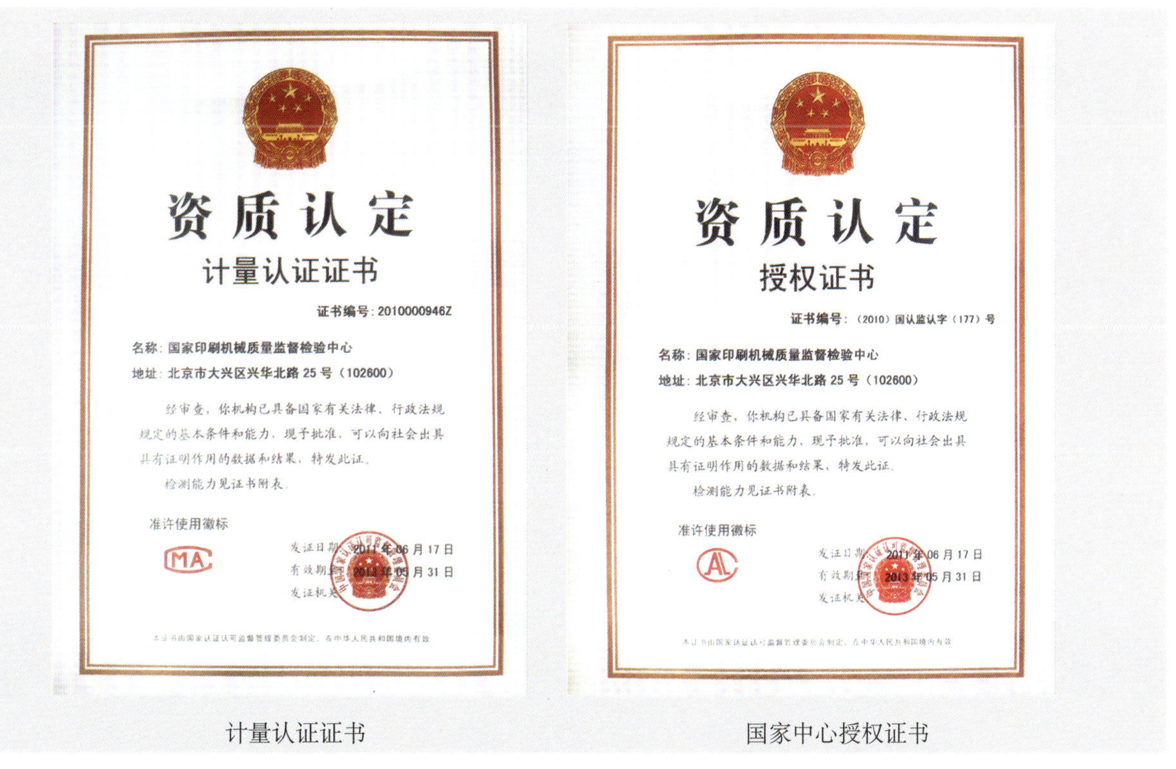

资质认定

计量认证证书

证书编号：2010000946Z

名称：国家印刷机械质量监督检验中心

地址：北京市大兴区兴华北路25号（102600）

经审查，你机构已具备国家有关法律、行政法规规定的基本条件和能力，现予批准，可以向社会出具具有证明作用的数据和结果，特发此证。

检测能力见证书附表。

准许使用徽标

MA

发证日期：2011年06月17日

有效期至：2014年05月31日

发证机关：

计量认证证书

资质认定

授权证书

证书编号：（2010）国认监认字（177）号

名称：国家印刷机械质量监督检验中心

地址：北京市大兴区兴华北路25号（102600）

经审查，你机构已具备国家有关法律、行政法规规定的基本条件和能力，现予批准，可以向社会出具具有证明作用的数据和结果，特发此证。

检测能力见证书附表。

准许使用徽标

发证日期：2011年06月17日

有效期至：2013年05月31日

发证机关：

国家中心授权证书

2011年6月印机质检中心通过了国家认监委和国家认可中心的监督及不定期评审，批准了印机质检中心可以向社会出具具有证明作用的数据和结果。将开展国内、国际制版机械、印刷机械、装订机械以及其他印刷设备的检验业务，并积极开展检测方法、检测设备的研究与开发工作。

印机质检中心设有综合办公室、产品检验室、仪器设备室和资料档案室，拥有先进的专业检验仪器设备。其中包括非接触振动测量系统（丹麦Brüel & Kjær公司）、高速数据采集系统及机械动态参数测试系统、微位移测试系统（德国米铱公司）、印刷品检测仪器、分光光度仪、GATF检测版等，设备、仪器总数达到300多台套。

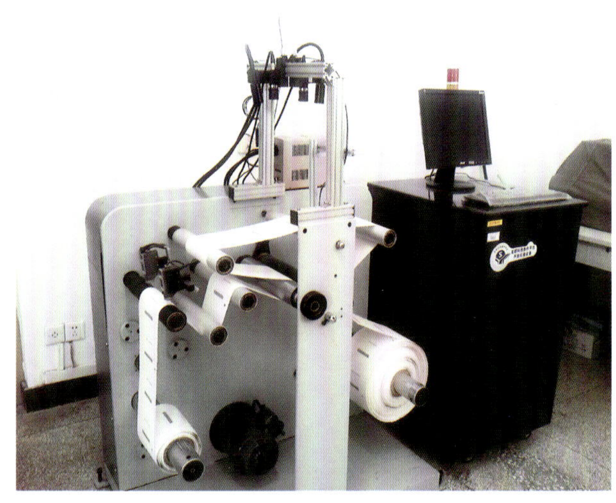

可变信息检测系统

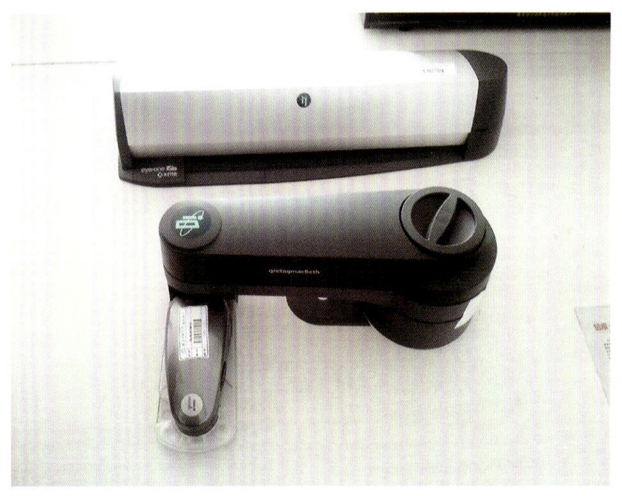

分光光度仪和色度扫描仪

服务对象：

印刷机械制造商与供应商

印刷机械用户（印刷企业及使用方）

产品进出口招标采购、商检、保险机构

产品质量监督、评审、认证机构

执法、仲裁判定机构

业务范围：

产品质量监督抽样检验

产品认证、质量评价检验

产品型式与新产品鉴定检验

产品过程控制与质量验收检验

产品质量仲裁和事故分析检验

为了保护和发展中国民族工业，国家印机质检中心希望与广大印刷界企事业单位和业内人士多方合作，为全面提高中国印机产品质量发挥作用。

后记

经过共同努力，在印刷机械、包装机械行业同仁的大力支持下，《印刷机械、包装机械配套产品实用手册》（以下简称《产品手册》）终于同大家见面了。

在《产品手册》组稿过程中，我们走进了配套产品生产企业，目睹和了解了行业同仁的创业历程、企业文化、领略了正在努力创新技术、创新工艺和追赶世界先进产品水平的奋斗精神。这些企业精神深深地感动和激励着我们，坚定了我们为民族工业及印刷机械、包装机械配套产品行业发展、促进行业产业链服务的决心，增加了编写好《产品手册》的信心。

《产品手册》编写目的就是为宣传配套产品、零、部装件生产专业化理念，搭建配套厂商与主机生产企业相互交流、相互协作的平台。我们希望与行业同仁和配套产品生产企业共同维护、使用好这个平台，充分发挥其作用。

在成书之际，我们感谢入编配套产品生产企业领导和相关人员对这项工作的支持；感谢中国印刷及设备器材工业协会、印刷机械分会领导对《产品手册》编纂、出版工作的具体指导；同时感谢产品专业化专业委员会秘书处及编委会办公室承担单位浙江通业印刷机械有限公司；北京市贝尔新技术有限公司和江苏昌昇集团股份有限公司对出版工作给予的特别支持；感谢中国商业出版社；北京画中画印刷有限公司在《产品手册》出版、印刷工作中付出的艰辛劳动。总之，感谢在整个编写过程中给我们工作支持、帮助的所有单位和同仁！

本项目得到了北京印刷学院基于系统工程的印刷机设计方法研究创新团队（PHR201107144）的特别支持和帮助。

由于时间紧、工作量大，在入选《产品手册》的单位、产品选择和编辑过程中，难免存在遗漏、不足。敬请行业同仁、读者不吝指正，并提出宝贵意见建议。

图书在版编目（CIP）数据

印刷机械包装机械配套产品实用手册 / 孙文毅主编.
–北京 ：中国商业出版社，2011.11
ISBN 978-7-5044-7469-8

Ⅰ. ①印… Ⅱ. ①孙… Ⅲ. ①印刷机－手册②包装机
－手册 Ⅳ. ①TS803-62②TB486-62

中国版本图书馆CIP数据核字(2011)第220324号

责任编辑：刘毕林
装帧设计：刘临川

中国商业出版社出版发行
010-63180647 www.c-cbook.com
(100053北京广安门内报国寺1号)
新华书店总店北京发行所经销
北京画中画印刷有限公司印刷
*
889×1194 毫米 16 开 20 印张 218 千字
2011 年11月第1版 2011 年11月第1次印刷
定价：180.00元
* * * *
(如有印装质量问题可更换)